全国高职高专计算机系列精品教材

数据结构导论

主　编　蔡厚新　肖守柏
副主编　吴金舟　熊　蕾　齐兴敏

中国人民大学出版社
·北京·

图书在版编目（CIP）数据

数据结构导论/蔡厚新主编.
北京：中国人民大学出版社，2010
（全国高职高专计算机系列精品教材）
ISBN 978-7-300-12430-8

Ⅰ.①数…
Ⅱ.①蔡…
Ⅲ.①数据结构-高等学校：技术学校-教材
Ⅳ.①TP311.12

中国版本图书馆 CIP 数据核字（2010）第 133440 号

全国高职高专计算机系列精品教材
数据结构导论
主　编　蔡厚新　肖守柏
副主编　吴金舟　熊　蕾　齐兴敏

出版发行　中国人民大学出版社
社　　址　北京中关村大街 31 号　　　　邮政编码　100080
电　　话　010－62511242（总编室）　　010－62511398（质管部）
　　　　　010－82501766（邮购部）　　010－62514148（门市部）
　　　　　010－62515195（发行公司）　　010－62515275（盗版举报）
网　　址　http://www.crup.com.cn
　　　　　http://www.ttrnet.com(人大教研网)
经　　销　新华书店
印　　刷　北京溢漾印刷有限公司
规　　格　185 mm×260 mm　16 开本　　版　　次　2010 年 8 月第 1 版
印　　张　23　　　　　　　　　　　　印　　次　2019 年 8 月第 3 次印刷
字　　数　560 000　　　　　　　　　　定　　价　39.80 元

前　言

计算机科学技术以惊人的速度迅猛发展，它的应用范围已渗入到社会和生活的各个领域。相应地，数据处理的对象也从简单的数值发展到字符、表格和图形等带有结构的数据。在这里要解决的关键问题是：针对每一种新的应用领域的处理对象，如何选择合适的数据表示（结构），如何有效地组织数据、处理数据。数据结构就是研究数据以及数据之间关系的一门学科，主要研究数据之间的逻辑结构及其基本操作在计算机中的表示和实现。数据结构课程不仅是计算机专业重要的专业基础课，也是从事计算机软件开发所必备的专业知识。本教材主要面向高职高专院校或应用性本科的计算机类专业的学生，培养技术应用性人才。内容的构造力求体现“以应用为主体”，强调理论知识的理解和运用，实现教学以实践体系为主及以技术应用能力培养为主的培养目标。

案例教学是计算机语言教学最有效的方法之一，好的案例对学生理解知识、掌握如何应用知识都十分重要。本书围绕教学内容组织案例，对学生的知识和能力训练具有很强的针对性。全书共十二章，大体上可看成为由四个部分组成，基本的线性结构及有关的典型应用是第一部分（第二章到第六章）；具有广泛应用价值的树形结构在第七、八章讲述，这两部分占据了本书的主要篇幅；第九章及第十章介绍复杂数据结构，如图、稀疏矩阵及广义表等；有关外存储器中的数据结构和文件组织放在第四部分。

数据结构是实践性很强的课程，本书注重理论与实践相结合，为此我们编写了与本书配套的指导书《数据结构导论学习指导》。书中每章都给出了精心挑选，难易搭配，给出了大量的不同层次、不同难度的思考题，通过习题与实训，使学生掌握所学知识，并能灵活运用所学知识解决实际问题。书中的所有程序都在 Turbo C 2.0 环境下调试通过。

本教材讲课时数为 50 学时左右。上机实训学时数为 20 学时以上。教师可根据学时数、专业和学生的实际情况选讲应用举例中一些较难的例子。

本书可作为高等院校高职高专计算机软件专业的教材或参考书，也可供广大从事计算机软件工作的科技人员自学参考。

本书由蔡厚新、肖守柏担任主编，吴金舟、熊蕾、齐兴敏担任副主编。本书的第 1 章由肖守柏编写，第 2、4 章由邓田编写，6、7、10 章由吴金舟编写，第 3 章由蔡厚新编写，第 9、11 章由熊蕾编写，第 5、8、12 章由齐兴敏编写。蔡厚新教授统编全书。在本书编写过程中，得到南昌大学信息工程学院计算机科学与技术系姚立文教授的大力帮助，在此表示深深的谢意。

由于编者水平有限，加上时间仓促，书中错误和不妥之处在所难免，敬请广大同行和读者批评指正。

编　者

2010 年 6 月

目　录

第1章 绪 论

内容提要及教学目标

本章首先介绍了数据结构中的几个基本概念和术语，然后以一个简单的C语言程序入手，复习了C语言的基本内容，进而对程序的算法特性、评价标准和时间复杂度分别进行介绍。通过本章学习，读者应该掌握以下内容：

- 了解数据结构中常用的基本概念和术语，掌握基本概念。
- 掌握抽象数据类型的定义、表示和实现方法。
- 熟悉C语言的书写规范。
- 理解算法5个要素的确切含义。
- 掌握计算语句频度和估算算法时间复杂度的方法。

本章重点及难点

理解数据结构的逻辑结构、存储结构和数据运算3个方面的概念及相互之间的关系；熟悉算法时间复杂度的分析。

1.1 数据结构

程序设计是计算机学科各个领域的基础。在计算机发展的早期，程序设计所处理的数据都是整型、实型等简单数据，绝大多数的应用软件都是用于数值计算的。随着信息技术的发展，计算机逐渐进入到金融、商业、管理、通信以及制造业等各个行业，广泛地应用于数据处理和过程控制，计算机加工处理的对象也由纯粹的数值型数据发展到字符、表格和图像等各种具有一定结构的数据，这就给程序设计带来了一些新的问题，数据结构的概念就是在这种背景下产生的。

1.1.1 学习数据结构的必要性

众所周知，数据结构不仅仅是计算机专业教学计划中的核心课程之一，而且是其他非计算机专业的主要选修课之一。数据结构的研究不仅涉及计算机硬件的研究范围，而且与计算机软件的研究也有着密切的联系，无论在编程还是在操作系统，它都涉及数据元素在存储器中的分配问题，以及如何组织数据，以便查找和存取数据元素更为方便。学习数据结构这门课程的目的有3个。第一是讲授常用的数据结构，这些数据结构形成了程序员基本数据结构工具箱（toolkit）。对于许多常见的问题，工具箱里的数据结构是理想的选择。就像.NET Framework中Windows应用程序开发中的工具箱那样，程序员可以直接拿来或经过少许的修改就可以使用，非常方便。第二是讲授常用的算法，算法和数据结构一样，是人们在长期实践过程中的总结，程序员可以直接拿来或经过少许的修改就可以使用，我们可以通过算法训练来提高程序设计水平。第三是通过程序设计的技能训练来促进程序员综合能力的提高。

1.1.2 数据结构的基本概念和术语

1. 数据结构实例

为了使大家对数据结构有一个感性的认识，我们先举以下几个例子来说明什么是数据结构。

［例 1.1］ 高校教师信息管理，如表1.1所示。

表 1.1 **教师信息表**

工 号	姓 名	性 别	授课课程	课程编号	住 址	电 话
10001	匡青青	女	数据结构导论	2142	北京西路411号	6262111
10002	肖子皓	男	网络操作系统	2335	南京东路999号	5966201
10003	谭辉明	男	C语言程序设计	0342	西安路688号	8138793
10004	彭明明	男	软件工程	2333	上海路168号	8138927
10005	章小花	女	网络技术	2141	八一大道21号	8174110
……	……	……	……	……	……	……

在表1.1中，一行代表一位教师的信息，每位教师的信息由工号、姓名、性别、授课课程、课程编号、住址、电话等组成，一列为一个特征，整个二维表按教师的工号顺序排列，每个教师的信息依据工号的大小存在着前后关系，即工号较小者在前，工号较大者在后，形成线性关系，这是一种典型的数据结构，这种关系可称为线性数据结构。有了模型以后，就可以围绕该模型设计算法，即实现教工信息的添加、修改、删除、检索等操作。

［例 1.2］ 某高校专业设置情况，如图1.1所示。

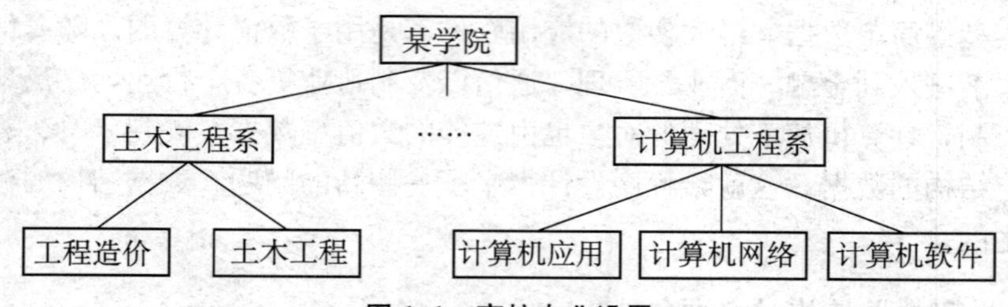

图 1.1 高校专业设置

在图1.1中可以把“某学院”看成是树根，把下设的若干个系看成是它的树枝中间结点，把每个系的若干专业方向看成是树叶，这就形成一个树形结构。树形结构通常用来表示结点的分层组织，结点之间是一对多的关系，它也是一个典型的结构，称为树形结构。

［例 1.3］　7 个城市间建立通信网络，用顶点表示城市，边上的权值表示两个城市之间建立通信线路所需花费的代价，如图 1.2 所示。

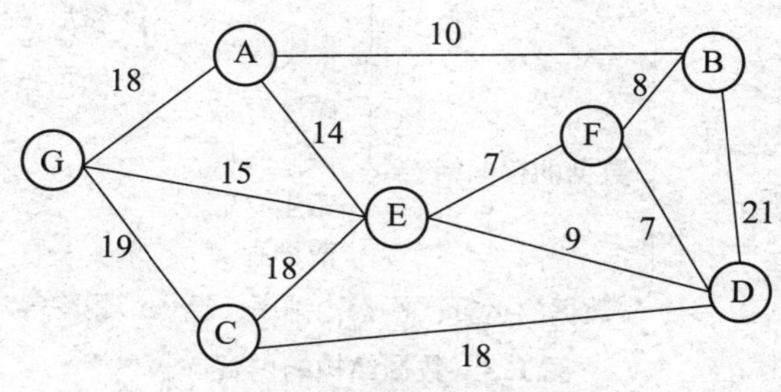

图 1.2　城市间通信网络

在此结构中，数据之间呈现多对多的非线性关系，这也是常用的一种数据结构，我们将它称为图形结构。

2. 基本概念和术语

上述 3 个例子都是数据结构的具体实例，那么，数据结构的定义是什么呢？下面介绍数据结构的基本概念和术语。

（1）数据。

数据（Data）是对信息的一种符号表示，是所有能输入到计算机中并被计算机程序处理的符号的总称。通俗地说，凡是能被计算机识别、存储和加工处理的符号，如字符、图形、图像、声音、视频信号等一切信息都可以称为数据。数据是计算机程序加工的“原料”。例如，一个利用数值分析方法解代数方程的程序，其处理的数据是整数和实数；一个文字处理器（如 Word）处理的数据是字符串。

（2）数据元素。

数据元素（Data Element）是数据的基本单位，在计算机程序中通常作为一个整体进行考虑和处理。数据元素有时也被称为元素、结点、顶点、记录等。一个数据元素可由若干个数据项组成。数据项是数据的不可分割的最小单位。例如，在表 1.1 中，一行是作为一个数据元素来看待的，工号、姓名、性别、授课课程、课程编号、住址、电话等被称为数据项（Data Item），数据项有时也称为字段（Field）或域（Domain）。

（3）数据对象。

数据对象（Data Object）是性质相同的数据元素的集合，是数据的一个子集。例如，整数数据对象的集合可表示为 N＝{0,±1,±2,…}，字母字符数据对象的集合可表示为 C＝{‘a’,‘b’,‘c’,… }。

3. 数据结构

数据结构（Data Structure）是指数据元素之间存在着的一种或多种特定关系的集合，这是对数据结构一种简单的定义。具体来说，数据结构是按某种逻辑关系组织起来的一批数据（或称带结构的数据元素的集合），它们应用计算机语言并按一定的表示方式存储在计算机的存储器中。数据结构包括数据的逻辑结构、数据的存储结构、数据的运算三个方面的内容，如图 1.3 所示。

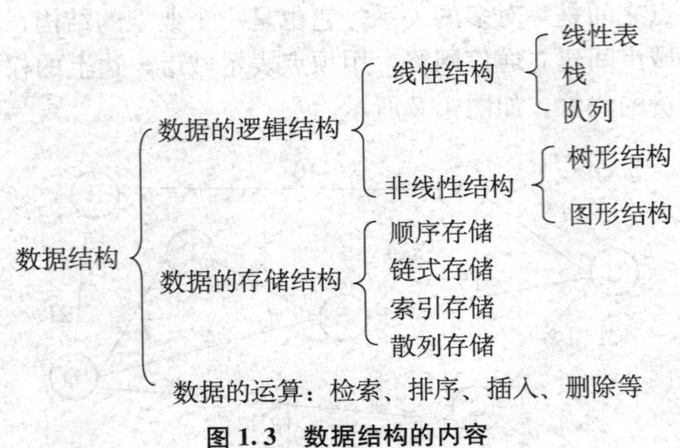

图 1.3　数据结构的内容

(1) 数据的逻辑结构。

逻辑关系是指数据元素之间的关联方式。数据元素之间逻辑关系的整体称为逻辑结构。数据的逻辑结构就是数据的组织形式。从逻辑上划分，数据结构分为线性结构和非线性结构。

①线性结构。数据元素之间为一对一的线性关系，第一个元素无直接前趋，最后一个元素无直接后继，其余元素只有唯一的一个前趋和唯一的一个后继。

②非线性结构。数据元素之间为一对多或多对多的非线性关系，每个数据元素有多个直接前趋或者多个直接后继。

然而又可根据数据元素之间关系的不同特性，将数据结构划分为 4 种类型，如图 1.4 所示。

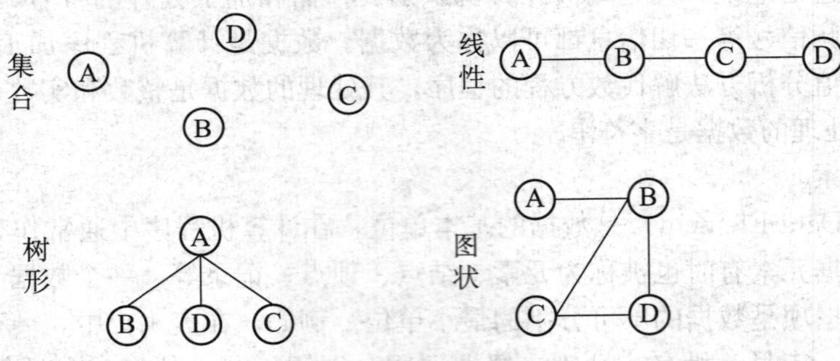

图 1.4　4 种基本数据结构

①集合 (Set)：结构中的数据元素除了存在“同属于一个集合”的关系外，不存在任何其他关系。

②线性结构 (Linear Structure)：结构中的数据元素之间存在一对一的关系，即有且仅有一个开始和一个终端结点，并且所有结点最多只有一个直接前趋和一个后继。例如，线性表、栈、队列都属于线性结构。

③树形结构 (Tree Structure)：结构中数据元素之间存在一对多的关系。

④图状结构 (Graphic Structure)：结构中数据元素间存在多对多的关系。

由于集合中元素的关系极为松散，可用其他数据结构来表示，数据结构的形式化定义为：

数据结构 (Data Structure) 简记为 DS，是一个二元组，DS= (D，R)。其中，D 是数据元素的有限集合，R 是数据元素之间关系的有限集合。

(2) 数据的存储结构。

数据的逻辑结构是不能描述计算机是如何操作数据的。研究数据结构的目的是为了在计算机中实现对它的操作，因此必须研究如何在计算机中表示数据结构，即数据的存储结构，又称物理结构，它包括数据元素的表示和关系的表示。数据的逻辑结构可以通过映像得到与它对应的存储结构。数据元素在计算机中的映像是元素（Element）或结点（Node），数据项的映像称为数据域（Data Filed）。数据元素间关系的表示是存储结构的主要部分，它由存储结点之间的关联方式表达，有以下 4 种关联方式。

①顺序存储。每个存储结点只含一个数据元素，所有存储结点相继存放在一个连续的存储区里，逻辑上相邻的数据元素存放到计算机内存中仍然相邻。借助数据元素在存储器中的相对位置来表示数据元素之间的逻辑关系，用这种方式表示逻辑关系的存储结构称为顺序存储结构。

②链式存储。每个存储结点不仅含有一个数据元素，还包含一组指针，每个指针指向一个与本结点有逻辑关系的结点。该方法不要求逻辑上相邻的数据元素在物理位置上也相邻，数据元素之间的逻辑关系是由附加的指针表示的。

③索引存储。每个存储结点只包含一个数据元素，所有存储结点连续存放，此外使用该方式存放元素的同时，还需建立附加的索引表，索引表中的每一项称为索引项，索引项的一般形式是：（关键字，索引），其中的关键字是能唯一标识一个结点的数据项，索引指示各存储结点的存储位置或位置区间端点。

④散列存储。每个存储结点只包含一个数据元素，各个结点均匀分布在存储区里。该方法的基本思想是通过构造散列函数，根据结点的关键字直接计算出该数据元素的存储地址。

上述 4 种基本的存储方法既可以单独使用，也可以组合起来对数据结构进行存储映像。同一种逻辑结构采用不同的存储方法，可以得到不同的存储结构。选择何种存储结构来表示相应的逻辑结构，可以视具体要求而定，主要考虑运算方便及算法的时空要求。

如何描述存储结构呢？虽然存储结构涉及数据元素及其关系在内存中的物理位置，但由于我们是在高级程序语言的层次上讨论数据结构的操作，因此，不直接以内存地址来描述存储结构，而借用高级语言中提供的“数据类型”来描述它。例如，顺序存储结构用数组来描述，链式存储结构利用指针来描述。在实际程序设计过程中，针对一种数据的逻辑结构，所选择的存储结构会影响到具体算法的设计。也就是说，在设计具体算法之前，必须先确定存储结构。在C语言中，一般使用 typedef 语句来为存储结构定义新的数据类型名字。

数据的逻辑结构和物理结构是密切相关的两个方面，任何一个算法的设计取决于选定的数据（逻辑）结构，而算法的实现依赖于采用的存储结构。

(3) 数据的运算。

数据的运算是指对数据施加的操作。运算的定义取决于逻辑结构，运算的实现必依赖于存储结构。由于运算只描述处理功能，不包括处理步骤和方法，因此运算实现的核心是处理步骤的规定，即算法的设计。

1.1.3 数据类型与抽象数据类型

1. 数据类型

数据类型（Data Type）是与数据结构密切相关的一个概念，几乎所有高级语言都提供这一概念。数据类型是一个值的集合，以及在这个集合上定义的一组操作的总称。例如，C语言中的整型变量，其值集为某个区间上的整数（区间大小依赖于不同的机器），定义在其上的操作为：加、减、乘、除和取模等运算。

按“值”是否可分解，可以把数据类型分为两类：

(1) 原子类型：其值不可分解，如C语言的基本类型（如整型、字符型、实型）、指针类型和空类型。

(2) 结构类型：其值可分解成若干成分（或称分量），如C语言的数组类型、结构类型等。结构类型的成分可以是原子类型，也可以是某种结构类型。我们可以把数据类型看做程序设计语言已实现的数据结构。

引入数据类型的目的，从硬件角度考虑，是作为解释计算机内存中信息含义的一种手段；对用户来说，实现了信息的隐蔽，即将一切用户不必了解的细节都封装在类型中。例如，用户在使用整数类型时，既不需要了解整数在计算机内如何表示，也不必了解其操作（如两个整数相加）在硬件中是如何实现的。

2. 抽象数据类型

抽象数据类型（Abstract Data Type，ADT）是指一个数学模型以及定义在该模型上的一组操作。抽象数据类型的定义取决于它的一组逻辑特性，而与其在计算机内部如何表示和实现无关。即不论其内部结构如何变化，只要它的数学特性不变，都不影响其外部的使用。

抽象数据类型和数据类型实质上是一个概念。例如，整数类型是一个ADT，其数据对象是指能容纳的整数，基本操作有加、减、乘、除和取模等。尽管它们在不同处理器上的实现方法可以不同，但由于其定义的数学特性相同，在用户看来都是相同的。因此，“抽象”的意义在于数据类型的数学抽象特性。

但在另一方面，抽象数据类型的范畴更广，它不再局限于前述各处理器中已定义并实现的数据类型，还包括用户在设计软件系统时自己定义的数据类型。为了提高软件的重用性，在现在的程序设计方法学中，要求在构成软件系统的每个相对独立的模块上，定义一组数据和施于这些数据上的一组操作，并在模块的内部给出这些数据的表示及其操作的细节，而在模块的外部使用的只是抽象的数据及抽象的操作。这也就是面向对象的程序设计方法。

抽象数据类型的定义可以由一种数据结构和定义在其上的一组操作组成，而数据结构又包括数据元素间的关系，因此抽象数据类型一般可以由元素、关系及操作3种要素来定义。

3. 抽象数据类型的表示

本书按以下格式表示抽象数据类型：

```
ADT 抽象数据类型名
    数据元素集合:
数据元素集合的定义
    基本操作:
基本操作的定义
```

其中，数据元素用自然语言描述，基本操作用伪码描述，并规定基本操作的格式为：

```
    中文名(操作名):含义
```

[例1.4] 抽象数据类型“字符串”的定义。

ADT String
数据元素集合：
字符的一个有限序列。
基本操作：
求串长（StrLen）：求取字符串中字符的个数。
求子串（SubStr）：获取字符串中的一个连续字符序列。
求位串（Index）：定位子串在主串中的第一次出现的位置。
求连接（Concat）：连接两个字符串形成一个新串。
求比较（StrCmp）：比较两个串的大小。
求空串（StrEmpty）：判断所给字符串是否为空串。
求替换（StrReplace）：替换字符串中指定的所有子串。

1.2　实例：编写 HELLO，WORLD！程序

【实例目的】

了解 C 语言上机环境，掌握 Turbo C 系统中各菜单的使用；熟悉 C 语言的编写风格及 C 语言程序的基本框架。

【实例内容】

编写程序，输出 HELLO，WORLD!。

【实例步骤】

参考《数据结构导论学习辅导》的附录，双击桌面的 Turbo C 快捷方法，输入 HELLO WORLD 的 C 语言应用程序代码，为了使读者更清楚地了解程序的执行过程，下面给出编辑、编译和运行的具体步骤。

（1）编辑程序。

在 Turbo C 2.0 编译界面中按 Alt+F 键，选择 New，然后输入源程序，如图 1.5 所示。

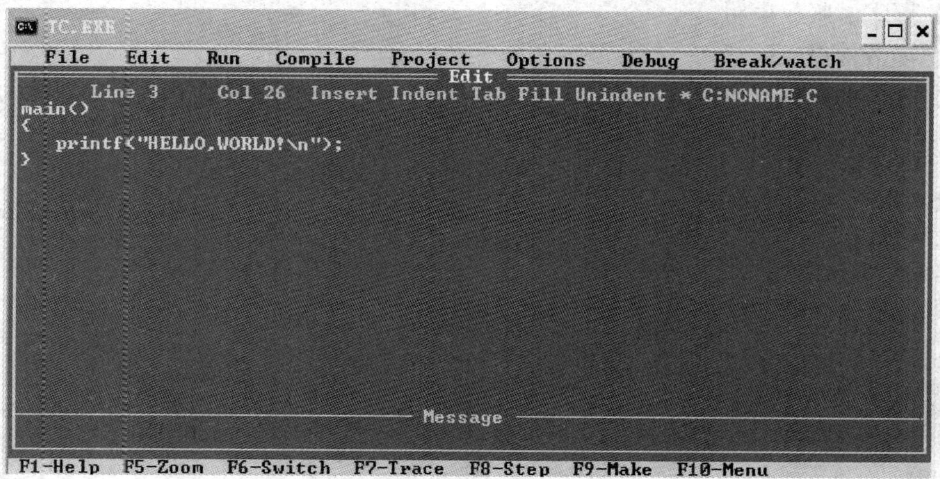

图 1.5　源代码界面

（2）编译和运行程序，运行结果如图 1.6 所示。

图 1.6　运行结果界面

1.2.1　C 语言的编写风格

一个编写规范的程序便于人们阅读、交流与调试。可读性好有助于人们对算法的理解；晦涩难懂的算法易于隐藏错误难以调试和修改。

在此提供几个在程序编写上提高可读性的方法，以帮助读者建立起良好的编写风格。

1. 注释

一份良好的程序，除了程序本身外，最重要是要有一份完整的程序说明文件。一份没有注释的程序，犹如一部天书，常常会让负责维护的程序员，搞不懂原设计者的设计目的。而一份注释完整的程序，除了自己阅读和排错上的方便外，更容易让人读懂。因此，通常我们选择在重要的程序语句后面加上一个注释内容。

C 语言的注释符为/＊ … ＊/。注释通常用于：

（1）版本、版权声明。

（2）函数接口说明。

（3）重要的代码行或段落提示。如图 1.7 所示给出了一个程序注释的示例。

/＊
＊ 函数介绍：
＊ 输入参数：
＊ 输出参数：
＊ 返回值：
＊/
void fun1（int a，int b）
{
  …
}
	if（…）
	{
	  …
	    while（…）
	    {
	      …
	    } /＊ end of while ＊/
	  …
	} /＊ end of if ＊/

图 1.7　程序的注释

2. 空行

空行起着分隔程序段落的作用。恰当的空行将使程序的布局更加清晰。通常，在每个类型声明之后和每个函数定义结束之后都要加空行，如图 1.8（a）所示。在一个函数内部，逻辑上密切相关的语句之间不加空行，其他地方应加空行分隔，如图 1.8（b）所示。

(a) 函数之间的空行	(b) 函数内部的空行

<pre>/* 空行 */
void fun1 (int a, int b)
{
  …
  }
/* 空行 */
void fun2 (int m, int n)
{
  …
}
/* 空行 */
void fun3 (int x, int y)
{
  …
}</pre>
	<pre>/* 空行 */
	 while (…)
	  {
	    statement1;
	    /* 空行 */
	    if (…)
	     {
	        statement2;
	    }
	    else
	     {
	        statement3;
	    }
	     /* 空行 */
	    statement4;
	  }</pre>

图 1.8 空行的使用

3. 代码行

一行代码只做一件事情，例如，只定义一个变量，或只写一条语句。这样的代码容易阅读，并且方便于写注释。if、for、while、do 等语句自占一行，执行语句不得紧跟其后。不论执行语句有多少都要加｛｝，这样可以防止书写失误。

代码行示例如图 1.9 所示，其中（a）为风格良好的代码行示例，（b）为风格不良的代码行示例。

4. 对齐

程序的分界符｛和｝应独占一行并且位于同一列，同时与引用它们的语句左对齐。｛｝之内的代码块在｛右边数格处左对齐。

对齐的应用示例如图 1.10 所示，其中（a）为风格良好的对齐示例，（b）为风格不良的对齐示例。

5. 变量命名

变量是程序中用于记录中间变量、输入值或输出结果的一个内存位置，变量所象征的意义正如同该变量在程序中所代表的意义。如果想要编写一个计算学生成绩的程序，程序中需要用户输入学生学号、语文成绩、英语成绩、数学成绩，最后再计算出3门学科的平均成绩。此时如果程序中的变量声明为：

```
int a;
int b1,b2,b3;
int c;
```

以上的定义没有人会看懂这几个变量所代表的意义，就算在程序之初已注明a是代表学生学号、b1代表语文成绩、b2代表英语成绩、b3代表数学成绩，c代表3门学科的平均成绩，在程序中，也会很容易忘记某变量代表什么。如果把这4个变量声明为：

```
int StudentNum;     /* 学生学号 */
int Chinese;        /* 语文成绩 */
int English;        /* 英语成绩 */
int Math;           /* 数学成绩 */
int Average;        /* 科平均 */
```

这样定义就比较清楚易懂。因为变量的声明通常会在某一个特定的区域（如程序开头），如果在变量之后再加上一些注释说明，这样在编写或修改程序之际，变量声明的区域就像是一个小字典，提供给我们所有在此程序中的输入和输出信息。

(a) 风格良好的代码行	(b) 风格不良的代码行
int width；/* 宽度 */ int height；/* 高度 */ int depth；/* 深度 */	int widt，height，depth；/* 宽度高度深度 */
a=i+j； b=m+n； c=x+y；	a=i+j；b=m+n；c=x+y；

if (x<y)
{
…
}
	if (x<y) {… }

for (…)
{
…
}
/* 空行 */
Other ()；
	for (…) {… }
	Other ()；

图1.9　代码行示例

(a) 风格良好的对齐	(b) 风格不良的对齐

void fun1 (int x)
{
　… /* program code */
}
	void fun1 (int x) {
	　… /* program code */
	}

if (x>y)
{
　… /* program code */
}
else
{
　… /* program code */
}
	if (x>y) {
	　… /* program code */
	}
	else {
	　… /* program code */
	}

for (i=0; i<n; i++)
{
　… /* program code */
}
	for (i=0; i<n; i++) {
	　… /* program code */
	}

while (x>y)
{
　… /* program code */
}
	while (x>y) {
	　… /* program code */
	}

如果出现嵌套的 { }，则使用缩进对齐，比如：
{
　　…
　　{
　　　　…
　　}
　　…
}
	出现嵌套的 { }：
	{
	…
	{
	…
	}
	…
	}

(a) 风格良好的对齐　　　　(b) 风格不良的对齐

图 1.10　对齐的应用示例

1.2.2　C 语言预备知识

1. 指针与引用

指针变量是一种特殊的变量，该变量用来保存一个指针值。定义一个指针变量的格式为：

数据类型符 * 指针变量名称;

其中，数据类型符是指该指针变量可以用来保存相同类型变量的指针。

& 运算符也称为地址运算符，在一个变量前加 & 运算符，表示该变量的指针；* 运算符称为指针运算符，在一个指针变量前加 *，表示该指针所指向的内存单元的值。也就是说，指针变量保存的是一个内存的起始地址值，指针变量加 * 后表示该地址对应的存储单元的值。

C 语言规定，指针变量也可以定义为 void 型。例如：

```
void *p;
```

这里 p 仍然是一个指针变量，有自己的内存空间，占用 2 个字节。但是不指定 p 指向哪种类型的变量。下面的例子是利用指针变量存取数组的一个元素。

```
main( )
{
  int a[3] = {1,2,3}, * p;
  p = &a[2];
  printf(" * p = %d", * p);
}
```

程序运行结果为：

```
* p = 3
```

在这个例子中，指针变量 p 存放的是数组元素 a［2］的地址，因此用 * 操作符取其对应的内存内容时，得到整数 3。

引用就是某一变量（目标）的一个别名，对引用的操作与对变量直接操作完全一样。

引用的声明方法：类型标识符 & 引用名＝目标变量名。例如：

```
int a;
int &b = a;        /* 定义引用 b,它是变量 a 的引用,即别名 */
```

说明：

（1）& 在此不是求地址运算，而是起标识作用。

（2）类型标识符是指目标变量的类型。

（3）声明引用时，必须同时对其进行初始化。

（4）引用声明完毕后，相当于目标变量名有两个名称，即该目标原名称和引用名，而且不能再把该引用名作为其他变量名的别名。例如：

b＝1；等价于 a＝1；

（5）声明一个引用，不是新定义了一个变量，它只表示该引用名是目标变量名的一个别名，其本身不是一种数据类型，因此引用本身不占存储单元，系统也不给引用分配存储单元。故对引用求地址，就是对目标变量求地址。&b 与 &a 相等。

（6）不能建立数组的引用。因为数组是一个由若干个元素所组成的集合，所以无法建立一个数组的别名。

（7）不能建立引用的引用，不能建立指向引用的指针。因为引用不是一种数据类型，所以没有引用的引用，没有引用的指针。例如：

```
int n;
int &&m = n;     /* 错误,编译系统把 int & 看成一体,把 &m 看成一体,即建立了引用的引用,* 用的对
                    象应当是某种数据类型的变量 */
int & * p = n;   /* 错误,编译系统把 int & 看成一体,把 * p 看成一体,即建立了指向引用的指针,指
                    针只能指向某种数据类型的变量 */
```

（8）值得一提的是，可以建立指针的引用。例如：

```
int * p;
int * &q = p;    /* 正确,编译系统把 int * 看成一体,把 &q 看成一体,即建立指针 p 的引用,即给指针
```

p起别名q */

2. 结构体

结构体（struct）是由一系列具有相同类型或不同类型的数据构成的数据集合，也叫结构。

但在C语言中，可以定义结构体类型，将多个相关的变量包装成为一个整体使用。在结构体中的变量，可以是相同、部分相同或完全不同的数据类型。但在C语言中，结构体不能包含函数。在面向对象的程序设计中，对象具有状态（属性）和行为，状态保存在成员变量中，行为通过成员方法（函数）来实现。C语言中的结构体只能描述一个对象的状态，不能描述一个对象的行为。

C语言中引入结构体的主要目的是为了将具有多个属性的事物作为一个逻辑整体来描述，从而允许扩展C语言数据类型。作为一种自定义的数据类型，在使用结构体之前，必须完成其定义。结构体定义的语法形式如下：

```
struct 结构体标识符
{
    成员变量列表;
    …
};
```

其中，struct为系统关键字（keyword），说明当前定义一个新的结构体类型。结构体标识符遵循C语言标识符命名规则。在｛｝之间通过分号分割的变量列表称为成员变量（structure member），用于描述此类事物的某一方面特性。成员变量可以为基本数据类型（如int、float）、数组和指针类型，也可以为结构体。由于不同的成员变量分别描述事物某一方面的特性，因此成员变量不能重名。

为了描述三维世界中的坐标点，可以定义结构体struct Point如下：

```
struct Point
{
    double x;                    /* x坐标 */
    double y;                    /* y坐标 */
    double z;                    /* z坐标 */
};
```

描述三维世界中的直线信息可以用结构体struct Line如下：

```
struct Line
{
    struct Point StartPoint;         /* 起始点 */
    struct Point EndPoint;           /* 结束点 */
};
```

结构体struct Line两个成员变量均为struct Point类型。

1.3 实例：数组元素排序

【实例目的】

了解算法的特性，掌握算法的时间复杂度及空间复杂度，熟悉算法的评价标准。

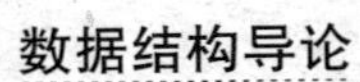

【实例内容】

假设有一个数组 a，包括 n 个整数类型的数据元素，求该数组从小到大的顺序进行排列的时间复杂度。

【实例步骤】

启动 TC 快捷方法，输入 Time Complexity 的 C 语言应用程序代码。为了使读者更清楚地了解程序的执行过程，下面给出编辑、编译和运行的具体步骤。

（1）编辑程序。在 Turbo C 2.0 编译界面中按 Alt+F 键，选择 New，然后输入源程序，如图 1.11 所示。

```
TC.EXE
  File   Edit   Run   Compile   Project   Options   Debug   Break/watch
                                  Edit
      Line 1     Col 1    Insert Indent Tab Fill Unindent    C:TIME-C~1.C
void sort(int a[],int n)
{
   int i,j,flag=1;
   int  temp;
   for (i=1;i<n&&flag==1;i++)
   {
      flag=0;
      for(j=0;j<n-i;j++)
      {
         if (a[i]>a[j+1])
         {
             flag=1;
             temp=a[j];
             a[j]=a[j+1];
             a[j+1]=temp;
         }
      }
   }
                              Message
 F1-Help  F5-Zoom  F6-Switch  F7-Trace  F8-Step  F9-Make  F10-Menu
```

图 1.11　源代码界面

分析：这个算法的时间复杂度与待排序数据的不同而不同。如果某一次排序过程中没有任何两个数组元素交换位置，则因 flag=0 不满足循环条件而使最外层的循环结束，元素排序完成。但是，在最坏的情况下，每次排序过程中都至少有两个数组元素交换位置，因此，应按最坏的情况计算该算法的时间复杂度。

设基本语句的执行次数为 f(n)，最坏情况有 $f(n)\approx 4(n-1)[(n-1)+1]/2=2n^2-2n$。

所以该算法的时间复杂度为：$T(n)=f(n^2)$。

（2）编译和运行程序，运行结果如图 1.12 所示。

图 1.12　运行结果界面

【实例相关知识点】

我们知道，算法与数据结构和程序的关系非常密切。进行程序设计时，先确定相应的数据结构，然后再根据数据结构和问题的需要设计相应的算法。由于篇幅所限，下面只从算法的特性、算法的评价标准和算法度量及分析等 3 个方面进行介绍。

1.3.1 算法的特性

算法（Algorithm）是对某一特定类型的问题的求解步骤的一种描述，是指令的有限序列。其中的每条指令表示一个或多个操作。一个算法应该具备以下 5 个特性：

1. 有穷性（Finity）

一个算法总是在执行有穷步之后结束，即算法的执行时间是有限的。

2. 确定性（Unambiguousness）

算法的每一个步骤都必须有确切的含义，即无二义，并且对于相同的输入只能有相同的输出。

3. 输入（Input）

一个算法具有零个或多个输入，它是在算法开始之前给出的量。这些输入是某数据结构中的数据对象。

4. 输出（Output）

一个算法具有一个或多个输出，并且这些输出与输入之间存在着某种特定的关系。

5. 可行性（realizability）

算法中的每一步都可以通过已经实现的基本运算的有限次运行来实现。

1.3.2 算法的评价标准

对于一个特定的问题，采用的数据结构不同，其设计的算法一般也不同，即使在同一种数据结构下，也可以采用不同的算法。那么，对于解决同一问题的不同算法，选择哪一种算法比较合适，以及如何对现有的算法进行改进，从而设计出更适合于数据结构的算法，这就是算法评价的问题。评价一个算法优劣的主要标准如下：

1. 正确性（Correctness）

算法的执行结果应当满足预先规定的功能和性能的要求，这是评价一个算法的最重要也是最基本的标准。算法的正确性还包括对于输入、输出处理的明确且无歧义的描述。

2. 可读性（Readability）

算法首先是为了人阅读和交流，其次才是机器的执行。一个算法应当思路清晰、层次分明、简单明了、易读易懂。即使算法已转变成机器可执行的程序，也需要考虑人能较好地阅读理解。同时，一个可读性强的算法也有助于对算法中隐藏错误的排除和算法的移植。

3. 健壮性（Robustness）

一个算法应该具有很强的容错能力，当输入不合法的数据时，算法应当能做适当的处理，避免引起严重的后果。健壮性要求表明算法要全面细致地考虑所有可能出现的边界情况和异常情况，并对这些边界情况和异常情况做出妥善的处理，尽可能地使算法没有意外情况发生。

4. 时间效率（Running Time）

运行时间是指算法在计算机上运行所花费的时间，它等于算法中每条语句执行时间的总和。对于同一个问题，如果有多个算法可供选择，应尽可能选择执行时间短的算法。一般来说，执行时间越短，性能越好。

5. 空间存储量需求（Storage Space）

占用空间是指算法在计算机上存储所占用的存储空间，包括存储算法本身所占用的存储空间、算法的输入及输出数据所占用的存储空间和算法在运行过程中临时占用的存储空间。算法占用的存储空间是指算法执行过程中所需要的最大存储空间，对于一个问题，如果有多个算法可供选择，应尽可能选择存储量需求低的算法。实际上，算法的时间效率和空间效率经常是一对矛盾，相互抵触。要根据问题的实际需要进行灵活处理，有时需要牺牲空间来换取时间，有时需要牺牲时间来换取空间。

1.3.3 算法度量及分析

对于一个问题可以有多种算法，如将在第 5 章介绍的排序有多达 8 种算法。那么如何来衡量哪种算法最有效？或者优于目前已知的算法呢？人们一般从两个方面来衡量。一个是时间效率，即算法处理数据时所花费的时间，用时间复杂度来表示；一个是空间效率，即算法所需求的存储量的大小，用空间复杂度来表示。但二者往往有冲突，不能同时兼顾，一般取时间效率，时间效率被认为更重要一些。

1. 时间复杂度分析

对于解决同一个问题的算法，执行时间短的显然比执行时间长的时间效率高，即执行时间短的算法比执行时间长的算法时间复杂度要低。那么算法执行时间的长短如何度量呢？一种方法是编制一个程序实现这个算法，然后输入不同的数据运行这个程序，测定该程序运行的时间被称为事后统计法。这种方法的缺陷非常明显：一是必须编制程序和运行程序，非常耗费时间，也比较麻烦；二是受到的约束条件比较多，比如运行程序的计算机软硬件条件、使用的编程语言等，这些有时会掩盖算法本身的优劣。

另一种方法是分析算法运行的时间，称为事前分析法。它不上机运行依算法编制的程序，而是分析影响算法执行时间的各种因素，从而估算出算法执行的时间。其中，一个最重要的因素是输入算法的数据量（称为问题规模）。例如，一个查找单词的算法，在 100 个单词中查找某个单词与在 10 万个单词中查找某个单词所花费的时间肯定是不同的。因此，一个算法的执行时间 T 可被表示为问题规模 n 的一个函数 T(n)。

除了问题规模以外，实现算法的程序设计语言、源程序编译后产生的机器代码的质量、机器执行指令的速度等都会影响算法的执行时间。因此，不可能将 T(n) 表达为算法实际执行的时间。一般用算法中语句被执行的次数来表示算法的时间效率（算法的时间复杂度）。可用下面的例子来说明。

[例 1.5] 下面的算法用来求 1＋2＋3＋…＋n，试分析算法的时间复杂度。

```
int Sum1 (int n)
{
(1)  int i,sum = 0;
(2)  for(i = 0;i<n;i++)
```

```
(3)     sum = sum + i;
(4)   return sum;
  }
```

以上语句（1）被执行了 1 次，语句（2）被执行了 n+1 次，语句（3）被执行了 n 次，语句（4）被执行了 1 次。因此，该算法执行的时间复杂度为 T(n)＝2n+3，并且随着问题规模 n 的增长，T(n) 也随 n 成比例增长，因此，称 T(n) 是 n 数量级的。

［例 1.6］　下面是求 1+2+3+…+n 的另一个算法，试分析算法的时间复杂度。

```
int Sum2 (int n)
{
(1)   int sum = 0;
(2)   sum = (1 + n) * n/2;
(3)   return sum;
  }
```

以上语句（1）被执行了 1 次，语句（2）被执行了 1 次，语句（3）被执行了 1 次。因此，该算法执行的时间复杂度为：T(n)＝3，它不随输入数据量 n 的增长而增长，因此，称 T(n) 是常量级的。

通过这两个例子可以看出，虽然用算法中语句执行的次数并不能精确地描述算法的时间复杂度，然而当两个算法的语句执行次数相差较大时，可以明确地说：例 1.6 的算法比例 1.5 的算法运行快。

那么，是否有必要精确计算算法中语句的执行次数呢？肯定是没有必要的。因为在有些情况下很难精确计算出语句执行的次数，在另外一些情况下又没有必要精确计算语句执行的次数。只需要知道 T(n) 是什么数量级的就足够了。例如，$T(n)=n^2+10n+100$，当 n>100 时，第 1 项所占比重较大，第 2 项次之，第 3 项可以忽略；当 n>1000 时，第 1 项占绝对多数，第 2 项和第 3 项都可以忽略。因此，常忽略一些次要语句的执行次数，只对那些重要的语句和执行最频繁的语句进行计数，同时对计算结果中的次要项也予以忽略，只保留主要项，给出数量级，这种表示方式就是渐进时间复杂度。渐进时间复杂度通常用“大 O”表示法来表示。下面就给出大 O(Order 的缩写）的具体定义。

当且仅当存在正整数 c 和 N，使得对所有的 n≥N，有 T(n) ≤cf(n) 成立，则称 T(n) 是 O(f(n))，记为 T(n)＝O(f(n))，即算法的渐进时间复杂度的大 O 表示为 T(n)＝O(f(n))。渐近时间复杂度常简称为时间复杂度。

O 表示随问题规模 n 的增加，算法的时间复杂度 T(n) 与函数 f(n) 具有相同的数量级。例如，对于例 1.5，T(n)＝O(n)，即 T(n) 是 n 数量级的。因为当 n≥2 时，有 f(n) ≤5n，所以可选 N＝2，c＝5。

2. 常见的时间复杂度

（1）常量阶。算法的时间复杂度为常量，它不随问题规模 n 的大小而改变。记为 T(n)＝O(1)。

［例 1.7］　求以下算法的时间复杂度。

```
void print( )
{
```

```
    int i = 30;
    i++;
    printf("%d", i);
}
```

算法的重要语句为 i++，它与问题的规模 n 无关，因此算法的时间复杂度为 T(n)=O(1)。

(2) 线性阶。算法的时间复杂度与问题规模 n 成线性关系。记为 T(n)=O(n)。

[例 1.8] 求以下计算 Fibonacci 数列算法的时间复杂度。

```
void fibonacci (int n)
{
    int fn,f0,f1,i;
    f0 = 0;
    f1 = 1;
    for(i = 2; i <= n; i++)
    {
        fn = f0 + f1;
        printf("%d\t",fn);
        f0 = f1;
        f1 = fn;
    }
}
```

算法的重要语句为 fn=f0+f1，其执行次数 $f(n)=n-1\leqslant n$，因此算法的时间复杂度为 T(n)=O(n)。

(3) 平方阶和立方阶。算法的时间复杂度与问题规模 n 成平方或立方关系。记为 $T(n)=O(n^2)$ 或 $O(n^3)$。

[例 1.9] 求以下算法的时间复杂度。

```
void sum (int n)
{
    int i, j;
    int temp, s = 0;
    for(i = 1;i <= n;i++)
    {
        temp = 1;
        for(j = 1; j <= i; j++)
            temp * = j;
        s + = temp;
        printf("%d\t", s);
    }
}
```

算法的重要语句为 tmp *=j，其执行次数 $f(n)=1+2+\cdots+n=n(n+1)/2\leqslant n^2$，因此算法的时间复杂度为 $T(n)=O(n^2)$。

(4) 对数阶。算法的时间复杂度与问题规模 n 成对数关系，通常以 2 为底。记为 $T(n)=O(\log_2 n)$。

[例 1.10] 求以下算法的时间复杂度。

```
void print (int n)
{
    int i;
    for(i = 1; i <= n; i * = 2)
    printf(" %d\t",i);
}
```

算法的重要语句为 printf("%d \ t", i)，对执行次数 f(n)，有 $2^{f(n)}\leqslant n$，即 $f(n)\leqslant \log_2 n$，因此算法的时间复杂度为 $T(n)=O(\log_2 n)$。

(5) 其他。算法的时间复杂度还有指数阶 $O(2^n)$，阶乘阶 $O(n!)$ 等。

按数量级递增排列，常见的时间复杂度有：常数阶 $O(1)$、对数阶 $O(\log_2 n)$、线性阶 $O(n)$、线性对数阶 $O(n\log_2 n)$、平方阶 $O(n^2)$、立方阶 $O(n^3)$、…、k 次方阶 $O(n^k)$、指数阶 $O(2^n)$、阶乘阶 $O(n!)$、$O(n^n)$。显然，随着问题规模 n 的不断增大，上述时间复杂度不断增大，算法的执行效率越低。

3. 最坏情况下的时间复杂度

对于有些算法来说，时间复杂度除了与问题规模 n 有关以外，还与算法的输入项有关。可用下面的例子加以说明。

[例 1.11] 以下为计算 n 个元素的最大值的算法，试计算它的时间复杂度。

```
int max (int a[], int n)
{
    int i,m;
    m = a[0];
    for(i = 1;i < n;i ++ )
        if(a[i]> m)
            m = a[i];
    return m:
}
```

算法的关键操作为 m=a[i]，其执行的次数与输入的 n 个元素有关。如果第一个元素即为最大值，则执行次数为 0，时间复杂度为 $O(1)$，称为最好情况下的时间复杂度；如果最后一个元素为最大值，则执行次数为 n−1 次，时间复杂度为 $O(n)$，称为最坏情况下的时间复杂度；如果最大值出现的位置是随机的（等概率情况下），则执行次数为 n/2 次，时间复杂度 $O(n)$，称为平均情况下的时间复杂度。一般不作特别说明的话，通常取最坏情况下的时间复杂度，即 $O(n)$。

4. 空间复杂度分析

与时间复杂度类似，算法的空间复杂度（Space Complexity）是对一个算法在运行过程中临时占用存储空间大小的量度。记作：$S(n)=O(f(n))$。

一般所讨论的是除正常占用内存开销外的辅助存储单元规模。讨论方法与时间复杂度类似，在此不再赘述。

·本章小结·

数据项是具有独立含义的最小标识单位，有时也称域或字段，其数据可以是一个原子类型，也可以是结构类型。

数据元素是数据的一个基本单位，在计算机程序中通常作为一个整体进行考虑和处理。数据元素有时也被称为元素、结点、顶点、记录等，它通常由若干个数据项组成。

数据结构（Data Structure）是指数据元素之间存在着的一种或多种特定关系的集合，它包括数据的逻辑结构、数据的存储结构、数据的运算 3 个方面的内容。从逻辑上讲，数据有集合结构、线性结构、树结构和图结构 4 种。从物理实现上讲，数据有顺序结构、链式结构、索引结构和散列结构 4 种。从理论上讲，任一种数据逻辑结构都可以用任何一种存储结构来实现。

数据类型有两种，即原子类型（如整型、字符型、实型、布尔型等）和结构类型，原子类型不可再分解，结构类型由原子类型或结构类型组成。

在集合结构中，不考虑数据之间的任何关系，它们处于无序的、各自独立的状态。在线性结构中，数据之间是一对一的关系。在树结构中，数据之间是一对多的关系。在图结构中，数据之间是多对多的关系。

算法的评价指标主要为正确性、可读性、健壮性、时间效率和空间存储量需求 5 个方面。时空效率就是时间复杂度和空间复杂度。

第2章 线 性 表

内容提要及教学目标

本章从一个“银行排队”应用案例入手，介绍了C语言程序中的线性表的类型定义和线性表的基本运算，进而对线性表中所涉及的顺序存储和链式存储分别进行介绍。通过本章的学习，读者应该掌握以下内容：

- 在C语言中如何定义线性表的结构。
- 深刻理解线性表的顺序存储结构的特点、类型描述。
- 深刻理解线性表的链式存储结构的特点、类型描述。
- 熟练掌握线性表中两种方法的插入、删除、查找操作的算法实现。

本章重点及难点

理解线性表的定义，掌握线性表的顺序存储、链式存储结构、顺序表中插入、删除、查找操作的算法实现。

2.1 实例:“银行排队”顺序存储

【实例目的】

(1) 掌握顺序表的基本操作。

(2) 掌握线性表中插入、删除操作的算法实现。

【实例内容】

假定一个银行有k个窗口对外接待业务，从早晨银行开门起不断有客户进入。客户来到银行时，如果所有的窗口都处于忙碌状态，则客户需排在队尾等待，直到k个窗口的其中之一能为其服务。同样，当有多个窗口处于空闲状态，现有一个客户到达，则指定等待最长的窗口为其服务。

【实例步骤】

1. 构成事件

(1) 客户到达事件。

(2) 客户离开事件。

2. 分析

(1) 客户到达事件：客户自动获得顺序号，首先检查有无空闲的窗口，有则该客户获得服务，并打印“该顺序号客户在 i 号柜台得到服务”的信息；无则排到队尾等候。

(2) 客户离开事件：用命令 i 表示，i 为 1～k 之间的数，表示客户刚才是在 i 号柜台完成服务。检查有无等待服务的客户，有则排在队首的客户得到服务，并打印“×××号客户在 i 号柜台得到服务”的信息；无则该号柜台处于空闲状态。

(3) 结束模拟。实现界面如图 2.1 所示。

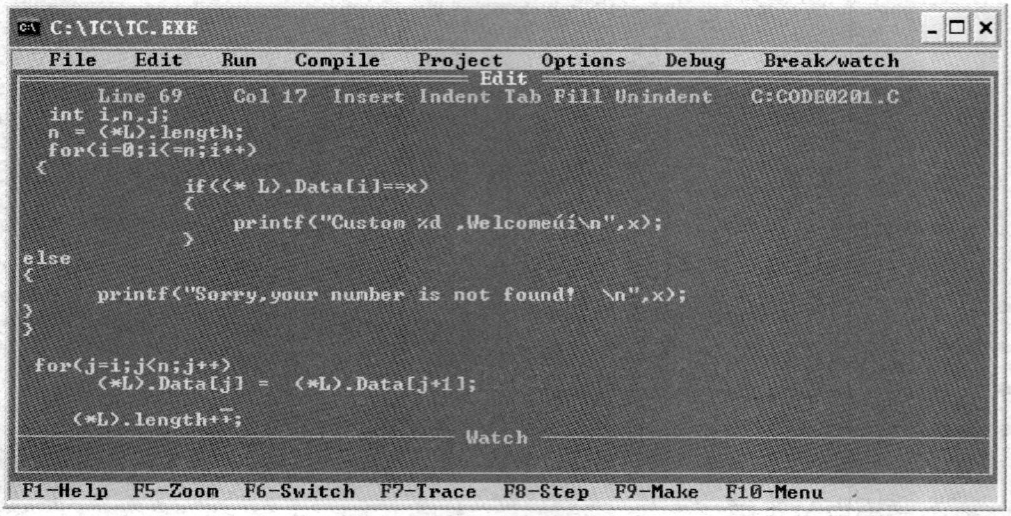

```
C:\TC\TC.EXE
 File   Edit   Run   Compile   Project   Options   Debug   Break/watch
                                   Edit
     Line 69    Col 17  Insert Indent Tab Fill Unindent    C:CODE0201.C
  int i,n,j;
  n = (*L).length;
  for(i=0;i<=n;i++)
 {
            if((* L).Data[i]==x)
            {
                printf("Custom %d ,Welcomeúí\n",x);
            }
else
{
     printf("Sorry,your number is not found!  \n",x);
}
}

 for(j=i;j<n;j++)
     (*L).Data[j] =  (*L).Data[j+1];

   (*L).length++;
                                   Watch
F1-Help  F5-Zoom  F6-Switch  F7-Trace  F8-Step  F9-Make  F10-Menu
```

图 2.1　顾客到达与离开界面

运行结果界面如图 2.2 所示。

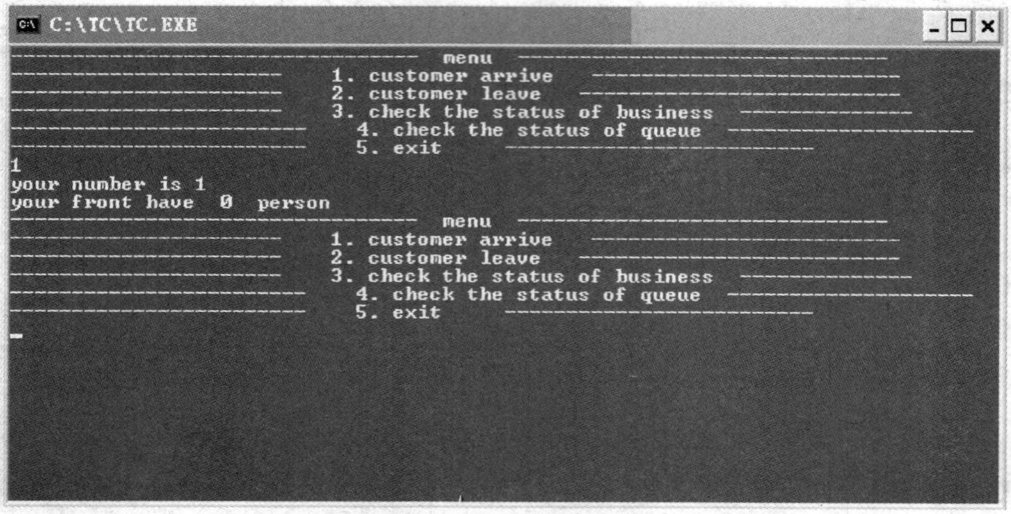

```
C:\TC\TC.EXE
---------------------- menu ----------------------
----------------------  1. customer arrive  ----------------------
----------------------  2. customer leave  ----------------------
----------------------  3. check the status of business  ----------------------
----------------------  4. check the status of queue  ----------------------
----------------------  5. exit  ----------------------
1
your number is 1
your front have  0  person
---------------------- menu ----------------------
----------------------  1. customer arrive  ----------------------
----------------------  2. customer leave  ----------------------
----------------------  3. check the status of business  ----------------------
----------------------  4. check the status of queue  ----------------------
----------------------  5. exit  ----------------------
_
```

图 2.2　运行结果界面

2.1.1 线性表的定义

线性表是n(n≥0)个数据元素的有序系列。线性结构的特点：数据元素之间是一种线性关系，数据元素“一个接一个地排列”。在一个线性表中，数据元素的类型是相同的，或者说线性表是由同一类型的数据元素构成的线性结构。例如，13张扑克牌排列起来便可看成是一个线性表。

(2, 3, 4, 5, 6, 7, 8, 9, 10, J, Q, K, A)

每一张牌是一个数据元素。例如，一个星期7天。

(星期日，星期一，星期二，星期三，星期四，星期五，星期六)

这也是一个线性表，表中的数据元素是星期中一天的名称。

线性表是具有相同数据类型的n(n≥0)个数据元素的有限序列，通常记为：

$$(a_0, a_1, \cdots a_{i-1}, a_i, a_{i+1}, \cdots a_{n-1})$$

其中，n为表长，n=0时称为空表。

表中相邻元素之间存在着顺序关系。除表中第一个和最后一个外，有且仅有一个直接前趋，有且仅有一个直接后继。将 a_{i-1} 称为 a_i 的直接前趋，a_{i+1} 称为 a_i 的直接后继。就是说：对于 a_i，当 i=1，2，…n−1 时，有且仅有一个直接前趋 a_{i-1}，当 i=0，1，2，…n−2 时，有且仅有一个直接后继 a_{i+1}，而 a_0 是表中第一个元素，它没有前趋，a_{n-1} 是最后一个元素，且无后继。其中 a_i 为序号为 i 的数据元素（i=0，1，2，…n−1），通常我们将它的数据类型抽象为DataType。DataType根据具体问题而定，如在学生情况信息表中，它是用户自定义的学生类型；在字符串中，它是字符型等。

综上所述，线性表中的数据元素虽然是各种各样的，但有以下3个共同点：

(1) 同一性，同一线性表中的数据元素具有相同的类型。

(2) 有穷性，线性表中数据元素的个数是有限的。

(3) 有序性，线性表中相邻数据元素之间存在顺序关系，除去头、尾元素以外，其他元素都只有唯一的直接前趋和直接后继。

2.1.2 线性表的基本操作

线性表每一个操作的具体实现只有在确定了线性表的存储结构之后才能完成。对线性表中的数据不仅可以进行访问，还可以进行插入和删除操作。对于线性表进行的基本操作有如下几种：

(1) 线性表的初始化：构造一个空的线性表。

(2) 求线性表的长度：获得线性表中所含元素的个数。

(3) 插入：在线性表的第i个元素前，插入一个新的数据元素。

(4) 删除：删除线性表中第i个数据元素。

(5) 查找：在线性表中查找满足某种条件的数据元素，如找出某个数据项具有给定值的数据元素。

(6) 排序：对线性表中的数据元素按其中一个数据项的值（如关键字）递增或递减的次序重新进行排列。

在计算机中表示线性表最简单的办法是顺序存储结构，用一组地址连续的存储单元依次存放线性表中的数据元素，这就是线性表的顺序分配。线性表中的数据元素一个紧接一个地依次存放在某个存储区域中。

假设线性表中的每个数据元素需占用 1 个存储单元，并以所占的第一个单元的存储地址作为数据元素的存储位置，则第 i 个数据元素的存储位置为：

$$Loc(a_i)=Loc(a_0)+i*1$$

其中 $Loc(a_0)$ 线性表的第一个数据元素 a_0 的存储位置，通常称为线性表的起始位置或者称作首地址，如图 2.3 所示。

存储地址	内存状态	元素在线性表中的次序
Loc (a_0)	a_0	0
Loc (a_0) +1	a_1	1
…	…	…
Loc (a_0) + i*1	a_i	i
…	…	…
Loc (a_0) + (n-1) *1	a_n-1	n-1

图 2.3　线性表的顺序存储结构示意图

顺序存储结构的特点是：表中逻辑上相邻的数据元素存储在相邻的存储位置。换句话说，就是以元素在计算机内“物理位置相邻”来表示线性表中数据元素之间的逻辑关系。对于这种存储方式，只要确定了存储线性表的起始位置，线性表中任一数据元素都可以随机存取，因此线性表的顺序存储结构是一种随机存取的存储结构。

线性表的这种存储结构，可以用高级语言层中的一维数组来描述，数组的下标看成是线性表中元素的相对地址。数组的类型依据数据元素的性质而定。

在线性表的顺序存储结构中，线性表的某些操作容易实现。下面着重讨论线性表的插入和删除操作。

1. 线性表的插入

线性表的插入操作是指在线性表的第 i 个数据元素之前插入一个新的数据元素 x，使长度为 n 的线性表

$$(a_0，a_1，\cdots a_{i-1}，a_i，a_{i+1}，\cdots a_{n-1})$$

变成长度为 n+1 的线性表

$$(a_0，a_1，\cdots a_{i-1}，x，a_i，a_{i+1}，\cdots a_n)$$

数据元素 a_{i-1} 和 a_i 之间的逻辑关系发生了变化。在线性表的顺序存储结构中，由于逻辑上相邻的数据元素在物理位置上也是相邻的，因此，除非 i=n，否则必须移动元素才能反映这个逻辑关系的变化。

一般情况下，在第 $i(0\leqslant i\leqslant n-1)$ 个元素之前插入一个元素时，需将第 i 至第 n－1（共 n－i）个元素向后移动一个位置。

在顺序表插入算法中，p 是指针变量，指向存放表长的变量 n。插入成功，函数返回值为 1，否则函数返回值为 0，算法如下：

```
int InsList(int i, int x, int v[], int *p)
{ /* 在顺序存储结构的线性表 v 中,第 i 个数据元素之前插入数据元素 x, */
  /* p 为指向存放表长的变量 n 的指针变量. */
    int j, n;
```

```
    n = *P;
    if((i<0)|(i>n-1))
        return(0);
    else
    {
         for(j=n-1;j>i;j--) v[j]=v[j-1];
         v[j]=x;
          *P= ++n;
        return(1);
    }
}
```

2. 线性表的删除

线性表的删除是指将表中第 i(0⩽i⩽n－1) 个数据元素删去，使长度为 n 的线性表

$$(a_0，a_1，\cdots a_{i-1}，a_i，a_{i+1}，\cdots a_{n-1})$$

变成长度为 n－1 的线性表

$$(a_0，a_1，\cdots a_{i-1}，a_{i+1}，\cdots a_{n-2})$$

数据元素 a_{i-1}、a_i和 a_{i+1}之间的逻辑关系发生了变化。在线性表的删除操作中，同样需要移动元素。一般情况下，删除第 i（0⩽ i ⩽n－1）个元素时，需将第 i＋1 至第 n－1（共 n－i）个元素向前移动一个位置。

```
int DelList(int i, int v[], int *p)
{ /* 在顺序存储结构的线性表 v 中,将第 i 个数据元素删除, */
    int j, n;
    n = *p;
    if((i<0)||(i>n-1))
        return(0);
    else
    {
        for(j=i+1;j<n;j++) v[j-1]=v[j];
         *p=--n;
        return(1);
    }
}
```

对线性表的运算可能还有很多，例如，把两个或两个以上的线性表合并成为一个线性表，复制一个线性表等。另外，在实际应用中，针对不同应用问题中所使用的线性表，所需进行的运算并不一定相同。因此我们不可能事先定义好所有的组合运算，只能给出一些最基本的运算。

在顺序表中插入或删除一个元素时，其时间主要耗费在移动数据元素上。元素的移动次数不仅与具体位置上插入或删除的概率有关，而且还与插入或删除的位置本身有关，在表头附近进行插入元素比在表尾附近进行插入元素的移动次数要多一些。因此，一般不分析进行一个具体插入或删除操作时元素的移动次数，而是关注实施这些操作时元素的平均移动次数。

假定在任何位置上插入都是等概率的，如果在每个元素之前插入元素的概率为$\frac{1}{n+1}$，

在表中第 i(1≤i≤n－1）个元素之前插入一个结点的移动次数为 n－(i －1)，则在长度为 n 的线性表中插入一个元素所需移动元素平均次数为：

$$E=\sum_{i=1}^{n-1}\frac{1}{n+1}\ (n-i+1)\ =\frac{n}{2}$$

假定在任何位置上删除都是等概率的，则删除任一个元素的概率为$\frac{1}{n}$，删除第 i 个元素的元素移动次数为 n－i，则在长度为 n 的线性表中删除一个元素所需移动元素平均次数为：

$$E=\sum_{i=1}^{n}\frac{1}{n}\ (n-i)\ =\frac{n-1}{2}$$

因此，在顺序表上，每插入或删除一个元素平均需要移动表中一半元素。当 n 较大时，算法的效率较低，因此一般用于表不大或插入、删除不频繁的情况。

2.2 实例："学生健康登记表"链式存储

【实例目的】

(1) 掌握单链表的基本操作。

(2) 掌握单链表中插入、删除、查找操作的算法实现。

【实例内容】

某学校在给学生体检之前，需要进行健康情况登记，每个学生录入的信息项包含姓名、学号、性别、年龄、班级及健康情况。在登记的过程中，不要求按照学生的学号顺序登记。登记的时候，将学生的健康情况按学号插入到链表中。在该链表中，提供各种基本的数据操作，能够删除、修改及查询指定学号的记录信息。

【实现步骤】

源程序实现界面如图 2.4 所示。

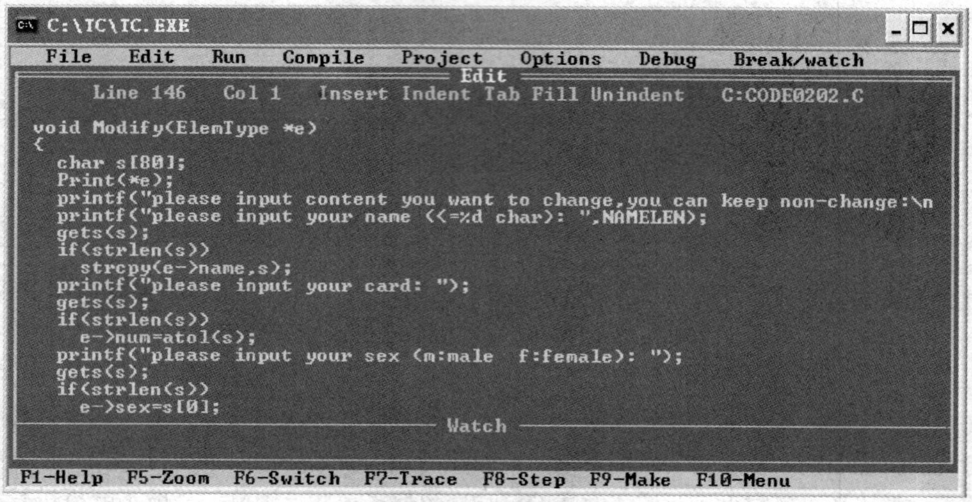

```
C:\TC\TC.EXE
File  Edit  Run  Compile  Project  Options  Debug  Break/watch
                              Edit
     Line 146   Col 1   Insert Indent Tab Fill Unindent   C:CODE0202.C

void Modify(ElemType *e)
{
   char s[80];
   Print(*e);
   printf("please input content you want to change,you can keep non-change:\n
   printf("please input your name (<=%d char): ",NAMELEN);
   gets(s);
   if(strlen(s))
     strcpy(e->name,s);
   printf("please input your card: ");
   gets(s);
   if(strlen(s))
     e->num=atol(s);
   printf("please input your sex (m:male  f:female): ");
   gets(s);
   if(strlen(s))
     e->sex=s[0];
                              Watch
F1-Help  F5-Zoom  F6-Switch  F7-Trace  F8-Step  F9-Make  F10-Menu
```

图 2.4　源程序界面

运行结果界面如图 2.5 所示。

```
C:\TC\TC.EXE
1:insert the fields of the struct array into link list by card non-sequence
2:insert  the fields of file into link list  by card non-sequence
3:please input new fields, insert  the fields of file into link list
4:delete first fields by getting card
5:delete first fields by getting name
6:change first fields by getting card
7:change first fields by getting name
8:find first fields by getting card
9:find first fields by getting name
10:show all fields 11:save all fields to file  12:Over
please choice operation order: _
```

图运行 2.5　运行结果界面

2.2.1　单链表的定义

由于顺序表要求用连续的存储单元顺序存储线性表中各元素，因此，对顺序表插入、删除需要通过移动数据元素来实现，影响了运行效率。本节介绍线性表链式存储结构，不再用连续的单元来存储表元素，因而在执行插入或删除运算时，无须移动元素，只要修改指针即可。但由于在每个单元中设置的指针表示元素之间的逻辑关系，因而增加了额外的存储空间。

在顺序分配的存储结构中，由于元素是连续密集存放的，则元素之间的后续关系是自然形成的，即第 i 个元素的后继元素必然在第 i+1 个元素中，而链式存储无此特性。因此，为了表示元素间的逻辑关系，除了存储数据元素的值之外，还必须存储指示后继元素的“信息”，这样两部分信息组成一个结点，一个结点由两个域组成：存放数据元素信息的数据域和存放直接后继结点存储位置的指针域，指针域中存储的信息称作指针或链。用指针相连接的结点序列称为链表。一个结点表示线性表中一个元素，如此 n 个结点的序列构成一个链表，称为线性表的链式存储结构。单链表的结点结构如图 2.6 所示。

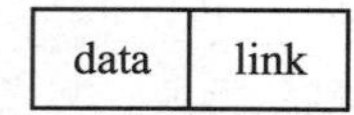

图 2.6　单链表的结点结构

链表的结点定义如下：

```
typedef struct node
{
    DataType data;
    struct node * link;
} Node;
```

通常把单链表画成有序的结点序列，连接用箭头代表，如图 2.7 所示。为了指示单链表中的第一个结点，需要另设头指针 head，它的值为第一个结点的地址；为了标识单链表中最后一个数据元素，需要在最后一个结点中设置一个特殊的指针，即空指针 NULL（在图上用∧表示），表明此表到此结束。

注意，单链表中各结点实际上并非处于按顺序排列的位置，各结点的位置可随不同的运行而有所不同。

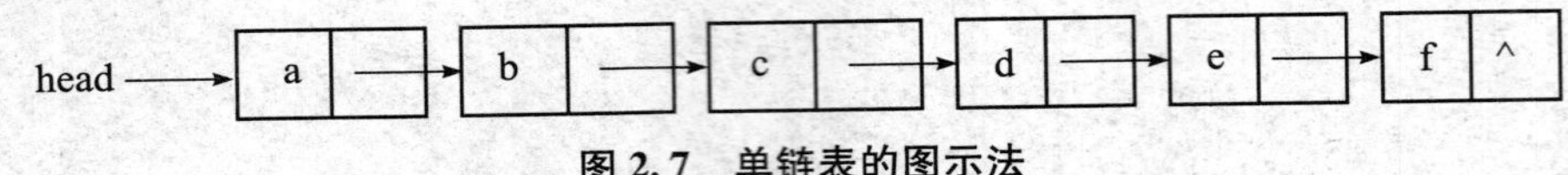

图 2.7 单链表的图示法

在单链表中，每个元素的存储位置都包含在其直接前趋结点的信息之中。假设 p 是指向单链表中第 i 个数据元素的指针，该结点称为 p 点或结点 a_i，则 p -> link 是指向第 i+1 个元素的指针。若 p -> data $=a_i$，则 p -> link -> data $=a_{i+1}$。由此，在单链表中，取得第 i 个数据元素必须从头指针出发寻找。因此，单链表是非随机存取的存储结构。

如果线性表为空表，则头指针 head 为空，即 head 为 NULL，表长为零。

有时为了操作方便，还可以在单链表的第一个结点（首结点）之前附设一个头结点。头结点的数据域可以存储一些关于线性表的长度等附加信息，也可以什么都不存，而头结点的指针域存储指向第一个结点的指针。此时头指针就不再指向表中第一个结点，而是指向头结点。

2.2.2 单链表的基本操作

与线性表不同，线性表在创建的时候，已分配给它一个存储空间。而单链表的结点数在定义前是不确定的。在操作单链表的时候，内存中有一个可利用空间表，要调用新结点时就到这个可利用空间表中去取，删除时就把结点归还给这个可利用空间表。

1. 单链表的创建

如图 2.8 所示，要生成一个简单的含有 3 个结点的单链表，首先生成一个数据域为 a_1 的新结点 p，再生成一个数据域为 a_2 的新结点 q，p 结点的指针域指向 q 结点；把 q 结点作为 p 结点；再生成一个数据域为 a_3 的新结点 q，p 结点的指针域指向 q 结点，q 结点的指针域置为“空”。

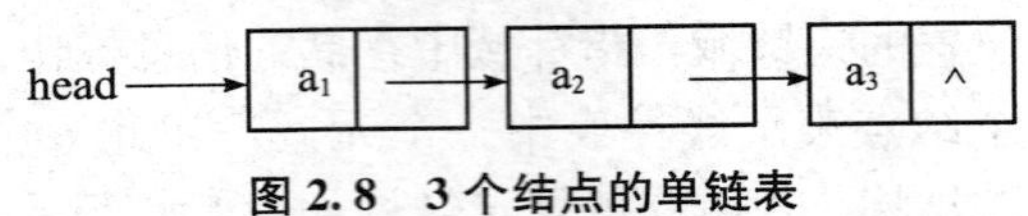

图 2.8 3 个结点的单链表

建立单链表的具体算法如下：

```
Node CreateLinklist()
{ /* 建立含有 3 个结点的单链表,head 为头指针 */
    Node *head, *p, *q;
    p=(Node *)malloc(sizeof(Node));
    head=p;
    p->data=a1;
    q=(Node *)malloc(sizeof(Node));
    p->link=q;
    p=q;
    p->data=a2;
    q=(Node *)malloc(sizeof(Node));
```

```
    p->link=q;
    p=q;
    p->data=a3;
    p->link=NULL;
    return(head);
}
```

2. 单链表的清空操作

清空单链表的算法实现如下：

```
public void Clear(Node *head)
{
    head=null;
}
```

3. 单链表的插入

对于单链表的插入操作，插入前要求先做访问操作，然后进行插入操作，可以分为以下4种情况：

(1) 当原来的链表是空表时，则插入结点为表头。

(2) 若插入位置在表中第一个结点之前，则插入结点为新的表头。

(3) 若插入位置在表的中间，则插入情况如图 2.9 所示。

(4) 如果链表中根本不存在所指定的结点，则不做插入动作。

设有线性表 (a_1，a_2，…a_{i-1}，a_i，a_{i+1}，…a_n)，用单链表进行存储，表头指针为 head，要求在数据域值为 a_i 的结点之前插入一个数据域值为 x 的新结点 s。设数据域值为a_i-1的结点为 p，其直接后继结点为 q。插入时，将 p 结点的指针指向 s 结点，然后将 s 结点的指针指向 q 结点。这种插入操作只改变了两个指针域的值，并未对数据元素作任何移动。单链表的插入操作前后的逻辑状态如图 2.9 所示。

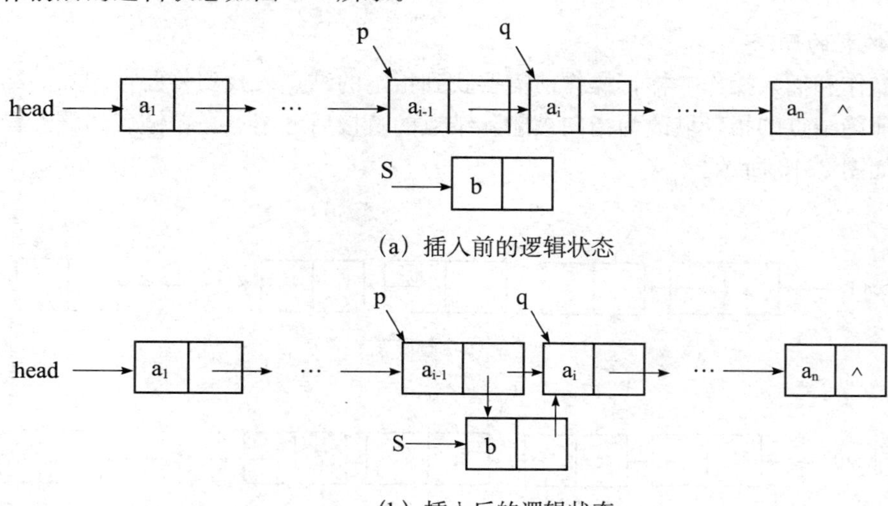

(a) 插入前的逻辑状态

(b) 插入后的逻辑状态

图 2.9 单链表的插入前后的逻辑操作状态

插入操作的子程序用函数 Insert _ Linklist 给出：

```
int InsertLinklist(Node * head,int i,datatype x)
{ /* i为元素ai所在的位置 */
    Node *p, *s;
    s=(Node *)malloc(sizeof(Node));
    s->data=x;
    p=head;
    if(head= =NULL)             /*空表插入*/
    {
        head=s;
        p->next=NULL;
    }
    else
    {
        int j=0;
        while(p && j<i-1)       /*寻找第 i 个结点,并使 p 指向其直接前趋*/
        {
            p=p->next;
            ++j;
        }
        if(!p || j>i-1)
            return -1;
        s->next=p->next;
        p->next=s;
            return 1;
        }
    }
```

4. 单链表的删除

删除操作和插入操作一样，操作前需要找到指定的结点。找到将要被删除的结点后，将它的直接前趋结点的指针域改为指向被删除结点的直接后继结点。单链表的删除操作前后的逻辑状态如图 2.10 所示。

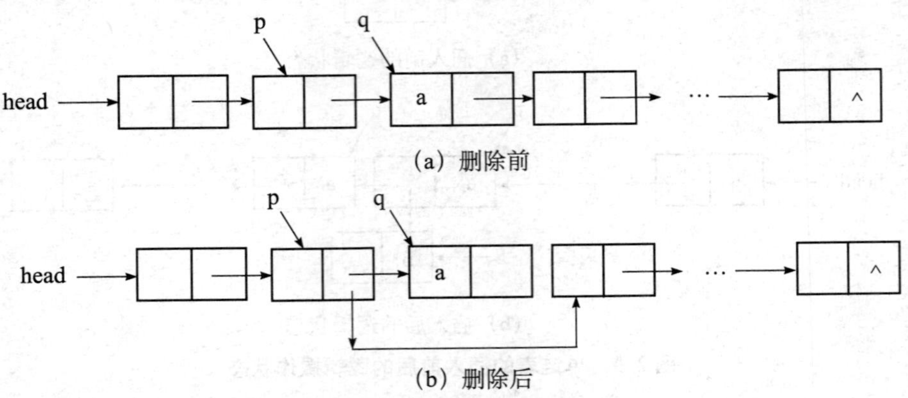

图 2.10　单链表删除操作状态图

删除操作的子程序用函数 Delete _ Linklist 给出：

```
DataType DeleteLinklist(Node * head,int i)
{ /* i为元素aᵢ所在的位置 */
    Node * p, * q;
    int j = 0;
    p = head;
    while(p && j < i - 1) /* 寻找第 i 个结点,并使 p 指向其直接前趋 */
    {
        p = q;
        p = p -> next;
        ++ j;
    }
    pq -> next = q -> next;
    free(p);
}
```

在链表中，当需要插入一个元素时，执行 malloc 函数动态申请一个结点；当删除一个结点时，执行 free 函数，将存储空间回收。回收后的空间可以用来存储新生成的结点。

因此，单链表与顺序表不同，它是一种动态结构。每个链表占用的空间可以在使用中分配，不需要预先分配划定，而是按照应用生成。建立单链表的过程就是一个动态生成链表的过程，即从“空表”的初始化状态起，依次建立各元素结点。

2.3　其他链表

2.3.1　循环链表

循环链表是另一种形式的链式存储结构。与单链表不同的是：表中最后一个结点的指针域指向头结点，整个链表形成一个环状，因此，在循环链表中，从任何一个结点出发，都能找到所有其他结点。如果在循环链表的第一个结点之前设立一个特殊的叫做表头的结点，它的数据域是空的，则使得循环链表中至少有一个结点存在，从而使得空表和非空表的运算统一。循环链表的状态如图 2.11 所示。

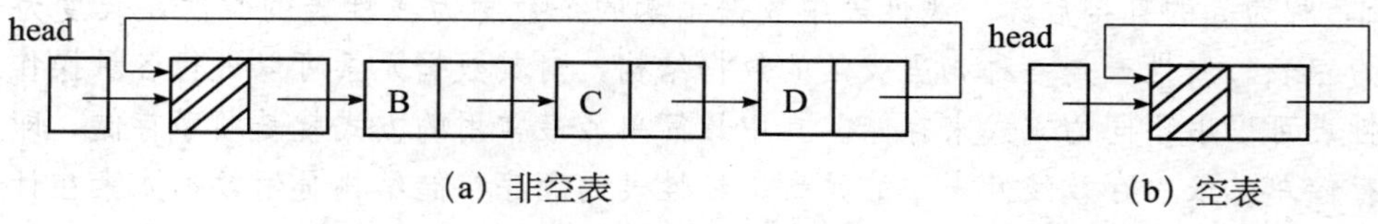

(a) 非空表　　(b) 空表

图 2.11　循环链表的状态图

循环链表的操作和单链表的操作基本相同，差别在于算法中的循环条件是它们是否等于头指针。

2.3.2 双向链表

在上述单链表的存储结构中，每个结点只有一个存放直接后继的指针域，因此，从某个结点出发只能按顺序往后寻找。若要寻找它的直接前趋，需要从表头指针开始；若在结点中增加一个指针域，指向它的直接前趋，便可以克服单向性的缺点，而这种新的链表称为双向链表。

在双向链表中的结点有两个指针域：一个指向直接后继，一个指向直接前趋。结点的结构如图 2.12 所示。

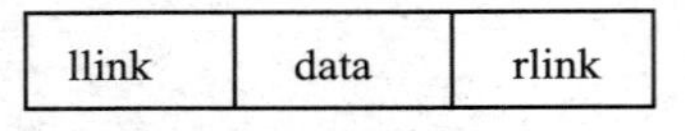

图 2.12 双向链表的结点结构图

双向链表在 C 语言中描述如下：

```
typedef struct node
{
  DataType data;
  struct node *llink;
  struct node *rlink;
} Node;
```

双向链表的结点除了有两个指针域外，同样也有一个数据域。双向链表可以是循环的，也可以是非循环的。在循环双向链表中，若 p 是指向表中任一结点的指针，则有

$$(p->rlink->llink) = (p->llink->rlink) = p$$

这个等式反映了循环双向链表结构的特点。在双向链表中，有些操作如仅需涉及一个方向的指针，则它们的算法描述和线性链表的操作相同。但在插入、删除时有很大的不同，在双向链表中，需同时修改两个方向上的指针。

·本章小结·

线性表是一种最基本的、最常用的数据结构。线性表是指 n（$n \geqslant 0$）个具有相同类型数据元素（或称结点）的有限序列，可表示为（a_0，a_1，$\cdots a_{i-1}$，a_i，a_{i+1}，$\cdots a_{n-1}$）。其中，a_i 代表一个数据元素，a_0 称为表头（或头结点），a_{n-1} 称为表尾（或尾结点），a_i 称为 a_{i+1} 直接前趋，a_{i+1} 称为 a_i 的直接后继。线性表中数据元素的个数称为线性表的长度，长度为 0 的线性表称为空表。线性表是一种相当灵活的数据结构，对其数据元素可以进行各种操作。

线性表可以用不同的方式来存储。其中最简单、最常用的方式就是顺序存储，即用一组连续的存储单元依次存放线性表中的元素。线性表的顺序存储结构是用数据元素在计算机内物理位置相邻来表示数据元素之间的逻辑相邻关系，其特点是线性表中逻辑上相邻的结点在计算机的存储结构中也相邻，只要知道了基地址，即可确定表中任一数据元素的地址，从而对其可随机存取。

与线性表的顺序存储结构不同，链式存储结构用一组任意的存储单元来存储线性表的数据元素。为表示相邻数据元素之间的逻辑关系，将每个存储结点分为两个域：数据域用来存

放一个数据元素的自身信息；指针域用来存放该数据元素直接后继的存储位置。这样，可以通过指针域中存放的信息将 n 个结点连接成一个链表，即成为线性表的链式存储结构。

循环链表是另一种形式的链式存储结构，其特点是表中最后一个结点的指针域指向头结点，整个链表呈环状。

单链表的结点只有一个指示其直接后继的指针域，顺着某结点的指针可很容易地访问其后继结点。但若要访问某结点的直接前趋，前趋虽与该结点相邻却无法直达，此时需从表头出发，且寻访时要记录相关信息。为克服单链表这种访问方式的单向性，故设计了双向链表。

第3章 栈和队列

内容提要及教学目标

本章介绍的栈和队列属于运算受限制的线性表，不同于线性表能够在任何位置进行插入和删除运算。栈只能在一端进行插入和删除操作；队列则能在一端进行插入，另一端进行删除操作。本章由实例引入栈和队列的基本概念，进一步介绍其实现方式和基本操作算法，深入介绍其具体特点。通过本章的学习，读者应该掌握以下内容：

- 理解栈和队列的定义、特点及与线性表的异同。
- 熟悉顺序栈和链栈的组织方法，队满、队空的判断条件及其描述。
- 掌握链队的组织方法、算法并能自行设计其他简单算法。

本章重点及难点

理解栈和队列的特点；栈和队列的基本运算实现和相应算法，掌握循环队列的组织。熟练掌握栈和队列中的“上溢”、“下溢”、“假溢出”、“假队满”等现象的判别条件。

3.1 实例：回文

【实例目的】

使用栈来解决实际问题，并熟练掌握栈的各种运算实现。

【实例内容】

利用栈的特点，编写程序，实现判断用户输入字符串是否为回文。回文是指字符串从左往右读和从右往左读得到的字符串相同。例如，abc 不是回文，abcba 是回文，如图 3.1 所示。

```
Please input string:aeeea
aeeeayes
```

图 3.1 回文判断

【实例步骤】

(1) 编写函数 Ishw 判断是否回文，如图 3.2 所示。

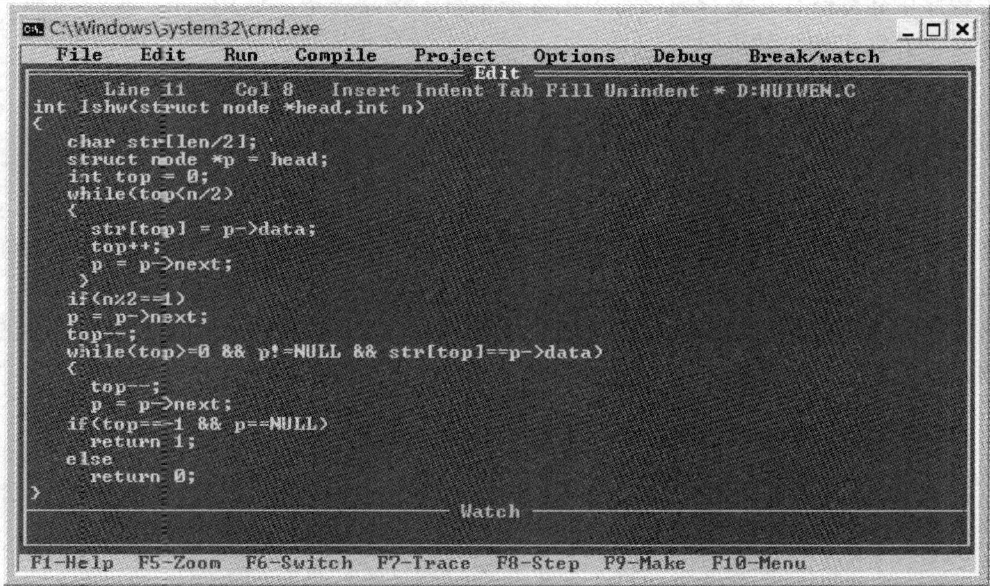

图 3.2 Ishw 代码界面

根据程序提示用户输入字符串，字符串的一半压入栈中，利用栈的后进先出原则依次出栈，与剩下的一半字符串中字符进行比较，相同则出栈，当栈空时代表字符完全匹配，因而判断为回文。字符串字符个数为奇数时，第（n/2+1）个字符不参加比较。

（2）主程序中调用相关函数，如图 3.3 所示。

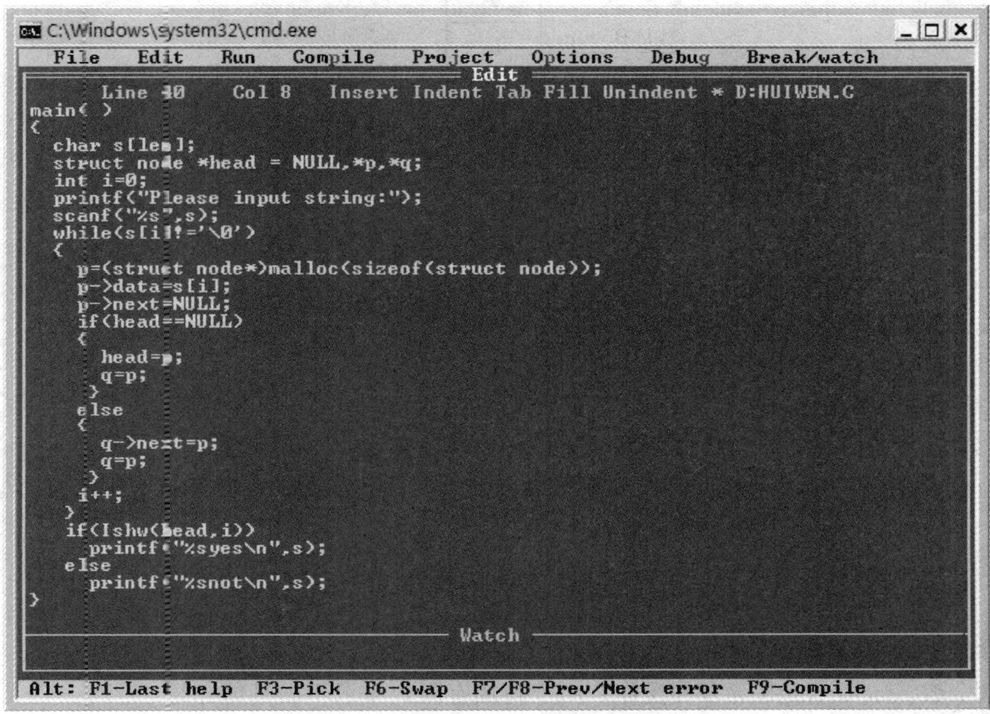

图 3.3 主函数代码界面

主程序中建立链栈用来存放字符串中各个字符，建立完毕后调用 Ishw 函数判别字符串是否回文，并输出相应结果。

3.1.1 栈的定义及基本运算

1. 栈的定义

栈（Stack）又称为堆栈，是一种“特殊”的线性表，这种线性表的插入和删除运算只允许在表的一端进行。允许进行插入和删除运算的这一端称为栈顶（Top），另一端称为栈底（Bottom），不允许进行插入和删除运算；向栈中插入一个新元素称为入栈或压栈，从栈中删除一个元素称为出栈或退栈。处于栈顶位置的数据元素称为栈顶元素，栈顶元素的位置由栈顶指针变量记录；当栈中不含任何数据元素时称为空栈，如图 3.4 所示。

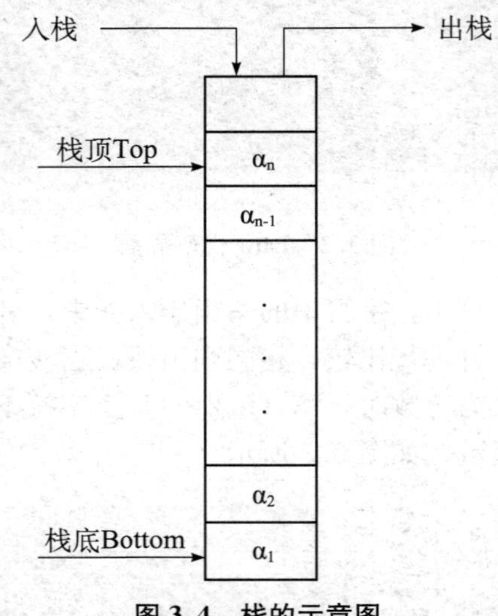

图 3.4 栈的示意图

栈的特点是每次入栈的元素都被放在原栈顶元素之上而成为新的栈顶，而每次出栈的总是当前栈中“最新”的元素，即“后进先出”（Last In First Out，LIFO）的原理。现实中有很多此类例子，如搭积木、弹夹装子弹、洗盘子、火车头调度等。

2. 栈的基本运算

栈的基本运算包含以下 5 种：

（1）初始化栈 InitStack(S)：其作用是建立一个空栈 S。

（2）入栈 Push(S，x)：其作用是在栈 S 的栈顶位置加入一个新元素 x。

（3）出栈 Pop(S，x)：其作用是删除栈 S 的栈顶元素，将值赋给 x，栈顶指针移动。

（4）取栈顶 Top(S，x)：其作用是读取栈 S 中的栈顶元素，将其值赋给 x，不改变栈的状态。

（5）判断空栈 EmptyStack(S)：其作用是测试栈 S 是否为空，该函数为布尔函数。若栈 S 为空，返回值为真；反之栈不为空，则返回假。

除以上 5 项基本运算外，栈中还能进行销毁栈 DestroyStack，清空栈 ClearStack，求栈内元素个数 StackLength 等多种操作。由于篇幅有限，本章不做具体介绍。

3.1.2　栈的存储实现和运算实现

栈与线性表相同，通常有顺序和链式两种存储结构；根据所采用的存储结构不同，栈可以分为顺序栈和链栈。

1. 顺序栈

栈的顺序存储结构称为顺序栈，应用一维数组来实现，顺序栈结构类型定义如下：

```
#define Stacksize 100
typedef struct{
  DataType data[Stacksize];          /*存放栈中元素*/
  int top;                           /*栈顶指针*/
}SqStack;                            /*顺序栈定义*/
SqStack *S;                          /*顺序栈实现*/
```

top变量称为栈顶指针，用来指示栈顶元素在顺序栈中位置，与数组中相应元素的下标值对应，取值范围为0～Stacksize－1。Stacksize表示顺序栈的最大存储单元数，其值需预先估计。而由于出入栈的灵活操作使得数据量无法确定，因而难以确定数组的大小，若是数量过大，则容易造成内存资源浪费，声明太小栈不够使用。

在顺序栈中能够实现栈的基本操作，如图3.5所示。

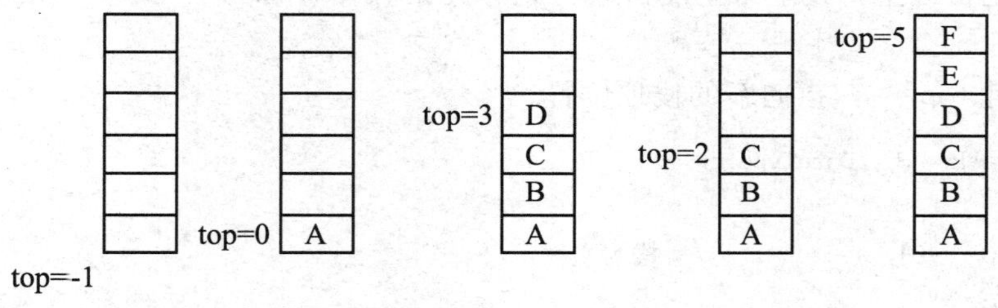

(a) 空栈　(b) A入栈　(c) B、C、D入栈　(d) D出栈　(e) 满栈

图3.5　顺序栈的操作示意图

(1) 初始化顺序栈操作。初始化顺序栈就是构造一个空的顺序栈，栈顶指针top值置为－1，未指向栈中元素。

```
InitStack (SqStack *S)
{
  S->top=-1;
}
```

(2) 判断空栈操作。判断是否空栈，只需要判断top值。若top值为－1则是空栈，程序返回"真"；反之则栈不为空，程序返回"假"。

```
int EmptyStack (SqStack *S)     /*判别栈S为空栈时返回值为真,反之为假*/
{
  if (S->top==-1)
    return 1;                   /* 栈S为空*/
  else
```

```
    return 0;                    /* 栈S不为空 */
}
```

(3) 顺序栈入栈操作。入栈操作的主要步骤为：

①判断栈是否已满，当 S-> top==Stacksize -1 栈满，不能再进行插入元素操作，称为“上溢”，结束程序；否则执行第②步。

②栈顶指针 top ++，指向新的栈顶位置。

③将新元素存入新的栈顶元素位置上。

```
int Push(SqStack *S, DataType x)
{
  if(S->top==Stacksize-1)
    return 0;                    /*栈已满*/
  else
    S->top++;                    /*栈顶指针移动至新栈顶*/
    S->data[S->top]=x;           /*将x赋给新栈顶*/
    return 1;
}
```

(4) 顺序栈出栈操作。出栈操作的主要步骤为：

①判断栈是否已空，栈空时不能再进行删除元素操作，称为“下溢”，结束程序；否则执行第②步。

②栈顶指针 top--，指向新的栈顶位置。

```
int Pop(SqStack *S,, DataType x)
{
  if(S->top==0),               /*栈为空*/
    return 0;
  else
  {
    x=S->data[S->top];         /*出栈前将栈顶元素的值交给x*/
    S->top--;                  /*修改栈顶指针*/
    return 1;
  }
}
```

(5) 取顺序栈顶操作。取顺序栈顶操作只会读取栈顶的数据，不会对栈中数据的值和栈的长度进行改变，栈顶元素也没有被删除。

```
int Top(SqStack *S, DataType x)
{/*将栈S的栈顶元素读取后放到x所指的存储空间中,但栈顶指针保持不变*/
  if(S->top==-1)
    return 0;                    /*栈为空返回出错信息*/
  else
    {
      x=S->data[S->top];   /*将栈顶元素交给x*/
```

```
        return 1;
      }
    }
```

［例 3.1］ 编写算法，利用栈的基本运算返回栈 S 中的栈底元素，同时不能改变栈 S 数据元素的先后顺序。

【解析】将栈 S 中的所有元素退栈，并将退栈的元素临时存放在另一个栈 temp 中，获取栈底元素后，将所有元素逐一通过入栈操作回到栈 S 中。栈 temp 中数据元素的先后顺序与栈 S 中数据元素相反。

```
DataType StackBottom(SqStack * S)
{
  DataType x, y;
  SqStack * temp;
  InitStack (SqStack * temp);
  while(!EmptyStack(S))          /* 栈 S 中元素出栈后入栈至栈 temp 中 */
  {
    Pop(S, x);
    Push(temp,x);
  }
  while(!EmptyStack(temp))       /* 栈 temp 中元素出栈后入栈至栈 S 中 */
  {
    Pop(temp,y);
    Push(S, y);
  }
  return x;                      /* 返回栈 S 的栈底元素 */
}
```

［例 3.2］ 编写一个数制转换算法，将十进制转换为二进制。

【解析】十进制 N 转二进制的原理为：N=(N /2) * 2+N % 2（/为 C 语言中整除运算符,%为 C 语言中求余运算符）。十进制数 13 转换为二进制数的过程如下：

十进制数N	N/2	N%2
13	6	1
6	3	0
3	1	1
1	0	1

十进制数 $(13)_{10}$ 转为二进制数 $(1101)_2$

转换后结果为余数的逆序排列，与栈的后进先出原理相似。

```
void convert()
{
  int x
  InitStack(S);
  scanf(" % d", N);
```

```
while (N)
{
  Push(S, N % 2);
  N = N/2;
 }
while (!EmptyStack(S))
{
  Pop(S, x);
  printf(" % d", x);
 }
```

以上算法设定为非负十进制整数 N 转换为二进制，若实际中需十进制转八进制，可将 2 改为 8。例如，改为十进制转 D 进制，D 值由用户设定，以及在输入时对用户输入数据的合法性（N≥0）进行判断，算法还需进一步完善。

2. 链栈

栈的链式存储结构称为链栈。使用链式结构可动态改变链表的长度，方便数据的增加和删除，有效地利用内存资源，缺点是处理起来比顺序栈要复杂。

链栈就是特殊操作的链表，整个链表由栈顶指针 LS 指向，栈中的每一个元素用一个结点表示，每个结点由一个数据域 data 和一个指针域 next 构成。数据域 data 用来存放数据的值，指针域 next 用来存放指向下一个结点存储位置，实现结点的链接，而链栈的出入栈操作限定在整个链表的表头位置进行，如图 3.6 所示。

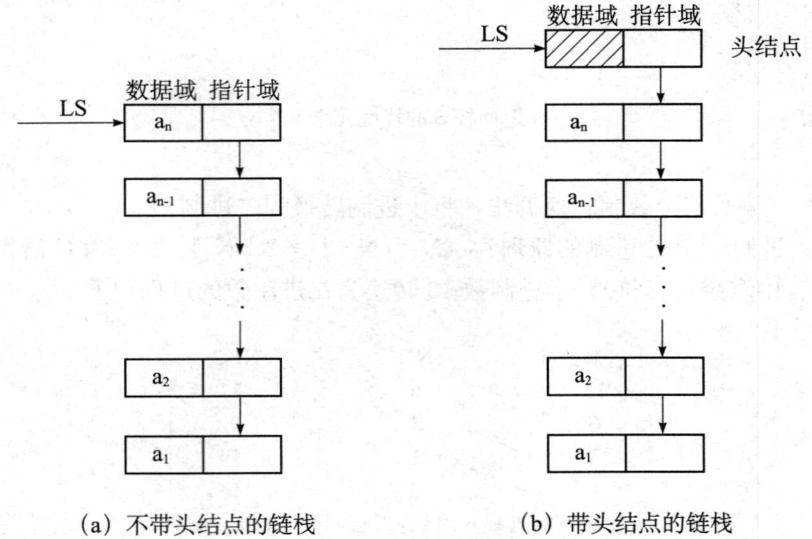

(a) 不带头结点的链栈　　(b) 带头结点的链栈

图 3.6　链栈示意图

链栈的实现与链表相同，分为带头结点和不带头结点两种，本节讲解不带头结点的链栈操作。链栈结构类型定义如下：

```
typedef struct{
  DataType data;
  Struct node * next;            /* 定义一个结构体和链指针 */
```

```
}LkStack                        /*链栈定义*/
LkStack *LS                     /*LS为栈顶指针*/
```

（1）初始化链栈操作。初始化链栈就是构造只含有头指针而不带任何数据元素的链栈。

```
InitStack (LkStack *LS)
{
  LS=NULL;
}
```

有时空表也可只含有一个头结点；头结点不存储数据元素，头结点的指针域为空，随后没有其他数据结点，即 LS -> next=NULL。

（2）判断空栈操作。判断栈是否空栈，只需要判断指向栈的栈顶指针 LS 是否为空。若为空栈，算法返回值为 1；反之栈不为空，程序返回值为 0。

```
int EmptyStack (LkStack *LS)    /*判别栈LS为空栈时返回值为真,反之为假*/
{
  if (LS==NULL)
    return 1;                   /*栈LS为空*/
  else
    return 0;                   /*栈LS非空*/
}
```

（3）链栈入栈操作。入栈操作的主要步骤为：

①生成新结点。

②在栈顶位置插入新结点。

与顺序栈入栈不同，链栈中数据元素入栈，栈顶指针 LS 不需要移动，只需要修改指针域的值不断指向新栈顶元素存储位置即可，如图 3.7 所示。

```
int Push(LkStack *LS, DataType x)
{
  LkStack *p;
  p=(LkStack *) malloc(sizeof(LkStack));     /*申请一个新结点*/
  p->data=x;                                 /*将插入的数据值放入结点的data域*/
  p->next=LS;                                /*原栈顶结点链在新结点后*/
  LS=p;                                      /*栈顶指针LS指向新栈顶*/
}
```

（4）链栈出栈操作。出栈操作的主要步骤如下：

①判断栈为空时，出现“下溢”情况。否则执行第②步。

②删除结点并释放。

链栈中出栈栈顶指针也不用移动，只需要栈顶指针修改指针域的值，断开与原栈顶元素的链接，放入新栈顶元素的存储位置，如图 3.8 所示。

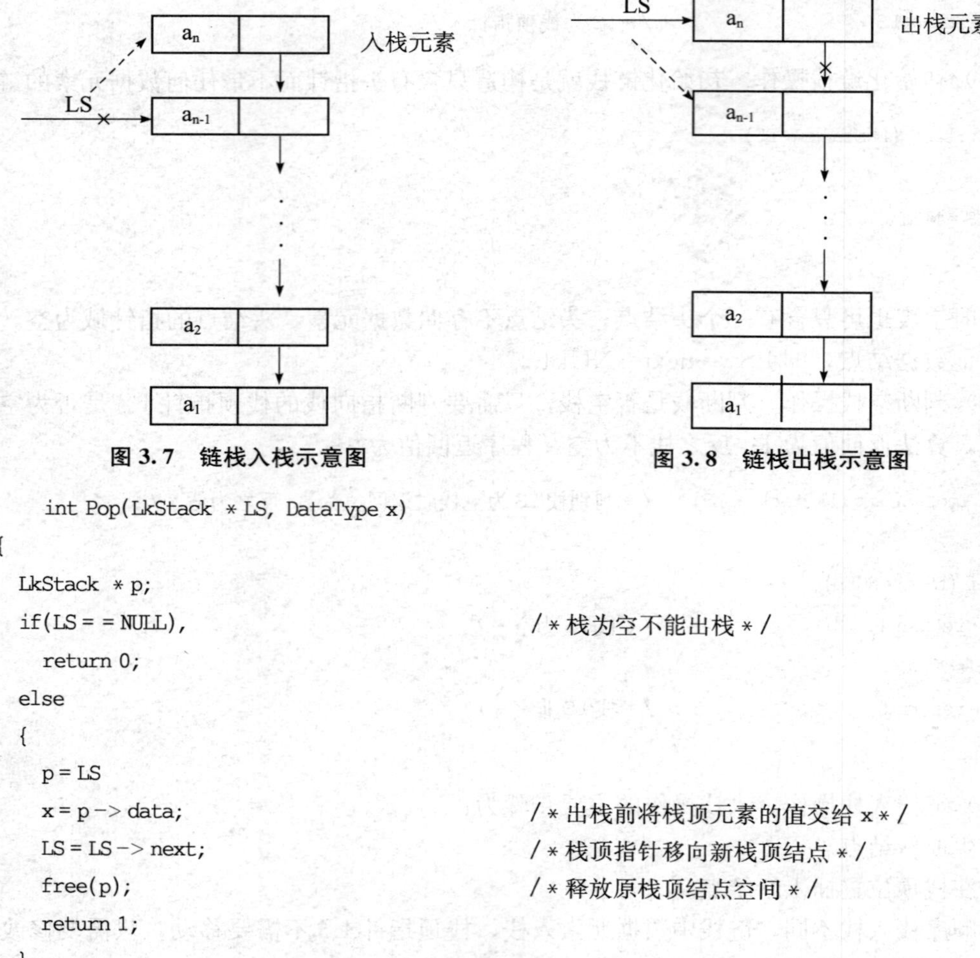

图 3.7　链栈入栈示意图　　　　图 3.8　链栈出栈示意图

```
int Pop(LkStack *LS, DataType x)
{
  LkStack *p;
  if(LS==NULL),                          /*栈为空不能出栈*/
    return 0;
  else
  {
    p=LS
    x=p->data;                           /*出栈前将栈顶元素的值交给x*/
    LS=LS->next;                         /*栈顶指针移向新栈顶结点*/
    free(p);                             /*释放原栈顶结点空间*/
    return 1;
  }
}
```

(5) 链栈取栈顶操作。只要链栈不为空，读取栈顶元素为直接读取栈顶指针 LS 指向结点的数据域 data 即可。

```
int Top(LkStack *LS, DataType x)
{
  if(LS==NULL)                           /*栈为空读取失败*/
    return 0;
  else
  {
    x=LS->data;                          /*读取由LS指针指向的栈顶元素*/
    return 1;
  }
}
```

[例 3.3]　在栈顶指针为 head 的链栈（含头结点）中，编写算法计算该栈中结点的

个数。

【解析】链栈含有头结点，则链栈的栈顶元素应为 head -> next 指向，由此位置开始遍历该链栈至栈底元素，并由变量 n 计算其结点个数；栈底元素为最后一个结点，是无后继的结点。

```
int NodeCount (LkStack * head)
{
  LkStack * p;                              /* 利用指针 p 访问链栈中每个结点 */
  int n = 0;
  p = head -> next;
  while (p! = NULL)
  {
    n++;                                    /* n 用来计算结点个数 */
    p = p -> next;                          /* 指向下一个结点 */
  }
  return(n);
}
```

3.2　实例：杨辉三角

【实例目的】

读者对杨辉三角应该十分熟悉，它是程序设计中的经典问题之一，可以使用多种算法解决，读者可以通过对比不同算法，深入了解其原理异同。

【实例内容】

编写一个用队列实现的程序，打印出用户指定行数的杨辉三角，如图 3.9 所示。用户输入 9 后，打印出前 9 行的杨辉三角。

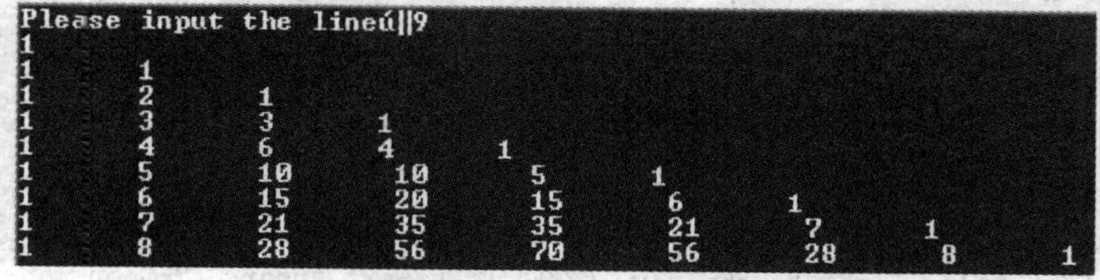

图 3.9　杨辉三角

【实例步骤】

(1) 编写函数 Printyanghui 用来打印输出杨辉三角。

杨辉三角的原理是除每行的第一个和最后一个数字都为 1，从第三行开始，中间每个数字等于它上一行该列和上一行前一列数字之和，由 s1＋s2 记录下来，打印输出后入队列中保存。这里我们将用循环队列实现杨辉三角的输出，每行第一个和最后一个数字指定设置为 1，中间部分的数字由两重循环产生，i 代表行，j 代表列，如图 3.10 所示。

该程序中使用循环队列进行杨辉三角元素的存储和输出，第一行和每行的第一个数据 1，直接入队列，从第二行开始产生杨辉三角的其他数据。逐行产生杨辉三角的数据，并逐行逐个输出其值，每行输出结束时，队列中总保持杨辉三角上一行完整的数据。

函数中的 InitQueue、InQueue、OutQueue 函数为循环队列的基本操作，定义方式可以见之后相关章节的详细介绍。

```
C:\Windows\system32\cmd.exe
 File   Edit   Run   Compile   Project   Options   Debug   Break/watch
                                  Edit
     Line 64    Col 1    Insert Indent Tab Fill Unindent    D:YANGHUI.C
void Printyanghui(int n)
{
  int s1,s2,i,j,t;
  CyQueue q;
  InitQueue(&q);
  printf("1\n");
  InQueue(&q,1);
  for(i=2;i<=n;i++)
  {
    s1=0;
    for(j=1;j<=i-1;j++)
    {
      OutQueue(&q,&s2);
      printf("%d       ",s1+s2);
      InQueue(&q,s1+s2);
      s1=s2;
    }
     printf("1\n");
     InQueue(&q,1);
  }
}
                                  Watch
 F1-Help  F5-Zoom  F6-Switch  F7-Trace  F8-Step  F9-Make  F10-Menu
```

图 3.10　Printyanghui 函数代码界面

（2）主函数。

用户根据提示输入需要打印的行数，行数应小于 100，调用 Printyanghui 函数打印输出，如图 3.11 所示。

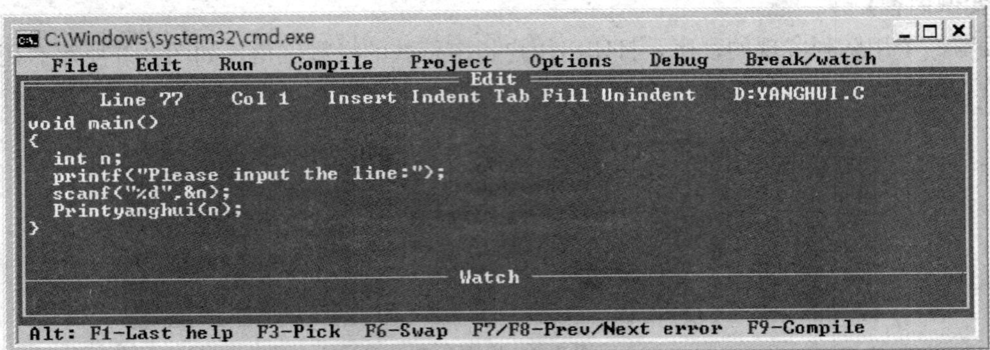

```
C:\Windows\system32\cmd.exe
 File   Edit   Run   Compile   Project   Options   Debug   Break/watch
                                  Edit
     Line 77    Col 1    Insert Indent Tab Fill Unindent    D:YANGHUI.C
void main()
{
  int n;
  printf("Please input the line:");
  scanf("%d",&n);
  Printyanghui(n);
}
                                  Watch
 Alt: F1-Last help  F3-Pick  F6-Swap  F7/F8-Prev/Next error  F9-Compile
```

图 3.11　主程序代码界面

3.2.1　队列的定义及基本运算

1. 队列的定义

队列也是一种运算受限的“特殊”线性表，只允许在称为队尾（rear）的一端进行插入操作，在称为队头（front）的一端进行删除操作，如图 3.12 所示。

队列是类似于“排队”原理，在现实生活中应用广泛，如火车站出租车排队，银行排队，打印机打印队列，医院病人候诊队列，以及高速公路收费站等待队列。队列的特点是：

图 3.12 队列

第一个进入队列的排在队头，首先接受操作，结束操作后第一个离开队列，是一种“先进先出”(First In First Out，FIFO) 原理，在此过程中是一种线性关系，不能在中间出现“插队”现象，只能在队头和队尾进行删除和插入操作。

2. 队列的基本运算

队列的基本运算包含以下 4 种：

(1) 初始化队列 InitQueue(Q)：其作用是建立一个空队列 Q。

(2) 入队 InQueue(Q，x)：其作用是在队列 Q 的队尾位置新加入一个数据元素 x，队尾指针 rear 移动至新队尾处。

(3) 出队 OutQueue(Q，x)：其作用是删除队列 Q 的队头，并将值赋给 x，队头指针 front 移动至新队头。

(4) 判断空队 EmptyQueue(Q)：其作用是判断队列 Q 是否为空，该函数为布尔函数。若队列 Q 为空，返回真值；反之返回假值。

除以上 4 种基本运算外，队列中还能进行销毁队列 DestroyQueue，清空队列 ClearQueue，求队列内元素个数 QueueLength，合并队列 MergeQueue 等操作，这里就不一一列举了。

3.2.2 队列的存储实现和运算实现

根据所采用的存储结构不同，队列一般可分为顺序队列和链队列两种。

1. 顺序队列

顺序队列使用顺序存储方式，使用一维数组来实现，队头指针 front 指向队头元素，队尾指针 rear 指向队尾元素。顺序队列结构定义如下：

```
#define Queuesize 100
typedef struct{
  DataType data[Queuesize];          /* 存放队列中元素 */
  int front, rear;                   /* 队头指针、队尾指针 */
}SqQueue;                            /* 顺序队列定义 */
SqQueue *Q;                          /* 顺序队列实现 */
```

front 和 rear 为整型变量，取值范围在 0～Queuesize－1 范围之中，队列中元素个数最大不超过 Queuesize 个。

简单看来，入队操作可以看作是：

```
Q->rear = Q->rear + 1;
Q->data[Q->rear] = x;
```

出队操作可以看作是：

```
Q -> front = Q -> front + 1;
x = Q -> data[Q -> front];
```

出队操作完成后，Q -> front 总是指向空单元。

但在这样的操作过程中，容易出现“假溢出”现象，如图 3.13 所示。以 Queuesize＝6 为例，对队列中元素进行操作。

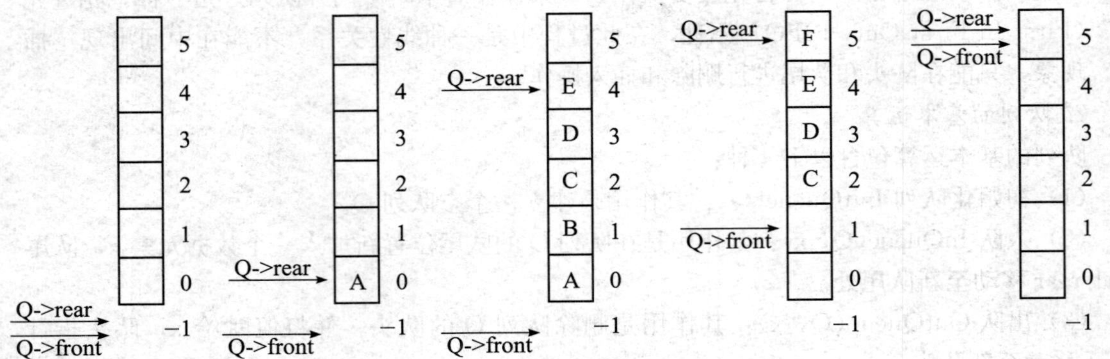

图 3.13　顺序队操作示意图

在图 3.13 中（a）状态为空队列，队列中没有数据元素，队头和队尾指针设置为−1；(d)、(e) 图中队尾指针 rear 已经到了队列的最后一个元素位置，从理论上来说，Q -> rear＝Queuesize−1 的时候，顺序队已满不能再插入数据，但根据图示，队列此时仍有空间可进行插入运算。为了充分利用存储空间，将队列想象成一个循环表，数组的首尾相连：Q -> data［0］紧随 Q -> data[Queuesize−1］之后，如图 3.14 所示。

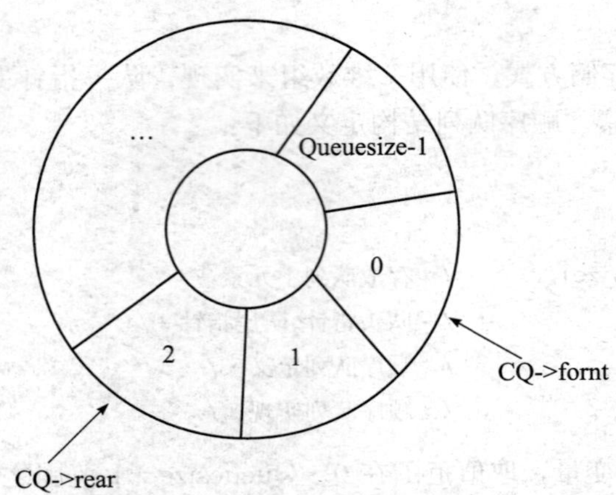

图 3.14　循环队列示意图

循环队列结构类型定义如下：

```
typedef struct{
```

```
  DataType data[Queuesize];            /*存放队列中元素*/
  int front, rear;                     /*队头指针、队尾指针*/
}CyQueue;                              /*循环队列定义*/
CyQueue *CQ;                           /*循环队列实现*/
```

按照以上想法，循环队列的入队操作应为：

```
CQ->rear = (CQ->rear + 1) % Queuesize;
CQ->data[CQ->rear] = x;
```

出队操作则应为：

```
CQ->front = (CQ->front + 1) % Queuesize;
x = CQ->data[CQ->front];
```

则循环队列为满的条件就应为：CQ -> front== （CQ -> rear＋1）% Queuesize，意味着当队尾指针绕一圈后“追赶上”队头指针，此时视为队满，队头结点总是不放元素的。

（1）初始化队列操作。初始化顺序队列即构造一个空队列，队列中没有数据，则队头指针和队尾指针在同一个位置 0 处。

```
InitQueue (CyQueue *CQ)
{
  CQ->front = CQ->rear = 0;
}
```

（2）判断空队列操作。判断是否空队列，判断 front 与 rear 指针是否在同一位置处，由于队头和队尾指针在操作中都能移动，不一定在 0 位置处才代表队列为空。

```
int EmptyQueue (CyQueue *CQ)                    /*判别队列Q为空时返回值为真,反之为假*/
{
  if (CQ->rear == CQ->front)
    return 1;                                   /* 队列Q为空*/
  else
    return 0;                                   /* 队列Q不为空*/
}
```

（3）循环队列入队操作。入队操作的主要步骤如下：

①判断循环队列 CQ 是否已满，若满则产生“上溢”，不能在队尾进行插入元素操作；否则执行第②步。

②队尾指针 rear 指向新的队尾位置。

③将新元素存入新的队尾位置处。

```
int InQueue (CyQueue *CQ, DataType x)
{
  if(CQ->front == (CQ->rear + 1) % Queuesize)
    return 0;                                   /*循环队列CQ已满*/
  else
    CQ->rear = (CQ->rear + 1) % Queuesize;      /*队尾指针移向新队尾*/
```

```
    CQ->data[CQ->rear]=x;                     /*插入新元素至队尾*/
    return 1;
}
```

(4) 循环队列出队操作。出栈操作的主要步骤如下：

①判断队列是否已空，若空则产生“下溢”，不能在队头进行删除元素操作，结束程序；否则执行第②步。

②被删除元素的值赋给 x，队头指针 front 指向新的队头位置。

```
int OutQueue (CyQueue *CQ, DataType x)
{
  if(CQ->rear==CQ->front)
    return 0;                                /*循环队列 CQ 为空*/
  else
    CQ->front=(CQ->front+1) % Queuesize;     /*队头指针移向新队头*/
    x=CQ->data[CQ->front];                   /*取队头元素*/
    return 1;
}
```

2. 链队列

链队列使用链式存储方式，与顺序队列相同，链队列也有队头指针和队尾指针，此外还有存放数值的变量 data。队头指针 front 指向整个链表，进行队头元素的删除操作；队尾指针 rear 指向表尾，进行队尾元素的插入操作。链队列就是一个同时带有头指针和尾指针的单链表，在队尾进行插入操作时候，不用浪费时间遍历链表定位至链表尾；数据域 data 存放数据元素的值。链队列的结构如图 3.15 所示，其结构类型定义如下：

```
typedef struct{
  DataType data;                             /*存放队列中元素的值*/
  Struct node *next;                         /*链队列结点指针域*/
} LQNODE;                                    /*链队列定义*/
```

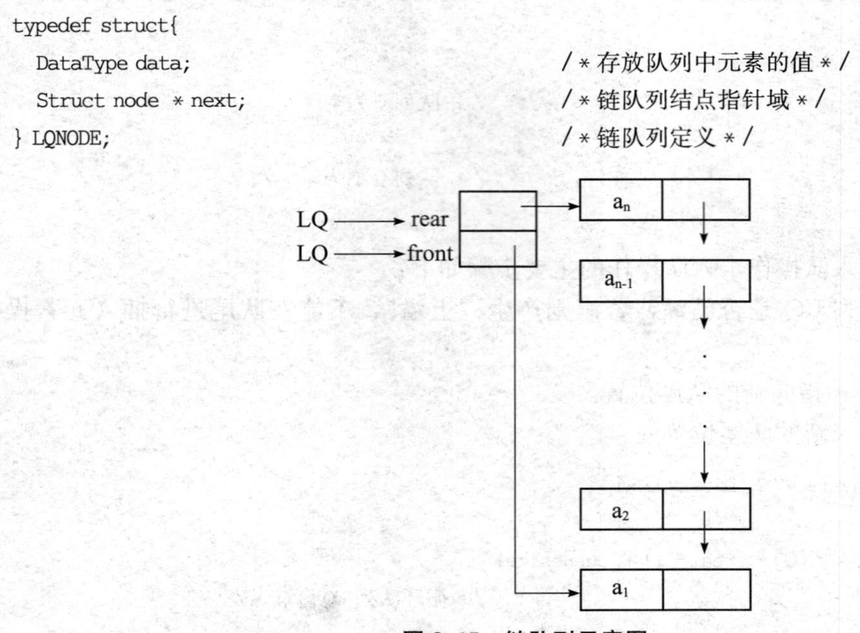

图 3.15　链队列示意图

```
LQNODE *LkNODE;
typedef struct{
  LkNODE front,rear;                         /*队头指针、队尾指针*/
}LkQueue;
LkQueue *LQ;                                  /*定义一个指向队列的指针*/
```

链队列也是链表中的一种，可分为带头结点和不带头结点两种。本章主要讲述不带头结点的链队列。

（1）初始化队列操作。初始化顺序队列即构造一个只有头指针的链表。

```
InitQueue (LkQueue *LQ)
{
  LQ->front=LQ->rear=NULL;
}
```

（2）判断空队列操作。判断是否空链队列与顺序队列相同，只需判断 front 与 rear 指针是否在同一位置。

```
int EmptyQueue (LkQueue *LQ)                  /*判别队列 LQ 为空时返回值为真,反之为假*/
{
  if (LQ->rear=LQ->front)
    return 1;                                 /*队列 LQ 为空*/
  else
    return 0;                                 /*队列 LQ 不为空*/
}
```

（3）链队列入队操作。链队列的入队操作只在链表尾进行操作。链队列不需要担心队列是否已满，因而没有“上溢”现象出现。入队操作的主要步骤如下：

①生成新结点。

②将新结点链上队尾。

③将新元素存入新的队尾位置处。

```
int InQueue (LkQueue *LQ, DataType x)
{
  LkQueue *p
  p=(LQNODE *) malloc(sizeof(LQNODE));        /*申请一个新结点*/
  p->data=x;                                  /*将 x 的值存入新结点的 data 域*/
  p->next=NULL;                               /*新结点无后继结点,next 域置空*/
  if(LQ->rear==NULL)                          /*若队列为空*/
    LQ->front=LQ->rear=p;
  else
  {
    LQ->rear->next=p;                         /*将新结点链上原队尾结点*/
    LQ->rear=p;                               /*队尾指针 rear 指向新队尾结点*/
  }
```

```
    return 1;
}
```

（4）链队列出队操作。出栈操作的主要步骤如下：

①判断队列是否已空，若空则产生“下溢”，不能在队头进行删除元素操作，结束程序；否则执行第②步。

②被删除元素的值赋给 x，释放被删除的队头结点。若原队列中只有一个元素，则删除后队列为空，需要修改队尾指针。

```
int OutQueue (LkQueue * LQ, DataType x)
{
  LkQueue * p
  if(LQ-> rear = = LQ-> front)
    return 0;                                 /* 链队列 LQ 为空 */
  else
    p = LQ-> front;                           /* 指针 p 指向待删的队头结点 */
    x = p-> data;                             /* 将所需删除队头元素的值赋给 x */
    LQ-> front = p-> next;                    /* 队头指针移向新队头 */
    if (LQ-> front = NULL)                    /* 只有一个元素时,出队后队空 */
      LQ-> rear = LQ-> front;                 /* 此时还要修改队尾指针 */
    free(p);                                  /* 释放被删除的结点 */
    return 1;
}
```

［例 3.4］　用不带头结点的循环单链表来表示队列，只设一个指针 rear 指向队尾元素结点，试编写相应的入队列和出队列算法实现。

【解析】将队列看成只带有尾指针 rear 的循环单链表，则应由队尾元素的指针域存放整个链表的位置，而原链队列的构成方式依旧不变。

（1）定义循环单链表队列类型如下：

```
typedef struct
{
  Node* rear;                                 /* Node 为单链表结点类型 */
}CLQueue;
```

（2）由于队列插入一个结点的操作必须在队尾进行，所以该循环链队列的队尾插入一结点，rear 指针进行移动，指向新的队尾元素。算法如下：

```
int InCLQueue (CLQueue * CLQ, DataType x)
{
  Node * p;
  p = (Node * ) mallocsize(size(Node));       /* 申请新结点 */
  p-> data = x;
  if (CLQ-> rear = = NULL)                    /* 该队列为空时,只有一个插入结点 */
  { CLQ-> rear = p;
```

```
        CLQ -> rear -> next = p;
    }
    else                                        /* 该队列不为空时插入到队尾元素后 */
    {
        p -> next = CLQ -> rear -> next;        /* 新结点的指针域循环链上表头 */
        CLQ -> rear -> next = p;
        CLQ -> rear = p;                        /* rear 指针始终指向队尾元素 */
    }
}
```

(3) 队列的删除结点只能在队头进行，而整个链表只有指向队尾的 rear 指针，因而需要先定位到表头，再进行删除操作。

```
int OutCLQueue (CLQueue * CLQ, DataType x)
{
  Node * q;
  if (CLQ -> rear = = NULL)                     /* 该队列为空时删除，出现"下溢" */
    return 0;
  else
  {
    q = CLQ -> rear -> next;                    /* q 指向队头 */
    x = q -> data;
    if (q = = CLQ -> rear)                      /* 队列中只有一个结点，直接删除即可 */
      CLQ -> rear = NULL;
    Else                                        /* 否则删除第一个结点 */
      CLQ -> rear -> next = q -> next;
      free(q);                                  /* 释放被删结点 */
      return 1;
  }
}
```

·本章小结·

本章中的栈和队列与之前学习过的线性表在逻辑结构上都属于线性结构，不同之处在于：栈和队列是限制位置进行运算操作。

栈是只能在栈顶进行插入与删除的线性表，其特点是先进后出。队列则限定在队尾进行插入，在队头进行删除的线性表，其特点是先进先出。在实际问题中，这两种结构应用非常广泛。栈通常有两种存储结构：顺序栈与链栈。顺序栈受到数组大小的限制，需要预先估计，因而会出现“溢出”现象，而链栈则不存在这种问题。

队列也有两种存储结构：顺序队与链队。顺序队容易产生“假队满”的问题，因而循环队是作为队列顺序存储结构的最好解决方式。链队列虽不会出现“假队满”的问题，相对使用更方便，但由于指针域将会占用更多的存储空间。

第4章 串

内容提要及教学目标

本章主要介绍串的有关概念和术语，详细介绍串的存储方法、串的基本运算及其实现、串的模式匹配概念和实现算法。通过实例深入了解串的应用。通过本章学习，读者应掌握以下内容：

- 熟悉串的基本概念和术语、串和线性表的关系。
- 掌握串的顺序存储和链式存储结构的异同之处。
- 熟练掌握串的基本运算。
- 熟练掌握 BF 模式的匹配算法。

本章重点及难点

熟悉串的基本概念和术语、存储结构和数据的运算；对于串的模式匹配算法要进行理解，需要掌握算法的基本思想。

4.1 串的基本概念

4.1.1 串的基本概念

1. 串的定义

串是字符串的简称，其结构也是一种特殊的线性表。应用于信息检索、文本编辑和符号处理等领域中。

串（String）是由零个或零个以上字符组成的有限序列。一般记为：

$$s="a_1a_2a_3\cdots a_n"\ (n\geqslant 0)$$

其中 s 为串名；n 为串的长度，代表字符串有 n 个字符，字符可以是数字、字母或其他 ASCII 字符，字符串用一对双引号包含起来，双引号本身不是串的内容，仅作为串的标志。

例如："abcdef"、"$%^&*12345"、"happy2010"、"PROGRAM"等。

2. 串的术语

空串（Null String）：当n=0时，该串为空串，串中不包含任何字符，可以用φ表示。

空格串：它是由一个或多个空格组成的串。它不等同于空串，它的长度是所包含的空格数。在一般字符串中，空格也计算在串长度中。

子串：串中任意连续字符构成的子序列称为该串的子串。空串是任何串的子串。

主串：包含子串的串称为该子串的主串。

串相等：字符串的长度相等且各对应位置上的字符都相同。

例如：

```
a="";                    b="12345",
c="  ";                  d=12345,
e="Program Design";      f="am"
g="program design";      h=" am"
```

字符串a为空串，长度为0；字符串c为空格串；两串不相等。

字符串b长度为5；d是算术变量不是字符串变量，字符串必须用双引号包含住；两者不能等同。

字符串e长度为14；字符串f长度为2，是字符串e的子串，也是字符串g的子串；字符串g长度也为14；但字符串e与字符串g不相等，ASCII码表中大小写字符码值不等。

字符串h与字符串f不相同，包含两个空格字符串也要计算长度，字符串h长度为4。

上述举例中的a、b、c、e、f、g、h为字符串变量，与算术变量相同可以进行赋值运算，并参与字符串的相关运算，运算规则与算术变量不同，在4.1.2节中详细介绍。

4.1.2　串的基本运算

字符串的应用广泛，下列运算都是串的基本运算，利用这些基本运算可以实现字符串的其他运算。多数高级语言都提供了字符串的处理程序，比如C语言的库函数，读者可以参考相关内容，在使用C语言编程时直接调用。

对串运算及算法的进一步加深了解，将在之后的章节中给出在顺序存储方式和链接存储方式下相关算法的实现。例如：

```
a = "data"
b = "structure"
```

1. 串赋值Assign（t，s）

将一个串常量或串变量s赋给串变量t。

例如：Assign(t，a）执行后，字符串t="data"。

2. 求串长StrLen(s)

求s串的长度，即统计串中字符个数，函数返回一个整数。

例如：StrLen(a)函数返回值为4。

3. 串连接Concat(s1，s2)

将字符串s1和s2首尾连接在一起形成一个新串。

例如：s=Concat(a，Concat(" "，b))执行后，字符串s="data structure"。参与字符串

运算的可以是字符串变量或者字符串常量。

4. 串判等 StrEqual(s1, s2)

比较两个字符串长度是否相等，以及各对应位置上的字符是否相等，并返回相应的值。若字符串 s1 和 s2 相等，则返回值 1；反之两个字符串不相等，返回值为 0。

例如：StrEqual(a, b)返回值为 0，两字符串不相等。

5. 串插入 Insert(s1, i, s2)

在串 s1 第 i 个字符位置之后插入字符串 s2。

例如：执行 Insert(a,3, "THIS")后，字符串 a="datTHISa"。

6. 串删除 StrDel(s, i, j)

从串 s 第 i 个字符开始（0≤i≤len），连续删除 j 个字符。若不足 j 个字符，则删除到 s 的最后一个字符。

例如：StrDel(b, 5, 4）执行后字符串 b="strue"。

7. 串替换 StrReplace(t, s1, s2)

用串 s2 替换串 t 中出现与串 s1 相等的子串。

例如：StrReplace(b, "u", "z")执行后字符串 b="strzctzre"。

8. 取子串 SubStr(s1, i, j)

从串 s1 的第 i 个字符开始，取连续 j 个字符构成一个新串，其中，1≤i≤strlen(s1)，1≤j≤strlen(s1)−i+1。

例如：执行 SubStr(b, 3, 4）后="ruct"。

注意：这里规定对任何串 s，函数 substr(s1, i, 0）的值为空串。

9. 子串定位 Index(s1, s2)

其功能是求子串 s2 在主串 s1 中的位置。在主串中查找是否有与子串匹配的序列，若有，则给出子串在主串中的位置；若无，则返回 0。子串在主串中的位置是子串首次出现的起始位置。

例如：Index（b, " u"）执行后，返回值为 4。

[例 4.1]　已知字符串 s="ABCDEFG"，字符串 t="SPORT"，进行如下运算后 Concat(SubStr (s, 2,strlen(t)), SubStr (s, strlen(t), 2)）将得到怎样的字符串？

【解析】 将多个串的基本运算一起综合运用，可以进行复杂的字符串运算，并得到多种结果。读者在实际应用中，不能只停留在对串的基本运算的应用。

SubStr(s, 2, strlen(t)）为从 s 的第二个字符开始，取字符串 t 长度的字符数，即 5 个字符，得到字符串为"BCDEF"；

SubStr(s, strlen(t), 2）为从 s 的第五个字符开始，取 2 个字符，得到字符串为"EF"；

将以上得到的子串进行连接 Concat 运算，得到字符串"BCDEFEF"。

4.2　实例：文本加密

【实例目的】

综合应用串的多种运算，以实现更为复杂的功能，达到使用串结构解决实际问题的目的。

【实例内容】

一个文本串可用事先给定的字母映射表进行加密。例如，设字母映射表为：

a b c d e f g h i j k l m n o p q r s t u v w x y z

q w e r t y u i o p a s d f g h j k l z x c v b n m

则字符串 encrypt 被加密为 tfeknhz。编写程序实现以下目标。

(1) 将输入的文本串进行加密后输出。

(2) 将输入的加密文本串进行解密后输出。

【实例步骤】

(1) 首先进行字符串匹配，将两个字符串中的字符关系一一对应起来，再进行解密和加密操作。当输入一个字符时，在字母表中查找其位置，然后在密码表中查找匹配的加密字符替换输入字符，如图 4.1 所示。

```
C:\Windows\system32\cmd.exe
  File   Edit   Run   Compile   Project   Options   Debug   Break/watch
                                 Edit
     Line 5     Col 10  Insert Indent Tab Fill Unindent * D:CHUANM~1.C
#include<stdio.h>
#include<string.h>
#define Maxlen 100
int  StrMatch (char S,char c)
{  int i;
   for (i=0; i<strlen (S);i++)
   if (c==S[i])return i;
      return -1;
}

Void Encryp (char  *T)
 {  int  i, m;
    char   Original [ ] = "abcdefghijklmnopqrstuvwsyz " ;
    char   Cipher [ ] = "qwertyuiopasdfghjklzxcvbnm ";
    printf ( " \n" ) ;
     for (i=0; i<strlen (T) ; i++)
     {
        m=StrMatch (Original, T[i]) ;
                               Message
Alt: F1-Last help  F3-Pick  F6-Swap  F7/F8-Prev/Next error  F9-Compile
```

图 4.1　字符串匹配和加密函数代码界面

(2) 在主函数中根据提示逐个输入字符，调用加密函数 Encrypt 或解密函数 Decipher 进行相应操作，如图 4.2 所示。

```
C:\Windows\system32\cmd.exe
  File   Edit   Run   Compile   Project   Options   Debug   Break/watch
                                 Edit
     Line 44    Col 10  Insert Indent Tab Fill Unindent * D:CHUANM~1.C
   char   Cipher [ ] = "qwertyuiopasdfghjklzxcvbnm" ;
   printf ( "\n") ;
   for (i=0;i<strlen (T) ;i++)
   {
     m=StrMatch (Cipher, T [i] ) ;
     if (m ! =-1)
       T [i] =Original [m] ;
   }
   printf ( "%s", T) ;
}

main (   )
{ char   in[Maxlen] ;
  printf ("Enter a String:  (len<%d) \n",  Maxlen) ;
  Encrypt (in) ;
  printf ("Enter a encrypted string:  (len<%d) \n",  Maxlen) ;
  Decipher (in) ; }
                               Message
F1-Help  F5-Zoom  F6-Switch  F7-Trace  F8-Step  F9-Make  F10-Menu
```

图 4.2　主函数代码界面

【实例相关知识点】

串作为线性表的一个特例，既适用于线性表的存储结构，也适用于串。同时，串的存储结构与计算机系统的具体编址方式有着十分密切的关系，它对串的处理效率影响相当大。因此，要根据不同的情况，综合考虑各种因素，选择合适的方法来存储串。串的存储方式有两种：一种是静态存储方式，串的存储空间分配在编译时完成，称为顺序存储方式；另一种是动态存储方式，串的存储空间在程序运行时动态分配，动态存储方式分为链式存储方式和堆存储方式，这里介绍链式存储方式。

4.2.1 串的顺序存储

串的顺序存储是用一组连续的存储单元一次存储串中的各个字符。按照串中字符的顺序，串中每个字符依次存储在连续的数组元素空间中。串的顺序存储结构表示为：

```
#define maxsize 100              /*定义串允许的最大字符个数*/
typedef struct
{
  char data[maxsize];            /*存放串中每个字符*/
  int len;                       /*串的长度0≤length≤maxsize*/
}SqString;
```

由于串的最大长度固定，串中字符数即 len≤maxsize，因此超过串最大长度的串值将会舍去，称为截断。

计算机的编址方式决定CPU访问存储器的存取单位大小，通常有两种存取方法，即按字节编址（以字节为存取单位）和按字编址（以字为存取单位）。在按字节存取的计算机中，由于一个字符占用一个字节，因此，字符串中相邻的字符是顺序存放在相邻的字节中，这样既节约存储空间，处理又很方便，如图4.3所示。

0	1	2	3	4	5	6	7	8	9	10	11	12	13	14
d	a	t	a		s	t	r	u	c	t	u	r	e	'\0'

图4.3 按字节编址存储字符串

当计算机按字节（byte）为单位编址时，一个机器字（存储单元）刚好存放一个字符，串中相邻的字符顺序存储在地址相邻的存储单元中；当计算机以字（word）为单位编址时，一个存储单元由若干字节组成。这时，顺序存储结构有紧凑格式和非紧凑格式两种存储方式。

1. 紧凑格式

紧凑格式就是在存储单元中尽量多存储字符。例如，假设计算机的字长为32位，即4B，s="data structure"，按紧凑格式可以存放在4个存储单元中，如图4.4所示。

存储地址				
1000	d	a	t	a
1001		s	t	r
1002	u	c	t	u
1003	r	e	'\0'	

图4.4 紧凑格式存储示例

这种存储结构的优点是空间利用率高，缺点是对串中字符的处理效率低，需花费更多时间分离同一个字中的字符。

2. 非紧凑格式

非紧凑格式是一个存储单元只存放一个字符，存储中多余的空间置空不用，如图 4.5 所示，s="data structure" 按非紧凑格式存储的示意图，占用 15 个存储单元。很明显，紧凑格式的存储空间利用率高于非紧凑格式的存储空间利用率。

存储地址				
1000	d			
1001	a			
1002	t			
1003	a			
1004				
1005	s			
1006	t			
1007	r			
1008	u			
1009	c			
1010	t			
1011	u			
1012	r			
1013	e			
1014	'\0'			

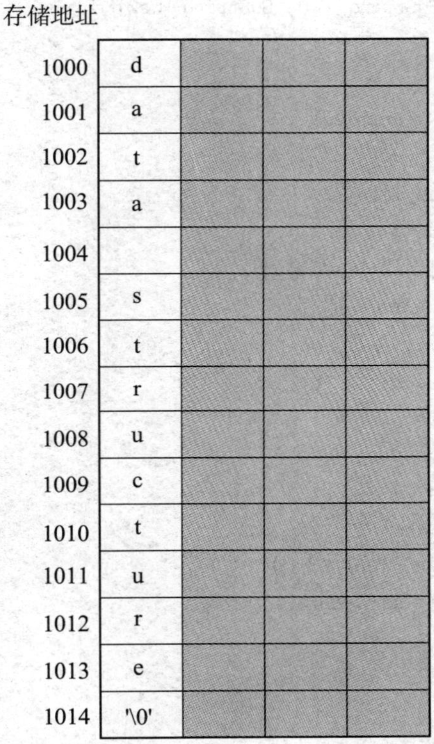

图 4.5 非紧凑格式存储示例

非紧凑格式的优缺点与紧凑格式的优缺点相反。在实际应用中，串的存储结构是采用紧凑格式还是非紧凑格式，应根据具体情况而定。

即便如此，不论哪种串的静态存储结构的哪种格式，还是有两个较大的缺点：

(1) 需要预先声明一个串允许的最大字符个数，当该值估计过大时，较多的空间就会被浪费。

(2) 由于限定了串的最大字符个数，使串的某些操作，如置换、连接等操作受到很大限制，当出现超过最大字符个数时字符串将被截断。

相对而言，动态存储结构在空间利用和灵活操作上就胜过一筹。

4.2.2 顺序串的基本运算

1. 串连接

将字符串 s1 和 s2 首尾连接在一起形成一个新串 s，s1 在前，s2 在后。若串的连接后的新串长度超过了所规定的最大字符数，则两个字符串不能正常连接，需要进行截断。一般有

3 种可能：

①若串 s1 的长度与串 s2 的长度之和小于最大字符数，则将 s2 连接到 s1 的尾部。

②若串 s1 的长度等于最大字符数，则串 s2 不能进行连接操作。

③若串 s1 的长度和串 s2 的长度都小于最大字符数，而连接后的串长度大于最大字符数，则将 s2 中超过的字符数截断。

算法如下：

```
int Concat(SqString * &s, SqString * s1, SqString * s2)
{
  int i;
  if (s1 -> len + s2 -> len <= maxsize)
  { for(i = 0;i < s1 -> len;i ++ )
      s -> data[i] = s1 -> data[i];
    for(i = 0;i < s2 -> len;i ++ )
      s -> data[s1 -> len + i] = s2 -> data[i];
    s -> len = s1 -> len + s2 -> len;
    return 1;
  }
  else if(s1 -> len < = maxsize)
  {
    for(i = 0;i < s1 -> len;i ++ )
      s -> data[i] = s1 -> data[i];
    for(i = 0;i <(maxsize - s1 -> len);i ++ )
      s -> data[s1 -> len + i] = s2 -> data[i];
    s -> len = maxsize;
    return 1;
  }
  else
    return 0;
}
```

2. 串判等

比较字符串的长度是否相等，如果字符串相等则返回值为 1；反之为 0。算法如下：

```
int StrEqual(SqString * s1,SqString * s2)
{
  int flag = 1, i;
  if (s1 -> len = = s2 -> len)
  { while (i < s1 -> len && flag = = 1)
    {
      if(s1 -> data[i]! = s2 -> data[i])
        flag = 0;
      i ++ ;
    }
```

```
        if (flag)
         return 1;
     }
    else
      return 0;
  }
```

3. 串插入

在串 s1 第 i 个字符位置之后插入字符串 s2。串插入中需要考虑以下问题：

(1) 判断指定的插入位置是否合法。若 i > s1 -> len 或 i < 0 都不能进行插入操作。

(2) 即使能进行插入操作，也要考虑插入后串的字符数是否超过最大字符数，超过最大字符数时需要截断。和串连接类似，一般有以下几种可能：

①若串 s1 的长度与串 s2 的长度之和小于最大字符数，则将 s2 插入到 s1 的指定位置。

②若串 s1 长度和串 s2 长度都小于最大字符数，而连接后的串长度大于最大字符数，则串 s2 优先插入，然后根据 s1 和 s2 连接后的长度与最大字符数的比较来确定截断位置。

顺序串的插入和顺序表的操作类似，在插入 i 位置之前先要将 i 之后的字符往后移动，空出相当于串 s2 长度的位置，再进行插入操作。

算法如下：

```
int Insert(SqString * s1,int i,SqString * s2)
{
  int j;
  if (i > s1 -> len||i < 0)
    return 0;
  if (s1 -> len + s2 -> len < = maxsize)
  {
    for(j = s1 -> len - 1;j < i - 1;j -- )
      s1 -> data[j + s2 -> len] = s1 -> data[j];
    for(j = 0;j < s2 -> len;j ++ )
      s1 -> data[i + j] = s2 -> data[j];
    s1 -> len = s1 -> len + s2 -> len;
    return 1;
  }
  else if(s2 -> len + i < = maxsize)
/ * 插入后串长度大于 maxsize,串 s2 却能全部插入,串 s1 截断 * /
  {
    for(j = maxsize - 1,i > s2 -> len + i - 1;j -- )
      s1 -> data[j] = s1 -> data[j - s2 -> len];
    for(j = 0;j < s2 -> len;j ++ )
      s1 -> data[i + j] = s2 -> data[j];
    s1 -> len = maxsize;
  }
```

```
    else
    {
      for(j = 0;j < maxsize - i;j ++ )
        s1 -> data[i + j] = s2 -> data[j];
      s1 -> len = maxsize;
    }
    return 1;
}
```

4. 串删除

从串 s 第 i 个字符开始，连续删除 j 个字符。若不足 j 个字符，则删除到 s 的最后一个字符。串删除中需要判断是否能进行删除操作，有以下几种情况：

①串为空串，不能进行删除操作的。

②指定的删除位置不合法，如 i > s1 -> len 或 i < 0 都不能进行删除操作。

而顺序串的删除操作和顺序表的删除类似，需要将删除位置后的字符往前移动。算法如下：

```
int StrDel(SqString * s, int i, int j)
{
  int m;
  if(s -> len < = 0)
  {
    printf("空串,无法进行删除操作!");
    return 0;
  }
  if(i + j > s -> len) j = s -> len - i + 1;
  for (m = i;m < i + j; m ++ )
    s -> data[m] = s -> data[m + j];
  s -> len = s -> len - j;
  return 1;
}
```

5. 求子串

从非空串 s1 的第 i 个字符开始，取连续 j 个字符构成一个新串 s，其中 $1 \leqslant i \leqslant strlen(s1)$，$1 \leqslant j \leqslant strlen(s1) - i + 1$；反之，若是空串，则不能进行该操作。

```
int SubStr(SqString * s, SqString * s1, int i, int j)
{
  int m;
  if(s1 -> len < = 0)
  {
    printf("空串,不能完成求子串操作!");
    return 0;
  }
```

```
    if(i+j>s1->len) j=s1->len-i+1;        /* 当子串超过主串长度,则只取到串尾即可 */
    for(m=0;m<j;m++)
      s->data[m]=s->data[m+j];
    s->len=j;
    return 1;
}
```

4.2.3　串的链式存储

串的链式存储用链表实现串中字符序列的存储。链表中每个结点设置一个数据域 data 可以用来存储字符；设置一个指针域 next，存放指向下一个结点的地址。链表中每个结点可以存储一个字符或多个字符，这由定义结点的大小决定，如图 4.6（a）和图 4.6（b）所示。

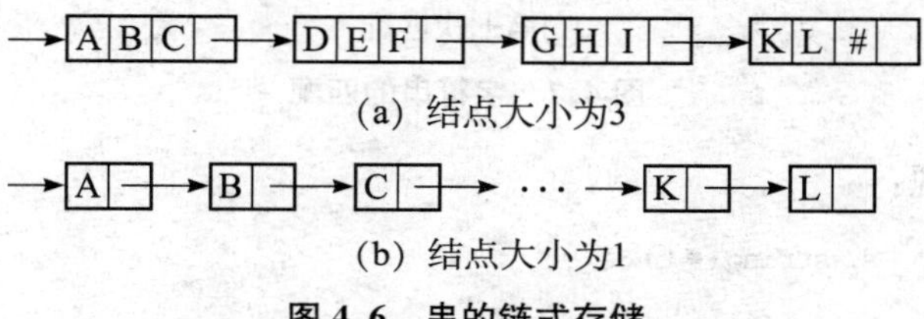

图 4.6　串的链式存储

结点大小为 1 时，串的运算最容易进行，但由于每个字符都有一个指针域空间，导致空间利用率低。结点大小大于 1 时（例如结点大小为 3），存储空间率提高了，但运算速度比结点大小为 1 要慢，而且当结点中字符个数不满结点大小时，在数据域中添加特殊符号，如“#”以示区别。

4.2.4　模式匹配

串的模式匹配目的在于判断串 t 是否是串 s 的子串。通常将串 s 称为目标串；串 t 称为模式串。如果串 t 是串 s 的子串，则返回其在主串 s 中首次出现的起始位置，并返回匹配成功；反之则匹配不成功，串 t 不在串 s 中。

由于串的顺序存储结构使用较多，本节主要讨论串匹配算法——BF 算法，采用顺序存储结构实现。

BF（Brute-Force）算法的基本思想是：从目标串 s 的第一个字符开始和模式串 t 的第一个字符进行比较，若相等，则依次比较后续字符，否则从串 s 的第二个字符开始重新与模式串的第一个字符比较，重复该过程，依此类推，直到在目标串 s 中找到字符序列与模式串 t 中字符序列一一相等时为止，则称该匹配成功；否则，匹配失败。

［例 4.2］　设目标串 s=“good morning the world”，模式串 t=“or”，在目标串 s 中寻找模式串 t，若存在则返回模式串 t 在目标串 s 首次出现的起始位置；否则，提示模式串 t 不在目标串 s 中。

【解析】设置变量 i 用来记录指向目标串 s 中当前比较字符在串中的位置，变量 j 指向模式串 t 中当前比较字符在串中的位置，如图 4.7 所示部分匹配过程。

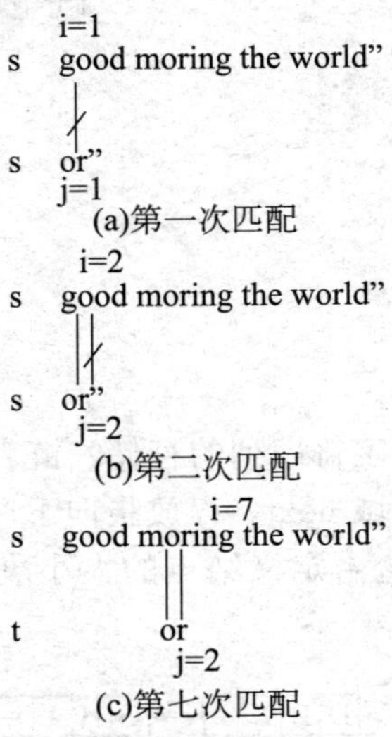

图 4.7 字符串的匹配

应用 BF 算法实现：

```
int BFIndex (string * s, string * t)
{
  int i, j;
  i = j = 0;
  while ((i < s -> len)&&(j < t -> len))
  {
    if (s -> data[i] = = t -> data[j])              /* 相等,则继续比较 */
      {
        i++;
        j++;
        }
      else
      {
        i = i - j + 1;                              /* 指针 i 回溯重新开始寻找串 t */
        j = 0;
      }
    }
if (j > = t -> len)
  return (i - t -> len);                            /* 返回匹配位置 */
else
  return 0;
}
```

BF 模式匹配算法过程简单，但效率不高。最好的情况下，每趟不成功的匹配都是模式串 t 的第一个字符与 s 中相应字符比较时就不等。设从 s 的第 i 个位置开始与 t 串匹配成功的概率 p_i，则字符比较次数在前面 i−1 趟匹配中一共比较了 i−1 次，第 i 趟成功的匹配中字符比较次数为 m，故总的比较次数是 i－1＋m。要使匹配有可能成功，s 的开始位置只能是 1～n－m＋1。再假设在这 n－m＋1 个开始位置上，匹配成功的概率都是相等的。因此最好情况下匹配成功的平均次数是：

$$p_1\times(1-1+m)+p_2\times(2-1+m)+p_3\times(3-1+m)+\cdots+P_{n-m+i}\times((n-m+1)-1+m)$$
$$=1/(n-m+1)\times((1-1+m)+(2-1+m)+(3-1+m)+\cdots+((n-m+1)-1+m))$$
$$=(n+m)/2$$

即在最好情况下，该算法的平均时间复杂度为 O(n＋m)。

在最坏情况下，每趟不成功的匹配都是在模式 t 的最后一个字符中相应的字符比较时才不相等，新的一趟匹配开始前，指针 i 要回溯到 i－m＋2 的位置上。每次失败的匹配都要比较 4(m－4) 次。

在最坏的情况下，第 i 趟匹配成功，前面 i－1 趟不成功的匹配中，每趟比较了 m 次，第 i 趟成功时也比较了 m 次，所以共比较了 i×m 次。因此，最坏情况下的平均比较次数是：

$$p_i\times(1\times m)+p_2\times(2\times m)+p_3\times(3\times m)+\cdots+p_{n-m+1}\times((n-m+1)\times m)$$
$$=m/(n-m+1)\times(1+2+\cdots+(n-m+1))$$
$$=m(n-m+2)/2$$

因为 n＞＞m，故上述情况下时间复杂度为 O(n×m)。

·本章小结·

串是一种特殊的线性表，它的结点值仅由一个字符组成。串的应用非常广泛，凡是涉及字符处理的领域都要使用串。很多高级语言都具有较强的串处理功能，C 语言更是如此。

多种串的基本运算可以综合应用变成较为复杂的综合运算，而串的运算算法，可根据串的存储结构的不同而选择不同的方式实现。由于顺序存储结构在串中较为广泛的应用，本章以顺序串结构的算法来实现，读者可根据自身的需求，设计出其他存储结构的算法。应用串来解决的常见问题是串匹配的问题，文中介绍了最简单的 BF 模式匹配算法，分析其特点，读者也可选择其他的优化算法以提高串匹配的效率。

第5章　内部排序

内容提要及教学目标

本章首先介绍了排序的基本概念，然后对插入排序、交换排序、选择排序和归并排序的基本思想、排序过程、时间复杂度和空间复杂度以及优缺点进行了介绍。通过本章学习，读者应该掌握以下内容：

- 掌握插入排序、交换排序、选择排序以及归并排序的基本思想、排序过程和性能分析。
- 熟悉插入排序、交换排序、选择排序以及归并排序的优缺点。

本章重点及难点

插入排序、交换排序、选择排序以及归并排序的原理、排序的过程、算法时间复杂度和空间复杂度的分析。

5.1　排序的基本概念

所谓排序就是将一组任意顺序的数据元素或记录，按其关键字排列成递增或递减的新序列的操作过程。为了方便研究，假定本章的排序序列是由一组记录组成的，每条记录又是由若干数据项组成的，关键字是某个数据项或某些数据项的集合。如果按关键字排序所得到的排序结果是唯一的，此关键字称为主关键字，否则称为次关键字。

例如，第1章中的表1.1所示是一张教师信息表，包括教师的工号、姓名、性别、授课课程、课程编号、住址和电话，可以按教师的工号和课程的编号排序，也可以按姓名、性别等排序。

表中数据如果按关键字工号和课程编号递增排序可以得到一个结果，如果按关键字性别递增排序，结果是不唯一的，因为性别相同的教师有很多位，如果排序后工号10001的教师依然排在工号10005的教师前面，则称这种排序为稳定排序，否则为不稳定排序。也就是说关键字具有相同值的数据在排序后，它们的顺序如果与没有排序前一样，该排序称为稳定排序；如果顺序发生变化，则该排序称为不稳定的排序。

排序按其在排序过程中使用的存储设备的不同，分为内部排序和外部排序两种。内部排序是指整个排序过程都是在计算机的内存中完成的，没有在内存和外存之间进行数据的交换，本章所讲述的算法都是内部排序。外部排序是指由于待排序的序列太大，内存不够存放，在排序过程中还要借助外存，数据在内存和外存之间不断地交换。外部排序将在本书的最后一章作详细介绍。

内部排序的方法有很多，大致分为：插入排序、交换排序、选择排序、归并排序和基数排序，本章重点讲解前 3 种。在这些方法中，每个方法都有自己的优势和不足之处，简单地说哪个方法好是很困难的。一般来讲，评价一个排序方法的好坏可以从以下两个标准来把握：一是算法执行需要的时间，二是算法执行需要的空间。其中算法执行需要的时间是重要参考标准。所谓算法执行需要的时间是指该算法在排序过程中关键字的比较次数和记录移动的次数。本章所讲的算法都将给出最坏、最好情况下或平均情况下的时间复杂度。

5.2　实例：学生成绩插入排序

【实例目的】

掌握直接插入排序和希尔排序的基本思想和操作过程并通过编程实现，理解这两种方法的特点，并能灵活应用。

【实例内容】

在学生成绩管理中，经常会遇到要统计学生成绩并进行排序的情形。现假设有若干名学生的成绩等待排序。要求用直接插入排序和希尔排序将学生成绩按从低分到高分的顺序排序并输出。

【实例步骤】

双击桌面的 Turbo C 快捷方法，输入源代码。为了使读者更清楚地了解程序的执行过程，下面给出编辑、编译和运行的具体步骤。

(1) 编辑程序。

在 Turbo C 2.0 编译界面中按 Alt+F 键，选择 New，然后输入源程序，如图 5.1 所示。

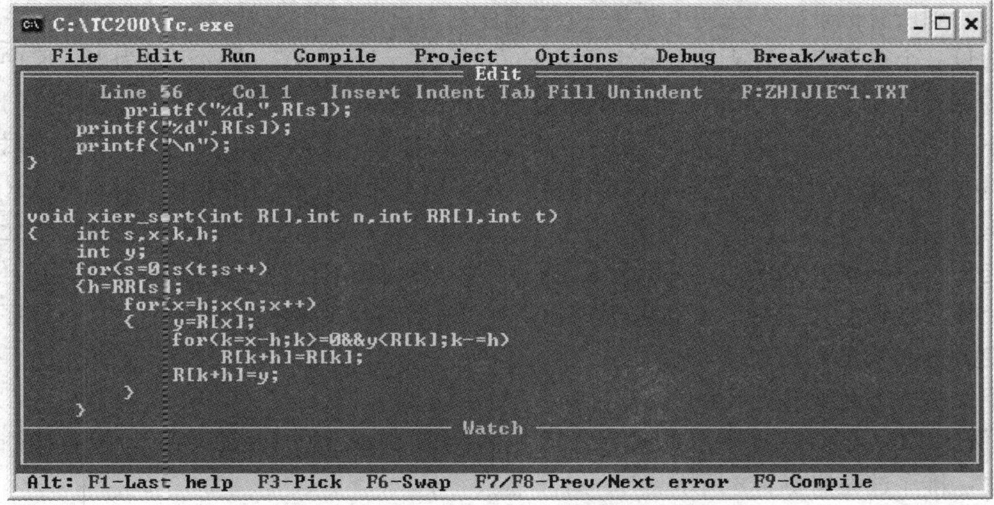

图 5.1　直接插入排序和希尔排序源代码界面

分析：程序中先输入学生成绩的个数，再分别输入每个学生的成绩，然后选择 1，输出的是直接插入排序的结果，选择 2，输出的是希尔排序的结果。在直接插入程序中，引进了一个附加记录来保存 d［s］的副本，同时监视变量 q 的下标是否越界，此附加记录称为监视哨或哨兵。

（2）编译和运行程序，运行结果如图 5.2 所示。之后保存好程序。

说明：本实例中，一共输入了 10 个学生的成绩，分别是 67，78，56，87，79，99，85，74，43，88；排序之后的结果应为 43，56，67，74，78，79，85，87，88，99。

图 5.2　运行结果界面

5.2.1　直接插入排序

1. 直接插入排序的基本思想

直接插入排序的基本思想：将一条待排序的记录按其关键字的大小插入到已经有序的记录中，直到所有记录插入完成并成为一个递增序列为止。

假设一个待排序的记录 R 有 n 个元素 R［j］（1 <= j <= n），有序记录为 K，K 中每个元素为 K［i］（1 <= i <= n），初始时 K 为空。第一趟排序，将 R 的第一个元素 R［1］放入到 K 中充当 K［1］，即 K［1］＝R［1］，此时的有序记录 K＝｛K［1］｝；第二趟排序，将 R 中的第二个元素 R［2］与第一趟排序后 K 中所有元素比较，如果 R［2］<K［1］，则 K＝{R［2］，K［1］}，否则 K＝{K［1］，R［2］}；第三趟排序，将 R 中的第三个元素 R［3］与第二趟排序后 K 中的每一个元素进行比较，然后把 R［3］插入到 K 中适当的位置，以此类推，直到把 R 中每个元素都转移到 K 中，使 K 变成递增的有序记录为止，K 序列即为 R 递增排序后的新记录。

下面举一个例子来演示上述排序过程。

［例 5.1］　假设待排序记录 R 为（18，22，19，10，8，32，19，15），按直接插入算法排序，排序过程如图 5.3 所示。

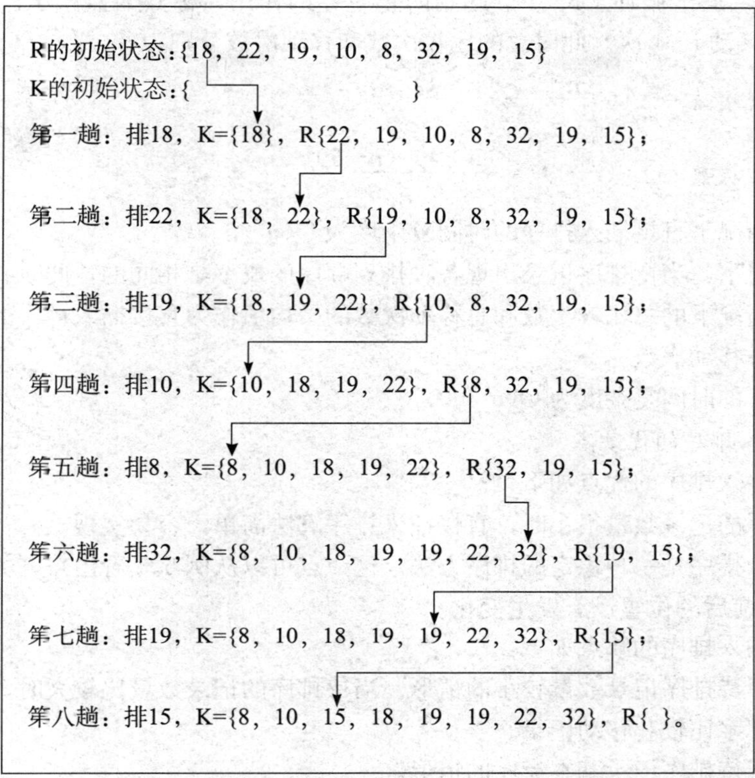

图 5.3 直接插入排序过程

读者可以模仿图 5.3 的排序过程，自己写出实例中给出的排序序列 67，78，56，87，79，99，85，74，43，88 的每一趟直接插入排序结果。

2. 直接插入排序的性能分析

(1) 空间复杂度分析。

从上面的叙述和实例中所给的算法来看，直接插入排序在排序过程中只需要一个辅助空间，所以空间复杂度为 O(1)。

(2) 时间复杂度分析。

①最好的情况下：当待排序的记录本身就是递增顺序的记录时，第一个关键字不参与比较，从第二个关键字开始，每个关键字只需要与其前一个关键字比较一次，每个关键字都不需要移动。总的比较次数和移动次数分别为：

$$总比较次数=\sum_{i=2}^{n}1=n-1$$

$$总移动的次数=0$$

所以最好情况下直接插入排序的时间复杂度为 O(n)。

②最坏情况下　当待排序的记录是递减顺序的记录时，第一个关键字不参与比较，从第二个关键字开始，每个关键字 i 需要与其前面 i−1 个关键字比较，同时还要与监视哨比较一次，这里的监视哨是指每插入一个记录 R［i］前将其存入 R［0］，这样就在 R［0］中保存了另一副本，然后将 R［0］与 R［i−1］比较，每次下标减 1，当下标减到 0 时，即 R［0］

与R［0］比较，退出循环。R［0］起到防止越界的作用，称其为监视哨。因此每个关键字i比较i次，移动i+1次。此时总的比较次数和移动次数分别为：

$$总比较次数=\sum_{i=2}^{n}i=\frac{(n+2)(n-1)}{2}$$

$$总移动次数=\sum_{i=2}^{n}(i+1)=\frac{(n+4)(n-1)}{2}$$

所以最坏情况下直接插入排序的时间复杂度为$O(n^2)$。

③平均情况下：当待排序记录出现各种排列顺序的概率是相同的，此时我们可以取最好情况下和最坏情况下的总比较次数和总移动次数的平均值作为直接插入排序的平均情况下的总比较次数和总移动次数。

平均情况下的时间复杂度为$O(n^2)$。

3. 直接插入排序的优缺点

（1）直接插入排序的优点如下：

①当待排序的记录数量很小时，直接插入排序算法简单，容易实现。

②直接插入排序是一种稳定的排序方法。这一点可以从例5.1看出来，关键字值相同的数据19在排序前后的位置没有发生变化。

（2）直接插入排序的缺点如下：

①只适用于待排序记录数量较小的情形。当待排序的记录数量比较大时，直接插入排序需要大量的关键字比较和移动记录。

②只适用于待排序记录基本有序的情形。

5.2.2　希尔排序

希尔排序又称“缩小增量排序”，也是一种插入类排序方法，但比直接插入排序在性能上有了很大的改进。直接插入排序在待排序记录数量小且基本有序时，算法执行的时间复杂度很高，可以达到O(n)。而记录数量很大或没有顺序时，算法执行的效率很低。为了让记录数量大且基本无序的待排序序列，同样可以将效率提高到O(n)，希尔排序对直接插入排序进行了改进，得到了一种新的插入排序方法。

1. 希尔排序的基本思想

希尔排序的基本思想：将整个排序记录分割成若干个子记录，每个子记录按直接插入方法排序，当整个记录基本有序时，再进行最后一次直接插入排序。

假设一个待排序记录为R，将R按每个记录关键字下标的某个增量d[1]分成若干子记录，按直接插入法排序每个子记录，得到第一趟排序的结果R[1]，再将R[1]按每个记录关键字下标的某个增量d[2]分成若干子记录，按直接插入排序每个子记录，得到第二趟排序的结果R[2]。以此类推，每次都先确定一个更小的增量，直至增量为1时，做最后一次直接插入排序。

下面举一个例子来演示上述排序过程。

［例5.2］　沿用例5.1中的待排序记录R(18,22,19,10,8,32,19,15)，按希尔算法排序。排序过程如图5.4所示。

R的初始状态：{18，22，19，10，8，32，19，15}

第一趋：d[1]=4，每一个框内框的数据为一个子记录，此趟排序共有4个子记录。

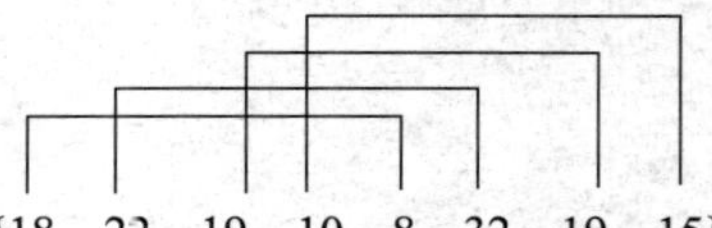

{18，22，19，10，8，32，19，15}

第一趟排序的结果：{8，22，19，10，18，32，19，15}

第二趟：d[2]=3，此趟排序共有3个子记录。

{8，22，19，10，18，32，19，15}

第二趟排序的结果：{8，15，19，10，18，32，19，22}

第三趟：d[3]=2，此趟排序共有2个子记录。

{8，15，19，10，18，32，19，22}

第三趟排序的结果为：{8，10，18，15，19，22，19，32}

第三趟：d[4]=1，排序的结果为{8，10，15，18，19，19，22，32}

图 5.4　希尔排序过程

读者可以模仿图 5.4 的排序过程，自己写出实例中给出的排序序列 67，78，56，87，79，99，85，74，43，88 的每一趟希尔排序结果。

2. 希尔排序增量的选择

在希尔排序中，增量可以有各种不同的选择方法，但最后一次增量选择必须是 1，并且选取的所有增量没有除 1 以外的其他公因子。由于增量的选择不同，希尔排序的执行效率也不同。在例 5.2 中，如果选择 d[1]=5，第一趟排序结果为 {18，19，15，10，8，32，22，19}；接着选择 d[2]=3，第二趟排序的结果为 {10，8，15，18，19，32，22，19}；最后选择 d[3]=1，第三趟排序结果为 {8，10，15，18，19，19，22，32}。由此可知，希尔排序的时间复杂度与增量的选择有很大的关系。这里提供两种常用的增量选择方法：

（1）选择初始增量 d [1] $=\left[\frac{n}{2}\right]$（n 为待排序记录中元素的个数，n=5，则 d[1]=3，n=4，d[1]=2），其他增量 d[i] $=\left[\frac{d_{i-1}}{2}\right]$，最后一次增量取 1。在实例中增量的选用都是用此方法。

（2）选择最后一次增量 d[n]=1，其他增量 d[i-1]=3d[i]+1。

3. 希尔排序的性能分析

（1）空间复杂度分析。希尔排序的空间复杂度为常数 O(1)。

（2）时间复杂度分析。由于希尔排序的时间复杂度与增量的选取有关，所以对希尔排序的分析是一个复杂的问题。有人经过大量的研究得出，如果增量序列的取值比较合理，希尔排序的时间复杂度介于 $O(n\log_2 n)$ 和 $O(n^2)$ 之间。

4. 希尔排序的优缺点

(1) 希尔排序的优点如下：

①对于中等规模的待排序记录，希尔排序的执行效率比较高。

②希尔排序占用的内存空间小。

(2) 希尔排序的缺点如下：

①希尔排序是一种不稳定的排序方法。

②希尔排序增量的选择比较难。

5.3 实例：学生成绩交换排序

【实例目的】

掌握冒泡排序、快速排序的基本思想和操作过程，并通过编程实现，理解这两种方法的特点，并能灵活应用。

【实例内容】

实例内容同本章 5.2 节，但要求用冒泡排序和快速排序将学生成绩按从低分到高分的顺序排序并输出。

【实例步骤】

双击桌面的 Turbo C 快捷方法，输入源代码。为了使读者更清楚地了解程序的执行过程，下面给出编辑、编译和运行的具体步骤。

(1) 编辑程序。

在 Turbo C 2.0 编译界面中按 Alt+F 键，选择 New，然后输入源程序，如图 5.5 所示。

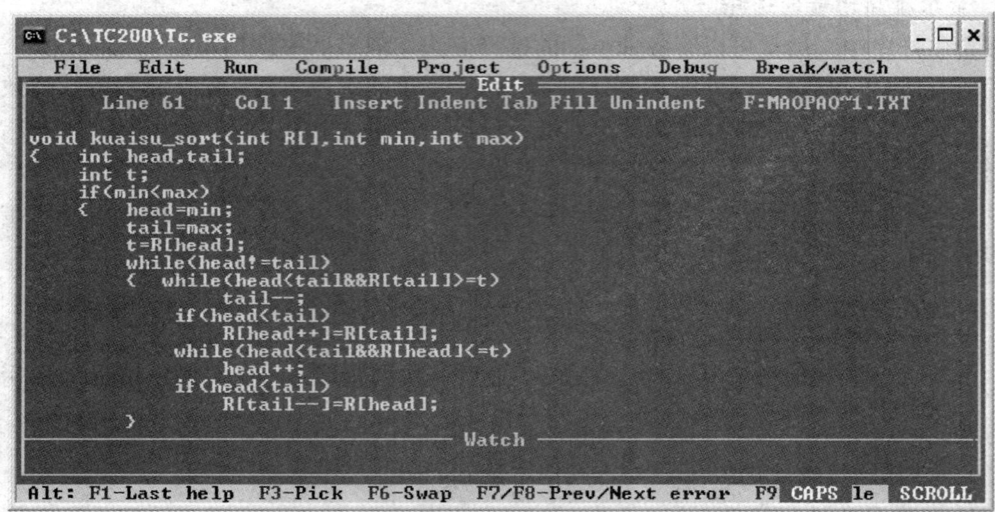

图 5.5 冒泡排序和快速排序源代码界面

分析：程序中先输入学生成绩的个数，再分别输入每个学生的成绩，然后选择 1，输出的是冒泡排序的结果；选择 2，输出的是快速排序的结果。

(2) 编译和运行程序，运行结果如图 5.6 所示。

说明：本实例沿用 5.2 节实例中的学生成绩 67，78，56，87，79，99，85，74，43，88，排序之后的结果应为 43，56，67，74，78，79，85，87，88，99。

```
C:\TC200\Tc.exe
10
Input No 1 value
67
Input No 2 value
78
Input No 3 value
56
Input No 4 value
87
Input No 5 value
79
Input No 6 value
99
Input No 7 value
85
Input No 8 value
74
Input No 9 value
43
Input No 10 value
88
Please input your choice(1-2):1
This is bubble sort!
43,56,67,74,78,79,85,87,88,99
```

图 5.6　运行结果界面

5.3.1　冒泡排序

1. 冒泡排序的基本思想

冒泡排序是一种简单的交换排序。它的基本思想是：将待排序记录的第一个关键字和第二个关键字进行比较，如果第一个关键字比第二个关键字大，则将两个关键字互换位置，再将第二个关键字和第三个关键字比较，第二个关键字大于第三个关键字，则将两关键字互换位置，依此类推，直到第 n－1 个关键字和第 n 个关键字比较为止，以上称为一趟排序结束。整个冒泡排序要进行若干趟排序，每趟排序都有一个最大的关键字被排列到最后的位置上。

假设有 n 个排序记录 R[1]，R[2] …R[n]，它们对应的关键字为 K[1]，K[2] …K[n]。冒泡排序的过程如下：

(1) 第一趟排序。

将 K[1] 和 K[2] 比较，如果 K[1] ＞K[2]，则交换 K[1] 和 K[2] 的位置，再将 K[2]和 K[3] 比较，如果 K[2] ＞K[3]，互换 K[2] 和 K[3] 的位置，依此类推，直到 K[n－1]和 K[n] 比较完为止，此时关键字最大的一个记录被安排到第 n 个记录的位置。

(2) 第二趟排序。

对前 n－1 个记录的关键字进行比较，重复第一趟排序的过程，将关键字第二大的记录排到第 n－1 个记录的位置。

(3) 第 n－1 趟排序。

完成整个排序过程。如果某一趟的排序结果已经是有序序列了，可以提前结束排序过程，不再进行后面的排序。

下面举一个例子来演示上述排序过程。

［**例 5.3**］ 沿用例 5.1 中的待排序记录 R 为：(18，22，19，10，8，32，19，15)，按冒泡算法排序。排序过程如图 5.7 所示。

初始状态	第一趟排序结果	第二趟排序结果	第三趟排序结果	第四趟排序结果	第五趟排序结果	第六趟排序结果	第七趟排序结果
18	18	18	10	8	8	8	8
22	19	10	8	10	10	10	10
19	10	8	18	18	15	15	
10	8	19	19	15	18		
8	22	19	15	19			
32	19	15	19				
19	15	22					
15	32						

图 5.7 冒泡排序过程

读者可以模仿图 5.7 的排序过程，自己写出实例中给出的排序序列 67，78，56，87，79，99，85，74，43，88 的每一趟冒泡排序结果。

2. 冒泡排序的性能分析

(1) 空间复杂度分析。

冒泡排序在排序过程中只需要一个辅助存储空间用作交换，所以它的空间复杂度为O(1)。

(2) 时间复杂度分析。

①最好的情况下：待排序记录已经是递增顺序排列的，冒泡排序只需要进行一趟即可完成，比较的次数为 n－1 次，移动次数为 0，所以最好情况下的时间复杂度为 O(n)。

②最坏的情况下：待排序记录是递减顺序排列的，冒泡排序要进行 n－1 趟，第 i 趟的比较次数为 n－i 次，每一次比较需要移动 3 次。

$$总比较次数=n-1+n-2+\cdots+1=\frac{n(n-1)}{2}$$

$$总的移动次数=\sum_{i=1}^{n-1}3\times(n-i)=\frac{(3n)(n-1)}{2}$$

所以最坏情况下的时间复杂度为 $O(n^2)$。

(3) 平均情况下：由步骤 (1) 和 (2) 可知，平均情况下，冒泡排序的时间复杂度为 $O(n^2)$。

3. 冒泡排序的优缺点

(1) 冒泡排序的优点如下：

①冒泡排序是一种稳定的排序方法。

②冒泡排序占用的内存空间小。

(2) 冒泡排序的缺点如下：

冒泡排序中记录的移动次数较多，它的时间性能比直接插入排序差得多，只适用于待排序记录数量比较小的情况。

5.3.2　快速排序

1. 快速排序的基本思想

快速排序是冒泡排序的一种改进排序方法。它的基本思想是：选择某个记录的关键字作为基准关键字（一般选择第一个记录的关键字），将待排序记录分割成两部分：一部分记录的关键字比基准关键字小，一部分记录的关键字比基准关键字大。然后在每个部分内继续排序，直到整个记录有序为止。

假设待排序记录为 R[1]，R[2]，…R[n]，它们对应的关键字为 K[1]，K[2]，…K[n]。快速排序的过程如下：

(1) 第一趟排序。

①选择记录 R[1] 的关键字 K[1] 作为基准关键字 basekey，设两个指针 low 和 high，它们的初值分别指向 K[1] 和 K[n]。

②从 high 指向的最后一个记录从后往前扫描，找到第一个比 basekey 小的或相等关键字 K[j]，将 basekey 和 K[j] 互换位置，low=low−1。

③从 low 指向的记录从前往后扫描，找到第一个比 basekey 大的或相等关键字 K[i]，将 basekey 和 K[i] 互换位置，high=high−1。

④重复以上 3 个步骤，直到 low=high，第一趟排序结束。

(2) 第 i 趟排序。

将第 i−1 趟排序的结果划分成一前一后两部分，重复第一趟的步骤，直到前后两个子记录的元素只有一个为止。

下面举一个例子来演示上述排序过程。

[例 5.4]　沿用例 5.1 中的待排序记录 R（18，22，19，10，8，32，19，15），按快速排序算法排序，排序过程如图 5.8 所示。

```
R 的初始状态     18   22   19   10   8

第一趟排序       18   22   19   10   8    32   19   15
         basekey ↑                                  ↑ high
第一次排序结果   15   22   19   10   8    32   19   18
             low ↑                                  ↑ high
第二次排序结果   15   18   19   10   8    32   19   22
             low ↑                             ↑ high
第三次排序结果   15   18   19   10   8    32   19   22
             low ↑                        ↑ high
第四次排序结果   15   18   19   10   8    32   19   22
             low ↑                   ↑ high
第五次排序结果   15   8    19   10   18   32   19   22
                  low ↑              ↑ high
第六次排序结果   15   8    18   10   19   32   19   22
                  low ↑    ↑ high
第七次排序结果   15   8    10   18   19   32   19   22
                       low ↑↑ high

第一趟排序结果  [15 8 10] 18 [19 32 19 22]
第二趟排序结果  [10 8] 15 18 [19 32 19 22]
第三趟排序结果  [8] 10 15 18 [19 32 19 22]
第四趟排序结果  8 10 15 18 [19 32 19 22]
第五趟排序结果  8 10 15 18 19 [32 19 22]
第六趟排序结果  8 10 15 18 19 [22 19] 32
第七趟排序结果  8 10 15 18 19 [19] 22 32
第八趟排序结果  8 10 15 18 19 19 22 32
```

图 5.8　快速排序过程

读者可以模仿图 5.8 所示的排序过程，自己写出实例中给出的排序序列 67，78，56，87，79，99，85，74，43，88 的第一趟快速排序的每一次排序结果。

2. 快速排序的性能分析

(1) 空间复杂度分析。

从上面的排序过程可以看出，快速排序是通过递归实现的，每次调用的指针和基准关键字的位置都需要用栈来存放。最好情况下，在一趟排序分割后，先对长度短的子序列进行快速排序，栈的空间需要 $O(\log_2 n)$；最坏情况下，每次排序后基准关键字都偏向子序列的一端，则栈的存放空间需要 $O(n)$。

(2) 时间复杂度分析。

①最好的情况下：快速排序的最好情况就是每一趟排序都可以把待排序记录分成长度相等的两个子记录序列，此时快速排序的时间复杂度约为 $O(n\log_2 n)$。

②最坏的情况下：快速排序的最坏情况就是每次选择的基准关键字都把待排序序列分割成一个子序列中没有记录，另一个子序列中的记录数量只比上一趟排序中记录的数量少一

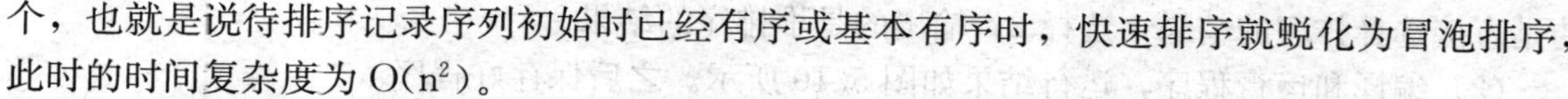

个，也就是说待排序记录序列初始时已经有序或基本有序时，快速排序就蜕化为冒泡排序，此时的时间复杂度为 $O(n^2)$。

③平均情况下：可以证明快速排序的平均时间复杂度也是 $O(n\log_2 n)$，并且是所有同数量级 $O(n\log_2 n)$ 的排序方法中，平均性能最好的一个。

3. 快速排序的优缺点

(1) 快速排序的优点是在平均情况下它速度最快的排序算法，因此被称为“快速排序”。

(2) 快速排序的缺点如下：

①快速排序是不稳定的排序算法。

②快速排序占用内存空间较大。

5.4　实例：学生成绩选择排序

【实例目的】

掌握直接选择排序和堆排序的基本思想和操作过程并通过编程实现，理解这两种方法的特点，并能灵活应用。

【实例内容】

实例内容同 5.2 节，但要求用直接选择排序和堆排序将学生成绩按从低分到高分的顺序排序并输出。

【实例步骤】

双击桌面的 Turbo C 快捷方法，输入源代码。为了使读者更清楚地了解程序的执行过程，下面给出编辑、编译和运行的具体步骤。

(1) 编辑程序。

在 Turbo C 2.0 编译界面中按 Alt+F 键，选择 New，然后输入源程序，如图 5.9 所示。

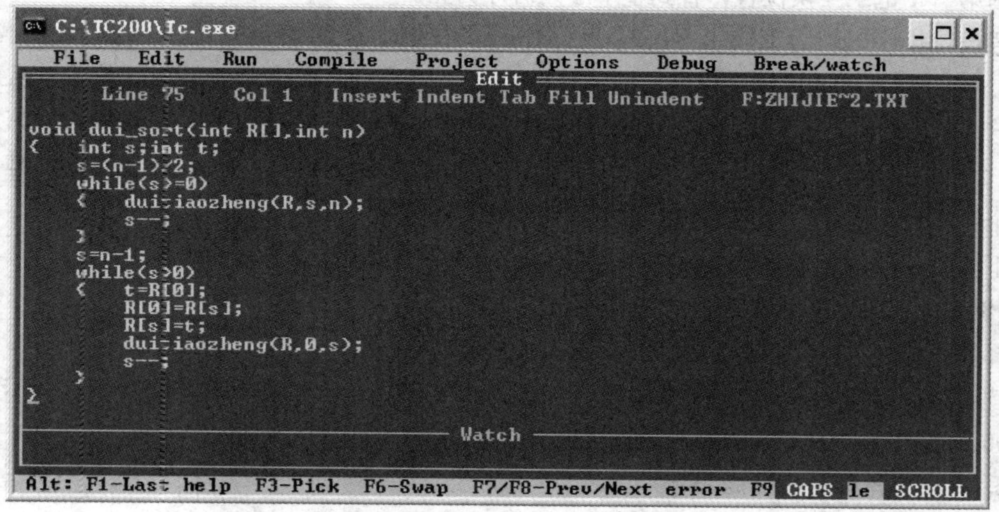

图 5.9　直接选择源代码界面

分析：程序中先输入学生成绩的个数，再分别输入每个学生的成绩，然后选择 1，输出的是直接选择排序的结果；选择 2，输出的是堆排序的结果。

（2）编译和运行程序，运行结果如图 5.10 所示。之后保存好程序。

说明：本实例沿用 5.2 节实例中的学生成绩 67，78，56，87，79，99，85，74，43，88，排序之后的结果应为 43，56，67，74，78，79，85，87，88，99。

图 5.10　运行结果界面

5.4.1　直接选择排序

1. 直接选择排序的基本思想

直接选择排序的基本思想是：每次从待排序序列中选取关键字最小的记录，与当前排序序列的第一个记录互换位置，直到整个序列有序为止。

假设待排序记录为 R[1]，R[2]，…R[n]，它们对应的关键字为 K[1]，K[2]，…K[n]。第一趟直接选择排序找出关键字最小的记录 R[i] 与 R[1] 互换位置，第二趟从剩下的 n−1 个记录 R[2]，…R[n] 中找出关键字最小的记录 R[j] 与 R[2] 互换位置，第三趟从 n−2 个记录 R[3]，…R[n] 中找出关键字最小的记录与 R[3] 互换位置，依此类推，直到整个排序序列有序。这就是直接选择排序的排序过程。

下面举一个例子来演示上述排序过程。

[例 5.5]　沿用例 5.1 中的待排序记录 R（18，22，19，10，8，32，19，15），按直接选择算法排序。排序过程如图 5.11 所示。

读者可以模仿图 5.11 的排序过程，自己写出实例中给出的排序序列 67，78，56，87，79，99，85，74，43，88 的每一趟直接选择排序结果。

2. 直接选择排序的性能分析

（1）空间复杂度分析。

从上面的叙述和实例中所给的算法来看，直接选择排序在排序过程中只需要一个辅助空间，所以空间复杂度为 O(1)。

图 5.11　直接选择排序过程

(2) 时间复杂度分析。

①最好的情况下：当待排序序列为正序时，移动次数为 0，第一趟要比较 n－1 次，第二趟要比较 n－2 次，…，最后一趟比较 1 次，总的比较次数＝n－1＋n－2＋…＋1＝$\frac{n(n-1)}{2}$。所以直接选择排序在最好情况下的时间复杂度为 $O(n^2)$。

②最坏的情况下：当待排序序列为逆序时，移动次数达到最大为 3(n－1)，比较次数仍然为$\frac{n(n-1)}{2}$，所以直接选择排序在最好情况下的时间复杂度也为 $O(n^2)$。

③平均情况下：直接选择排序的时间复杂度为 $O(n^2)$。

3. 直接选择排序的优缺点

(1) 直接选择排序的优点是编程简单，容易实现。

(2) 直接选择排序的缺点如下：

①直接选择排序是不稳定的排序算法。

②只适用于待排序记录数量比较小的情况。

5.4.2　堆排序

堆排序是直接选择排序的改进，它可以把直接选择排序的时间复杂度降为 $O(n\log_2 n)$。

1. 堆的定义

有 n 个记录的序列 {R[1], R[2], …R[n]}，它们对应的关键字序列为 {K[1], K[2], …K[n]}。当且仅当关键字序列满足如下条件时，称该记录序列为堆。

$$\begin{cases} K[i] \geqslant K[2i] & 2i \leqslant n \\ K[i] \geqslant K[2i+1] & 2i+1 \leqslant n \end{cases} \quad ①$$

或

$$\begin{cases} K[i] \geqslant K[2i] & 2i \leqslant n \\ K[i] \geqslant K[2i+1] & 2i+1 \leqslant n \end{cases} \quad ②$$

其中满足①式的被称为大根堆，满足②式的被称为小根堆。

由堆的定义可知，堆顶元素必为最大或最小的元素，可以用一个一维数组来存储堆中的元素，也可以用一个完全二叉树来表示堆的结构。例如，序列 {30，15，22，9，7，18} 是一个堆，它的完全二叉树表示如图 5.12 所示。

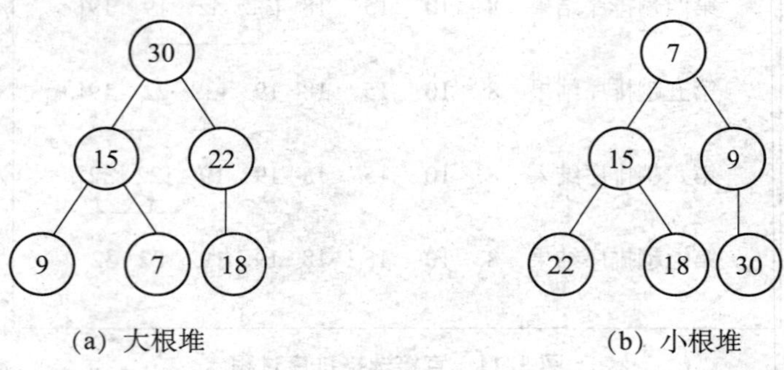

图 5.12 堆

2. 堆排序的基本思想

堆排序的基本思想是：每次输出堆顶的最大值（或最小值）之后，将剩下的 n－1 个元素重新组合成一个堆，再次输出堆顶元素。依此类推，最后得到一个有序序列。

3. 堆的建立和调整

由堆的定义和堆排序的基本思想可以看出，实现堆排序要解决两个问题：一是如何将初始序列建立成一个初始堆；二是如何将剩下的元素重新组成一个堆，这个问题就是堆的调整。下面介绍如何解决这两个问题。由于建立初始堆也涉及堆的调整，所以先介绍第二个问题：如何进行堆的调整。

（1）堆的调整。

堆的调整就是将某结点 i 为根的左右子树调整为一个堆。调整的前提是结点 i 的左右子树必须已经是一个堆。以大根堆为例，堆调整的具体过程为：将结点 i 与其左右孩子结点比较，如果结点 i 的关键字大于左右孩子结点的关键字，则已经是堆，无须调整，否则将结点 i与左右孩子结点中关键字大的结点互换位置，互换后如果以 i 结点为根的子树，不满足大根堆的条件，继续对 i 结点所在的子树重复以上操作，直到满足大根堆的条件或结点 i 是叶子结点为止。

下面以图 5.13 来说明堆调整的具体过程。

在图 5.13 中，根结点 15 的左右孩子子树都是堆，15 与 87 和 67 比较，将较大的 87 与 15 互换，得到（b）图，由图中看出以 15 为根的子树不符合大堆根的条件，继续调整 15 所在的子树，15 与 36 和 49 比较，将 15 和较大的 49 互换，得到调整后的大根堆图，如图 5.13（c）所示。

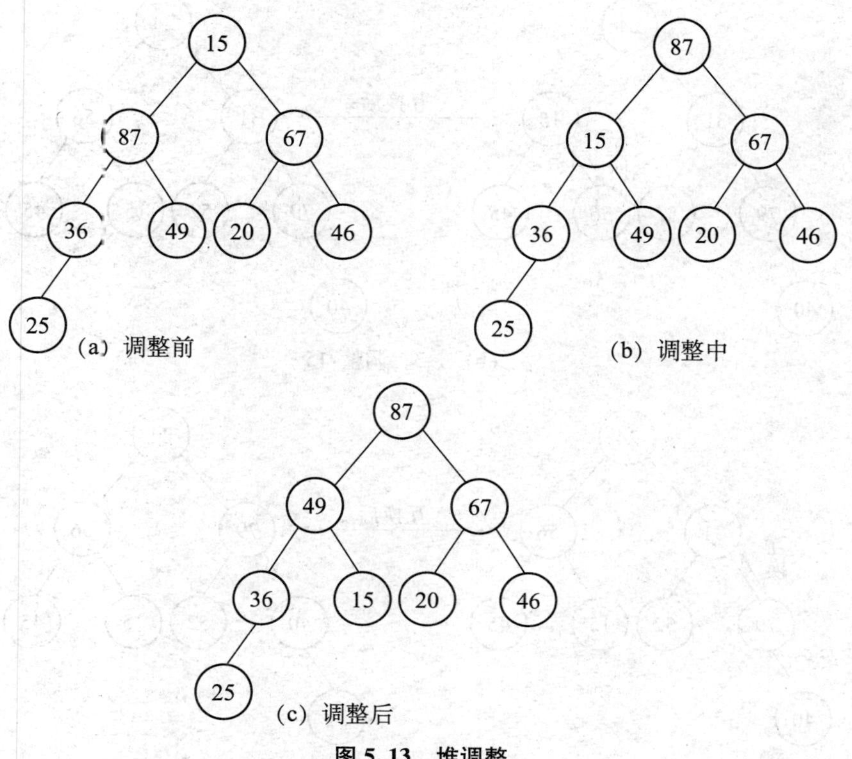

图 5.13　堆调整

(2) 初始堆的建立。

仍然以大根堆为例来说明初始堆的建立过程，小根堆的建立与此类似。将一个无序序列建立成初始堆的过程是反复进行堆调整的过程，依据完全二叉树的性质可知，最后一个根节点是序列的第$\left[\frac{n}{2}\right]$个元素，其后的结点都是叶子结点，以这些叶子结点为根的子树都是堆，不需要调整，因此调整从第$\left[\frac{n}{2}\right]$个元素开始，逐层向上，直到根结点。

下面以图 5.14 来说明初始堆的建立过程，初始序列为{24，31，15，40，52，56，45，79}。

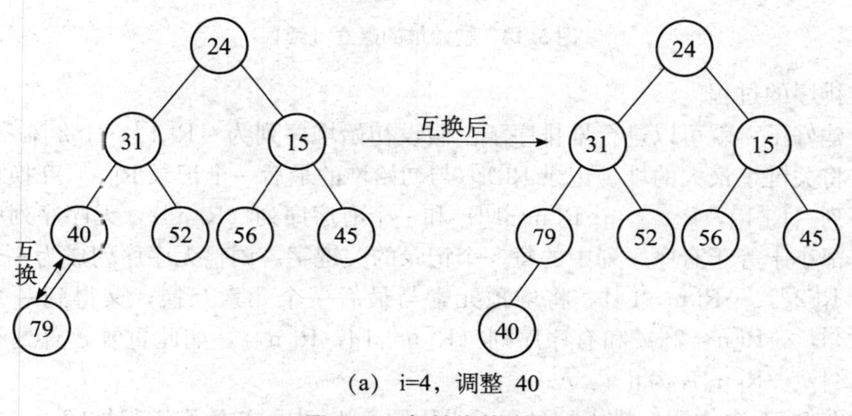

图 5.14　初始堆的建立

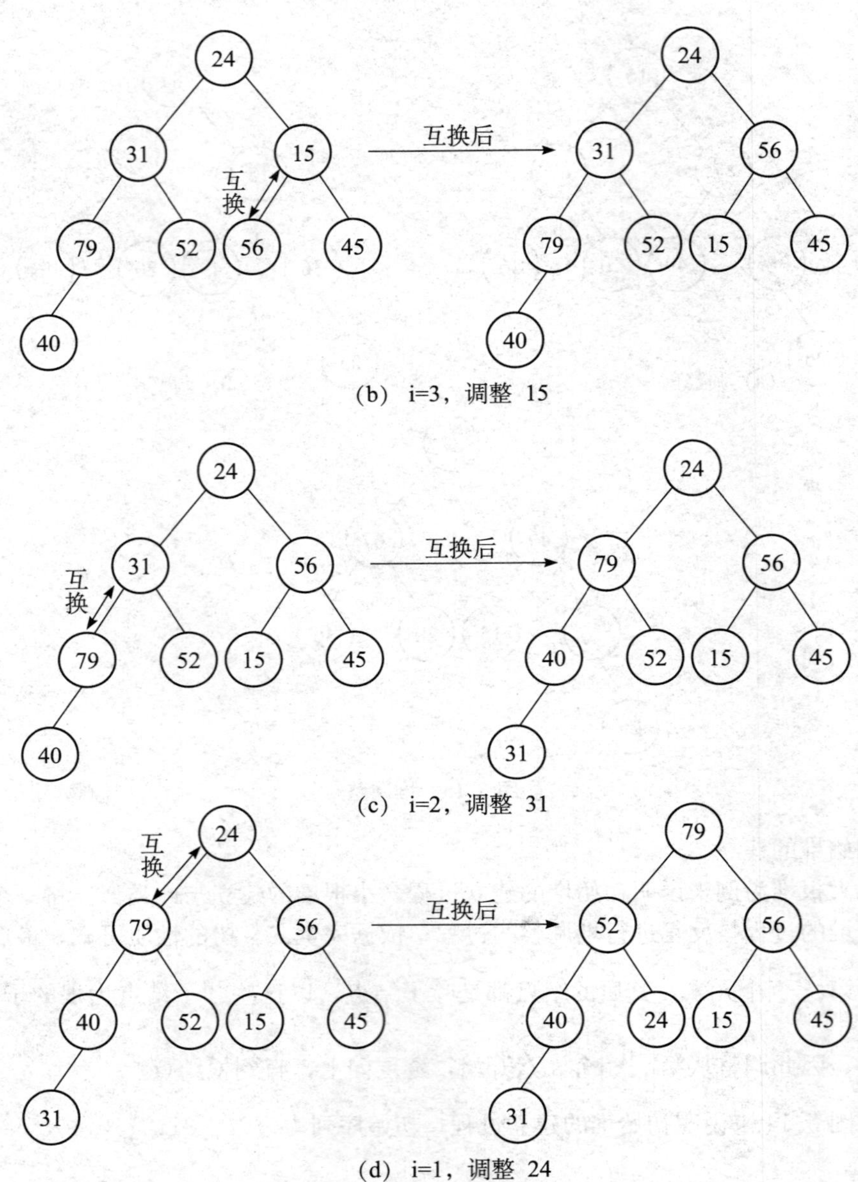

(b) i=3，调整 15

(c) i=2，调整 31

(d) i=1，调整 24

图 5.14　初始堆的建立（续）

(3) 堆排序的过程。

初始堆建好了，就可以进行堆排序了。假设初始堆序列为｛R[1]，R[2]，…R[n]｝的无序序列，将关键字最大的堆顶记录 R[1] 与初始堆的最后一个记录 R[n] 互换位置，得到新的无序序列｛R[1]，R[2]，…R[n−1]｝和一个有序序列｛R[n]｝，无序序列中每一个记录的关键字都小于等于有序序列中的每一个记录的关键字。调整无序序列成为一个新的初始堆｛R[1]，R[2]，…R[n−1]｝，将堆顶元素与最后一个元素互换，又得到一个无序序列｛R[1]，R[2]，…R[n−2]｝和有序序列｛R[n−1]，R[n]｝。如此重复，直到有序序列为｛R[1]，R[2]，…R[n]｝为止。

下面以图 5.15 来说明堆排序的过程。沿用图 5.14 中的初始堆进行排序。

(a) 79和31互换
(b) 调整成新堆
(c) 56和31互换
(d) 调整成新堆
(e) 15和52互换
(f) 调整成新堆
(g) 45和24互换
(h) 调整成新堆
(i) 40和24互换
(j) 调整成新堆
(k) 31和15互换
(l) 调整成新堆
(m) 15和24互换

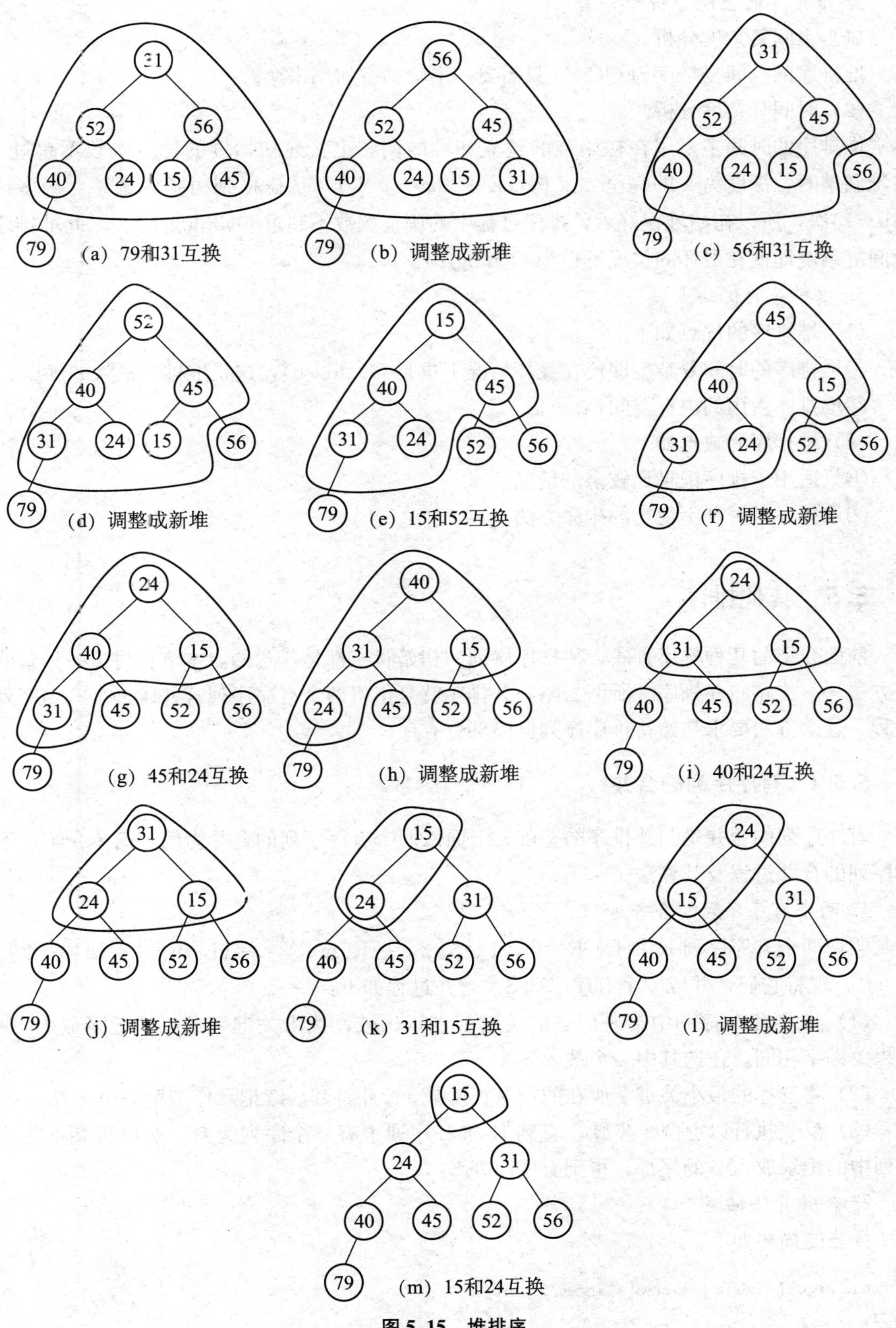

图 5.15　堆排序

4. 堆排序的性能分析

(1) 空间复杂度分析。

堆排序的空间复杂度为 O(1)，只需要一个辅助空间用来交换。

(2) 时间复杂度分析。

堆排序的时间主要用在初始堆的建立和堆的调整上。建初始堆的比较次数不超过 4n，在堆调整时，深度为 k 的完全二叉树，$k=[\log_2 n]+1$，从树根到树叶的调整，最多比较 2(k－1)次，所以初始堆建好后，排序过程中的调整次数不超过 $O(2n\log_2 n)$。因此堆排序的时间复杂度即使在最坏的情况下也为 $O(n\log_2 n)$。

5. 堆排序的优缺点

(1) 堆排序的优点如下；

①堆排序的时间复杂度即使在最坏情况下也是 $O(n\log_2 n)$，这是堆排序最大的优点。

②堆排序占用的内存空间小。

(2) 堆排序的缺点如下：

①只适用于排序记录比较多的情况。

②堆排序是一种不稳定的排序方法。

5.5 其他排序

前面介绍的几种排序方法，待排序序列的初始状态都是任意的，本节将讨论一种新的排序方法——二路归并排序。所谓二路归并排序就是指将两个有序序列合并成一个有序序列的过程。这个方法要求初始待排序序列已经部分有序。

5.5.1 有序序列的合并

有序序列的合并是归并排序的基础。下面以两个有序序列的合并为例，简单介绍一下有序序列的合并过程及其算法。

1. 两个有序序列的合并过程

假设两个有序序列 R 和 L，R={R[1],R[2],…R[m]}，L={L[m+1],L[m+2],…L[n]}，现将它们合并成一个有序序列 S。合并过程如下：

(1) 将 R 和 L 序列中第一记录的关键字进行比较，找出关键字最小的记录放入 S 中。如果关键字相同，任选其中一个放入 S 中。

(2) 将选择的最小关键字所在的记录长度减 1，并将其后续记录作为第一个记录。

(3) 反复执行以上两个步骤，直到 R 和 L 序列中有一个序列为空，然后将剩下的非空序列中的记录放入 S 的尾部，得到有序序列 S。

2. 合并算法描述

算法的描述如下：

```
void Merge(list R[ ], list S[ ], int m, int n)
{
```

```
    int i = 1,j = m + 1,k = n; /* 把 R[1], …,R[m]和 R[m + 1], …,R[n]合并成一个序列 S[k] */
  while(i <= m&&j <= n)
  {
      if(R[i].key <= R[j].key)
      { /* 比较两个序列当前记录的关键字 */
        s[k] = R[i];
        i++;
        k++;
      }
     else
      {
        s[k] = R[j];
        j++;
        k++;
      }
   }
  while(i <= m)
  { /* 将非空序列的记录放到 S 序列中 */
    s[k] = R[i];
    i++;
    k++;
  }
 while(j <= n)
 { /* 将非空序列的记录放到 S 序列中 */
   s[k] = R[j];
   j++;
   k++;
 }
}
```

5.5.2　二路归并排序

1. 二路归并的基本思想

二路归并的基本思想是：将 n 个记录的待排序记录序列，看作 n 个长度为 1 的子记录序列，将相邻的两个子记录序列依次合并，得到长度为 2 或 1（如果 n 为奇数，则最后一个记录单独为一个子序列）的子记录序列$\left[\frac{n}{2}\right]$个。然后再将这$\left[\frac{n}{2}\right]$个子记录序列看成长度为 1 的$\left[\frac{n}{2}\right]$个子记录序列，再将相邻的两个子记录序列两两合并。依此类推，直到合并后的序列有序为止。下面用一个实例来演示。

[例 5.6]　设待排序记录的关键字为 {43，25，78，32，89，15，56}。归并排序的全过程如图 5.16 所示。

初始序列 {43} {25} {78} {32} {89} {15} {56}

第一趟排序结果 {25 43} {32 78} {15 89} {56}

第二趟排序结果 {25 32 43 78} {15 56 89}

第三趟排序结果 {15 25 32 43 56 78 89}

图 5.16 归并排序过程

2. 二路归并排序算法的描述

(1) 一趟归并排序算法。

从例 5.6 可以看出，二路归并排序要多次调用第一趟排序的结果，但每趟归并的子序列的长度不同。下面给出一趟归并排序的算法。

(2) 归并排序算法。

①一趟归并算法。

```
void MergPass(int len,int n,list R[],list S[])
{  int i=1,j;                  /*归并相邻的两个子序列到S中,n为记录总数*/
   whlie(i<=(n-2*len+1))
   {
       Merge(R,S,i+len-1,i+2*len-1);
       i=i+2*len;
   }
   if((i+len-1)<n)          /*归并长度小于2*len的子序列*/
       Merge(R,S,i+len-1,n);
   else
       for(j=i;j<=n;j++)
       s[j]=R[j];
}
```

②二路归并排序算法。

```
void Sort(int n,list R[])
{
    int len=1;                 /*len为归并子序列的长度*/
    list s[];
    while(len<n)
    {
      MergPass(len,n,R,S);
      len=2*len;
      MergPass(len,n,S,R);  /*R,S互换位置*/
      len=2*len;
    }
}
```

3. 二路归并排序的性能分析

(1) 空间复杂度分析。

每一趟二路归并排序都需要与待排序子序列数量相等的辅助存储空间来存放暂时的记录，因此二路归并排序的空间复杂度为O(n)。

(2) 时间复杂度分析。

二路归并排序一共要进行［$\log_2 n$］趟，每一趟归并排序的时间复杂度为O(n)，因此总的时间复杂度为O($n\log_2 n$)。

4. 二路归并排序的优缺点

(1) 二路归并排序的优点是：它是一种稳定的排序方法。

(2) 二路归并排序的缺点是：它需要占用与初始序列等长的辅助空间。

·本章小结·

直接插入排序是将待排序记录按关键字大小直接插入到已经有序的记录中去。此方法操作简单，容易实现，但当待排序记录数量比较大的时候，直接插入排序的执行效率有点低。直接插入排序是一种稳定的排序。

希尔排序是对直接插入排序的一种改进，它将整个排序记录按某个增量分割成若干个子记录，每个子记录按直接插入方法排序，当整个记录基本有序时，再进行最后一次直接插入排序。此种方法的执行效率虽然比直接插入排序高，但其增量的取值难以把握，因此希尔排序是一种不稳定的排序方法。

冒泡排序是一种简单的交换排序，如果把待排序序列垂直放，冒泡排序就是每一趟排序都把关键字小的记录向上浮，把关键字大的往下沉。冒泡排序是一种稳定的排序。

快速排序是对冒泡排序的一种改进，每一趟排序，快速排序都将待排序记录分成独立的两部分，一部分的关键字比另一部分的关键字小，再对这两部分分别排序。

直接选择排序是每次从待排序序列中选取关键字最小的记录，与当前排序序列的第一个记录互换位置，直到整个序列有序为止。

堆排序每次输出堆顶的最大值（或最小值）之后，将剩下的元素重新组合成一个堆，再次输出堆顶元素。

二路归并排序是将待排序记录的两个相邻的子记录依次合并，得到新的排序记录，再将新的排序记录相邻的两个子记录两两合并，依此类推，直到合并后的序列有序为止。

依此类推，最后得到一个有序序列。所以在堆排序过程中，建立初始堆和对堆进行调整很重要。

以上7种排序方法各有各的优点和不足之处，在选择排序方法时，要视具体情况来定，也可参照表5.1。

表5.1 **各种算法比较表**

排序方法	时间复杂度			空间复杂度	稳定性
	最 坏	最 好	平 均		
直接插入排序	O(n^2)	O(n)	O(n^2)	O(1)	稳定
希尔排序	O($n\log_2 n$)		O($n\log_2 n$)	O(1)	不稳定
冒泡排序	O(n^2)	O(n)	O(n^2)	O(1)	稳定

续前表

排序方法	时间复杂度			空间复杂度	稳定性
	最　坏	最　好	平　均		
快速排序	$O(n^2)$	$O(n\log_2 n)$	$O(n\log_2 n)$	$O(\log_2 n)$	不稳定
直接选择排序	$O(n^2)$	$O(n^2)$	$O(n^2)$	$O(1)$	不稳定
堆排序	$O(n\log_2 n)$	$O(n\log_2 n)$	$O(n\log_2 n)$	$O(1)$	不稳定
二路归并排序	$O(n\log_2 n)$	$O(n\log_2 n)$	$O(n\log_2 n)$	$O(n)$	稳定

由表 5.1 还可得到如下结论：当排序的记录数量比较大时，如果记录的关键字是随机排列的，可以选用快速排序；如果记录的关键字按正序或逆序排列，可以选用堆排序或归并排序；如果记录的关键字分布比较均匀，基本有序，可以选用直接插入排序。当排序记录数量比较少时，可以选用选择排序或直接插入排序。

第6章　查　　找

内容提要及教学目标

查找是数据处理中最基本且重要的操作之一。本章从一个学生成绩查找案例入手，介绍了目前常用的几种查找算法，如顺序查找、折半查找、索引查找、分块查找和哈希查找。每一种不同的查找算法，有不同的查找效率。当数据量比较大的时候，查找效率就显得特别重要。

- 掌握查找的几种基本方法。
- 理解哈希表与哈希方法。
- 掌握哈希表的查找。

本章重点及难点

顺序查找、折半查找、索引查找、分块查找的算法实现及应用。

6.1　实例：学生成绩不及格的查找

【实例目的】

(1) 掌握顺序查找和折半查找的原理。

(2) 掌握顺序查找和折半查找的算法实现。

【实例内容】

学生成绩管理系统中，在录入每个学生的某门课程成绩后，就可以让学生查找。如果学生输入学号进行查找，要求能够判断学生该课程的成绩是否不及格，以决定是否需要参加补考。

经过分析，这个过程可分为3个步骤：

(1) 输入学生学号。

(2) 在学生成绩表中查找该学号。

(3) 如果找到该学号，就可以得到成绩，并判断是否不及格。

【实例步骤】

依据以上的分析，可以用C语言实现这个算法。

(1) 编辑程序。

在 Turbo C 2.0 编译界面中按 Alt+F 键，选择 New，然后输入源程序，如图 6.1 所示。

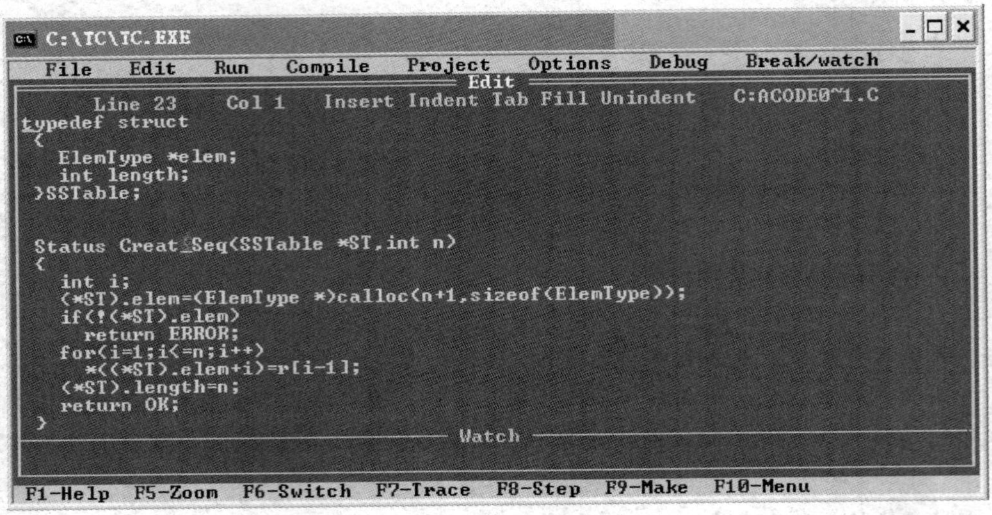

```
C:\TC\TC.EXE
 File   Edit   Run   Compile   Project   Options   Debug   Break/watch
                                 Edit
     Line 23     Col 1    Insert Indent Tab Fill Unindent    C:ACODE0~1.C
typedef struct
 {
   ElemType *elem;
   int length;
 }SSTable;


 Status Creat_Seq(SSTable *ST,int n)
 {
   int i;
   (*ST).elem=(ElemType *)calloc(n+1,sizeof(ElemType));
   if(!(*ST).elem)
     return ERROR;
   for(i=1;i<=n;i++)
     *((*ST).elem+i)=r[i-1];
   (*ST).length=n;
   return OK;
 }
                                 Watch
 F1-Help  F5-Zoom  F6-Switch  F7-Trace  F8-Step  F9-Make  F10-Menu
```

图 6.1　源代码界面

分析：在解决问题之前，必须先利用结构体构造一个学生成绩表，表中包含学生学号、姓名、成绩等信息。构造表的过程由函数 Creat _ Seq 来实现。构造好了表之后，就可以在表中进行查找，如图 6.2 所示。

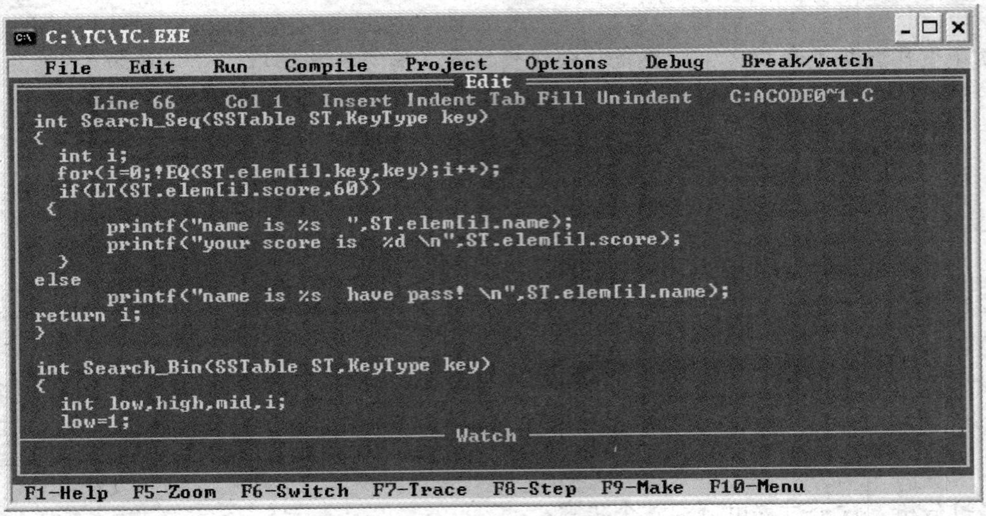

```
C:\TC\TC.EXE
 File   Edit   Run   Compile   Project   Options   Debug   Break/watch
                                 Edit
     Line 66     Col 1    Insert Indent Tab Fill Unindent    C:ACODE0~1.C
 int Search_Seq(SSTable ST,KeyType key)
 {
   int i;
   for(i=0;!EQ(ST.elem[i].key,key);i++);
   if(LT(ST.elem[i].score,60))
  {
        printf("name is %s  ",ST.elem[i].name);
        printf("your score is  %d \n",ST.elem[i].score);
   }
 else
        printf("name is %s  have pass! \n",ST.elem[i].name);
 return i;
 }

 int Search_Bin(SSTable ST,KeyType key)
 {
   int low,high,mid,i;
   low=1;
                                 Watch
 F1-Help  F5-Zoom  F6-Switch  F7-Trace  F8-Step  F9-Make  F10-Menu
```

图 6.2　源代码界面

分析：解决这个问题的关键是如何在学生成绩表中查找给定的学号。查找的方法很多，在上述源代码中，提供了两种查找算法：一种是顺序查找法，用函数 Search _ Seq 实现；另一种折半查找法，用函数 Search _ Bin 实现。两种算法可以选择其中一种，得到的结果是一样的。

（2）编译和运行程序，运行结果如图 6.3 所示。

```
C:\IC\IC.EXE
all student'score is:
number name politics Chinese  English  math  physics  chemistry  biology  key
-----------------------------   menu   ------------------------------------
--------------------      1. Sequence Search   -------------------
--------------------      2. Binary Search   -------------------------

179324 hefang  85      1
179325 chenhu  92      2
179326 luhuan  88      3
179327 zhanpan  60      4
179328 zhaoyi  44      5

 please input choice: 1

 please input key: 5
name is zhaoyi  your score is  44
```

图 6.3　运行结果界面

6.1.1　顺序查找

顺序查找是一种最基本的查找方法。假设存在一张信息表，其中有一项可以用来唯一标识一条记录。顺序查找的基本思路是从表的一端开始，逐个将关键字值与给定值 k 进行比较，若表中存在某个记录的关键字值与给定值 k 相等，则说明查找成功；反之，如果查找完整个表，仍未找到关键字值与给定值相等的记录，则表示查找失败。这种查找方法对顺序分配和链式分配都适用。

顺序查找的算法如图 6.4 所示。

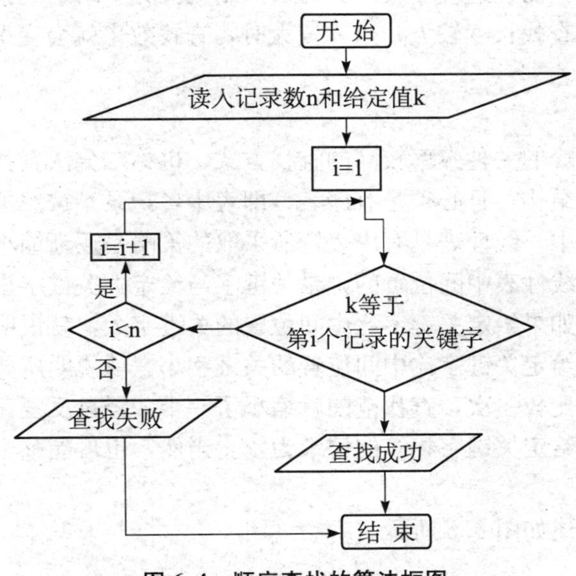

图 6.4　顺序查找的算法框图

顺序查找的C语言算法如下：

```
struct node{
    int key;
    datatype data;
};
typedef struct node Node;
void findSeq(r,n,k,m)
{ /* 在长度为n的表r中查找关键字为k的元素,m指示查找结果 */
    int i = 0,n = num;                    /* 记录序号 */
    for(i = 0;i < n;i ++ )                /* 查找循环 */
      if(r[i].key = = k)
      {
        m = i;
        break;
      }
      return m;                           /* 返回记录序号 */
}
```

在顺序查找的算法中，若表中的第1条记录符合给定值，那么只要比较1次；若第i条记录符合给定值，则需要比较i次。对于查找算法，其执行时间通常取决于关键字的比较次数，若每条记录的查找概率相等，且每次查找都是成功的，即 $p_i=1/n$，则在等概率的情况下，顺序查找的平均比较次数公式为：

$$ASL=\sum_{i=1}^{n}P_iC_i=\frac{1}{n}\sum_{i=1}^{n}i=\frac{1}{n}\frac{n\ (n+1)}{2}=\frac{n+1}{2}\approx\frac{n}{2}$$

查找不成功的比较次数为 $n+1$，顺序查找算法的时间复杂性为 $O(n)$。

顺序查找算法简单，而且适应面较广，对表的结构又无要求，无论记录是否按关键字排序都可应用。但是平均查找长度较大，当 n 较大时，查找效率就会变得较低。

6.1.2 折半查找

折半查找是对有序表的一种效率较高的查找方式，也称二分法查找。折半查找要求所查找的线性表是顺序存储结构，且必须是有序表，即表中各记录是按照关键字的顺序排列的。

在折半查找的过程中，线性表是有序表，所采取的策略是逐渐缩小查找范围，直到得到查找结果为止。首先将线性表中间位置的记录关键字与给定的关键字进行比较，若相等，则说明查找成功；否则，如果给定关键字比中间位置的关键字大，就说明所要查找的记录可能在表的后半部分；如果给定关键字比中间位置的关键字小，就说明所要查找的记录可能在表的前半部分。这样，每比较一次，查找范围就缩小了一半。经过反复比较，就可以逐步缩小查找范围，直至找到与给定关键字相等的记录为止。当然，也可能整个表中都找不到与给定关键字相等的记录。

折半查找算法的描述如图6.5所示。

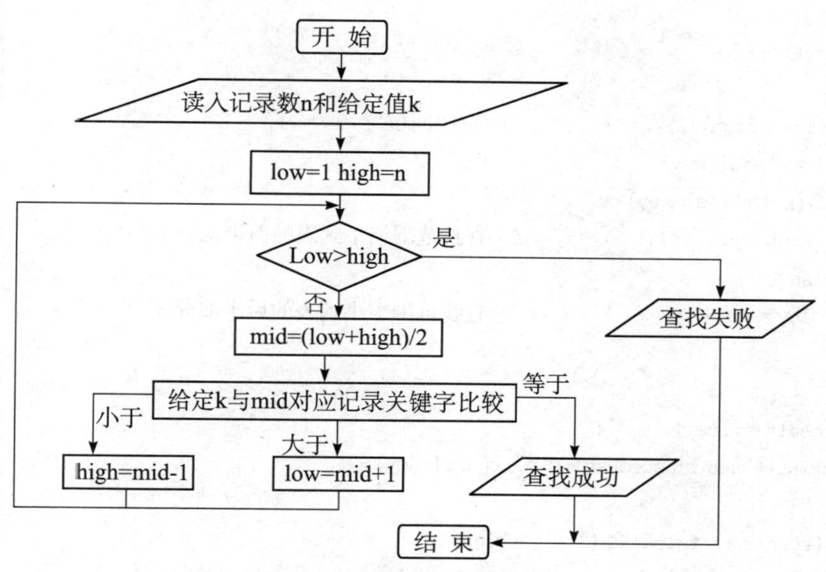

图 6.5 顺序查找的算法框图

在折半查找算法中需用到 3 个变量：low、high 和 mid。它们分别用来表示被查找的那一部分表的表头、表尾和中间位置。

若在顺序存储的有序表中，各记录的关键字为：

(34，45，55，60，76，83，96)

要求查找关键字 k＝45 的记录，查找过程描述如图 6.6 所示。

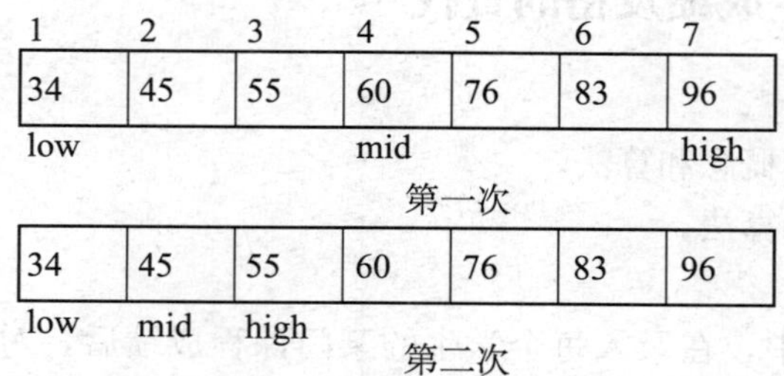

图 6.6 折半查找的描述图

在查找算法中，中间位置 mid＝(low＋high)/2，其中 low 代表表头，high 代表表尾，第一次比较时，给定值 k 小于 mid，说明所要查找的记录在表的前半部分，这时需要将 mid－1值赋给 high，缩小表的查找范围；第二次比较时，由于表的上边界 high 的值发生变化，需要重新计算 mid 值，将给定值 k 与新的 mid 比较，发现刚好相等。经过两次比较，mid 所指位置的关键字刚好为 45，说明查找成功。

通过以上分析，我们可以用 C 语言实现其算法。算法如下：

```
void findBin(r,n,k)
{  /* 在长度为 n 的有序表 r 中查找关键字为 k 的元素 */
  int low,high,mid;
  bool result = false;
```

```
    low = 0;
    high = n - 1;
    do{
      mid = (low + high)/2,                /* 取中间位置 */
      if (k ! = r[mid].key)
           if (k < r[mid].key)
              high = mid - 1;              /* 查找范围缩小到表的前半部分 */
           else
              low = mid + 1;               /* 查找范围缩小到表的后半部分 */
      else
      {
           result = true;
           printf("search success %d\n",r[mid].Key);
      }
    }while((result = = false)&& (low < = hign));
    if (result = = false)
      printf("search fail\n");
}
```

由此可见，折半查找算法比顺序查找算法的平均查找长度及比较次数少，查找速度快。但折半查找只限于顺序存储结构的有序表，不适于线性链表结构。

6.2 实例：学生成绩及格的查找

【实例目的】

(1) 掌握索引查找的概念和算法。

(2) 掌握分块查找的算法。

【实例内容】

学生成绩管理系统中，在录入每个学生的某门课程成绩后，对成绩进行分块。如果学生输入学号进行查询，首先查找该成绩处在哪一个块里面，确定所要查找的块之后，进入到块内部再查找。找到该学号对应的成绩之后，判断成绩是否及格，以决定是否需要参加补考。

经过分析，这个过程可分为3个步骤：

(1) 学生输入学号。

(2) 在学生成绩表中查找该学号对应的成绩，判断成绩在哪一个区块内。

(3) 到相应的区块查找该成绩是否存在，如果找到，判断成绩是否及格，以决定是否需要参加补考。

【实例步骤】

依据以上的分析，可以用C语言实现这个算法。

（1）编辑程序。

在 Turbo C 2.0 编译界面中按 Alt+F 键，选择 New，然后输入源程序，如图 6.7 所示。

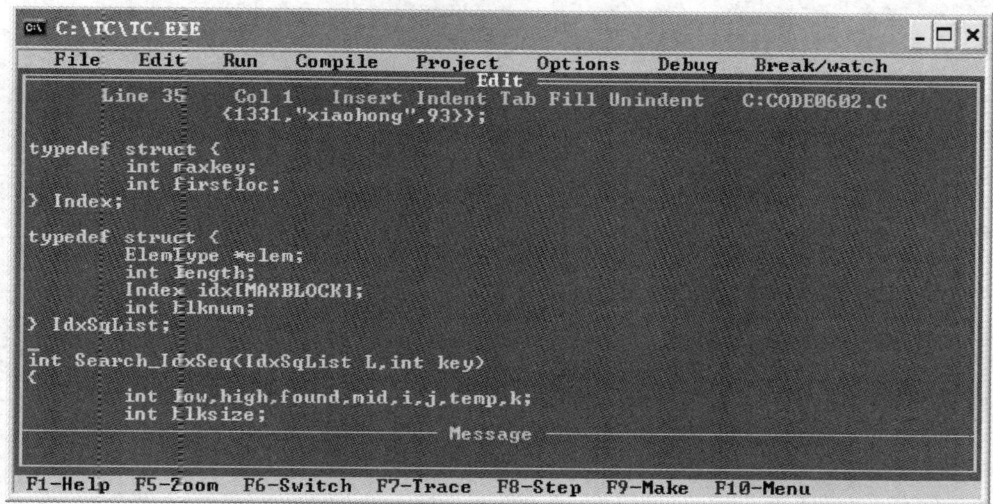

图 6.7　源代码界面

分析：在查找的过程中，第一步输入学号，找到对应的成绩，然后采用二分查找法确定该成绩处在哪一个块中；第二步在确定的块中采用顺序查找法找到该成绩，输出该成绩的信息，并判断该成绩是否及格，如图 6.8 所示。

```
C:\TC\TC.EXE
File   Edit   Run   Compile   Project   Options   Debug   Break/watch
                                  Edit
     Line 52    Col 1   Insert Indent Tab Fill Unindent   C:CODE0602.C
int Search_IdxSeq(IdxSqList L,int key)
{
        int low,high,found,mid,i,j,temp,k;
        int blksize;
        blksize= N/MAXBLOCK ;
        if(key>L.idx[L.blknum].maxkey)
        {       printf("the key your input is out of bound !\n");
                return ERROR;
        }
        low=1;
        high=L.blknum;
        found=0;
        while(low<=high&&!found)
        {
                mid=(low+high)/2;
                if(key<=L.idx[mid].maxkey&&key>L.idx[mid-1].maxkey)
                        found=1;
                else if(key>L.idx[mid].maxkey)
                                  Message
F1-Help  F5-Zoom  F6-Switch  F7-Trace  F8-Step  F9-Make  F10-Menu
```

图 6.8　源代码界面

分析：解决这个问题首先需要对学生成绩进行分块，然后依据学号确定成绩在哪一个块中，然后在块里面进行查找。本案例采取分块查找的方法，使用 Search _ IdxSeq 函数实现分块查找算法。

（2）编译和运行程序，运行结果如图 6.9 所示。

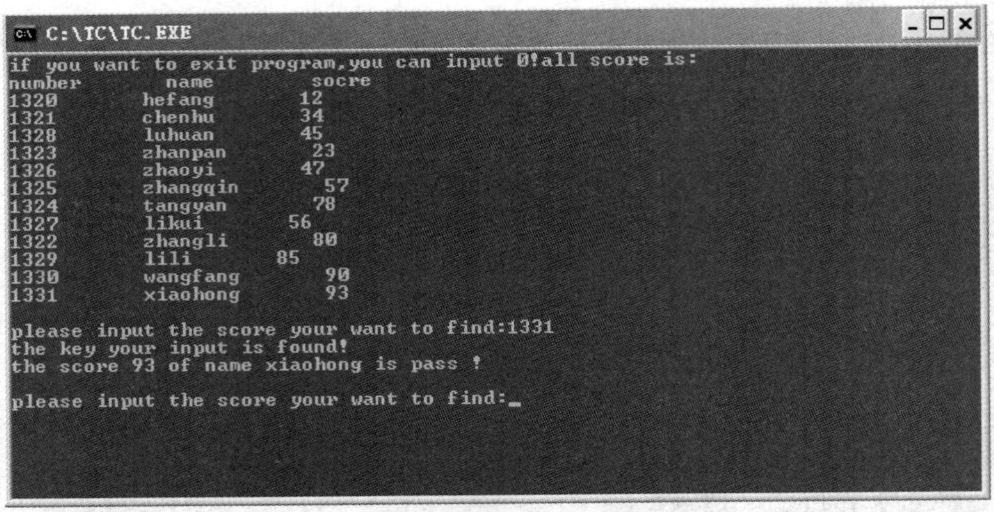

```
C:\TC\TC.EXE
if you want to exit program,you can input 0!all score is:
number        name          socre
1320          hefang        12
1321          chenhu        34
1328          luhuan        45
1323          zhanpan        23
1326          zhaoyi        47
1325          zhangqin        57
1324          tangyan        78
1327          likui        56
1322          zhangli        80
1329          lili        85
1330          wangfang        90
1331          xiaohong        93

please input the score your want to find:1331
the key your input is found!
the score 93 of name xiaohong is pass !

please input the score your want to find:_
```

图 6.9 运行结果界面

6.2.1 索引查找的概念

索引查找是基于索引表的一种查找算法，索引表是按照索引存储方式构造的一种存储结构。在这种存储结构中包含结点表和索引表，在结点表中存储数据，同时还有一个附加的索引表，索引表中的每一项称为索引项，索引项一般包含关键字和地址的键值对：(关键字，地址)。关键字用来唯一标识某个结点，地址项指向对应结点的指针或相对地址。

由于索引表中的关键字是有序排列，因此在索引查找时，一般先在索引表中进行折半查找，从而查找到相应的关键字，然后通过索引表的地址找到表中对应的结点。

在这种索引存储结构中，可以对结点进行随机访问。当进行插入和删除运算时，只需要修改索引表中对应结点的存储地址，不必移动存储在结点表中的具体结点。因此索引查找的效率比顺序查找高，但是索引查找需要建立索引表，增加了查找的时间和空间，效率比折半查找要低。

6.2.2 分块查找

分块查找也称索引顺序查找，它以顺序查找和折半查找方法为基础。一个索引顺序表有两部分组成：一个顺序表和一个索引表。其特点是按照顺序表内数据元素的某种属性把表分成 n(n>1) 个块，并建立一个相应的“索引表”，索引表中的每个元素对应一个块。顺序表中数据元素的关键字“按块有序”。所谓“按块有序”是指数据元素的关键字被划分成一些块，在任意相邻的块中，前面块中的任一数据元素的关键字小于后面块中的所有数据元素的关键字，但每个块内部数据元素的关键字不一定有序。索引表的数据类型定义如下：

```
#define N
typedef struct
```

```
{
    KeyType key;                    //KeyType 为关键字的类型
    int link;                       //指向对应块的起始下标
}indexType;
Typedef indexType indexList[N]      //索引表类型
```

在图 6.10 中，长度 n 为 12 的顺序表 R 按关键字划分为 3 个块，分别为：(13，18，15，6)、(20，34，26，31)、(48，37，54，45)，它们的关键字按块有序，如第一块中最大的键值为 18，第二块中的最小关键字为 20，因此第一块中的任一关键字小于第二块中的所有关键字。

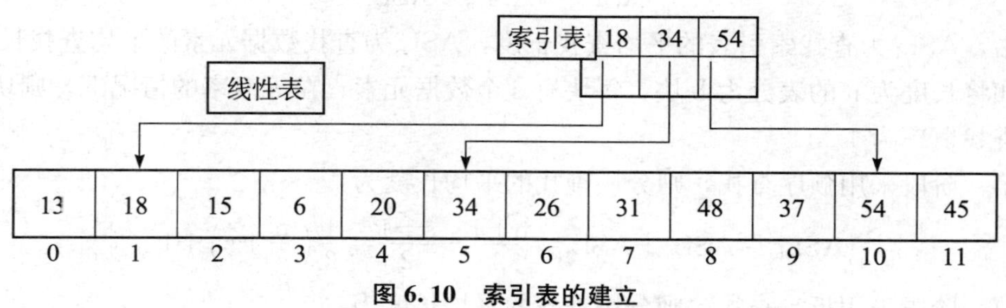

图 6.10　索引表的建立

分块查找的执行过程分成两步进行，第一步在索引表中确定待查数据元素所在的块，由于索引表是顺序表，可以采用折半查找；第二步在对应的块中进行查找。在图 6.10 中，假如给定 k=26，则首先将 k 与索引表中的各块最大关键字比较，发现 k 在第二块，然后再去第二块中查找，由于块内部没有顺序，所以只能使用顺序查找法。

采用折半查找索引表的分块查找算法如下：

```
int IndexSearch(indexList list,int m,SeqList r,int n,KeyType k)
{
    /* m 为索引表的长度,n 为顺序表的长度,k 为待查的元素关键字 */
    int low = 0,high = m - 1,mid,i;
    int b = n/m;                    /* b 为每块的数据元素个数 */
    while (low <= high)             /* 在索引表中进行折半查找,结果位于 high + 1 块中 */
    {
        mid = (low + high)/2;
        if (list[mid].key >= k)
            high = mid - 1;
        else
            low = mid + 1;
    }

    /* 在顺序表中进行顺序查找 */
    i = list[high + 1].link;        /* k 应位于 high + 1 块中 */
    while (i <= list[high + 1].link + b - 1 && r[i].key! = k)
```

```
        i++;
    if (i<=list[high+1].link+b-1)
        return i;                       /* 查找成功,返回下标 */
    else
        return -1;                      /* 查找失败,返回-1 */
}
```

分块查找的过程经历了两个阶段，块的查找可以采用顺序查找，也可以采用折半查找，块内数据元素是任意排列的，只能采用顺序查找。因此整个查找的平均查找长度是两个阶段的查找长度之和。

$$ASL_{bs}=ASL_b+ASL_s$$

其中，ASL_b为查找索引表的平均查找长度，ASL_s为查找数据元素的平均查找长度。

假如将长度为 n 的表分为 b 块，每块有 s 个数据元素，在等概率的情况下，则块中每个元素的查找概率为 1/s。

若第一阶段采用顺序查找，则分块查找的平均长度为：

$$ASL_{bs}=ASL_b+ASL_s=\frac{b+1}{2}+\frac{s+1}{2}=\frac{1}{2}\left(\frac{n}{s}+s\right)+1$$

若第一阶段采用折半查找，则分块查找的平均长度为：

$$ASL_{bs}=ASL_b+ASL_s\approx\log_2(b+1)-1+\frac{s+1}{2}\approx\log_2\left(\frac{n}{s}+1\right)+\frac{s}{2}$$

6.3 实例：学生成绩优秀的查找

【实例目的】

(1) 掌握哈希表的特点。

(2) 掌握常用的哈希函数。

(3) 掌握哈希表的查找算法。

【实例内容】

在成绩管理系统中，当录入每个学生的某门课程成绩后，就可以查找哪些学生成绩优秀。为了提高查询效率，可以将学生的学号和计算机中存放学生信息的地址相互关联起来，组成一张哈希表，这样很快就能得到成绩为优秀的学生信息。

【实例步骤】

依据以上的分析，可以用 C 语言实现这个算法。

(1) 编辑程序。

在 Turbo C 2.0 编译界面中按 Alt+F 键，选择 New，然后输入源程序，如图 6.11 所示。

【解析】在该案例中，重点是建立学生成绩的哈希表，一旦该哈希表建立成功，查找的过程就变得容易多了，建立哈希表的程序如图 6.12 所示。

(2) 编译和运行程序，运行结果如图 6.13 所示。

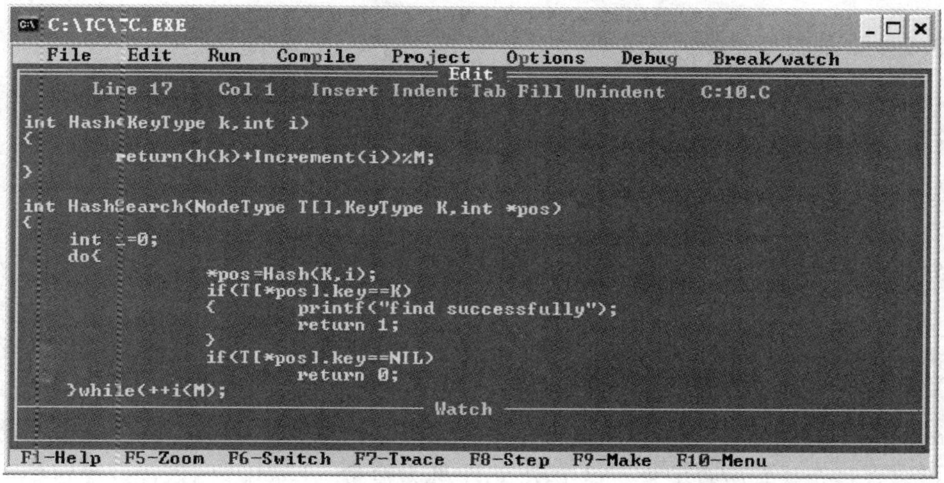

```
C:\TC\TC.EXE
 File   Edit   Run   Compile   Project   Options   Debug   Break/watch
                              Edit
     Line 17    Col 1   Insert Indent Tab Fill Unindent   C:10.C

int Hash(KeyType k,int i)
{
        return(h(k)+Increment(i))%M;
}

int HashSearch(NodeType T[],KeyType K,int *pos)
{
    int i=0;
    do{
              *pos=Hash(K,i);
              if(T[*pos].key==K)
              {       printf("find successfully");
                      return 1;
              }
              if(T[*pos].key==NIL)
                      return 0;
    }while(++i<M);
                             Watch
 F1-Help  F5-Zoom  F6-Switch  F7-Trace  F8-Step  F9-Make  F10-Menu
```

图 6.11　源代码界面

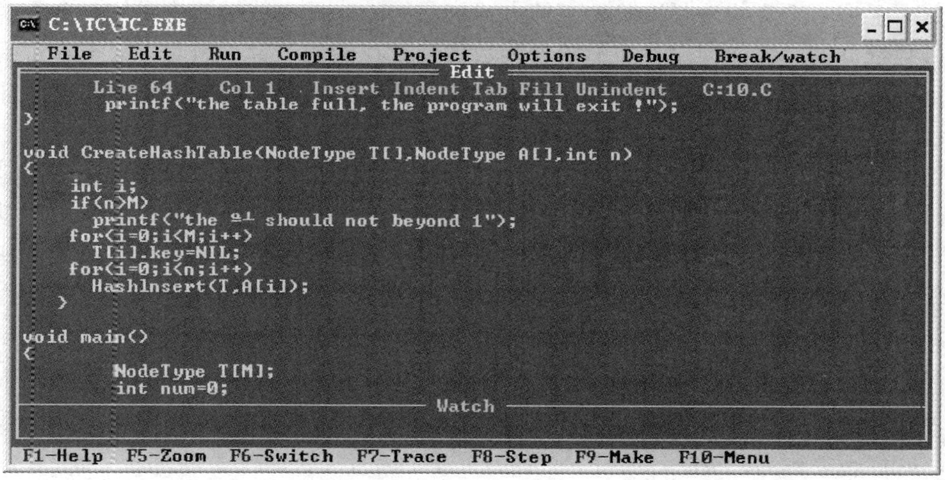

```
C:\TC\TC.EXE
 File   Edit   Run   Compile   Project   Options   Debug   Break/watch
                              Edit
     Line 64    Col 1   Insert Indent Tab Fill Unindent   C:10.C
      printf("the table full, the program will exit !");
}

void CreateHashTable(NodeType T[],NodeType A[],int n)
{
    int i;
    if(n>M)
      printf("the [illegible] should not beyond 1");
    for(i=0;i<M;i++)
      T[i].key=NIL;
    for(i=0;i<n;i++)
      HashInsert(T,A[i]);
  }

void main()
{
        NodeType T[M];
        int num=0;
                             Watch
 F1-Help  F5-Zoom  F6-Switch  F7-Trace  F8-Step  F9-Make  F10-Menu
```

图 6.12　源代码界面

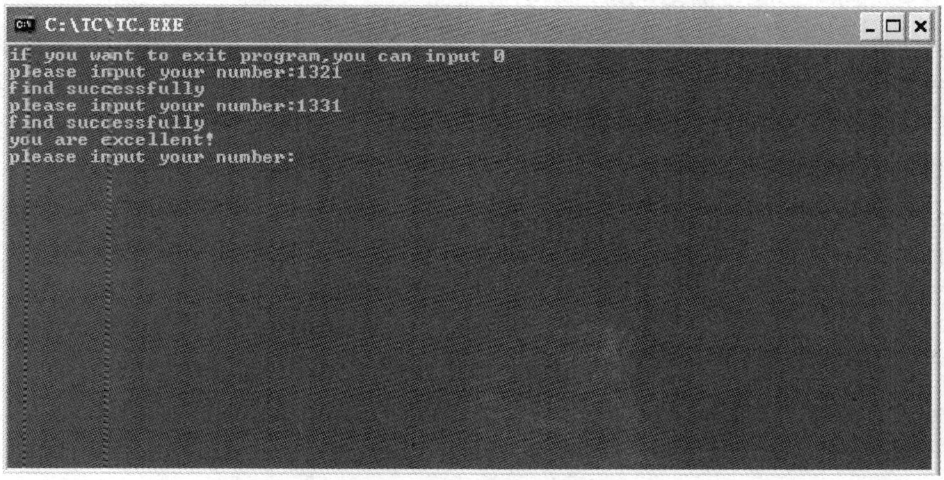

```
C:\TC\TC.EXE
if you want to exit program,you can input 0
please input your number:1321
find successfully
please input your number:1331
find successfully
you are excellent!
please input your number:
```

图 6.13　运行结果界面

6.3.1 哈希表与哈希方法

在先前探讨的各种查找方法中，数据在表中的位置是随机的，查找的过程需要不断地比较判断，最后确定数据元素在表中的具体位置，这些查找方法是建立在“比较”的基础上，其查找效率取决于比较次数的多少。

哈希法是一种重要的存储方法，也是一种常用的查找方法。在哈希法中，通过一个函数H（称为哈希函数）来记录数据元素与关键字之间的映射关系，使得每个关键字 key 与结构中数据元素的存储地址相对应。该函数的自变量为数据元素的关键字 key，数据元素在表中的存储地址为函数值，生成表时就把数据元素逐一存放到以相应函数值为地址的存储单元里，这样生成的表就称为哈希表；当进行查找时，根据同样的哈希函数 H 计算得到待查元素 K 在表中的存储地址，然后到相应的存储单元里去获取有关信息，整个过程不需要进行比较就可以直接查找到所查记录。这个函数 H 称为哈希（Hash）函数，按照这个方法建立的表称为哈希表。

显然，上述哈希查找法是以哈希存储方式为前提的，只有数据结构中的每个元素都是按照哈希函数存储的，才能使用对应的哈希函数找到其存储的位置。因此，根据哈希函数值找到哈希地址的过程为“查找”过程；而根据哈希函数找到的哈希地址映射到内存地址为“散列”过程。这两个过程构成了哈希查找的过程。

例如，学生机房有 60 个座位，分别从 1～60 编号。如果学生进入机房就座的不是指定他们的座位，则在查找时，必须将待查的学生与当前座位上的学生进行比较。这种方式就是前面讨论的几种查找方法。而哈希法的做法是首先规定学生就座的座位，规定学生就座的座位编号应与其学号的最后两位相同，学生按号就座。在查找时，只要知道学生的学号，就可以找到座位的编号。

但是，如果学生来自不同的班级，他们的学号末尾两位可能相同，就会发生几个学生争坐同一座位的状况。对于某个哈希函数 H 和两个关键字 K_i 和 K_j，如果 $K_i \neq K_j$、而 $H(K_i)=H(K_j)$，这种现象称为冲突。

假设有一个数据元素的关键字至多由 5 个英文字母组成，则关键字的可能取值有：

$$26^5+26^4+26^3+26^2+26^1=321272406\text{（个）}$$

如果一个关键字对应一个存储地址，就不会发生冲突，但在实际问题中，集合中的数据元素的个数远小于这个值，这是因为存储空间难以满足，而且一个源程序也不会有这么多的标识符。大多数情况下，哈希函数是一种压缩映射函数，它将关键字取值的数据集合映射到一个范围确定的表中。

一般冲突现象是难免的，我们只能尽量产生一一对应的哈希函数，从而尽可能地降低发生冲突的概率。因此，对于哈希法，主要考虑两个问题：一是如何构造哈希函数，二是如何解决冲突。

6.3.2 哈希函数的构造方法

构造哈希函数的方法很多，但是一个好的哈希函数应主要解决以下两个问题：

- 哈希函数应是一个压缩映射函数，它应具有较大的压缩性、以节省存储空间。
- 哈希函数应具有较好的散列性，冲突是不可避免的，但应尽量减少。

为了尽量避免不同记录的关键字产生相同的哈希函数值，构造哈希函数时，一般都要对关键字进行计算，使关键字的各个成分都对它的哈希地址产生影响。

符号表中各关键字是由字母组成的，但在不同的计算机中对关键字都有相应的内部表示法，最后都是以二进制或十进制的正整数来表示。现在介绍哈希函数的几种常用的构造方法。

1. 数字分析法

数字分析法有时也称数字选择法，适用于事先可以确定所有可能出现的键值，并且关键字的位数比哈希地址的位数多。对各个关键字内部代码的各个码位进行分析，若第 i 位上各个关键字中出现的数码种类较多，即重复出现的数码较少，则可选中该位为哈希函数值的一部分。具体选多少位来构成哈希函数值，应根据存储区地址范围而定。

例如，需要 4 位哈希函数值（地址码），则对下列关键字进行数字分析，前 3 位及第 5、7 位分布不均，有很多重复，所以不使用这几位。第 4、6、8、9 四位分布比较均匀，由这 4 位构成哈希函数值如下所示：

关键字	哈希函数值
000219421	2921
000368319	3819
000117428	1728
000667833	6733
000813486	8386
000215472	2572
000738305	7805
000412394	4294

……

这种方法比较直观，但需要事先知道每个关键字的键值，因此限制了它的应用范围。

2. 除余法

除余法是一种简单有效的构造方法。与数字分析法相比，除余法不要求事先知道全部的关键字，这种方法采用求余运算（%）来实现。选择一个合适的不大于哈希表长 m 的正整数 P，若给出的关键字为 K，则以关键字 K 除以 P 所得的余数 R 作为哈希地址，这种方法称为除余法哈希函数，所构造的哈希函数为：

H(K)＝K mod P

如果 R 落在存储区地址范围内，则 R 就取为哈希函数值；否则，再用一个线性函数求出哈希函数值。例如，有一组关键字从 000001～859999，其而对应的存储地址为 100000～100599，即 m＝600，可选 P＝599。若要转换关键字 K＝172158，则有：

R＝172158％599＝245

由于 R 不在指定的地址范围内，所以取哈希函数为：

H(K)＝100000＋R＝100000＋K％P

H（K）＝H（172148）＝100245。这样就把关键字 K 直接转换成存储地址了。

显然，这种方法的好坏关键在于 P 值的选取。如果取 P 为偶数，则当关键字代码为偶数时，得到的哈希函数值也是偶数，即偶数关键字的数据映射到偶数地址上；当关键字代码为奇数时，哈希函数值也为奇数，即奇数关键字的数据映射到奇数地址上。因此产生的哈希地址很可能不是均匀分布的。如果选择关键字代码的基数的幂次来除关键字，那么产生的哈希地址必是关键字的低位数字，均匀性较差。

例如：设有值为整型的关键字系列{0118，4239，2056，1142，0039，0156}，若取P值为100，则采用除余法所得的哈希地址为：

0118，4239，2056，1142，0039，0156

18　　39　　56　　42　　39　　56

实际上所得的结果是关键字的最低两位的数值，因此产生的哈希函数不是一个好的哈希函数。

假如哈希表长为200，若P取小于哈希表长的最大质数199时，产生的哈希函数就会好很多。

0118，4239，2056，1142，0039，0156

118　　60　　66　　147　　39　　56

因此，如果P值选取合理，除余法是一种简单有效的构造哈希函数的方法。

3. 平方取中法

这是较常用的哈希函数。一个数的平方的中间几位与这个数的每一位都相关，根据这一特点，平方取中法首先算出关键字内部代码的平方位，再取平方后的中间几位作为内存地址。

例如，用01～26表示对应的26个英文字母，则下列4个关键字与其内部代码为：

关键字	KEYA	KEYB	AKEY	BKEY
内部代码	11052501	11052502	01110525	02110525

如果符号表的存储地址是0～1000，则只能取平方值的中间某3位。对于上面给出的4个关键字，其结果如下：

关键字	内部代码	内部代码平方值	哈希函数值
KEYA	11052501	122157778355001	778
KEYB	11052502	122155800460004	800
AKEY	01110525	001233265775625	265
BKEY	02110525	004454315775625	315

上面得出的哈希函数值就是存储地址。这种方法计算简单且不需要事先了解关键字的分布情况，同时平方取中的方法能够扩大关键字的差别，所以最后得到的存储地址比较均匀。

4. 直接定址法

假设关键字是整型数时，可以利用关键字的某个线性函数来构造哈希地址。

$$H(K)=K \text{ 或者 } H(K)=aK+b \ (a,b \text{ 为常数})$$

由此可见，直接定址法是一种算术公式的方法。

例如，在人口统计中，如果要统计从1～100岁的人口数字，则可以年龄为关键字，取关键字本身为哈希函数值，如表6.1所示；若要统计从1949年至今出生的人口数字，则可以年份为关键字。哈希函数是M(key)＝key＋1948。

表6.1　人口统计哈希表

哈希地址	01	02	03	…	25	26	…	99	100
年龄	1	2	3	…	25	26	…	99	100
人口数	1300	800	1100	…	8000	7500	…	80	15
……									

哈希地址	01	02	03	…	25	26	…	99	100
年份	1949	1950	1951	…	1974	1975	…	2047	2048
人口数	1300	800	1100	…	8000	7500	…	80	15
……									

使用直接定址法，使得哈希函数比较简单，对于不同的关键字，不会产生冲突。但是，关键字很少是连续的，因此这种方法构造的哈希表会造成空间上的浪费。

5. 随机数法

在随机数法中，选取一个随机函数 random，并把关键字在该函数下的值作为哈希地址。即 H(K)＝random(K)。

随机法适用于关键字长度不等的情况。

综上所述，若要构造一个好的哈希函数，需要考虑以下因素：

(1) 关键字的特点，如关键字的分布情况，或者是否等长。

(2) 得到哈希函数效率，即所需时间。

(3) 哈希数的大小。

(4) 数据元素的查找概率。

6.3.3　处理哈希冲突的方法

如前所述，无论怎样构造哈希函数，都不可避免地会出现冲突现象。在哈希表中，虽然冲突难以避免，但产生冲突的可能性大为减少。这主要取决于以下因素：

(1) 与所采用的哈希函数有关。如果选取的哈希函数可以使哈希地址均匀分布在哈希地址空间上，那么冲突的可能性也就会减少。

(2) 与填充因子有关。填充因子是指哈希表中已经存入的数据元素数目与哈希地址空间大小的比例。这个比例越小，说明空闲的单元就越多，插入的数据与已经存在的数据发生冲突的可能性就越小。反之，冲突的可能性就大。

(3) 与解决冲突的冲突函数有关。选择好的冲突函数可以减少冲突的发生。

解决冲突的方法很多，基本上可以分为两大类：一类是开放地址法，一类是链地址法。下面分别具体介绍这两类方法。

方法一：开放地址法。

在开放地址法中，将发生冲突的哈希地址作为自变量，通过某个哈希冲突函数得到一个空闲的哈希地址。用开放地址法解决冲突，要产生一个探测序列。当发生冲突时，按照某种方法到存储区的其他单元进行探测，直到找到空闲位置为止。这种方法的数学描述如下：

$$H_i(K)=(H(K)+d_i) \bmod m \quad (i=1,2,\cdots m-1)$$

在上式中，H(K)为关键字 K 的哈希地址，m 为哈希表的表长，d_i为一下次探测的地址增量。如果 H(K)单元已经被占用，则继续查看 H(K)＋d_1单元；若也被占用，则继续往下探测，直到发现空闲位置为止。

当 d 为 1，2，3，…则说明地址增量是线性的，这种方法称为线性探查法。当发生冲突时，沿着这个探测序列一个个单元查询，直到找到一个开放的地址。

例如，某数据的关键字为 K，哈希函数值为 H(K)，若在 H(K)位置上发生冲突，则顺序地从 H(K)+1 的位置逐个单元地进行探测。在探测过程中，如果在某一位置上查到了关键字等于 K 的数据，则查找成功；如果一直没有找到关键字为 K 的数据，但又存在空闲单元，就可以在该位置上进行插入操作；如果查遍全表，也没有查到指定关键字的数据，同时哈希表空间已满，则说明溢出。

还有一种平方探查法，其中 d_i 为 1^2，2^2，3^2，…这种方法不能探查到表的所有单元，但至少能够查到一半的单元。

例如，假设哈希表的长度为 m=12，采用除余法并结合线性探查法构造如下的哈希表：(23，44，54，86，16，34，29，60，47，39)

首先，除余法的哈希函数为 H(K)=K mod P，其中 P 应为小于 m 的素数，假如 P 为 11，采用线性探查法得到表 6.2 所示。

表 6.2　冲突解决过程表

H(23)=1	没有冲突，将 23 放在 Hash[1]处
H(44)=0	没有冲突，将 44 放在 Hash[0]处
H(54)=10	没有冲突，将 54 放在 Hash[10]处
H(86)=9	没有冲突，将 86 放在 Hash[9]处
H(16)=5	没有冲突，将 16 放在 Hash[5]处
H(34)=1	发生冲突
$d_0=1, d_1=(1+1) \bmod 11=2$	冲突已经解决，将 34 放在 Hash[2]处
H(29)=7	没有冲突，将 29 放在 Hash[7]处
H(60)=5	发生冲突
$d_0=5, d_1=(5+1) \bmod 11=6$	冲突已经解决，将 60 放在 Hash[6]处
H(47)=3	没有冲突，将 47 放在 Hash[3]处
H(39)=6	发生冲突
$d_0=6, d_1=(6+1) \bmod 11=7$	仍有冲突
$d_2=(7+1) \bmod 11=8$	冲突已经解决，将 39 放在 Hash[8]处

由此建立的哈希表，如表 6.3 所示。

表 6.3　哈希表 Hash [0.1.2….11]

下标	0	1	2	3	4	5	6	7	8	9	10	11
K	44	23	34	47		16	60	29	39	86	54	

方法二：链地址法。

链地址法解决冲突的做法是：在哈希表的每一个记录中增加一个链域，链域中存放下一个具有相同哈希函数值的记录的存储地址。利用链域，就把若干个发生冲突的记录链接在一个链表内。当链域值为 NULL 时，说明已没有具有相同哈希函数值的后继记录。这种方式类似于线性链表，一旦发生冲突，查找、插入操作就与线性链表的相关操作类似。

如果发生冲突，建立这种链表有两种方法，即内链地址法和外链地址法。

由于内链地址法在哈希表内进行拉链，内链地址法只能在记录数小于哈希表容量时才能使用。只有这样，才能在哈希表中找到空闲的位置来存放发生冲突的记录。但是事前我们很难知道哪些位置是空闲的，因此，实现内链地址法是比较麻烦的。它的实现方法是把发生冲突的记录先暂时登记一下，待所有未冲突的记录都存入哈希表后，再把冲突的记录采用链表形式存入到空闲的位置中去。因此，内链地址法适用于预先填好表后，只查询而不再插入或很少插入新记录的哈希表。

外链地址法由两部分组成，基本哈希表存区和附加区。将发生冲突的记录均存在附加区中，所以外链地址法对于随时要求填入新记录的哈希表也是适用的。现举例说明这种方法。

例如，关键字序列为：(23，44，54，86，16，34，29，60，47，39)，求按照哈希函数 H(K)＝K mod 11 和外链地址法处理冲突得到的哈希表。

由哈希函数得到的地址为：

H(23)＝1　　H(44)＝0　　H(54)＝10

H(86)＝9　　H(16)＝5　　H(34)＝1

H(29)＝7　　H(60)＝5　　H(47)＝3

H(39)＝6

构造出的哈希表，如图 6.14 所示。

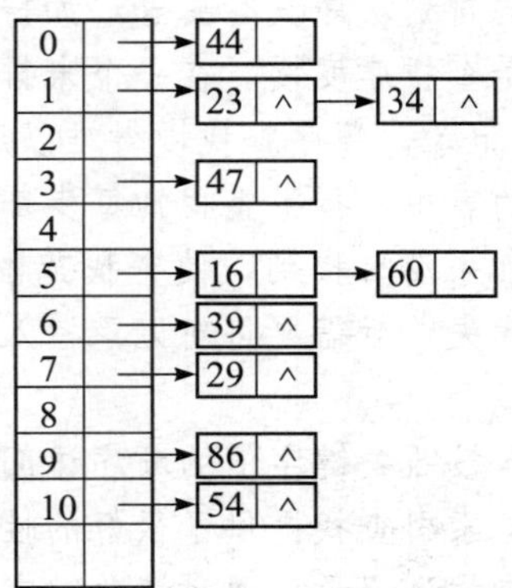

图 6.14　外链地址法解决冲突的哈希表

与开放地址法相比，链地址法上的空间是动态申请的，所以适用于事先无法确定表长的情况。使用这种方法容易实现删除操作，只需简单的删除链表的记录即可。

6.3.4　哈希表的查找分析

在哈希表上进行查找的过程和哈希造表的过程基本一致。给定 K 值，根据造表时设定的哈希函数求得哈希地址，若此地址上没有记录，则查找不成功；否则比较关键字，若相等，则查找成功；若不相等，则根据造表时设置的处理冲突的方法找下一地址，直至某个位置上为空或关键字比较相等为止。

哈希表是在关键字和存储位置之间直接建立了函数映射，由于会发生冲突，哈希表的查找过程仍然是一个和关键字比较的过程，所以必须用平均查找长度来衡量哈希表的查找效率。查找过程中与关键字比较的次数取决于构造哈希表时选择的哈希函数和处理冲突的方法。哈希函数的“好坏”取决于出现冲突的频率，设哈希函数是均匀的，即它对同样一组随机的关键字出现冲突的可能性是相同的。因而，哈希表的查找效率主要取决于哈希造表时处理冲突的方法。发生冲突的次数和哈希表的装填程度有关。哈希表的填充因子为哈希表中已经存入的数据元素数目与哈希地址空间大小的比例。这个比例越小，说明空闲的单元就越多，发生冲突的可能性就越小。反之，冲突的可能性就大。

·本章小结·

获取信息是大多数应用程序都会提供的功能，而查找数据是这些应用程序中最常使用的，查找方法的好坏对整个应用程序的执行效率影响很大。

查找是在一组有给定值的记录中找到某个记录，或者找到值符合一定条件的某些记录。作为查找依据的域称为查找关键字。在元素集合中查找的方法和集合中元素的存储结构有很大关系。可以将查找方法分为 4 类：顺序方法、索引方法、树形方法和散列方法。

对于给定的关键字值，如果经过查找找到相应的记录，则我们称此次查找是成功的，否则称此次查找是失败的。当查找成功时，有时需要将记录进行插入。

顺序查找是查找的最简单方法。其思想是：在查找表中按照顺序依次将每个记录的关键字值同给定值进行比较，直到找到与之相同的记录。如果查找成功，则返回该记录所在的位置；如果直到所有记录都比较完毕，仍未找到与给定值相等的记录，则表明查找失败。

顺序查找的方法对表中记录的排列次序没有要求，如需插入记录，只要将记录插在表的最后，不需要移动元素。其缺点是查找速度慢。在一个未排序的查找表中顺序查找，时间复杂度是 O(n)。对于重复查找大量记录，顺序查找慢得难以忍受。

折半查找一般用在已经排序的表中，折半查找的每步都是将查找范围的中间位置的记录的关键字值与给定值进行比较，如果没有找到，使查找范围缩小一半。折半查找速度较快，但表中的记录必须有序。如果查找失败后需要将新记录插入到表中，则要花费相当长的时间移动记录。

如果查找表中含有大量记录，按照关键字值的顺序访问所有记录，或是查找记录的关键字值在某个范围之内的所有记录，索引查找提供了很好的性能。

哈希查找可以直接由关键字查找到记录，通过把关键字值映射到散列表中的一个位置来访问记录。把关键字值映射到哈希表中位置的函数称为哈希函数，哈希函数的目标是使得冲突最少，实际上冲突一般是无法避免的。这样，哈希方法的实现必须包括某种形式的冲突解决策略。冲突解决方法可以分为两类：链地址法和开放地址法。链地址法和开放地址法的不同之处在于：链地址法的解决冲突所需的空间是动态申请的，且容易实现删除操作。

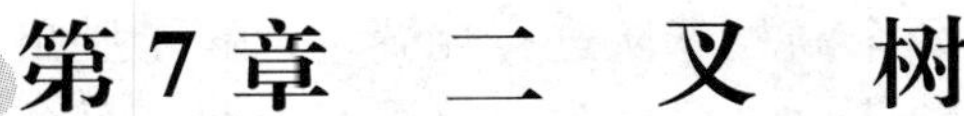

第7章　二　叉　树

内容提要及教学目标

在现实生活中，有很多数据是非线性的结构，如社会的组织结构、人类的家族等，这些事物的数据关系比较复杂，用线性关系很难描述清楚。

树形结构是一种非常重要的非线性结构，它是一种层次结构，每一层上的数据元素可能和下一层的多个元素（也称子女结点）有关系，但却只和上层中一个元素（也称双亲结点）有关。树形结构中有一种特殊的结构，即每一个结点最多只能有两个子女结点，并且子女结点的次序不能颠倒。本章重点介绍二叉树的性质、存储结构及其操作。学习要点如下：

- 掌握二叉树的基本概念和性质。
- 掌握二叉树的两种存储方式，重点掌握链式存储。
- 掌握二叉树的各种遍历算法，并能够应用各种遍历算法实现二叉树的相关运算。
- 掌握几种建立二叉树的方法。
- 了解二叉树的线索化及实质，了解在各种线索二叉树中查找前趋和后继的方法。
- 掌握哈夫曼树的基本概念、最优二叉树和哈夫曼编码。

本章重点及难点

- 二叉树的两种存储方式。
- 二叉树的各种遍历算法及应用。
- 二叉树的线索化。
- 哈夫曼树。

7.1　实例：高校篮球比赛

【实例目的】

（1）掌握二叉树的基本概念。

（2）掌握二叉树的性质。

（3）掌握二叉树的存储方式。

【实例内容】

在每年一度的高校篮球比赛中，晋级方式采取的是单场淘汰制。首先需要对各个高校球队以两个为一组进行分组，每个组里面的两个高校球队进行比赛，谁赢了胜出，然后晋级到下一轮。在下一轮中，晋级后的高校球队再以两个为一组进行分组，每个组里面的两个高校球队进行比赛，谁胜出了就晋级下一轮，以此类推，最后只剩下两个球队进行决赛，决赛之后就能产生冠军。如果要将最后的结果以二叉树的形式表达出来，二叉树的根结点为冠军。算法简要描述如图 7.1 所示。

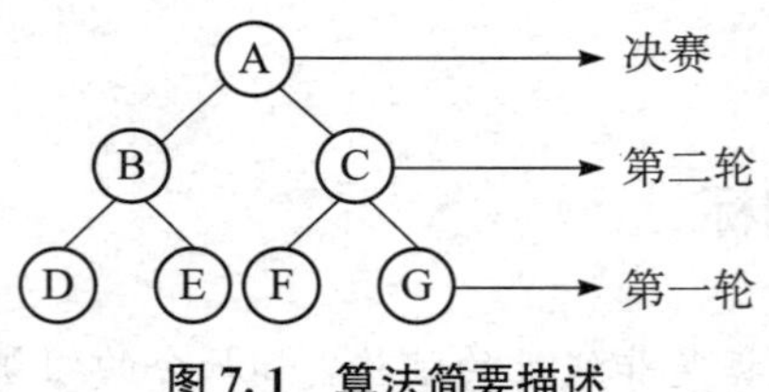

图 7.1　算法简要描述

其中 A、B、C、D、E、F、G 分别代表高校球队。

下文介绍如何将这个结果存储在计算机中，并要求能够表达出这种上下层次关系。

【实现步骤】

（1）实现过程分析。

将比赛结果以二叉树的形式来存储，有多种方式，其中常用的有顺序存储和链式存储。在顺序存储中，把二叉树的结点按照从上到下，从左至右的顺序存放在数组中。源代码如图 7.2 所示。

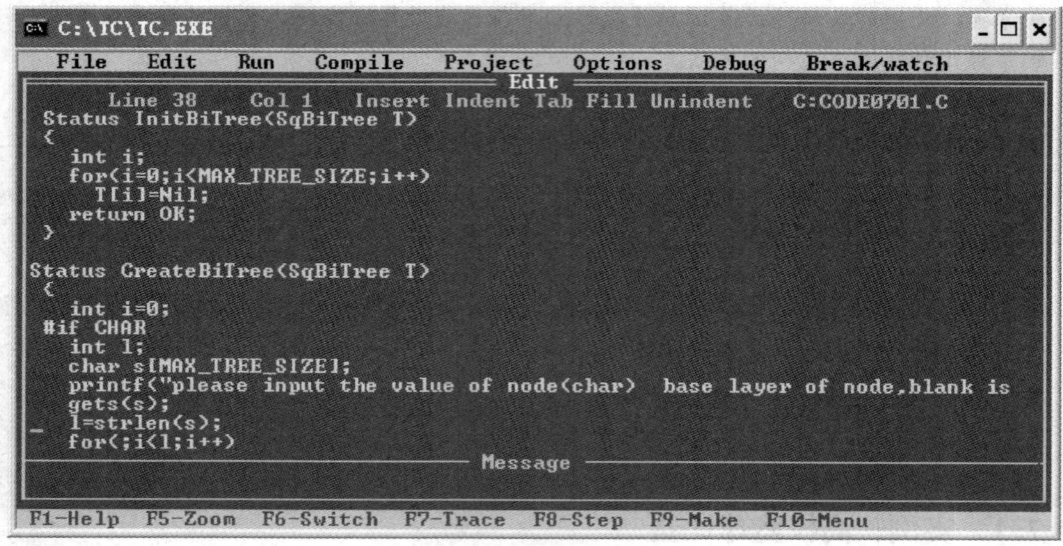

图 7.2　源代码界面

（2）编译和运行程序，运行结果如图 7.3 所示。

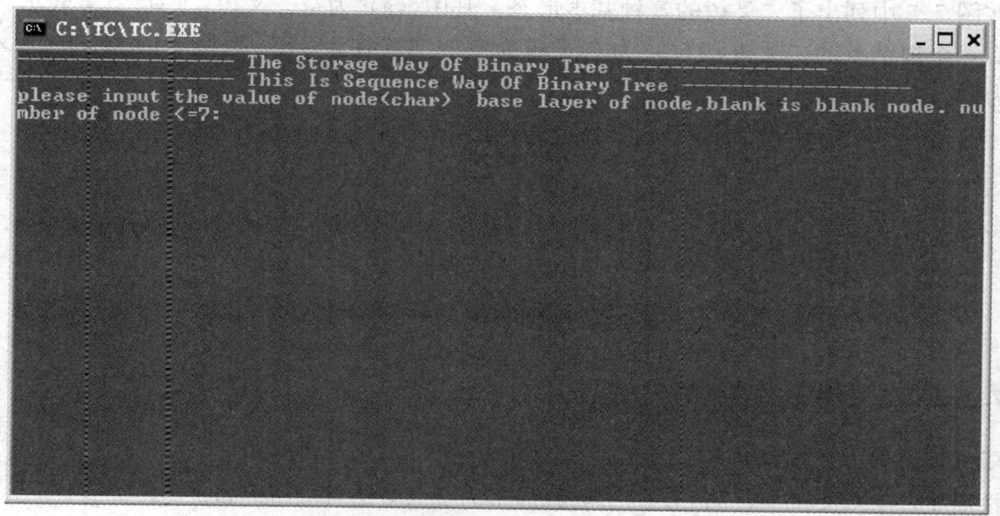

图 7.3　运行结果界面

7.1.1　二叉树的基本概念

在学习二叉树之前，先来了解一下树形结构中的常用术语。

在图 7.4 中，用一个圆圈表示一个结点，圆圈内的符号表示结点的数据信息，结点间的关系通过连线表示。连线的上方结点是下方结点的直接前趋，下方结点是上方结点的直接后继。

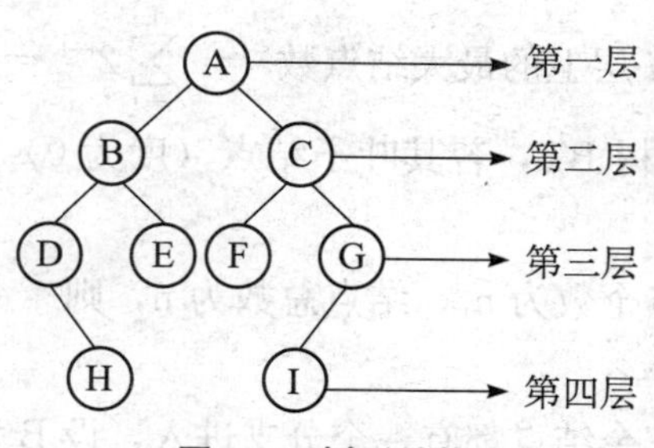

图 7.4　树形结构

树的某个结点的子树个数称为该结点的度。如图 7.1 中，结点 A 的度数为 2，结点 E 的度数为零。这种度数为零的结点称为终端结点（即树叶或叶子）。而树的度数是指该树中所有结点的度数的最大值。如图 7.1 中，其度数为 2。

在一棵树中，每个结点的直接后继被称为该结点的孩子结点或子女结点。该结点被称为孩子结点的双亲结点。同一双亲的孩子结点互为兄弟结点。树中每个结点都处在一定的层次上，树中结点的最大层次称为树的高度。

二叉树也称二分树或二元树，是一种特殊的树形结构。在二叉树中，每个结点最多有两棵子树。子树之间有左右之分。二叉树是 n(n≥0) 个结点的有限集合。当 n 为 0 时，称为空二叉树；当 n>0 时，有且仅有一个结点为二叉树的根，其余不相交的结点分为左子树和右子树。并且每棵子树又是一棵二叉树。

在图 7.5 中列出了二叉树的 5 种基本形态。其中（a）为空二叉树，用符号 ø 表示。（b）为只有一个根结点的二叉树，（c）为右子树为空的二叉树，（d）为左子树为空的二叉树，（e）为左、右子树均非空的二叉树。

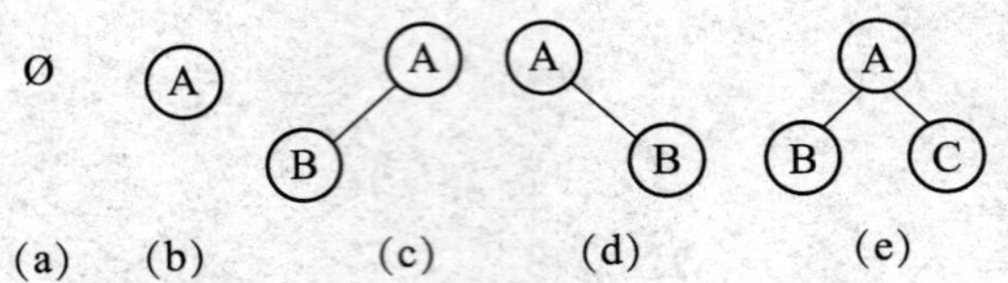

图 7.5　二叉树的 5 种基本形态

7.1.2　二叉树的主要性质

二叉树具有 5 个重要性质。

性质 1　在二叉树中，第 i 层的结点数最多为 2^{i-1} 个结点（$i \geqslant 1$）。

利用归纳法容易证明此性质。当 $i=1$ 时，只有一个根结点。显然，$2^{i-1}=2^0=1$ 是正确的，现在假定对所有的，$1 \leqslant j \leqslant i$，命题成立，即第 j 层上至多有 2^{j-1} 个结点。那么，可以证明 $j=i$ 时命题也成立。

由归纳假设：第 $i-1$ 层上最多有 2^{i-2} 个结点。由于二叉树中每个结点的度最多为 2，故在第 i 层上的最大结点数为第 $i-1$ 层的最大结点数的 2 倍，即 $2*2^{i-2}=2^{i-1}$。

性质 2　在深度为 k 的二叉树中结点总数最多为 2^k-1（$k \geqslant 1$）。

由性质 1 可知，深度为 k 的二叉树的最大结点数为：

$$\sum_{i=1}^{k}(\text{第 } i \text{ 层上的最大结点数}) = \sum_{i=1}^{k} 2^{i-1} = 2^k - 1$$

性质 3　对任何一棵二叉树 BT，若其叶子结点（度为 0）数为 n_0，度为 2 的结点数为 n_2，则 $n_0=n_2+1$。

证明：假设度为 1 的结点个数为 n_1，结点总数为 n，则

$n=n_0+n_1+n_2$

二叉树中除根结点外，其余结点都有一个分支进入，设 B 为分支总数，则 $n=B+1$。由于这些分支是由度为 1 或 2 的结点发出的，所以又有 $B=n_1+2*n_2$。于是：

$n=n_1+2*n_2+1$

两个式子结合可得到

$n_0=n_2+1$

在这里，介绍一下两种特殊形态的二叉树：即满二叉树和完全二叉树，如图 7.6 和图 7.7 所示。

如果一棵深度为 k 的二叉树拥有 2^k-1 个结点，则将此二叉树称为满二叉树；如果一棵满二叉树，从第 1 层的根结点开始，自上而下，从左到右地对结点进行连续编号，其每一个结点都与深度为 k 的满二叉树中编号从 1～n 的结点一一对应时，称之为完全二叉树。如图 7.6 所示为一棵深度为 4 的满二叉树。图 7.7 所示为一棵深度为 4 的完全二叉树。

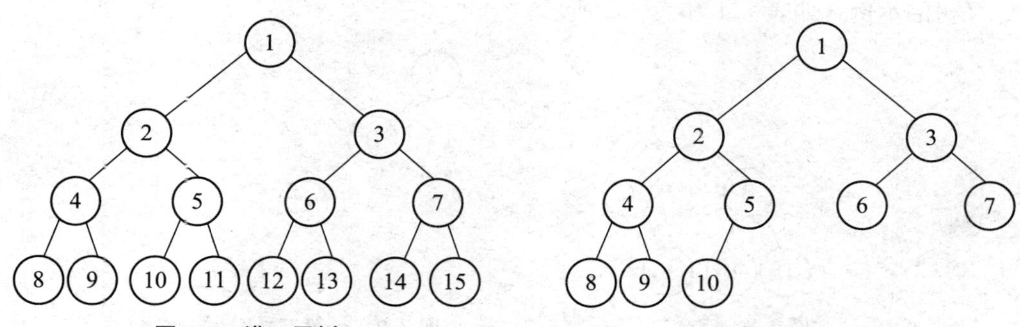

图 7.6　满二叉树　　　　图 7.7　完全二叉树

完全二叉树的特点是：深度为 k 的完全二叉树，其前 k−1 层是一棵满二叉树，最后第 k 层结点都尽量排在靠左的位置上。显然，一棵满二叉树一定是完全二叉树，但一棵完全二叉树不一定是满二叉树。

性质 4　具有 n 个结点的完全二叉树的深度为$\lfloor \log_2 n \rfloor+1$，其中$\lfloor \log_2 n \rfloor$代表不大于 $\log_2 n$ 的最大整数。

证明：假设深度为 k，则根据性质 2 和完全二叉树的定义有

$$2^{k-1}-1<n\leqslant 2^k-1 \quad 或者 \quad 2^{k-1}\leqslant n<2^k$$

取对数后有：$k-1\leqslant \log_2 n<k$，由于 k 为整数，所以 $k=\lfloor \log_2 n \rfloor+1$。

性质 5　如果对一棵有 n 个结点的完全二叉树的结点按顺序编号，则对任一结点 $i(1\leqslant i\leqslant n)$，有以下特性。

(1) 若 $i>1$，则 i 的双亲结点是结点$\lfloor i/2 \rfloor$；若 $i=1$，则 i 是根结点，没有双亲。

(2) 若 $2i > n$，则结点 i 没有左孩子且无右孩子；否则左孩子结点的编号为 2i。

(3) 若 $2i+1> n$，则结点 i 没有右孩子；否则右孩子结点的编号为 $2i+1$。

可以利用数学归纳法证明这个性质。

当 $i=1$ 时，若 $n\geqslant 3$，则根的左右孩子的编号分别为 2 和 3；若 $n<3$，则根没有右孩子；若 $n<2$，则根没有左孩子。

假设对于所有的 $1\leqslant i\leqslant j$ 结论成立。也就是，结点 j 的左孩子编号为 2j；右孩子编号为 $2j+1$。

在完全二叉树中，$i+1$ 的左右孩子紧邻在结点 i 的孩子后面，结点 i 的左、右孩子编号分别为 2i 和 $2i+1$，所以结点 $i+1$ 的左、右孩子编号分别为 $2i+2$ 和 $2i+3$，即 $2(i+1)$ 和 $2(i+1)+1$。

因为二叉树是由 n 个结点组成，所以，当 $2(i+1)+1>n$，且 $2(i+1)=n$ 时，结点 $i+1$ 只有左孩子，没有右孩子；当 $2(i+1)>n$ 时，结点 $i+1$ 既没有左孩子，也没有右孩子。

因此以上证明成立。

7.1.3　二叉树的存储

二叉树通常采用两种存储方式，即顺序存储结构和链式存储结构。

1. 顺序存储结构

用一组连续的存储单元存储二叉树的数据，按满二叉树或者完全二叉树的结点顺序编号依次将二叉树中数据元素存放在连续的地址空间中，如图 7.8 和图 7.9 所示。用一维数组 T

存放二叉树的示例，如表 7.1 和表 7.2 所示。

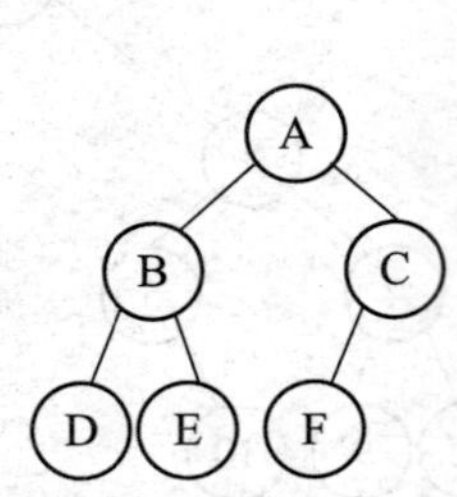

图 7.8　完全二叉树

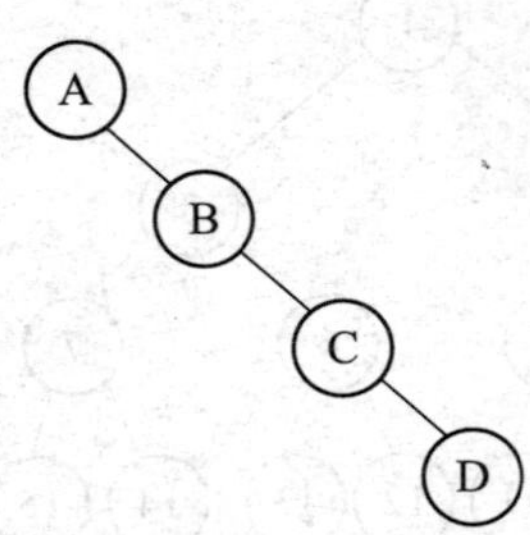

图 7.9　一般二叉树

表 7.1　　完全二叉树的一维数组存放

0	1	2	3	4	5
A	B	C	D	E	F

表 7.2　　一般二叉树的一维数组存放

0	1	2	3	4	5	6	7	…	14
A		B				C			D

这种存储结构适用于存放完全二叉树及满二叉树，其特点是空间利用率高，寻找孩子和双亲比较容易。若二叉树是一般的二叉树，则需要将空缺的位置用特定的符号填补，造成存储空间的浪费。如图 7.9 所示的二叉树，其顺序分配的空间状态比图 7.8 所用空间大。在最坏的情况下，一个深度为 k 且只有 k 个结点的单支树，却需 2^k-1 个存储单元。因此，对于一般二叉树使用顺序存储结构，会浪费较多存储空间。

2. 链式存储结构

链式存储结构是二叉树最常用的存储结构。二叉树的每一个结点最多可有左、右两棵子树，表示二叉树的链表中的结点由数据域、左指针域和右指针域组成，如图 7.10 所示。

Lchild	data	Rchild

图 7.10　二叉链表的结构

其中，Lchild 和 Rchild 是分别指向该结点左孩子和右孩子的指针，data 是数据元素的内容。一个二叉链表也有头指针，如果二叉树为空，则头指针指向 Null；若结点的某个孩子没有，则相应的指针为空。在一个有 n 个结点的二叉树中，应有 2n 个指针域。图 7.11 是一棵二叉树及相应的链式存储结构。BT 是二叉链表的头指针。

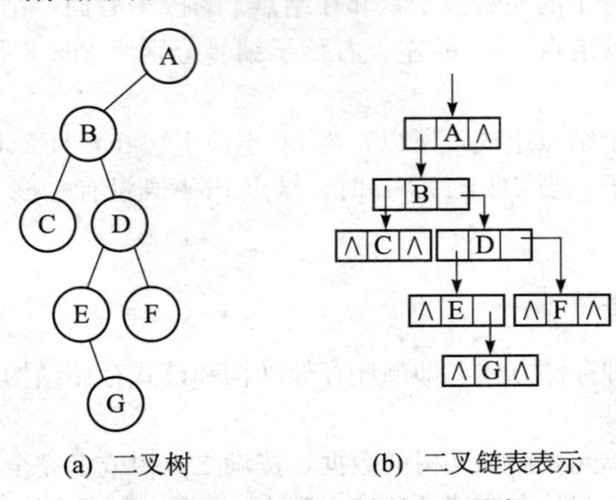

(a) 二叉树　　　(b) 二叉链表表示

图 7.11　二叉树及相应的二叉链表

这种链式存储结构寻找孩子结点比较容易，但是想寻找双亲比较困难，如果需要频繁地寻找双亲，就需要在每个结点中增加一个指向双亲结点的指针域，组成三叉链表，其结构如图 7.12 所示。

Lchild	data	Parent	Rchild

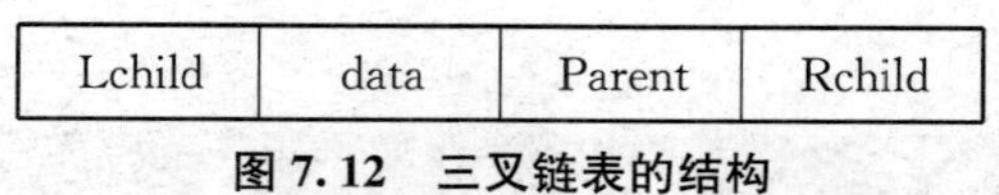

图 7.12　三叉链表的结构

图 7.11 中的二叉树若采用三叉链表表示，如图 7.13 所示。

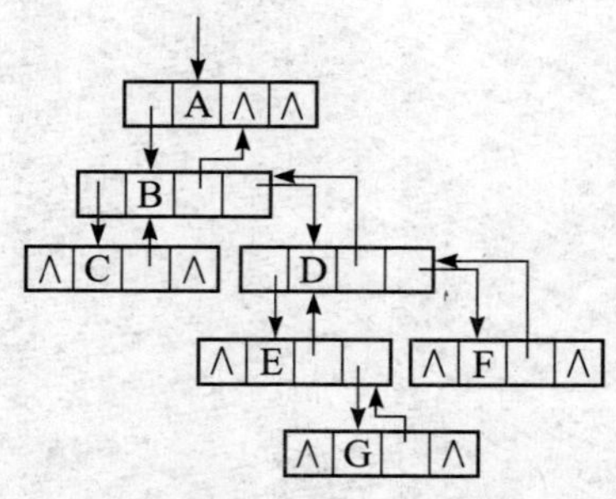

图 7.13　用三叉链表表示

在 C 语言中，二叉链表结构的描述如下：

```
typedef char DataType;   /* 假设结点数据类型为字符型 */
typedef struct bnode{
    DataType data;
    struct bnode *lchild, *rchild;
}Bnode, *BTree;
```

在 C 语言中,三叉链表结构的描述如下:

```
typedef char DataType; /* 假设结点数据类型为字符型 */
typedef struct bnode{
    DataType data;
    struct bnode *lchild, *rchild, *parent;
}Bnode, *BTree;
```

7.2　实例：高校篮球总决赛

【实例目的】

（1）掌握线索二叉树的定义与结构。

（2）掌握线索二叉树的基本操作。

【实例内容】

在每年一度的高校篮球比赛中，晋级方式采取的是单场淘汰制。通过多轮两两比赛之后，最终产生总决赛的两个队伍，然后产生冠军。这个淘汰过程正好是一棵二叉树。如果将这样一棵二叉树以线性结构存储在计算机中，必须按照一定的遍历规则，将树中的每个队伍信息存放在线性结构中。

【实现步骤】

(1) 实现过程分析。

在 Turbo C 2.0 编译界面中按 Alt＋F 键，选择 New，然后输入源程序，源代码如图 7.14所示。

```
C:\TC\TC.EXE
File  Edit  Run  Compile  Project  Options  Debug  Break/watch
Edit
Line 34   Col 1   Insert Indent Tab Fill Unindent   C:CODE0703.C

Status CreateBiThrTree(BiThrTree *T)
{

  TElemType h;
#if CHAR
  scanf("%c",&h);
#else
  scanf("%d",&h);
#endif
  if(h==Nil)
    *T=NULL;
  else
  {
    *T=(BiThrTree)malloc(sizeof(BiThrNode));
    if(!*T)
      exit(OVERFLOW);
    (*T)->data=h;
Watch
F1-Help  F5-Zoom  F6-Switch  F7-Trace  F8-Step  F9-Make  F10-Menu
```

图 7.14　源代码界面

(2) 中序遍历二叉树，并将其中序线索化，实现函数如图 7.15 所示。

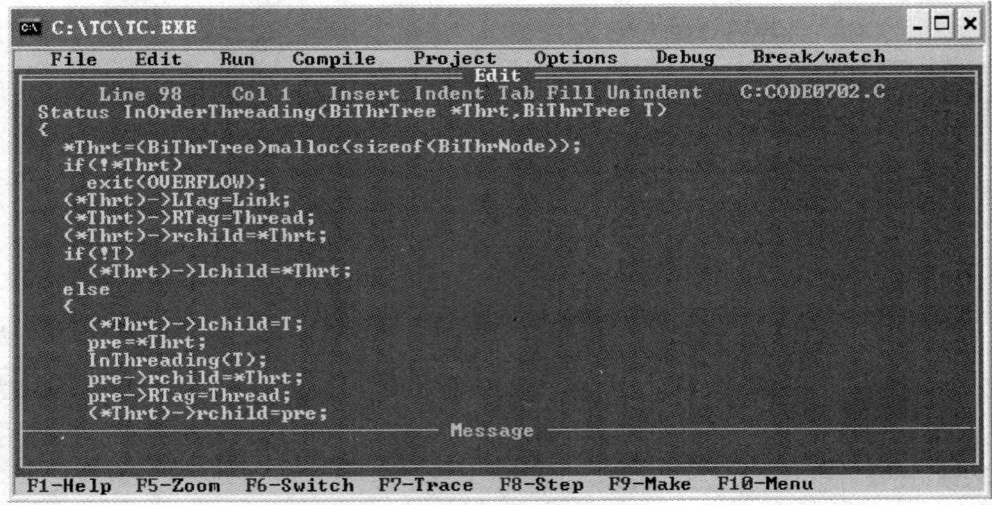

图 7.15　中序线索化

7.2.1　遍历二叉树

遍历二叉树是指按一定的次序访问二叉树的每一个结点，并且每个结点只能被访问一次。只要按照次序访问到每个结点，就可以输出结点的内容。由于二叉树是一个非线性结构，每一个结点都可能有两棵子树，所以需要按照一定的规则，使二叉树上的结点按被访问的先后顺序排列起来，得到一个线性序列。

若规定先遍历左子树，后遍历右子树，则有3种遍历方法，分别为先序遍历、中序遍历和后序遍历。

1. 先序遍历

若二叉树不空，先序遍历二叉树的过程是：

(1) 访问根结点。

(2) 先序遍历左子树。

(3) 先序遍历右子树。

相应的递归函数如下：

```
void preorder (p)
Node * p;
 { if(p! = NULL)
   {
     printf(" %c",p -> data);
     preorder(p -> lc);
     preorder (p -> rc);
   }
 }
```

对于图7.16所示的二叉树，用先序遍历法得到的序列是ABDECF。

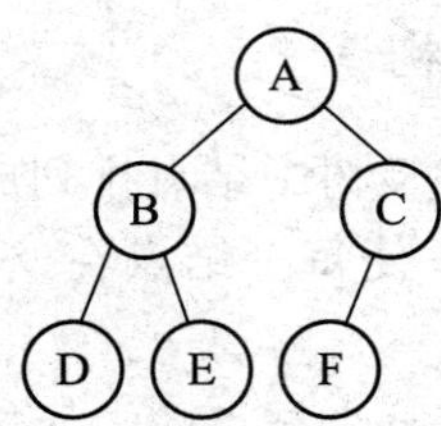

图7.16 二叉树

2. 中序遍历

若二叉树不空，中序遍历二叉树的过程是：

(1) 中序遍历左子树。

(2) 访问根结点。

(3) 中序遍历右子树。

相应的递归函数如下：

```
void inorder (p)
Node * p;
 { if(p! = NULL)
   {
     inorder(p -> lc);
     printf(" %c",p -> data);
     inorder (p -> rc);
```

```
    }
  }
```

用中序遍历法遍历图 7.16 所示的二叉树，得到的序列是 DBEAFC。

3. 后序遍历

若二叉树不空，后序遍历二叉树的过程是：

（1）后序遍历左子树。

（2）后序遍历右子树。

（3）访问根结点。

相应的递归函数如下：

```
void postorder (p)
Node * p;
 { if(p! = NULL)
    {
       postorder (p -> lc);
       postorder (p -> rc);
       printf(" %c",p -> data);
    }
  }
```

用后序遍历法遍历图 7.16 所示的二叉树，得到的序列是 DEBFCA。

7.2.2 线索二叉树的定义及结构

遍历二叉树是按照一定规则将二叉树中结点排列成一个线性序列。这个过程实际上是对一个非线性结构进行线性化操作，使每个结点在这些线性序列中有且仅有一个前趋和后继。

在二叉树的链表结构中，对于有 n 个结点的二叉树，在 2n 个孩子域中仅有 n－1 个域是用来指示结点的孩子，而 n＋1 个域存放的是 NULL。如果把空链域利用起来，使其指向结点的直接前趋或直接后继，那些原来就有内容的链域，则仍然存放左孩子或右孩子结点的地址。也就是说，利用指向线性序列中的“直接前趋”和“直接后继”的指针作为线索。

由于遍历方式不同，产生的线性序列也就不同。如果规定当某个结点的左指针为空时，将该指针指向线性序列中该结点的直接前趋结点；当某个结点的右指针为空时，将该指针指向线性序列中该结点的直接后继结点。但如何区分左指针指向的结点是左孩子结点还是直接前趋结点，右指针指向的结点是右孩子结点还是直接后继结点呢？只要在保留 lc 和 rc 两个链域外，再增加两个标志域 lt 和 rt，就可用来区分这两种情况。

$$lt\ (rt) = \begin{cases} \boxed{0\ \ 表示链域指向左孩子（或右孩子）} \\ \boxed{1\ \ 表示链域指向前趋（或后继）} \end{cases}$$

这样得到的每个结点的存储结构如图 7.17 所示。

lt	lc	Data	rc	rt

图 7.17　线索结点的存储结构

上述结点中用来指向前趋或后继的链域指针 lt 和 rt 称为“线索”。对二叉树以某种次序进行遍历并加上线索的过程称为“线索化”。经线索化后生成的二叉树的链表称为线索二叉树。

7.2.3　线索二叉树的基本操作

对相同的一棵二叉树，按不同的遍历规则进行线索化得到的线索二叉树是不同的，分别用前序、中序、后序遍历规则，对给定二叉树进行线索化得到的线索二叉树，分别称之为先序、中序、后序线索二叉树。其遍历过程如图 7.18 所示。

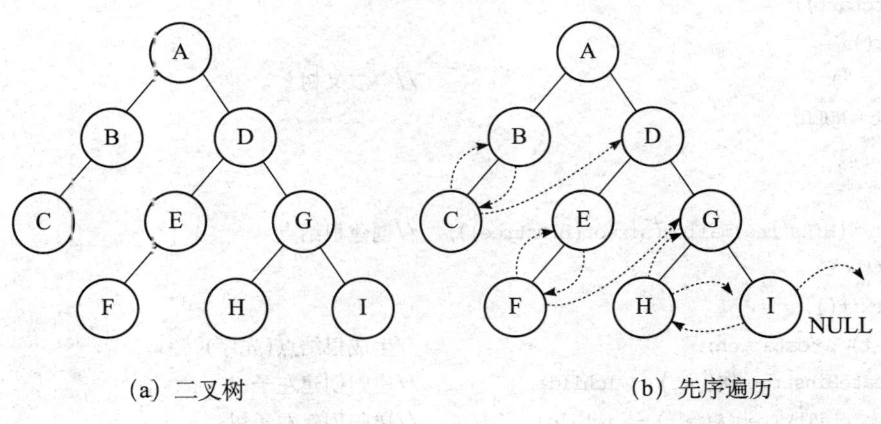

(a) 二叉树　　(b) 先序遍历

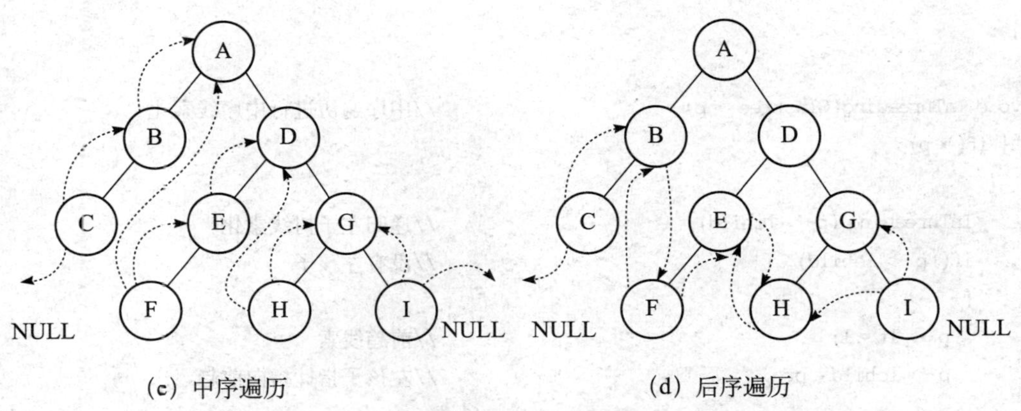

(c) 中序遍历　　(d) 后序遍历

图 7.18　线索结点的存储结构

下面仅给出建立中序线索二叉树的算法。

建立中序线索二叉树的算法，实际上在中序遍历的算法中，访问结点的同时将空链改为线索。结合线索二叉树的定义，中序线索二叉树在链式方式下的数据类型定义为：

```
typedef char DataType; /* 假设结点数据类型为字符型 */
typedef struct node{
    DataType data;
    int lt,rt;
    struct node *lchild, *rchild;
}BInsnode, *BInstree;
```

1. 创建中序线索二叉树

创建的过程为：首先建立一棵一般的二叉树，然后进行中序线索化。可以在中序遍历的同时，将结点中的空链改为线索，从而实现线索化。具体算法如下：

```
BInstree pre = NULL;                                //初始化前趋结点
void CreateBinstree(BInstree *t)
{  char ch;
   ch = getchar();
   getchar();
   if(ch == '')                                     //空二叉树
       *t = NULL;
   else
   {
       *t = (BInstree)malloc(sizeof(BInstree));     //创建根结点
       if(! *t)
         exit();
       (*t)-> data = ch;                            //生成根结点(先序)
       CreateBinstree (&(*t)-> lchild);             //递归创建左子树
       CreateBiThrTree(&(*t)-> rchild);             //递归创建右子树
   }
}

void InThreading(BInstree *p)                       //中序遍历进行中序线索化
 { if(*p)
  {
   InThreading (p-> lchild);                        //递归左子树线索化
   if(!p-> lchild)                                  //没有左孩子
   {
     p-> lt = 1;                                    //前趋线索
     p-> lchild = pre;                              //左孩子指针指向前趋
   }
   if(!pre-> rchild)                                //前趋没有右孩子
   {
     pre-> rt = 1;                                  //后继线索
     pre-> rchild = p;                              //前趋右孩子指针指向后继
   }
```

```
      pre=p;
      InThreading(p->rchild);                    //递归右子树线索化
    }
  }
```

2. 中序遍历口序线索二叉树

建立了中序绫索二叉树之后，就可以查找指定结点在中序遍历下的前趋和后继结点。依据所创建的线案，首先找到中序遍历下的第一个结点，然后从它出发，不断寻找后继结点，只要右标志中的值为1，说明右指针刚好指向中序遍历下的后继。遍历算法的实现如下：

```
void InThrTree(BInstree t)
 { /* 中序遍历二叉线索树 T(头结点)的非递归算法. */
   BInstree p;
   p=t->lchild;        /* p指向根结点,t为中序遍历的起点,t->lchild指向根 */
   while(p!=t)                               /* 当回到头结点时遍历结束 */
   {
     while(p->lt==0)                         /* 到最左下端结点 */
       p=p->lchild;
       printf("%c",p->data);                 /* 访问最左下端结点 */
     while(p->rt==1&&p->rchild!=t)           /* 访问后续结点 */
     {
       p=p->rchild;
       printf("%c",p->data);
     }
     p=p->rchild;                            /* 进入右子树继续 */
   }
 }
```

7.3 实例：学生成绩及格的查找

【实例目的】

掌握二叉排序树的原理及应用。

【实例内容】

学生成绩管理系统中，在录入每个学生的某门课程成绩后，将学生成绩组建一棵二叉树，在这棵二叉树中结点的值是有序的，左子树的结点值小于右子树结点的值。如果已经建好了该二叉树，就可以实现查找功能，找到学号对应的成绩之后，判断成绩是否及格，以决定是否需要参加补考。

【实现步骤】

(1) 实现过程分析。

在 Turbo C 2.0 编译界面中按 Alt＋F 键，选择 New，然后输入源程序，源代码如图 7.19所示。

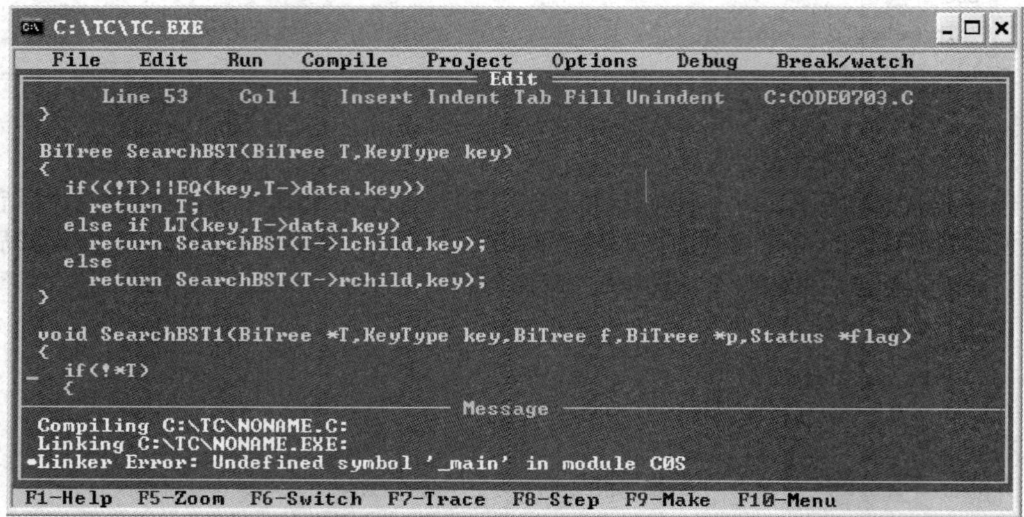

图 7.19　源代码界面

（2）编译和运行程序，运行结果如图 7.20 所示。

```
C:\TC\TC.EXE
all student'score is:
number name politics Chinese  English  math  physics  chemistry  biology  key
--------------------------- menu --------------------------------
------------------   1. Sequence Search   ----------------
------------------   2. Binary Search   -----------------

179324 hefang  85     1
179325 chenhu  92     2
179326 luhuan  88     3
179327 zhanpan  60     4
179328 zhaoyi  44     5

 please input choice: 1

 please input key: 5
name is zhaoyi   your score is  44
```

图 7.20　运行结果界面

【相关知识】

二叉排序树是二叉树中最简单的应用。二叉排序树是一种特殊结构的二叉树，二叉排序树或者是一棵空二叉树，或者是具有以下性质的二叉树：

- 若它的左子树不为空。则左子树上所有结点的关键字均小于它的根结点的关键字。
- 若它的右子树不为空，则右子树上所有结点的关键字均大于等于它的根结点的关键字。
- 它的左、右子树也分别为二叉排序树。

根据定义，在一棵二叉排序树中，其结点的关键字值是按照左子树、根和右子树有序排列的，所以对它进行中序遍历得到的结点序列仍是一个有序序列。

图7.21就是一棵二叉排序树，对该树进行中序遍历可以得到一个有序序列10，15，23，25，30，50，60，65。

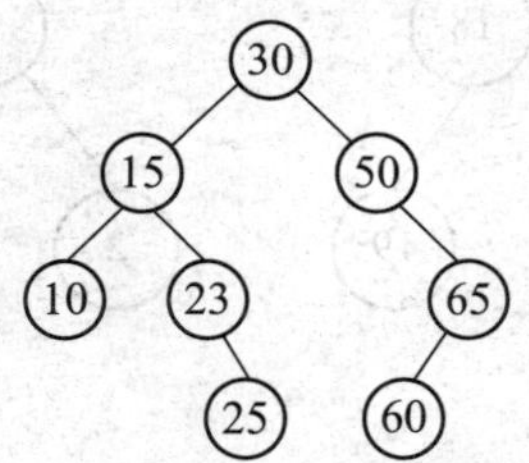

图7.21　一棵二叉排序树

二叉排序树是一种重要的数据类型，它能够有效地实现查找算法，而不必遍历整个二叉树。二叉排序树可以将一个任意序列变成一个有序序列，因此，构造二叉排序树的过程实质是排序过程。

1. 二叉排序树的生成

生成二叉排序树，首先从一个空的二叉排序树开始，然后将每个结点按照要求插入到二叉排序树中。假设结点的关键字是一个集合K，K＝｛K1，K2，…，Kn｝，各个结点的关键字存放在结点的数据域中，且为整型。具体的类型说明如下：

```
struct node
{
  int data;
  struct node * rc, * lc;
}
typedef struct node Node;
```

创建一个新结点时，把关键字存放在结点数据域中，如果二叉排序树为空，则新结点为二叉排序树的根；如果二叉排序树不空，则将当前关键字与根结点的关键字进行比较，若小于根结点的关键字，则插入到根结点的左子树中，否则插入到根结点的右子树中。反复递归，直到新的结点作为一个新的叶子插入到已有的二叉排序树中去为止。

例如，给出K＝｛10，18，3，8，19，2，7，8｝，其建立过程如图7.22所示。

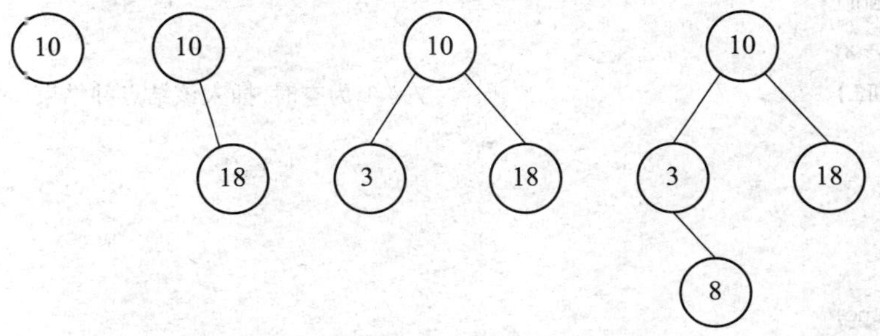

图7.22　建立二叉排序树过程

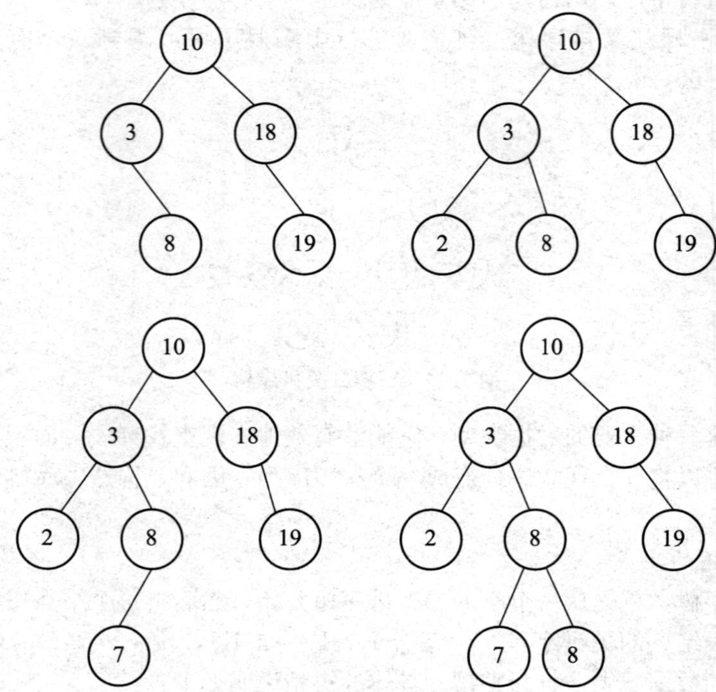

图 7.22 建立二叉排序树过程（续）

依据这个过程，二叉排序树的生成算法如下：

```
Node CreateSortTree (t)
Node * t;
{
  int x,i,n;
  enum{ false,true} bool;
  Node * p, * q;
  scanf(" % d",&x);
  q = (Node * ) malloc (sizeof(Node));          /* 生成要插入的结点 */
  q -> lc = NULL;
  q -> rc = NULL;
  q -> data = x;
  if(t = = NULL)                                /* t 为空时,插入该结点并结束 */
    t = q;
  else
  {
    p = t,
    bool = true;
    do
    if(p -> data > x)                           /* 插入方向为左子树 */
      if(p -> lc ! = NULL)                      /* 继续寻找插入点 */
```

```
            p = p -> lc;
        else
        {
            p -> lc = q;                    /* 左指针域空时为插入点 */
            bool = false;                   /* 置已插入标记 */
        }
      else                                  /* 插入方向为右子树 */
        if(p -> rc != NULL)                 /* 继续寻找插入点 */
            p = p -> rc;
        else
        {
            p -> rc = q;                    /* 右指针域为空时为插入点 */
            bool = false;                   /* 置已插入标记 */
        }
      while(bool != true)                   /* 当 bool = false 时插入完成 */
    }
    return(t);
}
```

2. 二叉排序树的删除

在二叉排序树中，删除结点是指删除某一个指定的结点，而不是把以这个结点为根的子树都删掉；且删除该结点后．该二叉树仍须保持二叉排序树的性质。

设 p 为要删除的结点，则有以下 4 种情况：

(1) 被删除结点 p 没有左、右孩子，则可直接删去 p。

(2) 被删除结点 p 没有左子树，则可用其右子树的根结点取代结点 p 的位置。

(3) 被删除结点 p 没有右子树，则可用其左子树的根结点取代结点 p 的位置。

(4) 被删除结点 p 有左、右子树，则要找出右子树中关键字最小的结点 s，并用 s 来取代结点 p。

7.4　实例：报文

【实例目的】

(1) 掌握哈夫曼树的概念。

(2) 掌握哈夫曼编码。

【实例内容】

在远距离数据通信中，需要将报文转换成二进制的字符串，用 0，1 码的不同排列来表示字符串。例如，需要传送报文“good good study”，用到了 8 个字符：g：2 次；o：4 次；d：3 次；空格：2 次；s，t，u，y 各 1 次，现在要为这些字母设计编码，最简单的二进制编码是等长编码．由于只用到 8 个字符，只要用 3 位二进制编码即可区别，共需要传输(2+4+3+4＊1+2) *3=45 个二进制位，然而问题是：在实际中，我们往往更希望报文长度尽可能的短，那么是否有一种编码方式能够实现所得报文长度最短呢?

【实现步骤】

（1）实现过程分析。

可以将 8 个字符看作叶子结点，每个字符出现的次数看作结点的权值，用等长编码的方式，实际上是构造了一个完全二叉树，很显然不能保证得到的报文总长度最小，因为要想得到的报文长度最小，可以将这个问题抽象地理解为要构造一棵二叉树，路径长度表示该字母的编码位数，权值表示该字母的出现次数。那么，总报文长度＝每个字母的出现次数 * 该字母的编码位数之和＝每个字母的权值 * 路径长度之和＝带权路径长度之和，要使报文长度最小，就要使带权路径长度之和最小。由于哈夫曼树的最重要的特点是带权路径长度最小，那么如果能够构造一棵哈夫曼树，那么问题就迎刃而解了。源代码如图 7.23 所示。

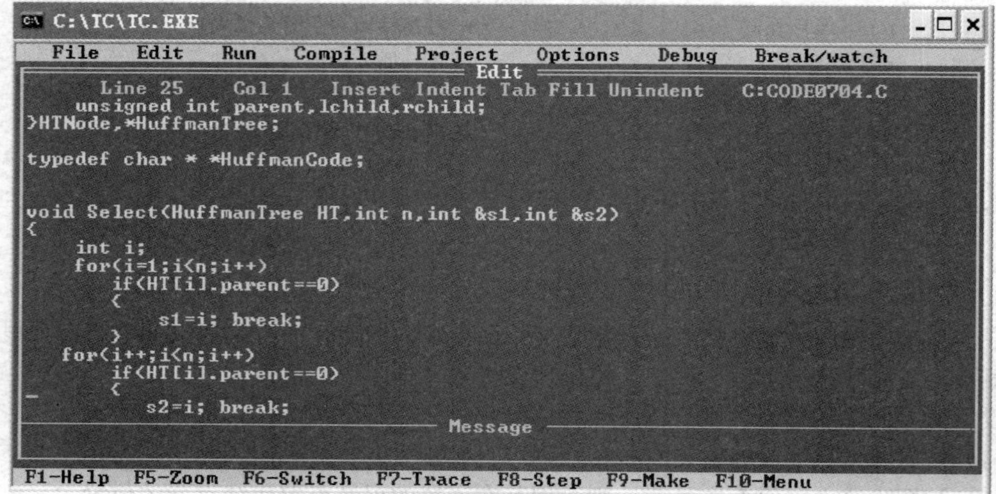

```
C:\TC\TC.EXE
 File   Edit   Run   Compile   Project   Options   Debug   Break/watch
                                Edit
     Line 25    Col 1    Insert Indent Tab Fill Unindent    C:CODE0704.C
    unsigned int parent,lchild,rchild;
}HTNode,*HuffmanTree;

typedef char * *HuffmanCode;


void Select(HuffmanTree HT,int n,int &s1,int &s2)
{
    int i;
    for(i=1;i<n;i++)
       if(HT[i].parent==0)
       {
           s1=i; break;
       }
   for(i++;i<n;i++)
       if(HT[i].parent==0)
       {
          s2=i; break;
                             Message
F1-Help  F5-Zoom  F6-Switch  F7-Trace  F8-Step  F9-Make  F10-Menu
```

图 7.23　源代码界面

（2）构造哈夫曼编码的程序如图 7.24 所示。

```
C:\TC\TC.EXE
 File   Edit   Run   Compile   Project   Options   Debug   Break/watch
                                Edit
     Line 46    Col 1    Insert Indent Tab Fill Unindent    C:CODE0704.C
void HuffmanCoding(HuffmanTree &HT,HuffmanCode &HC,int *w,int n)
{

    int m=2*n-1;
    int i,j;
    HT=(HuffmanTree)malloc((m+1)*sizeof(HTNode));
    for(i=1;i<=n;i++)
    {
       HT[i].weight=w[i-1];
       HT[i].parent=0;
       HT[i].lchild=0;
       HT[i].rchild=0;
    }
    for(;i<=m;i++)
    {
       HT[i].weight=0;
       HT[i].parent=0;
                             Message
F1-Help  F5-Zoom  F6-Switch  F7-Trace  F8-Step  F9-Make  F10-Menu
```

图 7.24　运行结果界面

7.4.1　哈夫曼树的基本概念

哈夫曼树，也称最优树，是一类带权路径长度最短的树，有着广泛的应用。

1. 基本概念

（1）路径和路径长度。

在树中，从一个结点到另一个结点之间的分支构成这两个结点之间的路径，路径上的分支数目称为路径长度。树的路径长度是从树根到每一结点的路径长度之和。一般用 PL 表示。在结点数相同的条件下，满二叉树或完全二叉树的长度最短。如图 7.25 所示的二叉树，其 PL 为：

PL＝0＋1＋1＋2＋2＋2＋3＝11

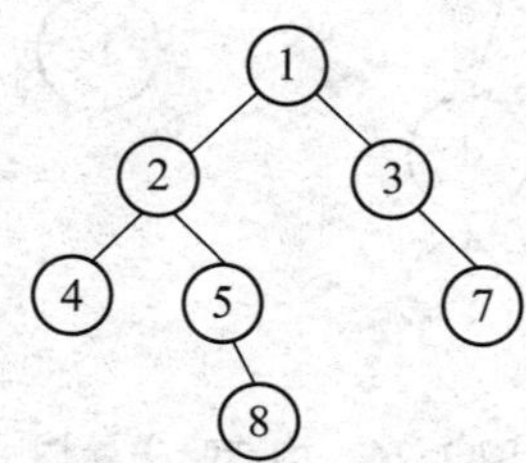

图 7.25　树的路径长度

（2）树的带权路径长度。

如果树中每个结点都有一个权值，则结点的带权路径长度为该结点到树根之间的路径长度与结点上权值的乘积。树的带权路径长度为树中所有叶子结点的带权路径长度之和。树的带权路径长度用 WPL 表示。

在图 7.25 中，若树的 3 个叶子结点都有权值，其权值分别是 4,2,5，它们的 WPL 为：

WPL＝4＊2＋2＊3＋5＊2＝24

2. 哈夫曼树及其算法

哈夫曼树又称最优二叉树。它是 n 个带权叶子结点构成的所有二叉树中，带权路径长度 WPL 最小的二叉树。因为构造这种树的算法是最早由哈夫曼于 1952 年提出的哈夫曼树。相应的算法称为哈夫曼算法。其算法的过程如下：

（1）根据给定的 n 个权值（w1，w2，…wn）构成 n 棵二叉树的集合 T＝（T1，T2，…Tn），每棵二叉树中只有一个带权为 wi 的根结点，其左、右子树均为空。

（2）在 T 中选取两棵根结点的权值最小的树作为左右子树构造一棵新的二叉树，它的根结点的权值为其左、右子树上根结点的权值之和。

（3）在 T 中删除这两棵树，同时将新得到的二叉树加入 T 中。

（4）重复 1 和 2，直到 T 只有一棵树为止，这棵树便是哈夫曼树。

例如，给定一组权值（8，6，2，4），二叉树的集合为 {a，b，c，d}，根据哈夫曼算法构成一棵哈夫曼树的过程，如图 7.26 所示。

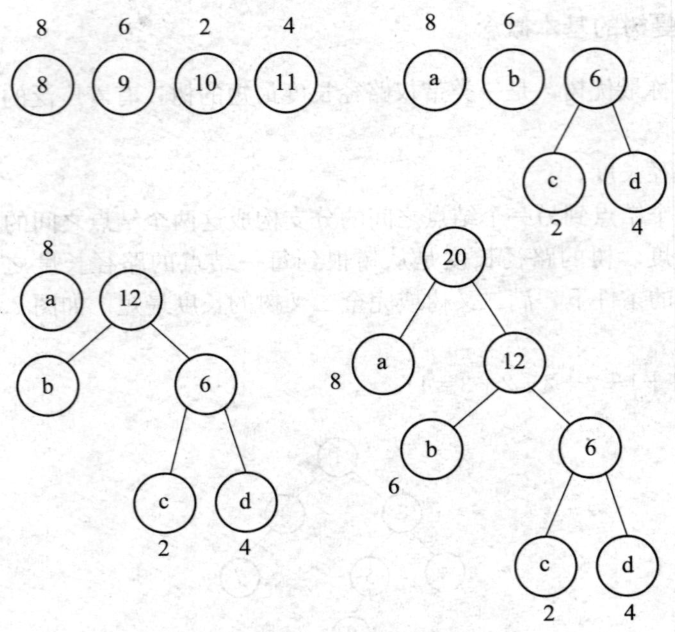

图 7.26　构造哈夫曼树

7.4.2　哈夫曼编码

哈夫曼树的应用很广，哈夫曼编码就是其在电报通信中的应用之一。电文是以二进制 0、1 序列传送的。在发送端需要将电文中的字符序列转换成二进制 0、1 序列，在接收端又需要把接收的 0、1 序列转换成对应的字符序列。

在传送电文时，希望总长尽可能地短。如果对每个字符设计长度不等的编码，且让电文中出现次数较多的字符采用尽可能短的编码，则传送电文的总长度可减少。若要设计长短不等的编码，则必须是任一字符的编码都不是另一个字符的编码的前缀，这种编码称为前缀编码。

设字符集中的字符在电文中出现的次数为 Wi，其编码长度为 Li，电文中只有 n 种字符，则电文总长为 $\sum_{i=1}^{n} WiLi$，对应到二叉树上，若以 Wi 为叶子结点的权，Li 为从根到叶子的路径长度。则 $\sum_{i=1}^{n} WiLi$ 为二叉树上带权路径长度。因此，设计电文总长最短的二进制前缀编码问题成为以 n 种字符出现的频率作权，来设计一棵哈夫曼树的问题。

这种编码的优点是：①对于给出的文本．其编码长度是最短的；②任一字符的编码均不可能是另一字符编码的前缀。这样，两个字符之间就不需要分隔符。但是，两个词之间仍需要留空格，以起到分隔作用。

这种编码的缺点是：每个字符的编码长度不相等，译码时较困难。至于信息的编码还应考虑其他一些因素，如检测和纠错的能力等。

·本章小结·

在树形结构中，二叉树是一种非常重要的数据结构。二叉树的5个性质揭示了二叉树的主要特征。二叉树的存储结构分为顺序存储结构和链式存储结构两种。其中，顺序存储结构一般用来存储满二叉树和完全二叉树，而一般的二叉树都采用链式存储结构。二叉树的遍历有3种方法，对二叉树的遍历是进行各种操作的基础。

线索二叉树是利用链式存储结构的空指针，将空的左孩子指向直接前趋，将空的右孩子指向直接后继，因为采用不同的遍历方法得到的线性序列不同，前趋和后继也就不同，所以有3种线索二叉树。要求掌握线索化的过程，及在线索二叉树中查找任一结点的前趋和后继。

二叉树的常见应用有二叉排序树和哈夫曼树。构造一个二叉排序树其实是一种排序的过程。在n个叶子结点构成的二叉树中，哈夫曼树是带权路径长度最短的二叉树。要求掌握哈夫曼树的建立方法。

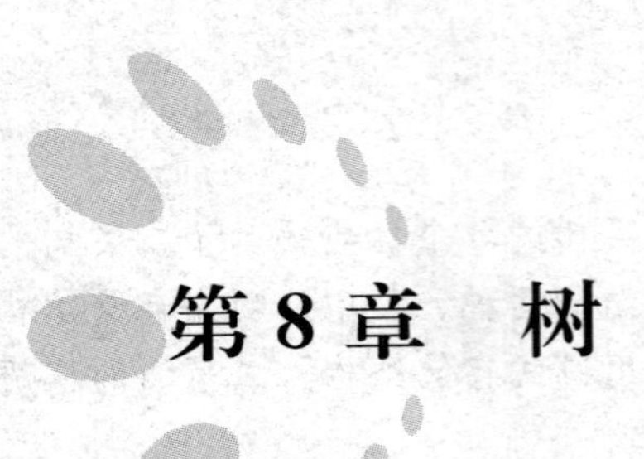

第8章　树

内容提要及教学目标

本章从一个高校教师讲课比赛实例入手，首先介绍了树的概念、相关术语、树的3种表示方法，以及树的基本操作和存储结构，接着又从高校教师讲课比赛实例入手，介绍了树的遍历和树转化成二叉树的方法，最后介绍了森林的概念和森林转化成二叉树的方法。通过本章的学习，读者应该掌握以下内容：

- 熟练掌握树的概念、相关术语和树的表示方法。
- 熟练掌握树的存储结构和树的基本操作。
- 掌握森林的概念。
- 熟练掌握森林、树和二叉树之间的转换，以及森林和树的遍历。

本章重点及难点

树和森林的概念、树的存储结构、树和森林的遍历，以及树、森林和二叉树之间的转换。

8.1　实例：高校教师讲课比赛（一）

【实例目的】

掌握树的基本概念和基本操作，熟悉树的基本术语和表示方法，熟练掌握树的存储结构，并能在实际应用中灵活应用。

【实例内容】

在高校教学管理过程中，为了提高教师的教学质量，促进教师之间相互学习，经常会举行教师讲课比赛。比赛一般分3个阶段：初赛、复赛和决赛。一般高校由N个二级学院组成，有的二级学院下设有若干个系部，有的没有设置。初赛在各二级学院内部举行，复赛时由学校统一组织人员从各二级学院分别选拔出1～2名参加决赛。现将参加决赛的教师及其所在的学院和系用树表示出来（即复赛结果树），这棵树最多有4层，第一层的结点是学校，第二层的结点是各个二级学院，第三层的结点是各个系部，第四层的结点是各个参加决赛的教师。每个结点都用大写字母表示出来。

【实例步骤】

双击桌面的 Turbo C 快捷方法，输入源代码。为了使读者更清楚地了解程序的执行过程，下面给出编辑、编译和运行的具体步骤。

(1) 编辑程序。

在 Turbo C 2.0 编译界面中按 Alt+F 键，选择 New，然后输入源程序，如图 8.1 所示。

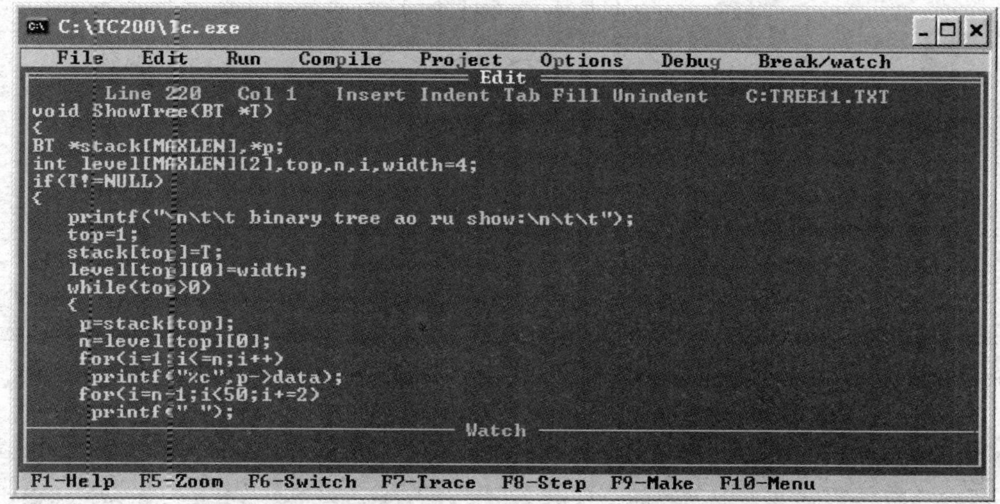

图 8.1 源代码界面

分析：程序中一共有 0～7 共 8 个选择功能：0…return，1…create tree，2…ao ru show，3…preorder，4…inorder，5…leaf num，6…node num，7…tree depth。功能 0 返回主界面，功能 1 创建树并转换成二叉树，创建的树是以二叉树法来存储的，功能 2～7 都是对功能 1 中转换来的二叉树的操作结果。其中功能 2 凹入法输出二叉树，功能 3 前序遍历二叉树，功能 4 中序遍历二叉树，功能 5 输出二叉树的叶子结点的个数，功能 6 输出二叉树结点的总数，功能 7 输出二叉树的深度。

(2) 编译和运行程序。

说明：在程序运行时假设进入决赛的二级学院一共有 3 个，所创建的复赛结果树如图 8.2 所示，树转换成的二叉树如图 8.3 所示，二叉树的叶子结点有 3 个，总结点数有 7 个，深度为 5。具体转换方法将在本章的 8.2 节详细介绍。

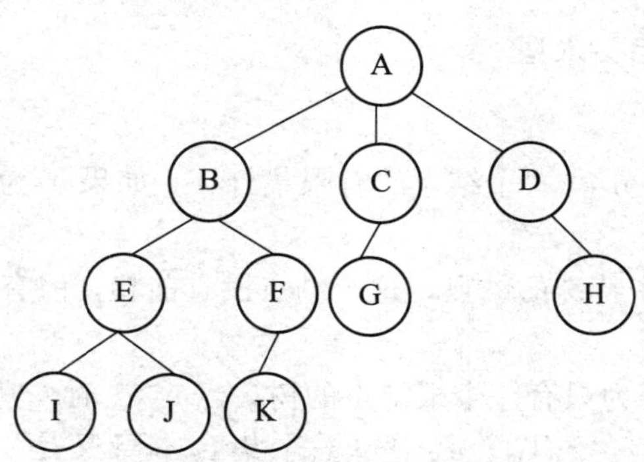

图 8.2 复赛结果的树图

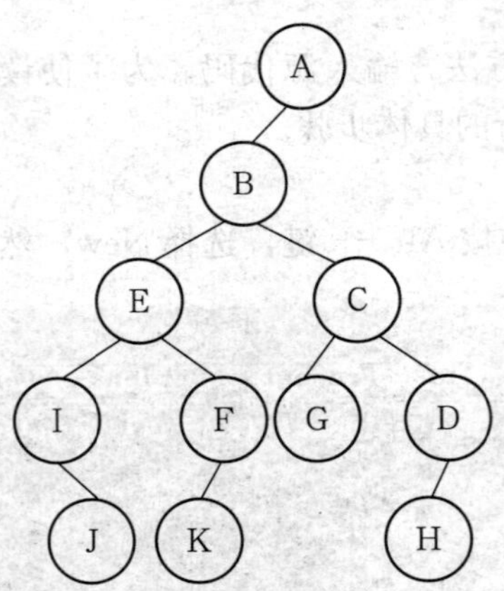

图 8.3 复赛结果的二叉树图

运行后，先选择功能 1 创建图 8.2 的复赛结果树，再选择功能 2 输出如图 8.4 所示的结果，选择功能 3 输出结果为 ABEIJFKCGDH，选择功能 4 输出结果为 IJEKFBGCHDA，选择功能 5 输出结果为 4，选择功能 6 输出结果为 11，选择功能 7 输出结果为 5。之后保存好程序。

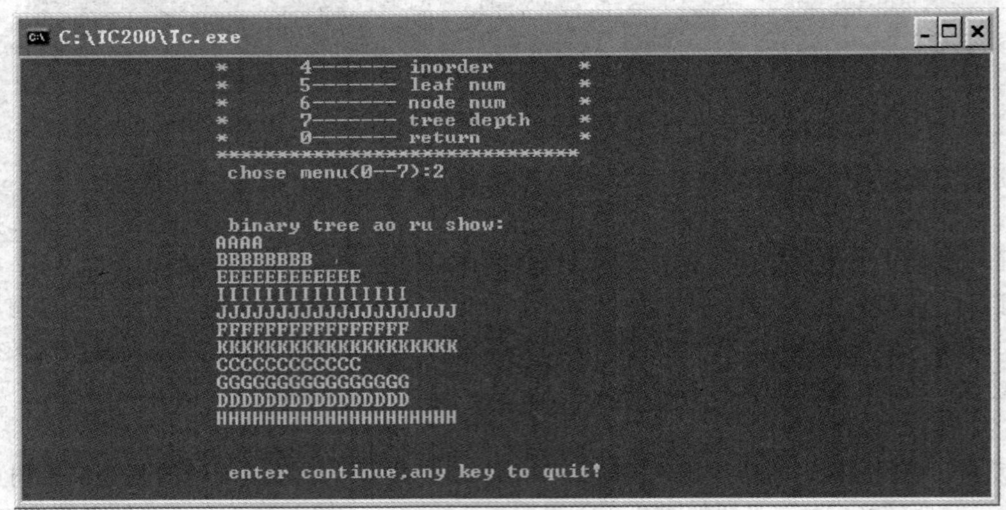

图 8.4 运行结果界面

8.1.1 树的定义及相关术语

1. 树的定义

树（Tree）是具有 n（n≥0）个结点的有限集合 T。如果 T 为空，则这棵树为空树，否则 T 满足如下两个条件：

（1）T 中有且仅有一个特殊的结点，这个结点没有前趋，但有零个或多个后继，此结点被称为根结点。

（2）当 n=1 时，树 T 为只有一个根结点的树；当 n>1 时，其余结点被分成 m（m>0）个互不相交的集合 T_1，T_2，…T_m，其中每一个集合本身又是一棵树，被称为根的子树（SubTree）。

例如，在图8.5中，(a) 是只有一个结点的树，(b) 是含有多个结点的树，也是我们在上面实例中创建的图8.2所示的树，(c) 是一棵非树。

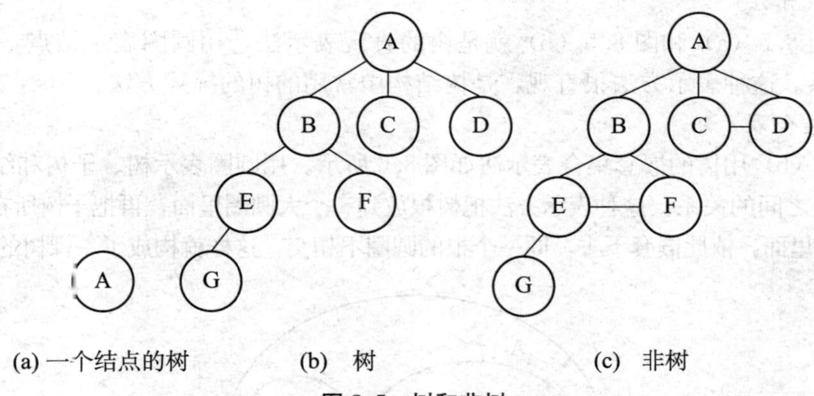

图8.5 树和非树

树的定义是一个递归定义，即在树的定义中又用到了树的概念。

2. 树的相关术语

结点的度：结点所拥有的子树的个数。例如，图8.5 (b) 中，A结点的度为3，B结点的度为2。

树的度：树内各结点的度的最大值。例如，图8.5 (b) 中的树的度数为3。

叶子结点：度为零的结点为叶子结点，也被称为终端结点或叶子。例如，图8.5 (b) 中，G为叶子结点。

分支结点：度不为零的结点为分支节点或非终端结点。除根结点以外，分支结点也被称为内部结点。每一个内部结点的度数就是这个结点所拥有的分支数。

孩子结点和双亲结点：结点的子树的根被称为该结点的孩子结点，该结点被称为双亲结点。例如，图8.5 (b) 中，A为子树B的根，则B为A的孩子，A为双亲。

兄弟结点：具有同一个双亲的孩子结点被称为兄弟结点。例如，图8.5 (b) 中B、C和D互为兄弟。

祖先结点：从根到该结点所经分支上的所有结点。例如，图8.5 (b) 中G的祖先有A、B、E。

子孙：以某一个结点为根的子树中的任一结点都被称为子孙。例如，图8.5 (b) 中B的子孙有E、F、G。

结点的层次：从根开始起定义，树根所在的层为第一层，根的孩子所在的层为第二层，依此类推。例如，图8.5 (b)，A在第一层，B、C、D在第二层。

树的深度：树中所有结点的最大层次为树的深度，也被称为树的高度。例如，图8.5 (a) 树的深度为1，例如，图8.5 (b) 树的深度为4。

有序树和无序树：如果树中各结点的子树是按照从左到右的次序排列的（即不能互换），则这棵树被称为有序树，否则被称为无序树。若不特别指明，一般讨论的树都是有序树。

森林：m(m≥0) 棵互不相交的树的集合称为森林。如果去掉树根，则一棵树就变成了森林，反过来，给森林添加一个根，森林就变成了一棵树。

8.1.2 树的表示

1. 直观表示法

例如，图 8.5（a）和图 8.5（b）就是树的直观表示法，用圆圈表示结点，连线表示结点之间的关系。这种表示方法很直观，是树结构中常用的树的描述方法。

2. 嵌套集合表示法

将图 8.5（b）用树的嵌套集合表示法如图 8.6 所示。用圆圈表示树、子树和结点，用包含关系表示结点之间的关系。这种表示方法把树根放到一个大圆圈里面，再把子树所在的小圆圈放在根的大圆圈里面，依此嵌套下去，同一个根的圆圈不相交，这样就构成了一棵树的嵌套集合。

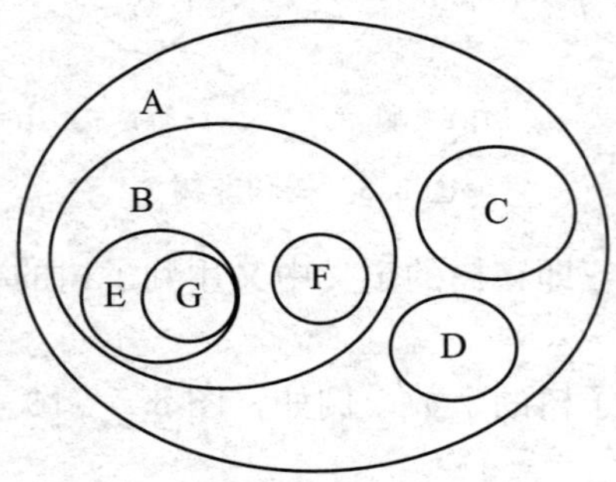

图 8.6 树的嵌套集合表示法

3. 凹入表示法

将图 8.5（b）用树的凹入表示法如图 8.7 所示。这种表示法的结点逐层缩进，即孩子结点缩到双亲结点的后面，一般用于树的输出。

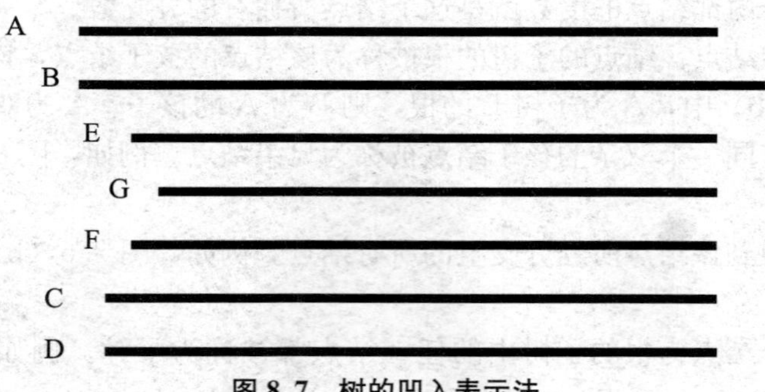

图 8.7 树的凹入表示法

8.1.3 树的基本操作

树的基本操作步骤有：

(1) 构造树（CreateTree）：构造一棵树。

(2) 销毁树（DestroyTree）：销毁树。

(3) 初始化空树（InitTree）：初始化，构造一棵空树。

(4) 求树深（TreeDepth）：返回树的深度。

(5) 求树根（Root）：返回树根。

(6) 求结点返回值（Value）：返回指定结点的值。

(7) 赋值（Assign）：将值赋给指定的结点。
(8) 求双亲（Parent）：返回指定结点的双亲。
(9) 求左孩子（LeftChild）：获取左孩子结点。
(10) 求右孩子（RightChild）：获取右孩子结点。
(11) 插入子树（InsertChild）：在指定的结点下插入子树。
(12) 删除子树（DeleteChild）：删除指定结点的子树。
(13) 遍历树（TraverseTree）：访问树的每个结点，且只访问一次。

8.1.4 树的存储结构

1. 双亲表示法

根据双亲的定义可知，树中除了根结点以外，所有结点都只有一个双亲。利用这一特性，我们可以用一个连续的存储空间来存储树中的每一个结点。其中，每个结点包括两个域：数据域和指针域。数据域用来存放结点的值，指针域用来存放指向双亲的指针。树的双亲表示法存储结构如下：

```
#define MAX_SIZE 100          /* 树中结点的最大个数 */
Typedef Struct
{
  DataType data;              /* 数据域 */
  int parent;                 /* 指针域 */
}Node;
Node t[100];
```

图 8.5（b）的双亲表示法如图 8.8 所示。

结点序号	data	parent
0	A	−1
1	B	0
2	C	0
3	D	0
4	E	1
5	F	1
6	G	4

图 8.8 树的双亲表示法

树的双亲表示法的特点是找双亲容易，但找孩子结点比较难。

2. 孩子表示法

孩子表示法是将一棵树中所有结点的孩子结点排列起来，看成一个线性表，并且选取单链表作为其存储结构，那么有 n 个结点的一棵树就有 n 个孩子链表。再将 n 个孩子链表的头指针组成一个线性表，为了查找方便，可采用顺序存储结构。孩子表示法存储结构如下：

```
Typedef Struct {              /* 孩子结点 */
    int child;
    struct CNode *next;       /* 指向下一个孩子结点 */
```

```
} CNode
Typedef Struct {                    /* 表头结点 */
    DataType data;
    CNode *firstchild;
}BT;
BT t[100];
```

图 8.5（b）的孩子表示法如图 8.9 所示。

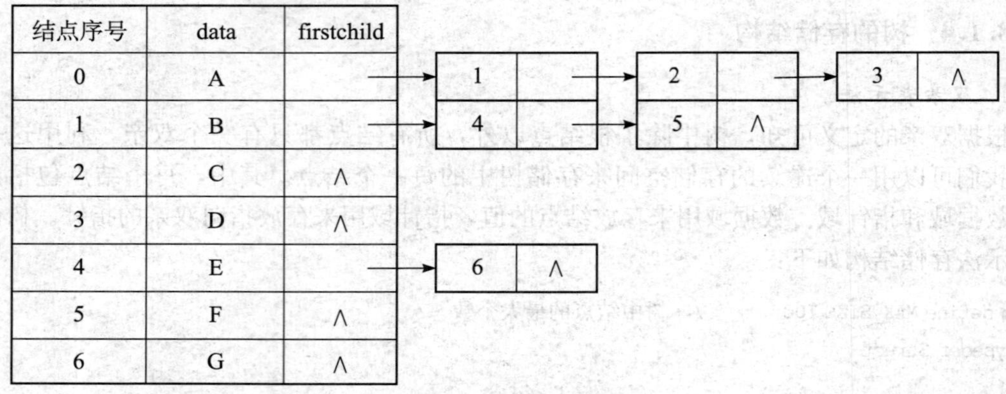

结点序号	data	firstchild
0	A	
1	B	
2	C	∧
3	D	∧
4	E	
5	F	∧
6	G	∧

图 8.9　树的孩子表示法

孩子表示法与双亲表示法的特点相反，查找孩子简单，但查找双亲难。

3. 孩子兄弟表示法

孩子兄弟表示法又称二叉树表示法或二叉链表表示法。链表中的每个结点有 3 个域：一个数据域和两个指针域。其中左边的指针域指向该结点的第一个孩子，右边的指针域指向该结点的下一个兄弟。孩子兄弟表示法存储结构如下：

```
Typedef Struct CSNode{
    DataType data;
    struct CSNode *firstchild;       /* 指向第一个孩子结点 */
    struct CSNode *nextbrother;      /* 指向下一个兄弟结点 */
} CSNode;
```

图 8.5（b）的孩子兄弟表示法如图 8.10 所示。

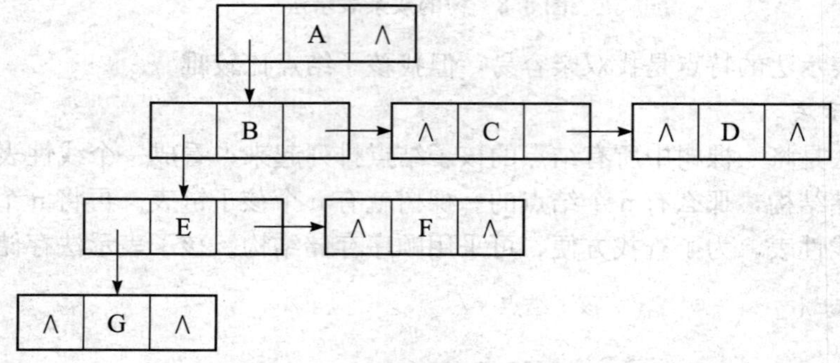

图 8.10　树的孩子兄弟表示法

孩子兄弟表示法对查找结点的孩子和兄弟结点比较方便，但对于双亲结点的查找仍然不便。

8.2　实例：高校教师讲课比赛（二）

【实例目的】

掌握树和森林的各种遍历方法以及树、森林和二叉树之间的转换，巩固树的存储结构，并在实际应用中能灵活应用。

【实例内容】

实验内容见 8.1 节实例的实验内容。现将各个学院的初赛结果用树表示出来。由于初赛是在各个二级学院内部举行的，所以每个二级学院是一棵树，那么所有学院的树组合在一起就是一片森林。每棵树最多有 3 层，第一层的结点是各个二级学院，第二层上的结点是各个系，第三层的结点是各个参加决赛的教师。每个结点都用大写字母表示出来。

本实例主要实现森林的建立和遍历，森林转换成二叉树。树的建立和遍历，树转换成二叉树已经在 8.1 节的实例中实现。

【实例步骤】

双击桌面的 Turbo C 快捷方法，输入源代码。

为了使读者更清楚地了解程序的执行过程，下面给出编辑、编译和运行的具体步骤。

（1）编辑程序。

在 Turbo C 2.0 编译界面中按 Alt＋F 键，选择 New，然后输入源程序，如图 8.11 所示。

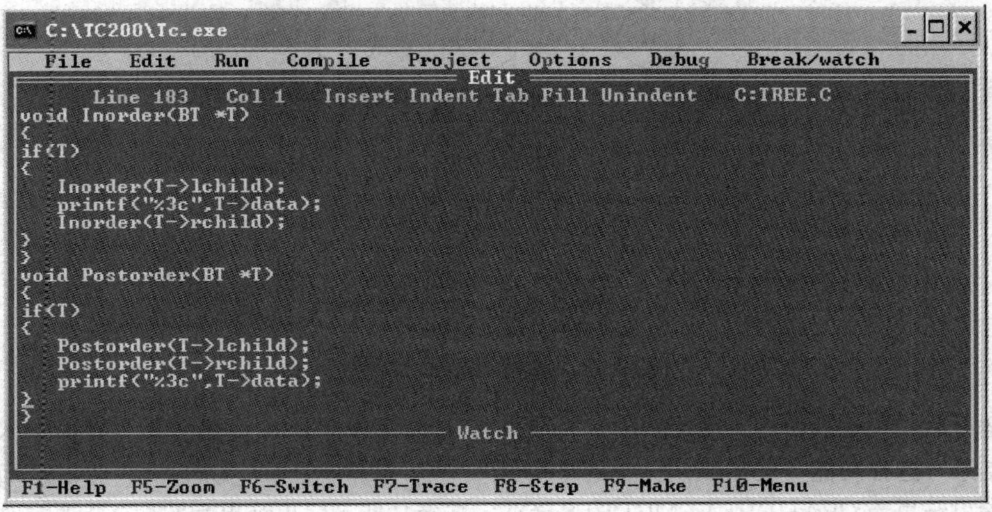

```
C:\TC200\Tc.exe
  File   Edit   Run   Compile   Project   Options   Debug   Break/watch
                                  Edit
      Line 183    Col 1   Insert Indent Tab Fill Unindent    C:TREE.C
void Inorder(BT *T)
{
if(T)
{
   Inorder(T->lchild);
   printf("%3c",T->data);
   Inorder(T->rchild);
}
}
void Postorder(BT *T)
{
if(T)
{
   Postorder(T->lchild);
   Postorder(T->rchild);
   printf("%3c",T->data);
}
}
                                  Watch
F1-Help  F5-Zoom  F6-Switch  F7-Trace  F8-Step  F9-Make  F10-Menu
```

图 8.11　源代码界面

分析：程序中一共有 0～7 共八个选择功能：0…return，1…create forest，2…ao ru show，3…preorder，4…inorder，5…leaf num，6…node num，7…tree depth，如图 8.14 所

示。功能 0 返回主界面，功能 1 创建森林并转换成二叉树，功能 2～7 都是对菜单 1 中转换来的二叉树的操作结果。其中，功能 2 凹入法输出二叉树，功能 3 前序遍历二叉树，功能 4 中序遍历二叉树，功能 5 输出二叉树的叶子结点的个数，功能 6 输出二叉树结点的总数，功能 7 输出二叉树的深度。

（2）编译和运行程序。

说明：在程序运行时设输入的初赛结果的森林如图 8.12 所示，森林转换成的二叉树如图 8.13 所示，二叉树的叶子结点有 3 个，总结点数有 7 个，深度为 5。

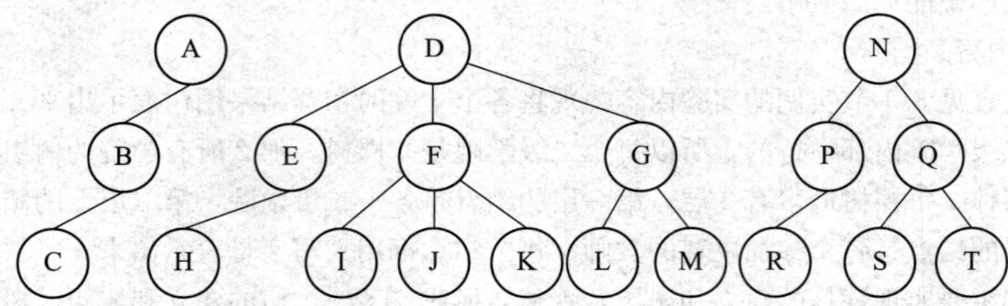

图 8.12　初赛结果的森林图

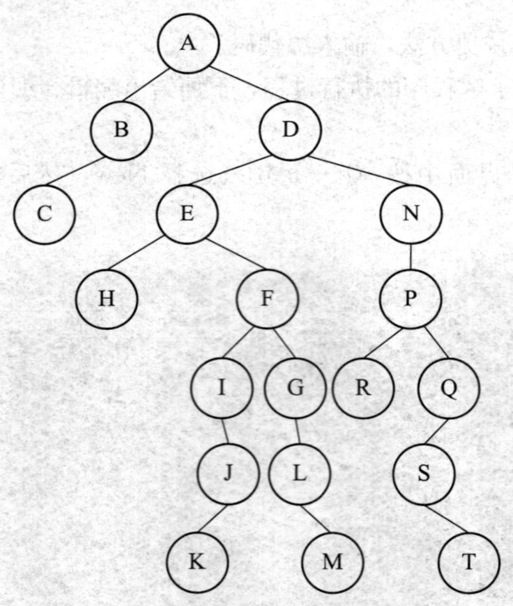

图 8.13　初赛结果的二叉树图

运行后，先选择功能 1 创建如图 8.12 所示的初赛结果树，再选择功能 2 输出凹入表示法的结果，选择功能 3 输出结果为 ABCDEHFIJKGLMNPRQST，如图 8.14 所示，选择功能 4 输出结果为 CBAHEIJKFLMGDRPSTQN，选择功能 5 输出结果为 6，选择功能 6 输出结果为 19，选择功能 7 输出结果为 7。

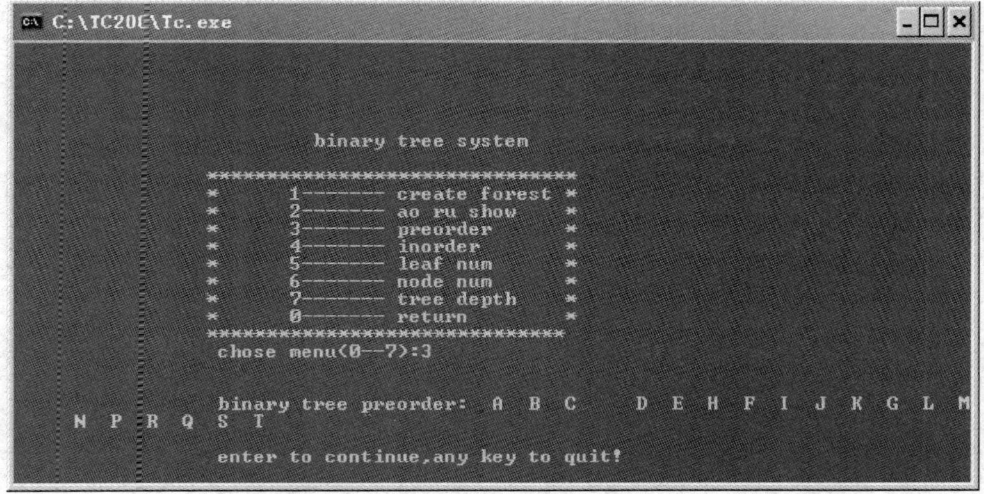

图 8.14 运行结果界面

8.2.1 树转换为二叉树

由 8.1 节中树的孩子兄弟表示法可知，树和二叉树之间存在着相同的存储结构，它们之间是可以相互转换的。由于树的子树之间是没有顺序的，但二叉树的子树之间是有严格的左右次序之分的，所以为了避免混淆，在树转换成二叉树之前，必须先约定转换的次序是从树的左边开始到右边结束。具体的转换方法如下所述

1. 加线

对于树中每一个结点，如果某个结点有兄弟，就在它与各个兄弟结点之间加上一条虚线。

2. 删线

保留树中每一个结点与其第一个孩子结点之间的连线，删除该结点与其他孩子结点之间的连线。

3. 旋转

将虚线改为实线，以根结点为轴心，将整棵树顺时针旋转 45°，使得每个结点的第一孩子变成它的左子树，兄弟结点变成它的右子树。

8.1 节实例的图 8.2 中的树转换成图 8.3 中的二叉树就是用上述方法转换来的，下面再举一个例子来具体讲述转换的过程。

[**例 8.1**] 将如图 8.5 (b) 所示的树转换成二叉树。

【解析】转换过程如图 8.15 所示。

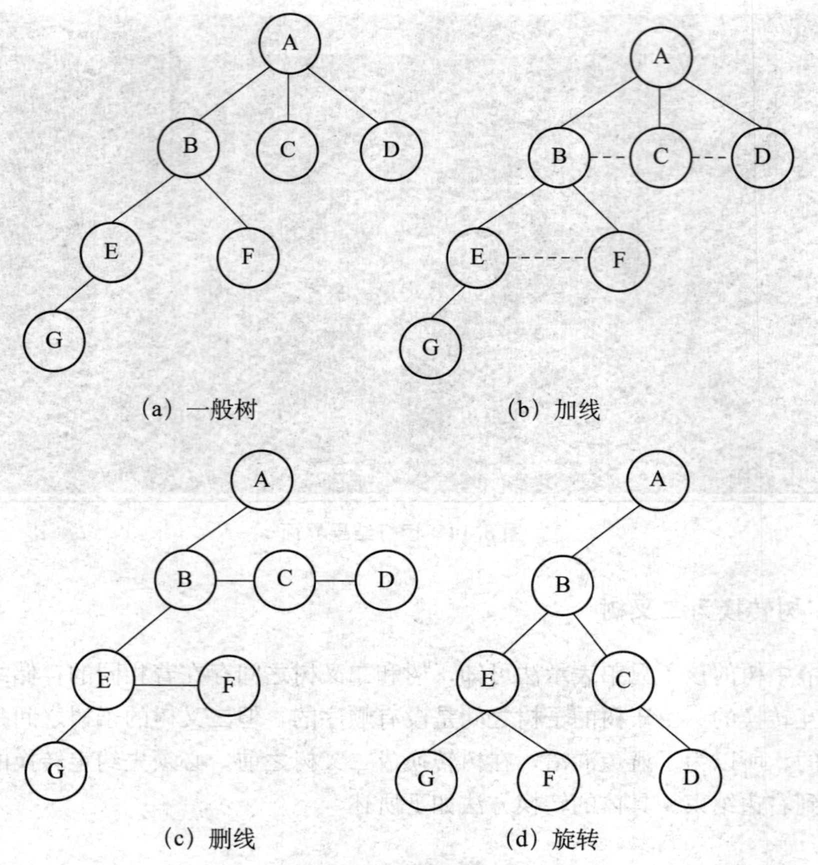

图 8.15 树转换成二叉树

8.2.2 树的遍历

常用的树的遍历方法有两种：先序遍历和后序遍历。

1. 先序遍历

树的先序遍历就是先访问树根结点，再从左到右访问树的每一棵子树。

2. 后序遍历

树的后序遍历就是先从左到右访问树的每一棵子树，最后访问树的根结点。

［**例 8.2**］ 给出图 8.5（b）中描述的树的先序遍历结果和后序遍历结果。

【**解析**】先序遍历结果为：ABEGFCD

后序遍历结果为：GEFBCDA

图 8.15（d）是由 8.5（b）的树转换来的二叉树，对这棵二叉树按照二叉树的先序遍历算法进行遍历，结果是：ABEGFCD，中序遍历算法进行遍历，结果是：GEFBCDA。这两个结果分别与树的先序遍历和后序遍历的结果相同。树的先序遍历和后序遍历与其对应的二叉树的先序遍历和中序遍历相同。这一点在 8.1 节的实例中也体现出来了。

8.2.3　森林

1. 森林转化为二叉树

森林是由若干棵树组成的集合，如果将每棵树的根结点看成兄弟结点，则就可以找出森林与二叉树的关系。森林转换成二叉树的方法如下：

(1) 将森林中的每一棵树转换成二叉树。

(2) 保留第一棵二叉树，作为最后生成的二叉树的根结点和左子树。

(3) 将转换来的第二棵二叉树作为第一棵二叉树的右子树。

(4) 将转换来的第三棵二叉树作为第二棵二叉树的右子树。

(5) 依此类推，第 n 棵转换来的二叉树作为第 n−1 棵二叉树的右子树。

[**例 8.3**]　将如图 8.16 所示的森林转换成二叉树。

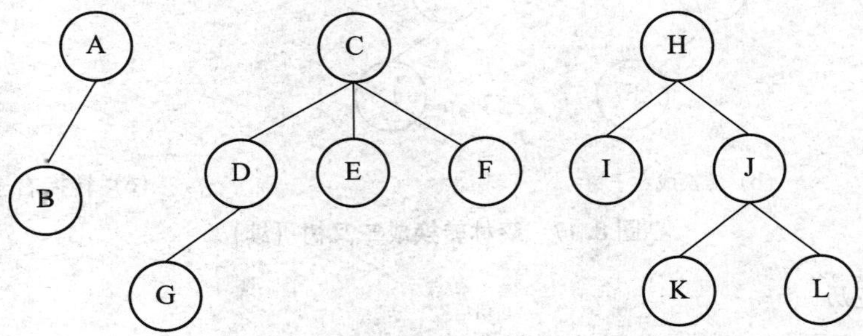

图 8.16　森林

【解析】转换过程如图 8.17 所示。

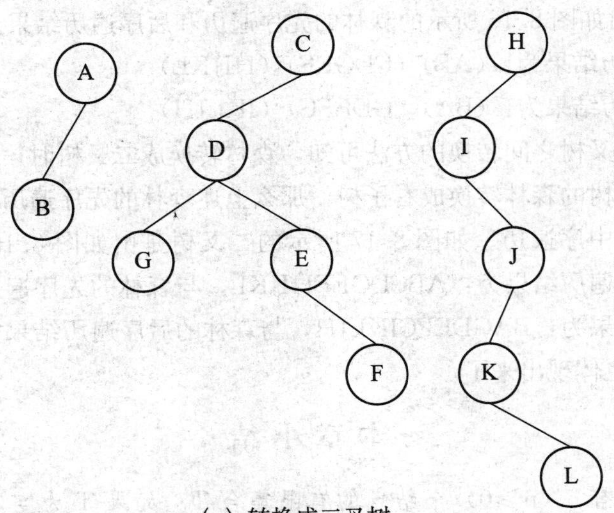

(a) 转换成二叉树

图 8.17　森林转换成二叉树

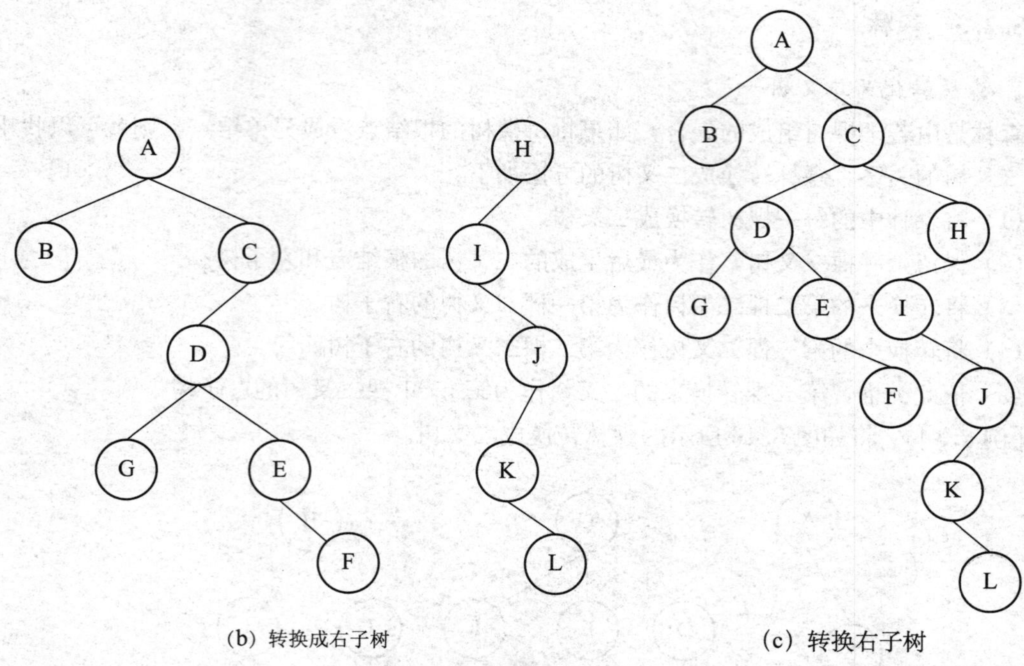

(b) 转换成右子树　　(c) 转换右子树

图 8.17　森林转换成二叉树（续）

2. 森林的遍历

由森林的概念可知，森林常用的遍历方法也有两种：先序遍历和后序遍历。

(1) 先序遍历。森林的先序遍历就是用树的先序遍历法依次遍历每一棵树。

(2) 后序遍历。森林的后序遍历就是用树的后序遍历法依次遍历每一棵树。

[例 8.4]　写出如图 8.16 所示的森林的先序遍历和后序遍历结果。

【解析】 先序遍历结果为：(AB)(CDGEF)(HIJKL)

后序遍历结果为：(BA)(GDEFC)(IKLJH)

由上述森林和二叉树之间转换的方法可知，森林转换成二叉树时，第一棵树的子树森林转换成左子树，其余树的森林转换成右子树，那么上述森林的先序遍历和后序遍历即为其对应的二叉树的先序和中序遍历。如图 8.17 所示的二叉树是由如图 8.16 所示的森林转换来的，该二叉树的先序遍历结果为：ABCDGEFHIJKL，与森林的先序遍历结果完全相同，该二叉树的中序遍历结果为：BAGDEFCIKLJH，与森林的后序遍历结果完全相同。这一点在实例中的图 8.12 中也体现出来了。

·本章小结·

树 (Tree) 是具有 n (n≥0) 个结点的有限集合 T。如果 T 为空，则为空树，否则 T 中有且仅有一个结点没有前趋，有零个或多个后继，这个结点为根结点。其余结点分成 m (m>0) 个互不相交的集合，每个集合本身又是一棵树。

结点的度就是结点拥有的子树的个数，树内各结点的度的最大值称为树的度，叶子结点没有后继，除了叶子结点和根结点以外的结点为分支结点。结点的子树的根被称为该结点的孩子结点，此结点又称为双亲结点，具有同一个双亲的结点被称为兄弟结点。树是有层次的，树中结点的最大层次称为树的深度。

若干棵树的集合被称为森林。

树有3种表示法：直观表示法、嵌套集合表示法和凹入表示法。

树的基本操作有多种，如构造树（CreateTree）、求树根（Root、求双亲（Parent）和遍历树（TraverseTree）等。

树的存储方式有3种：双亲表示法、孩子表示法和孩子兄弟表示法。

树可以转换成二叉树，森林也可以转换成二叉树。

树的遍历方法有先序遍历和后序遍历两种，森林的遍历方法也有先序遍历和后序遍历两种。

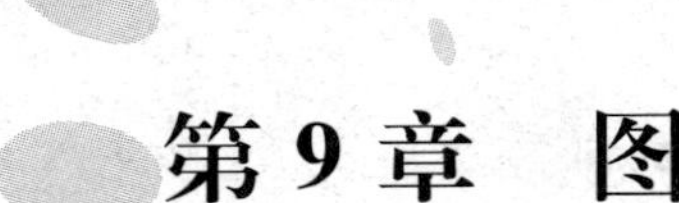

第9章　图

内容提要及教学目标

图是一种多对多的非线性结构，能够描述比线性表和树更为复杂的数据关系，在现实生活的多个领域中有着广泛应用。本章主要介绍图的基本概念、图的存储结构和图的常用算法。通过本章的学习，读者应该掌握以下内容：

- 了解图的定义和术语。
- 掌握图的各种存储结构。
- 掌握图的深度优先搜索和广度优先搜索遍历算法。
- 理解最小生成树、最短路径、拓扑排序等图的常用算法。

本章重点及难点

重点掌握图的定义和特点，以及图的存储结构和遍历方法。求解生成树、最短路径、拓扑排序问题的解决有一定的难度，需要对相关算法深入分析。

9.1　实例：城际铁路

【实例目的】

图常用来表示较为复杂的关系，运用图及其相关算法可以更为简单地说明复杂的现实问题和解决问题。

【实例内容】

假设要在6个城市之间建立城际铁路，若每两个城市之间建立一条城际铁路需要一定的成本。在节省整体建设经费的前提下，建立6个城市之间的城际铁路交通网，使得6个城市能互通，6个城市之间关系及城际铁路成本如图9.1所示。

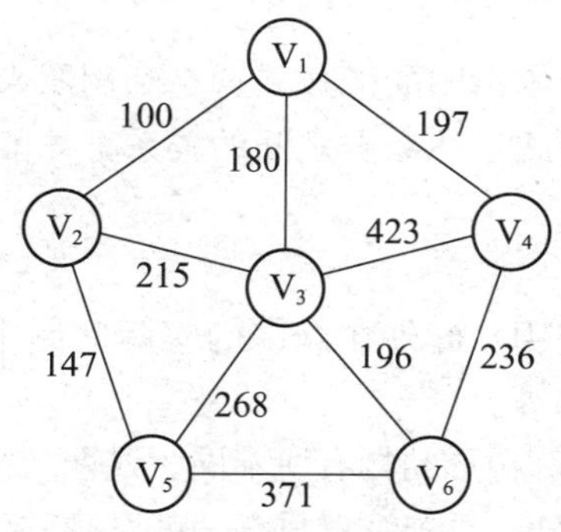

图 9.1　城际铁路

【实例步骤】

对于图来说，这类问题是典型的最小生成树的求解。在考虑到整体成本的情况下，求出成本最小，而又能将 6 个城市连通的解。

(1) 设计函数 ctnet 求城际铁路网络的最小生成树，得到整体造价最小的线路，即路径最小的连通图，函数代码界面如图 9.2 所示。

```
C:\Windows\system32\cmd.exe
  File   Edit   Run   Compile   Project   Options   Debug   Break/watch
                                 Edit
      Line 1     Col 1   Insert Indent Tab Fill Unindent   D:CTNET.C
#include   <stdio.h>
#include   <stdlib.h>
#define   maxvex   30
#define   maxcost   1000
void  ctnet(int  c[maxvex][maxvex],  int   n)
{
  int   i,j,k,min,lowcost[maxvex],closest [maxvex];
  for   (i=2;i<=n;i++)
  {
    lowcost[i]=c[1][i];
    closest[i]=1;
  }
  closest[1]=0;
  for   (i=2;i<=n;i++)
  {
    min=maxcost;
    j=1;
    k=i;
                               Message
F1-Help  F5-Zoom  F6-Switch  F7-Trace  F8-Step  F9-Make  F10-Menu
```

图 9.2　求最小生成树函数代码界面

(2) 在主程序中使用数组存储图中数据，调用求最小生成树函数后求得结果，如图 9.3 所示。

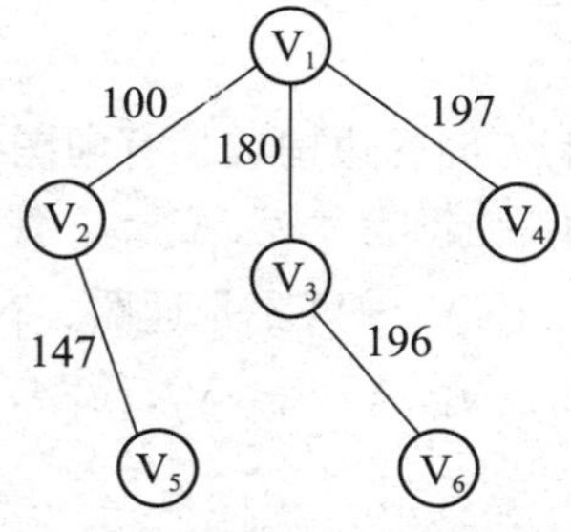

图 9.3　城际铁路最小生成树

【实例相关知识点】

在有些实际问题中没有直接给出图的形式，这是利用图来解决问题的首要步骤。需要对图有基本的认识，正确用图的形式描述数据之间的关系，才能恰当地解决问题。

9.1.1 图的定义和术语

城际铁路是图的一种典型应用，此外在众多的实际问题中，图结构都有着广泛的应用，如最优路径选择，信息系统查询等。

与以前章节介绍的线性结构和树形结构有所不同。线性结构中，结点之间的关系是一对一的关系，除开始结点和终端结点外，每个结点只有一个直接前趋和直接后继。树形结构中，结点之间的关系实质是一对多关系，除根结点外，每个结点有且只有一个父亲结点（直接前趋），孩子结点（直接后继）可以有零个或多个。而图结构中，任意一个结点（图中常称为顶点）可以有多个前趋结点和多个后继结点，个数没有限制，且任意两个结点之间都可以有关系。

1. 图的定义

图 G 是由顶点集合和连接这些顶点的边组成的。即

$$G=(V, E)$$

V(Vertex)表示图中数据元素又称为顶点的集合，是有穷非空集合。集合 V 中第 i 个顶点将记作 V_i。

E(Edge)表示连接顶点之间的边的有限集合。若图中 V_i 和 V_j 两个顶点有连接，则该边应在集合 E 中记为(VV_i, V_j) 或$<V_i, V_j>$。

图可分为有向图和无向图，如图 9.4 所示。

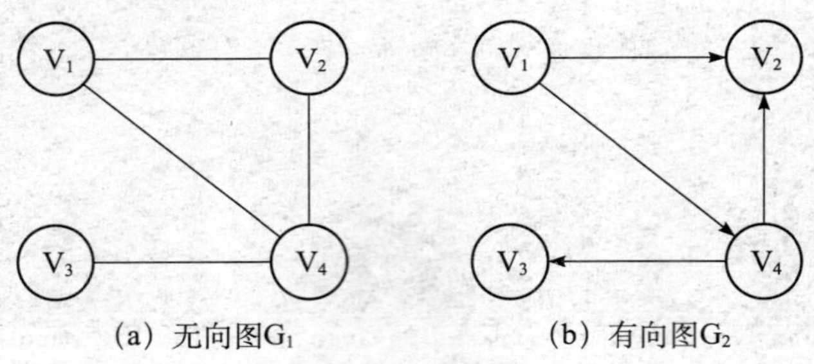

(a) 无向图G_1　　(b) 有向图G_2

图 9.4　无向图 G_1 和有向图 G_2

无向图：由顶点和连接顶点的没有方向的边构成。无向图中的边用无序偶对表示；如无向图 G_1 中顶点 V_1 与 V_4 之间的边表示为(V_1, V_4)或(V_4, V_1)都可以。图 G_1 中顶点集合 $G=\{V_1, V_2, V_3, V_4\}$；共有 4 条边，边的集合 $E=\{(V_1, V_2), (V_1, V_4), (V_2, V_4), (V_3, V_4)\}$。

有向图：由顶点和连接顶点的有方向的边构成。有向图中的边称为弧，用有序偶对表示；如有向图 G_2 中，顶点 $V_1 \sim V_4$ 之间的弧表示为$<V_1, V_4>$，其中起始端点 V_1 称为弧尾，终止端点 v_4 称为弧头，意味着 $V_1 \sim V_4$ 是单向，而 $V_4 \sim V_1$ 不是通路。有向图 G_2 中顶点集合 $G=\{V_1, V_2, V_3, V_4\}$；共有 4 条弧，弧的集合 $E=\{<V_1, V_2>, <V_1, V_4>, <V_4, V_2>, <V_4, V_3>\}$。

2. 常用术语

邻接点：图中存在连接的两个点互为邻接点。如无向图 G_1 中，V_4 与 V_1、V_2、V_3 之间

存在边，则 V_4 与 V_1、V_2、V_3 互为邻接点；有向图 G_2 中 V_1 与 V_2、V_4 之间存在起点为 V_1 的弧，V_1 的邻接点为 V_2、V_4。

完全图：图中任意顶点之间均有联系。则 n 个顶点的无向完全图含有 $\frac{1}{2}n(n-1)$ 条边，如图 9.5(a)所示。n 个顶点的有向完全图含有 $n(n-1)$ 条边，如图 9.5(b)所示。

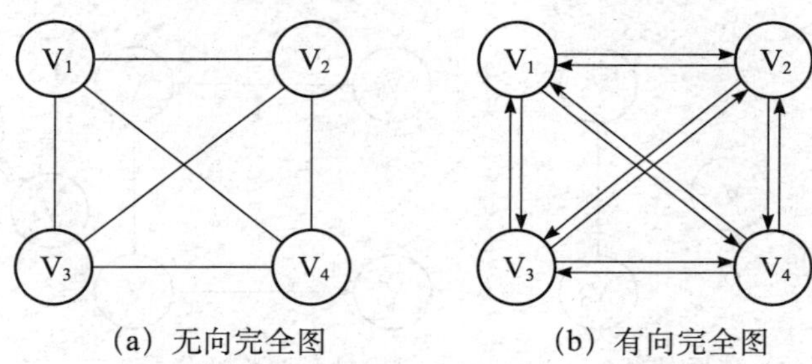

(a) 无向完全图　　(b) 有向完全图

图 9.5　完全图

若一个图接近完全图则称为稠密图；但若一个图含有的边（弧）数很少则称为稀疏图。

权：是指图的边或弧附带数值。权可表示为一个顶点到另一顶点的距离、代价或时间等。如图 9.1 所示称为带权图或网。

度：与该顶点 v 相连接的边（弧）数称为顶点 v 的度（Degree），记为 D(V)。图 9.5(a)无向图中顶点 V_1 的度 $D(V_1)=3$。有向图中顶点度为入度和出度之和。顶点 v 的入度（Indegree）是指以顶点 V 为终止端点的弧的数目，记为 ID(V)；顶点 v 的出度（Outdegree）则是指以顶点 v 为起始端点的弧的数目，记为 OD(V)。图 9.5(b)有向图中顶点 v_1 的入度 ID 为 3，出度 OD 为 3，则顶点 V_1 的度 $D(V_1)=ID(V_1)+OD(V_1)=6$。

由此可推论出：无向图和有向图中所有顶点的度之和是图中所有边（弧）数的两倍。

路径：在图中，从顶点 V_i 出发，经过一系列的边（弧）能够到达顶点 V_j，则称顶点 V_i 到顶点 V_j 的顶点序列为从顶点 V_i 到顶点 V_j 的路径，路径中所有的边（弧）都应在该图的边（弧）集合 E 中。路径上边或弧的数目就称为路径的长度。如图 9.5（a）中 G_1 的顶点 V_1 到 V_3 有两条路径，分别是"V_1、V_2、V_3、V_4"和"V_1、V_4、V_3"，路径长度分别为 3 和 2。

简单路径：若路径中顶点没有重复出现，则称这条路径为简单路径。如图 9.5(a)中 G_1 的顶点 V_1 到 V_3 的路径"V_1、V_3"、"V_1、V_2、V_3"和"V_1、V_4、V_3"都是简单路径。

回路：若第一个顶点和最后一个顶点相同，则这条路径是一条回路，或称环。如图 9.5(a)中 G_1 的路径"V_1、V_4、V_2、V_1"就是回路。

子图：对于图 $G=(V,E)$ 和图 $G'=(V',E')$，若 $V'\subseteq V$ 且 $E'\subseteq E$，则称 G' 称为 G 的子图。如图 9.6 所示的图为图 9.5(a)的子图。

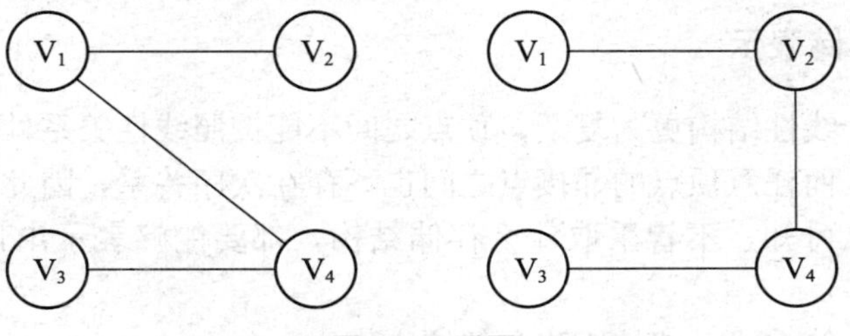

图 9.6　子图

连通图：在无向图中，如果从顶点 V_i 到顶点 V_j 有路径，则称 V_i 和 V_j 连通。如果图中任意两个顶点之间都连通，则称该图为连通图。否则，在非连通图中，将其的极大连通子图称为连通分量，如图 9.7(a)所示。

在有向图中，如果对于每一对顶点 V_i 和 V_j，从 V_i 到 V_j 和从 V_j 到 V_i 都有路径，则称该图为强连通图；否则，将其中的极大连通子图称为强连通分量，如图 9.7(b)所示。

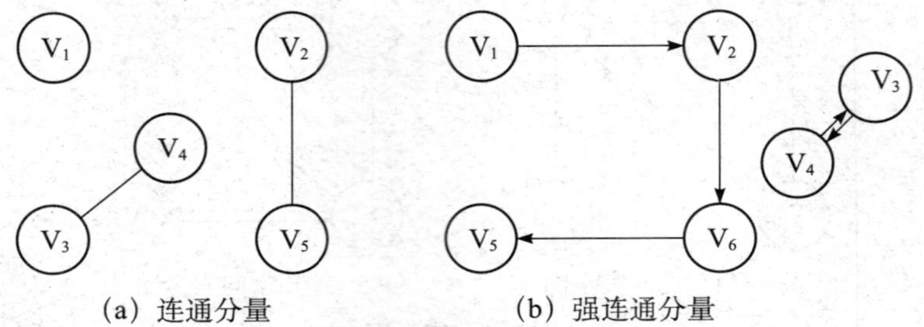

图 9.7　连通分量和强连通分量

3. 图的基本操作

图的基本操作如下：

(1) 创建一个图结构 CreateGraph(G)：按定义由顶点和弧构成图结构 G。

(2) 检索给定顶点 LocateVex(G, X)：返回指定顶点 X 在图 G 中的位置。

(3) 获取图中某个顶点 GetVex(G, V)：返回图 G 中顶点 V 的值。

(4) 为图中顶点赋值 PutVex(G, V, X)：对图 G 中顶点 V 进行赋值操作。

(5) 返回第一个邻接点 FirstAdjVex(G, V)：返回图 G 中顶点 V 的第一个邻接点。

(6) 返回下一个邻接点 NextAdjVex(G, V, W)：返回图 G 中顶点 V 的下一个邻接点。

(7) 插入一个顶点 InsertVex(G, v)：图 G 中增添新顶点 V。

(8) 删除一个顶点 DeleteVex(G, v)：删除图 G 中顶点 V 及其相关的弧。

(9) 插入一条边 InsertEdge(G, v, w)：在图 G 中为顶点 V 增添新边 W。

(10) 删除一条边 DeleteEdge(G, v, w)：在图 G 中为顶点 V 删除边 W。

(11) 深度优先遍历图 DFSTraverse(G, visit())：对图进行深度优先遍历。在遍历过程中调用 visit 一次，一旦 visit 失败，则操作失败。

(12) 广度优先遍历图 BFSTraverse(G, visit())：对图进行广度优先遍历。在遍历过程中调用 visit 一次，一旦 visit 失败，则操作失败。

图的基本操作不再详细介绍了。对于以上的多个操作中，要注意有向图和无向图的区别。如插入一条边操作，无向图中插入一条边，需要对称的两条边(V,W)和(W, V)；而有向图则只需要按题意插入单向< V, W >弧。删除操作也是类似。

9.1.2　图的存储表示

图的结构相对于线性结构更为复杂，顶点之间不能按照线性关系处理，任何一个顶点可被看做第一个顶点，而任意顶点的邻接点之间也不存在次序关系，因此图的存储方式可以多种多样。从图的定义可知，不管采取什么存储结构，都要能够表示出顶点和顶点之间的边(弧)的相关信息。

图的两种基本存储方式：邻接矩阵和邻接表。

1. 图的顺序存储一邻接矩阵

邻接矩阵式表示顶点之间相邻关系的矩阵。图 G=(V, E)具有 n 个顶点，其中 V={ V_1，V_2，… V_{n-1}，V_n}。G 的邻接矩阵是一个具有下述性质的 n 阶方阵 A：

$$A[i][j]=\begin{cases}1 & (V_i,V_j)\text{或}<V_i,V_j>\in E\\ 0 & \text{其他情况}\end{cases}$$

图 9.4 中无向图 G_1 和有向图 G_2 的邻接矩阵为 A_1 和 A_2：

$$A_1=\begin{bmatrix}0&1&0&1\\1&0&0&1\\0&0&0&1\\1&1&1&0\end{bmatrix}\qquad A_2=\begin{bmatrix}0&1&0&1\\0&0&0&0\\0&0&0&0\\0&1&1&0\end{bmatrix}$$

邻接矩阵中可以通过其值判断出两个顶点之间是否有边（弧）相连。由于无向图的边是没有方向的，因而无向图的邻接矩阵是对称矩阵，如矩阵中的 A_1。而有向图中弧是有方向的，所以有向图的邻接矩阵并不一定对称，但从有向图的邻接矩阵第 i 行元素之和，可以得出 v_i 的出度；第 i 列元素之和，可以得出 v_i 的入度。

用邻接矩阵表示法来表示一个具有 n 个顶点的图时，除了用邻接矩阵 n×n 个元素存储顶点间相邻关系外，还需要一个数组存储 n 个顶点的信息。类型定义如下：

```
#define maxnode 100                          /* 最大顶点个数 */
typedef struct
{
  int arcs[maxnode] [maxnode];               /* 邻接矩阵 */
  datatype data[maxnode];                    /* 顶点信息 */
  int vex;                                   /* 顶点数 */
}MGraph, * adjnatrix;
```

根据邻接矩阵定义，可以给出网的邻接矩阵。如果网 G=(V, E)具有 n 个顶点，其中 V={ V_1，V_2，… V_{n-1}，V_n}。G 的邻接矩阵是一个具有下述性质的 n 阶方阵 A：

$$A[i][j]=\begin{cases}W_{ij} & (V_i,V_j)\text{或}<V_i,V_j>\in E\\ 0\text{或}\infty & \text{其他情况}\end{cases}$$

其中 w_{ij} 表示边上的权值，∞表示一个计算机允许的、大于所有边上的权值的数，0 表示没有连接。

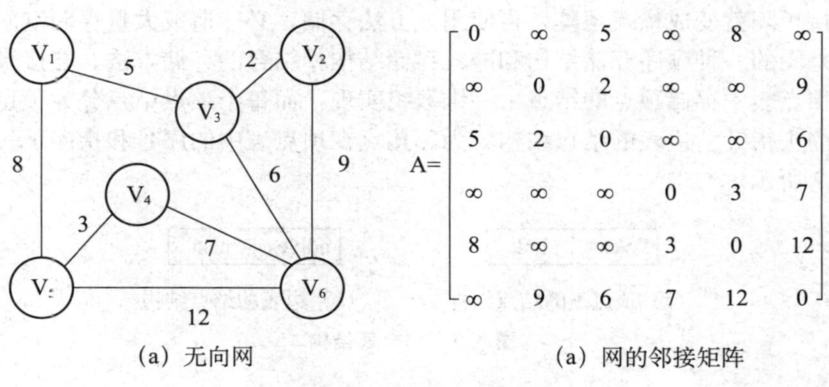

$$A=\begin{bmatrix}0&\infty&5&\infty&8&\infty\\ \infty&0&2&\infty&\infty&9\\ 5&2&0&\infty&\infty&6\\ \infty&\infty&\infty&0&3&7\\ 8&\infty&\infty&3&0&12\\ \infty&9&6&7&12&0\end{bmatrix}$$

(a) 无向网　　(a) 网的邻接矩阵

图 9.8　网及其邻接矩阵

网的邻接矩阵类型定义与图是一样的，只是边的信息不再只是 0 或 1，需带上边的权值。

［例 9.1］ 使用邻接矩阵来存储一个无向图的信息，设计程序查找给定顶点 V_m的第一个邻接点，返回其序号值。

【解析】设定该无向图中有 n 个顶点，顶点信息由数组 z 存储，顶点之间的关系由数组 w 存储，在具体实例中，用户可以对数组赋初值，将无向图中顶点间是否有边联系，或边的权值输入，以备程序之后的运行。顶点的序号与数组中的下标相对应，而下标为 0 不存储顶点信息，因而顶点 V_m序号应为 m。

（1）建立该无向图的邻接矩阵。

```
#define maxnode 100
Void Creatadjmatrix(adjmatrix g , int w[] [maxnode ], datatype z[], int n)
{
  int i,j;
  g->vex=n;
  for (i=0;i<n;i++)
  {
    g->data[i]=z[i];
    for(j=0,j<n;j++)
    g->arcs[i][j]=w[i][j];
  }
}
```

（2）找到指定顶点 V_m并取得其第一个邻接点。

```
int Firstnext(adjmatrix g , int n)
int i;
if (m<0 || m>g->vex)
return 0;
for (i=0; i<g->vex, i++)
  if (g->arcs[m][i]==1) return i;
```

2. 图的链式存储一邻接表

图的邻接矩阵存储法是一种静态存储法，建立存储结构之前，顶点的个数需要先进行声明。由于矩阵大小不能动态改动，图中不能增加或删除顶点，而且当图的边数远小于图的定点数时，邻接矩阵就变成稀疏矩阵，再使用该方法存储，必然造成大量存储空间的浪费。

邻接表是图的一种顺序存储结构和链式存储结构相结合的存储方法。邻接表由边表和顶点表组成。顶点表中存储顶点的结点由一维数组实现，而每个顶点结点分为顶点信息和指向该顶点边表的头指针。边表的结点结构分为邻接点在顶点表中的序号和指向下一邻接点的指针，如图 9.9 所示。

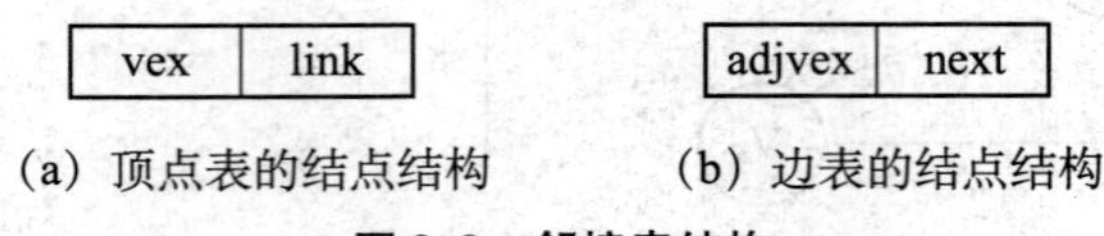

（a）顶点表的结点结构　　（b）边表的结点结构

图 9.9 邻接表结构

综上所述，图的邻接表类型定义如下：

```
#define maxnode 100
struct arcnode                          /* 边表结点类型 */
{
  int adjvex;                           /* 顶点在数组中的序号 */
  struct arcnode *next;                 /* 指向下一邻接点 */
};
typedef struct                          /* 顶点表结点类型 */
{
  datatype vex;                         /* 顶点的值 */
  arctype *link;                        /* 边表头指针 */
} adjlist, *lists;
typedef adjlist g[maxnode];             /* 邻接表类型 */
```

图 9.4 中无向图 G_1 的邻接表如图 9.10 所示。

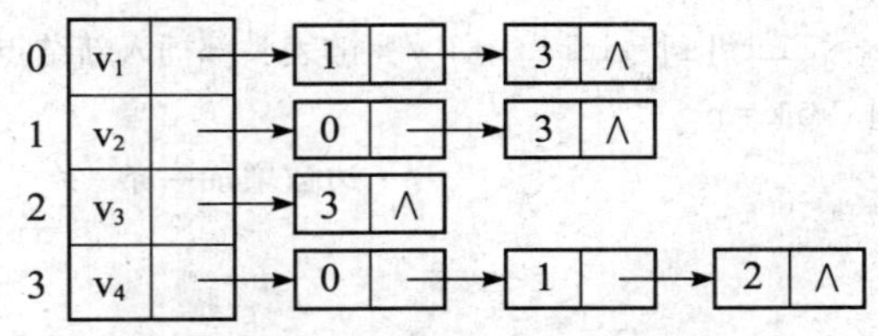

图 9.10　无向图 G_1 的邻接表

无向图不用考虑边的方向，因而只有一个邻接表。而有向图中的弧是有方向的，因此有向图的邻接表是考虑入度和出度得到逆邻接表。图 9.4 中有向图 G_2 的邻接表和逆邻接表如图 9.11 所示。

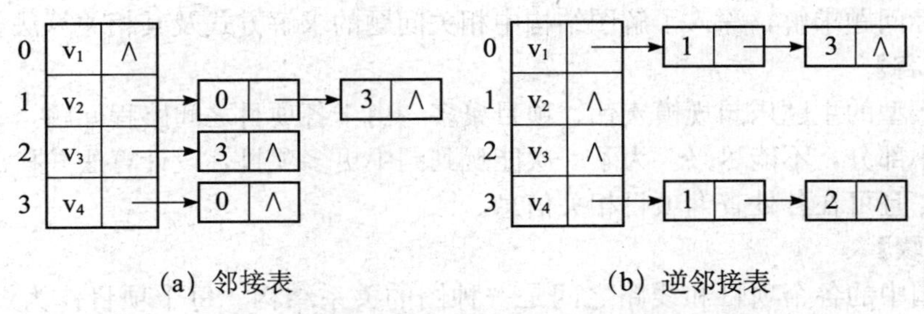

(a) 邻接表　　(b) 逆邻接表

图 9.11　有向图 G_2 的邻接表和逆邻接表

[例 9.2]　将例 9.1 邻接矩阵存储的无向图转换为邻接表存储的无向图。

【解析】图的存储方式可以有邻接矩阵和邻接表两种。虽然存储方式不同，但存储的图中顶点和顶点之间边的信息都是完全一致的。因而本例中可以对比两种不同存储方式在记录顶点和边的信息方式上各是如何。

该无向图中依旧为 n 个顶点，当使用邻接矩阵存储时，顶点信息由数组 z 存储，顶点之间的关系由数组 w 存储。

```
#define maxnode 100
Void Creatadjlist(adjlist *g , int w[maxnode ] [maxnode], int n)
```

```
{
  int i ,j;
  int count;                                    /* 累计图中的边数 */
  struct arcnode * p;
  *g = (adjlist)malloc(sizeof(adjlist));
  (*g) -> link = 0;
  (*g) -> vex = n;
  for (i = 0, i < n, i++)
  {
    (*g) -> lists[i]. link = NULL;              /* 边表头指针初始化 */
    for (j = n-1, j >= 0, j--)
    if (w[i][j]! = 0)
    {
      p = (struct arcnode *)malloc(sizeof(struct arcnode));
      p -> adjvex = j;
      p -> next = (*g) -> lists[i]. link        /* 链表头部插入新结点 */
      (*g) -> lists[i]. link = p;
      count++;                                  /* 边数增加一条 */
    }
  }
}
```

9.2 实例：游园路线

【实例目的】

图的实际问题求解，深入了解图结构中相关问题的求解方式及其相关算法。

【实例内容】

新一代大型的主题乐园规模宏伟、项目繁多，由于各项目之间路程问题，一次进园只能玩到其中一小部分，不能尽兴。为了一次能玩到园中更多项目，设计算法并找出到所有项目的最佳路径，且可在各处查询项目相关信息。

【实例步骤】

主题乐园中的各个项目和线路之间是一种图的关系结构。每个项目作为图中的每个顶点，项目之间的路径则为图的边，边上的权值可以为项目之间的距离，如图 9.12 所示。

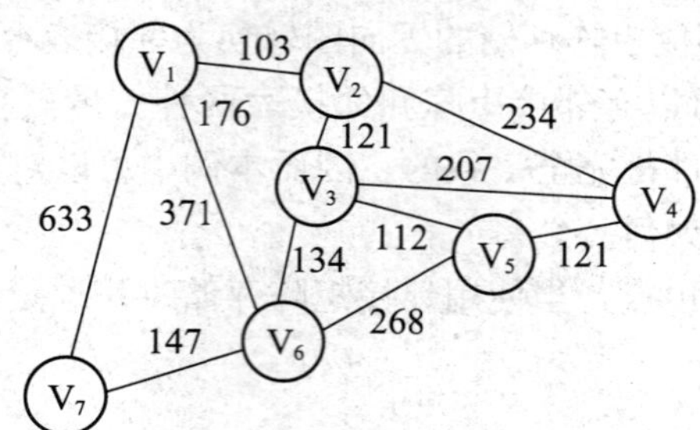

图 9.12 游乐园示意图

（1）如果将游乐园中所有项目都游玩一遍，可利用最小生成树的求解函数得到：图 9.12 中每个顶点都连通且所经过顶点路径长度最短的路径。由于项目众多，为方便游客，还可在任意位置查询项目名称，编写查询代码如图 9.13 所示。

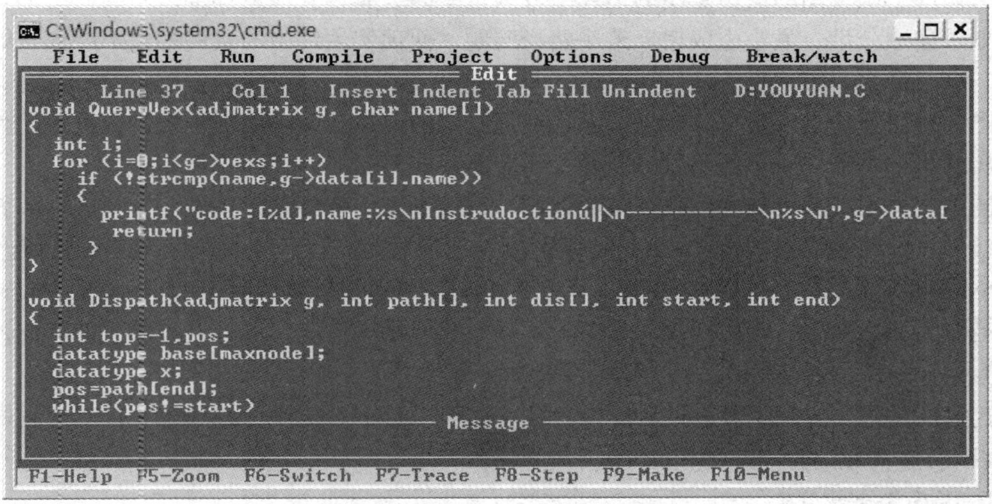

```
C:\Windows\system32\cmd.exe
  File    Edit    Run    Compile    Project    Options    Debug    Break/watch
                                     Edit
      Line 37    Col 1   Insert Indent Tab Fill Unindent      D:YOUYUAN.C
void QueryVex(adjmatrix g, char name[])
{
  int i;
  for (i=0;i<g->vexs;i++)
    if (!strcmp(name,g->data[i].name))
    {
      printf("code:[%d],name:%s\nInstrudoctionú||\n-----------\n%s\n",g->data[
       return;
     }
}

void Dispath(adjmatrix g, int path[], int dis[], int start, int end)
{
  int top=-1,pos;
  datatype base[maxnode];
  datatype x;
  pos=path[end];
  while(pos!=start)
                                   Message
 F1-Help  F5-Zoom  F6-Switch  F7-Trace  F8-Step  F9-Make  F10-Menu
```

图 9.13　游乐园路线查询函数代码

（2）在主函数运行中输入游乐园各点之间的路程长度，调用相关函数，计算出结果，代码界面如图 9.14 所示。

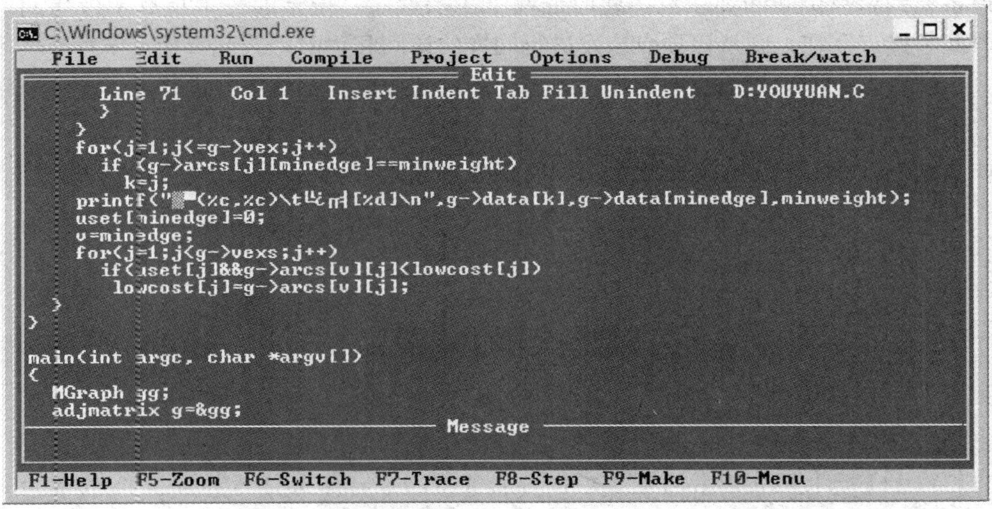

```
C:\Windows\system32\cmd.exe
  File    Edit    Run    Compile    Project    Options    Debug    Break/watch
                                     Edit
      Line 71    Col 1   Insert Indent Tab Fill Unindent      D:YOUYUAN.C
      }
    }
    for(j=1;j<=g->vex;j++)
      if (g->arcs[j][minedge]==minweight)
        k=j;
    printf("▒▀(%c,%c)\t甡ｍ[%d]\n",g->data[k],g->data[minedge],minweight);
    uset[minedge]=0;
    v=minedge;
    for(j=1;j<g->vexs;j++)
      if(uset[j]&&g->arcs[v][j]<lowcost[j])
       lowcost[j]=g->arcs[v][j];
  }
}

main(int argc, char *argv[])
{
  MGraph gg;
  adjmatrix g=&gg;
                                   Message
 F1-Help  F5-Zoom  F6-Switch  F7-Trace  F8-Step  F9-Make  F10-Menu
```

图 9.14　程序主函数界面

【实例相关知识点】

图主要包括的是顶点与顶点之间的关系，不仅是单个顶点之间的权值大小，而且在整个图中，顶点之间是否连通等。下面将介绍图的遍历和图的最小生成树、最短路径等。

9.2.1 图的遍历

与树的遍历类似，图的遍历从其中一个顶点出发访问图中所有顶点，每个顶点都要被访问且只访问一次。图的遍历是图的运算中较为重要的运算，其他运算都以图的遍历运算为基础，如求连通分量、最小生成树、最小路径问题。而现实生活中的实例就数不胜数，如旅游路线、城市洒水车等。

图的遍历算法是设定从某一点出发，按照指定的方法访问一次图中的其余顶点。因而图的遍历结果并不唯一，不同出发点，路径将有所不同。

图中任一顶点都可能和其余顶点相邻接，遍历过程中容易多次访问一个顶点，因而对于已经访问过的顶点设置数组 visited[n]标志顶点是否被访问过。顶点标志 visited[i]为 1，则顶点 v_i已被访问过；顶点标志 visited[i]为 0，则顶点 v_i未被访问过。

若图为非连通图，则将出现起始点无法到达其他结点情况，需要做更深入的研究。本章主要介绍连通图的遍历方法。

连通图的遍历方法主要有两种：深度优先搜索（Depth－First Search，DFS）和广度优先搜索（Breadth-First Search，BFS）。

1. 深度优先搜索

深度优先搜索类似于树的先根遍历。其规则是：假定图中某个顶点 v_i为出发点，访问顶点 v_i后，搜索 v_i的一个未被访问的邻接点 v_j，若 v_j存在，则访问 v_j，并继续搜索顶点 v_j的一个未被访问的邻接点 v_k。若 v_k存在，则从 v_k开始重复同一访问、继续搜索过程。层层递归直到搜索不到未被访问的邻接点。此时返回上一层递归，搜索前一个顶点未被访问的邻接点，若此邻接点存在，则从该顶点出发进行同样的访问和搜索；若此邻接点不存在，则再返回更上一层递归，搜索更前一个顶点的未被访问的邻接点。如此重复进行，直至连通图上所有顶点都被访问一次为止。

如图 9.15 所示，从 V_1顶点开始，深度优先搜索的序列为：V_1—> V_2—> V_4—> V_5—> V_3—> V_6—> V_7。

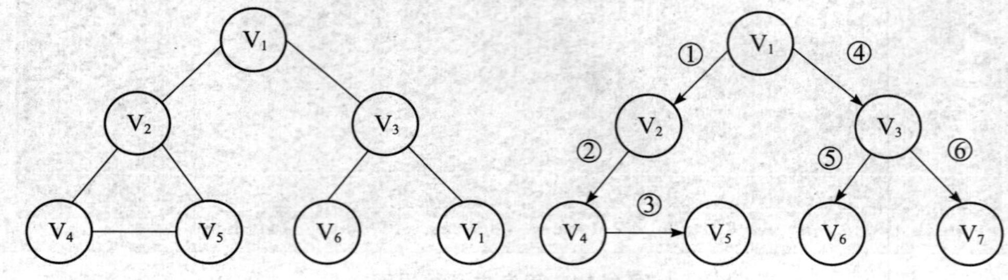

图 9.15 深度优先搜索过程

假若图的存储结构为邻接表，则相应的深度优先搜索算法为：

```
void dfs(adjlist g , int n)
{
  int i;
  int visited[maxnode];
```

```
  adjlist g[];
  arctype *p;
  for(i=1;i<=n;i++) visited[i]=0;          /*假设所有顶点都未访问过*/
  printf("%4c",g[i].vex)                   /*输出访问出发点Vi*/
  visited[i]=1                             /*已经访问Vi*/
  p=g[i].link;                             /*p取该结点的第一个邻接点指针*/
  while (p!=NULL)
  {
    If (visited[p->adjvex]==0)             /*若Vi邻接点未被访问过*/
      dfs(g, p->adjvex);                   /*从Vi邻接点出发进行深度优先搜索*/
    visited[p->adjvex]=1;                  /*该顶点已经访问Vi*/
    p=p->next;                             /*完成后往下一个邻接点*/
  }
}
```

遍历算法中，主要时间花费在从该顶点出发搜索它的所有邻接表上，本算法递归调用了n次，对每个顶点搜索其邻接点，需要将整个表格的结点都扫描一遍，所以整个算法时间为O(n+e)（e为n个顶点图g的边数）。

2. 广度优先搜索

广度优先搜索类似于树的按层次遍历。其规则是：假定图中某个顶点 V_i 为出发点，在访问顶点 V_i 后，依次搜索访问 V_i 的各个未被访问过的邻接点 V_k、V_m、V_n…。然后顺序搜索访问 V_k 的各个未被访问过的邻接点，V_m 的各个未被访问过的邻接点，…。即从 V_i 开始，由近及远，按层次依次访问与 V_i 有路径相通且路径长度分别为1，2，…的顶点，直至连通图中所有顶点都被访问一次。

如图9.16所示，从 V_1 顶点开始，广度优先搜索的序列为：V_1->V_2->V_3->V_4->V_5->V_6->V_7。

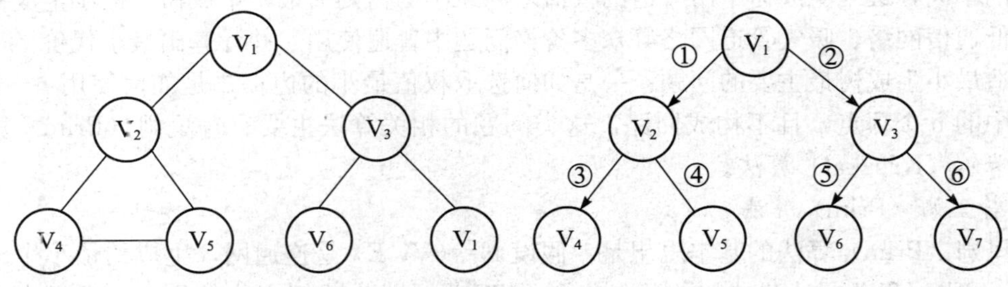

图9.16 广度优先搜索过程

广度优先搜索中，需要记住已被访问的顶点，以便在访问下层顶点时，从已被访问的顶点出发搜索访问其邻接点。因此在广度优先搜索中需要设置一个队列Queue，使已被访问的顶点顺序由队尾进入队列。在搜索访问下层顶点时，先从队首取出一个已被访问的上层顶点，再从该顶点出发搜索访问它的各个邻接点。其算法为：

```
void bfs(adjlist g, int n)
{
```

```
    int visited[maxnode];
    adjlist g[];
    arctype *p;
    InitQueue(&g);
    for(v=1;v<=n;v++) visited[v]=0;            /*假设所有顶点都未访问过*/
    printf("%4d",g[i].vex)                     /*输出访问出发点Vi*/
    visited[i]=1                               /*已经访问Vi*/
    p=g[i].link;                               /*p取该结点的第一个邻接点指针*/
    while (p!=NULL)
    {
      If (visited[p->adjvex]==0)               /*若Vi邻接点未被访问过*/
        bfs(g, p->adjvex);                     /*从Vi邻接点出发进行深度优先搜索*/
      visited[p->adjvex]=1;                    /*该顶点已经访问Vi*/
      p=p->next;                               /*完成后往下一个邻接点*/
    }
}
```

遍历算法中，主要时间花费在从该顶点出发搜索它的所有邻接表上，本算法每个顶点至多进一次队列，对每个顶点搜索其邻接点，需要将整个表格的结点都扫描一遍，所以整个算法时间花费为O(n+e)（e为n个顶点图g的边数）。

9.2.2 最小生成树

最小生成树是图中一种重要的应用方法。从无向图中的任何一个顶点出发，可以遍历访问图的所有顶点，通过遍历可以产生一棵生成树。生成树是该无向图的极小连通图，具有n个顶点、(n−1)条边的无向图连通图。图中不会存在回路，否则就不是连通图。

假若是一个带有权值的图即网，也可以进行遍历产生生成树，而不同生成树由于其边所带权值的不同，最终生成树中所有边的权值之和最小的树则为最小生成树。最小生成树在求造价最低通信网络、暖气管道网络等众多价格问题中普遍使用，并计算出最小代价。

构造最小生成树最主要的问题：一是如何选取权值最小的边；二是如何使用n−1条边连接网中的n个顶点，且不构成回路。这类问题的相关算法主要有普里姆（Prim）算法和克鲁斯卡尔（Kruskal）算法。

1. 普里姆（Prim）算法

普里姆（Prim）算法的基本思想是：假设N=(V，E)是连通网，生成的最小生成树为T=(U，TE)，U为最小生成树的顶点集合，TE为最小生成树中边的集合，求最小生成树T的具体步骤如下：

(1) 初始化：最小生成树的顶点集合U={u_0}，最小生成树的边的集合TE={}。

(2) 在所有u∈U，v∈V−U的边(u，v)中，找一条权值最小的边(u_0，v_0)后，将v_0放入到集合U中，(u_0，v_0)放入集合TE中。

(3) 如果U=V，TE中边的数量为n−1时，算法结束，T则是最小生成树；否则重复步骤(2)。

[例9.3] 如图9.17所示的网，请给出Prim算法，并求出其最小生成树。

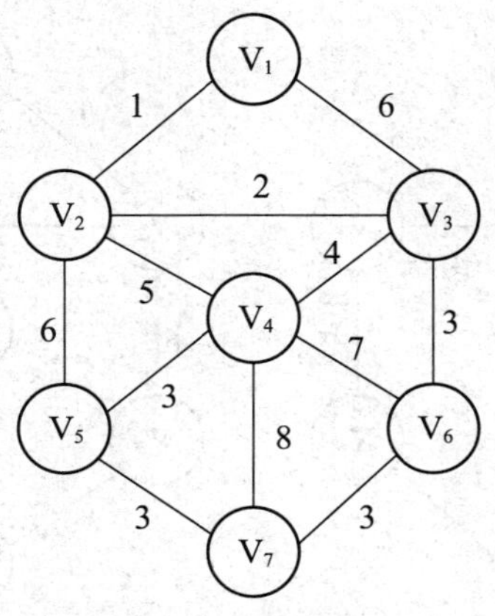

图 9.17 网

【解析】设定从网中的顶点 V_1 开始出发。按照 Prim 算法的原理，找寻顶点集合 U 到达顶点集合 V－U 的边中最小权值的边放入集合 TE 中，求出最小生成树的过程中要避免形成回路的顶点。构造过程如图 9.18 所示。

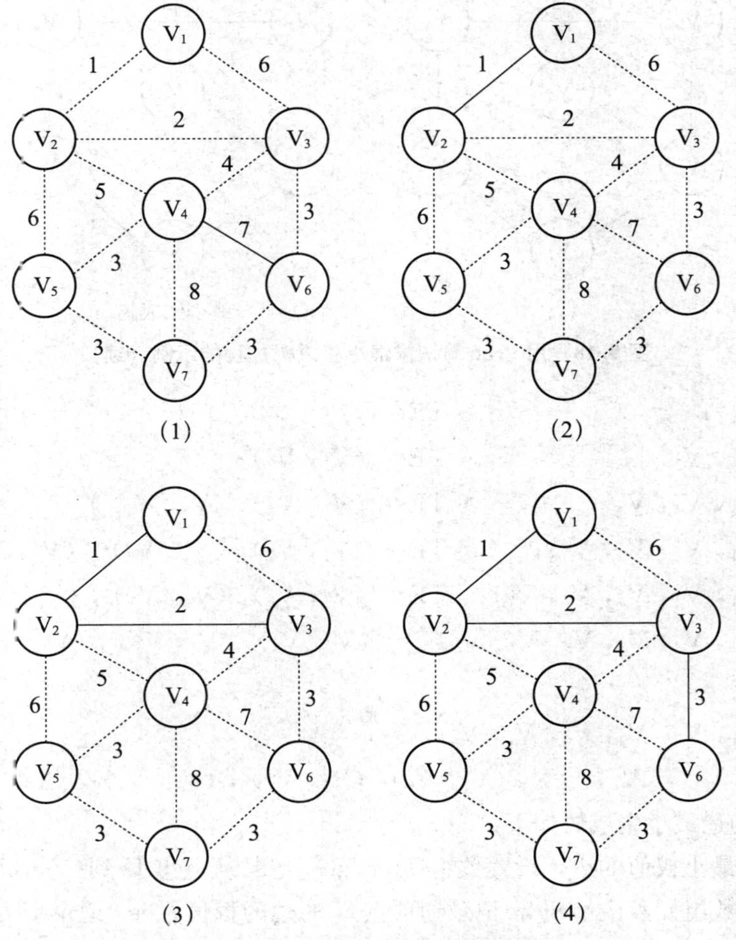

图 9.18 用 Prim 算法求最小生成树过程的示例

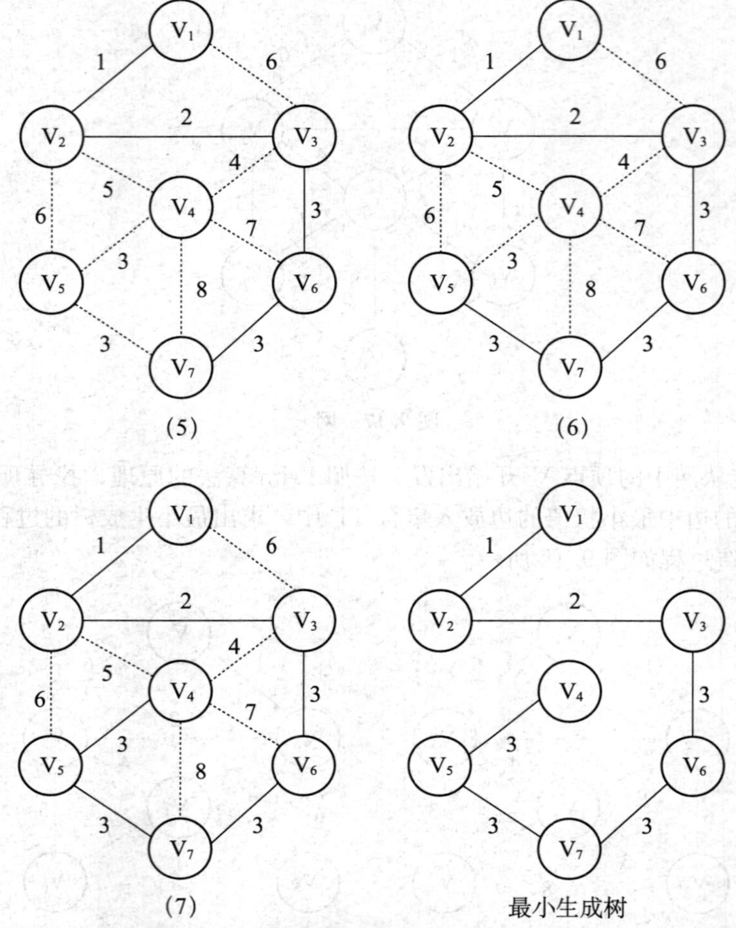

图 9.18 用 Prim 算法求最小生成树过程的示例（续）

(1) U=$\{V_1\}$； TE=$\{\}$

(2) U=$\{V_1, V_2,\}$； TE=$\{(V_1, V_2)\}$

(3) U=$\{V_1, V_2, V_3\}$； TE=$\{(V_1, V_2), (V_2, V_3)\}$

(4) U=$\{V_1, V_2, V_3, V_6\}$； TE=$\{(V_1, V_2), (V_2, V_3), (V_3, V_6)\}$

(5) U=$\{V_1, V_2, V_3, V_6, V_7\}$； TE=$\{(V_1, V_2), (V_2, V_3), (V_3, V_6), (V_6, V_7)\}$

(6) U=$\{V_1, V_2, V_3, V_6, V_7, V_5\}$；TE=$\{(V_1, V_2), (V_2, V_3), (V_3, V_6), (V_6, V_7), (V_7, V_5)\}$

(7) U=$\{V_1, V_2, V_3, V_6, V_7, V_5, V_4\}$；

TE=$\{(V_1, V_2), (V_2, V_3), (V_3, V_6), (V_6, V_7), (V_7, V_5), (V_5, V_4)\}$

Prim 算法构造最小生成树如下：

为便于选择最小权值的边，设置数组 Treedge[]记录从点集 U 到(V－U)的各点的具有最小权值的边，数组元素由 weight 记录到顶点 V 的边的权值，vex 记录 U 中具有最小权值边的顶点序号。

```
# define maxnode 256                       /* 定义顶点的最大个数 */
struct                                     /* 该数组将记下从 U 到(V-U)的具有最小权值的边 */
{
  datatype vex;                            /* 集合 U 中具有最小权值边的顶点 */
  datatype weight;                         /* 最小权值 */
 } Treedge[maxnode];
```

/* 用普里姆算法从序号为 1 的顶点出发构造有 n 个顶点的邻接矩阵存储结构的网 g 的最小生成树 T，并输出 */

```
 Void Prim(int g[ ][maxnode], int n)
 {
  int v,i,j,k;
  float min;                               /* 记录从 U 到(V-U)中最小边 */
  for (v=1;v<=n;v++)                       /* 准备从序号为 1 的顶点开始 */
  {
   Treedge[v].vex=1;
   Treedge[v].weight=g[1][v];
  }
  /* 从序号为 1 的顶点出发生成最小生成树 */
  Treedge[0].weight=0;
  Treedge[0].vex=1;
  for(i=2;i<=n;i++)
  {
   /* 寻找当前最小权值的边的顶点 */
   min=closedge[i].weight;
   k=i;
   for(j=2;j<=n;j++)
  if(Treedge[j].weight<min&&Treedge[j].weight! -o)
  {
    min=closedge[j].weight;
    k=j;
  }
  printf("<%d,%d>", Treedge[k].vex,k);
  Treedge[k].weight=0;
  /* 修改其他顶点的边的权值和最小生成树顶点的序号 */
  for(v=1;v<=n; v++)
  if(g[k][v]<Treedge[v].weight)
  {
     Treedge[v].weight=g[k][v];
     Treedge[v].vex=k;
   }
```

```
}
```

Prim 算法的复杂度为 $O(n^2)$，与网中的边数无关。

2. 克鲁斯卡尔（Kruskal）算法

克鲁斯卡尔（Kruskal）算法是按照权值的递增次序，选择合适的边构造最小生成树的方法。

假设 N=(V, E)是连通网，生成的最小生成树为 T=(U, TE)，U 为最小生成树的顶点集合，TE 为最小生成树中边的集合，求最小生成树 T 的具体步骤如下：

（1）U 中包含 N 中所有顶点，但 TE 为空。

（2）按权值从小到大的顺序依次选取图 N 中的边加入 TE 中。加入后，若未出现回路，则继续步骤(2)；反之构成回路，则放弃此次选择，重复以上过程，直至 TE 中包含了 n－1 条边为止。

普里姆（Prim）算法主要时间花在按顶点寻找权值最小的边上，适用于顶点不多，边数较多的网。而克鲁斯卡尔（Kruskal）算法主要时间花在按权值排序上，适用于顶点数多和边较少的网。

[例 9.4] 如图 9.19 所示的网，请给出用克鲁斯卡尔（Kruskal）算法的过程，并求出其最小生成树。

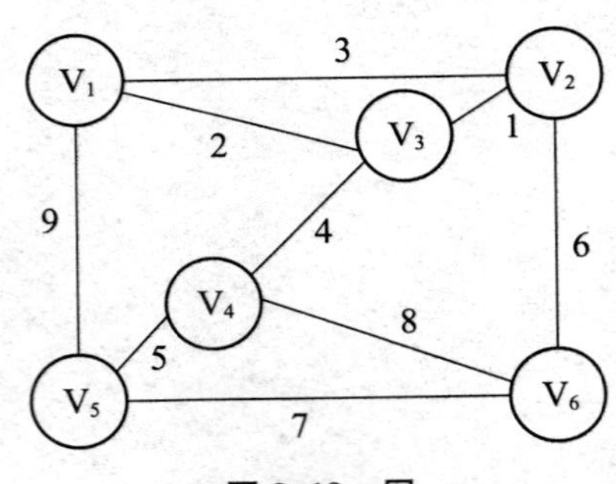

图 9.19　网

【解析】设定从网中的顶点 1 开始。按照克鲁斯卡尔（Kruskal）算法的基本思想：首先从所有边中找出权值最小的边，然后将边连接的两个顶点加入最小生成树的点集合 U 中，按照此方式反复进行。但在过程中需要避免所选择的边与 TE 集合中的边构成回路，若构成回路，该边不能选择，删除后重新再选择最小权值的边，构造过程如图 9.20 所示

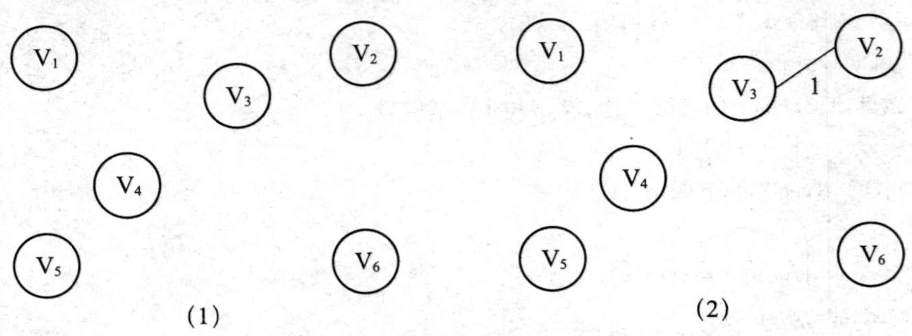

图 9.20　用 Kruskal 算法求最小生成树过程的示例

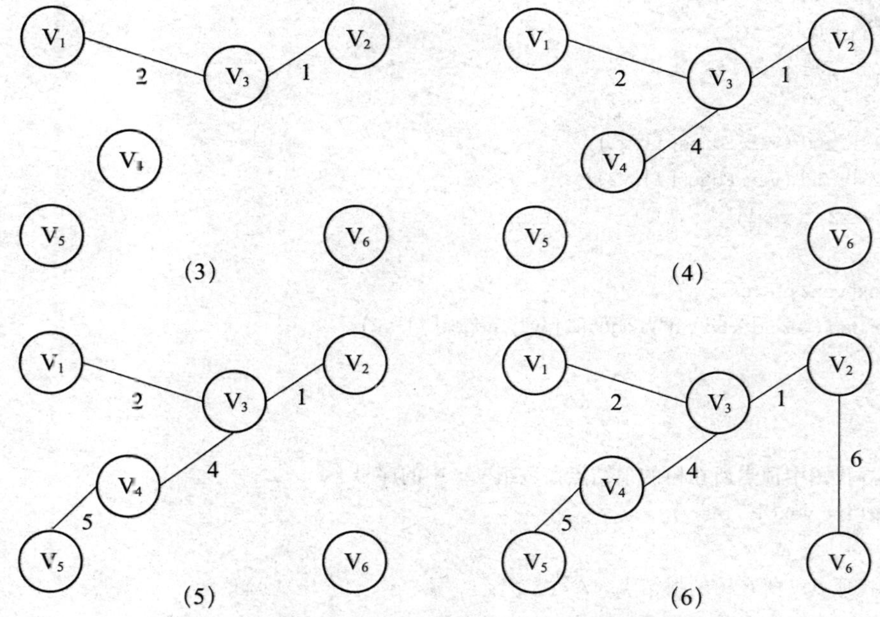

图 9.20 用 Kruskal 算法求最小生成树过程的示例（续）

(1) U={}； TE={}

(2) U={ V_2，V_3}； TE={(V_2，V_3)，}

(3) U={ V_2，V_3，V_1}； TE={(V_2，V_3)，(V_3，V_1)}

(4) U={ V_2，V_3，V_1，V_4}； TE={(V_2，V_3)，(V_3，V_1)，(V_3，V_4)}

(5) U={ V_2，V_3，V_1，V_4，V_5}； TE={(V_2，V_3)，(V_3，V_1)，(V_3，V_4)，(V_4，V_5)}

(6) U={ V_2，V_3，V_1，V_4，V_5，V_6}； TE={(V_2，V_3)，(V_3，V_1)，(V_3，V_4)，(V_4，V_5)，(V_2，V_6)}

下面是克鲁斯卡尔算法的实现。因为函数中有输出语句，所以需要具体定义出顶点。其代码如下：

```
# define maxnode 256
typedef struct
{
    datatype vl;
    datatype v2;
    int  weight;
}edgetype;
edgetype Edges[maxnode];

void Kruskal (edgetype Edges[],int n)
{
    int vex[maxnode];
    int i,vexl,vex2;
```

```
    for (i=1;i<n+1; i++)
    vex[i]=0;
    for(i=1;i<n+1:i++)
    {
    vexl=find (vex.Edges[i].vl);
    vex2=find (vex.Edges[i].v2);
    if (vex2!=vexl)
    {
      vex[vex2]=vexl;
      Printf("%6d%6d\n",Edges[i].vl, Edges[i].v2);
    }
  }
}
/*实现寻找图中顶点所在树的根结点在数组Vex中的序号*/
int find (int vex[], int v)
{
  /*寻找顶点V所在树的根结点*/
  int t;
  t-v:
  while (Vex[t]>0)
  t=vex[t];
  return(t);
}
```

显然，克鲁斯卡尔算法的时间复杂度是 $O(e\log_2 e)$，其中 e 为网中边的数目。因而，网中边越少，求解时间越短。克鲁斯卡尔算法适合于求稀疏网的最小生成树。

9.2.3 最短路径

带权图中，路径的长度等于路径所经过的所有边上的权值之和。最短路径是指权值之和最小的路径。最短路径分为两种情况：从图中某个顶点到其余顶点间的最短路径；图中每对顶点之间的最短路径。由此有两种相关算法，即迪杰斯特拉(Dijstra)算法和弗洛伊德(Floyd)算法。

下面主要介绍迪杰斯特拉(Dijstra)算法。

迪杰斯特拉(Dijstra)算法是：按路径长度递增的次序产生最短路径的算法，适用于单源点最短路径问题。

求从某个源点到其他各个顶点的最短路径的迪杰斯特拉算法的步骤为：

(1) 设用带权的邻接矩阵 weight 来表示带权的图，weight[i][j]为弧 $<v_i, v_j>$ 上的权值，或为∞表示 v_i 和 v_j 之间没有弧。从源点 v 出发找到最短路径的终点集合为 S。数组 dist[i] 从 v 出发到图中其余各顶点 v_i 可能达到的最短路径。

(2) 从顶点集合 V 中选择 v_j，使得

$$dist[j]=\min \{ dist[i] \mid v_i \in V-S)\}$$

则 v_j 即为从 v 出发的最短路径的终点，将其加入点集 S 中。

(3) 修改从 v 出发到集合 V－S 上任一顶点 v_k 可达的最短路径长度，利用中转点 j 求最短路径。

如果 dist[j]＋weight[j][k] ＜ dist[k]

则 dist[k]＝dist[j]＋weight[j][k]

(4) 重复执行步骤(2)～(3)，直到所有顶点都加入到 S 中。

迪杰斯特拉算法实现如下：

```
# define maxnode   100                    /* 定义图中最大顶点数 */
# define maxweight 99999                  /* 定义一个极大整数来代替∞ */
/* 用迪杰斯特拉方法求有 n 个结点的网中从顶点 v1 到其他顶点的最短路径 */
void dijkstra(int weight[][maxnode], int n, int v1, int dist[])
{
   int s[maxnode];                        /* s[i]的值为 1 用以标记顶点已找到最短路径,反之为 0 */
   int mindis, dis;
   int i, j, u;
   for(i = 1; i <= n, i++)
   {
      dist[i] = weight[1][i];             /* 从 v1 到其他各顶点的路径为初值 */
      s[i] = 0;                           /* 未找到最短路径的顶点 */
   }
   s[1] = 1;                              /* 标记源点从 v1 开始/
   for (i = 1; i <= n; i++)
   {
      mindis = maxweight;
      for(j = 2; j <= n; j++)
         if(s[j] == 0&&dist[j]< mindis)
         {
            u = j;                        /* 若找出的 j 点是最短路径的终点,才能标记给 u */
            mindis = dist [u];
         }
         s[u] = 1;
         /* 修改从 v0 到其他顶点的最短距离 */
         for(j = 2; j <= n; j++)
            if(s[j] == 0)
            {
               dis = dist[u] + weight[u][j];
               if (dist[j] > dis)
                  dist[j] = dis;
            }
   }
}
```

该算法的时间复杂度为 $O(n^2)$。

[例 9.5] 如图 9.21 所示的带权图，从顶点 v_3 到图中其余顶点的最短路径。

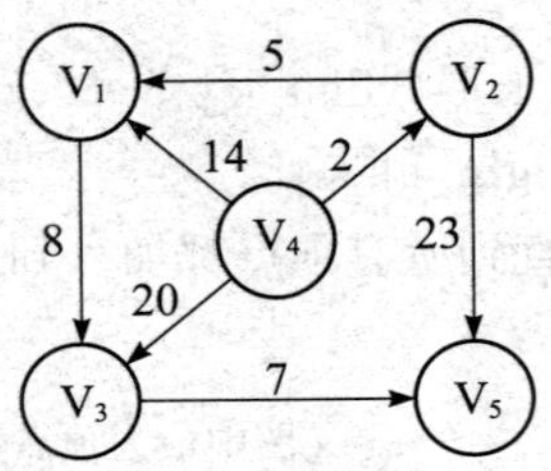

图 9.21 带权图

【解析】按照迪杰斯特拉（Dijstra）算法的特点，即按路径长度递增的次序产生最短路径。在不断选取最短路径的顶点时，顶点之间的逐步连通将影响路径长度的变化，选取其中最短路径进行求解。

(1) 从顶点 V_3 出发到其他顶点，找到其相关的路径为：

V_3 出发到顶点 V_1：$V_3 \to V_1$；

V_3 出发到顶点 V_2：$V_3 \to V_2$；

V_3 出发到顶点 V_4：$V_3 \to V_4$。

V_3 出发无法到顶点 V_5，因为 $< V_3, V_5 >$ 不存在。

此次其中最小路径为 $V_3 \to V_2$，长度为 2。

(2) 继续从顶点 V_3 出发，可经过 V_2 顶点找到其相关的路径为：

V_3 出发到顶点 V_1：$V_3 \to V_1$ 或 $V_3 \to V_2 \to V_1$；

V_3 出发到顶点 V_4：$V_3 \to V_4$；

V_3 出发到顶点 V_5：$V_3 \to V_2 \to V_5$。

此次最小路径为 $V_3 \to V_2 \to V_1$，长度为 7。

(3) 继续从顶点 V_3 出发，可经过 V_2、V_1 顶点找到其相关的路径为：

V_3 出发到顶点 V_4：$V_3 \to V_4$，或 $V_3 \to V_2 \to V_1 \to V_4$，或 $V_3 \to V_1 \to V_4$；

V_3 出发到顶点 V_5：$V_3 \to V_2 \to V_5$。

此次最小路径为 $V_3 \to V_2 \to V_1 \to V_4$，长度为 15。

(4) 继续从顶点 V_3 出发，可经过 V_2、V_1、V_4 顶点找到其相关的路径为：

V_3 出发到顶点 V_5：$V_3 \to V_2 \to V_5$，或 $V_3 \to V_4 \to V_5$，或 $V_3 \to V_2 \to V_1 \to V_4 \to V_5$，或 $V_3 \to V_1 \to V_4 \to V_5$

此次最小路径为 $V_3 \to V_2 \to V_1 \to V_4 \to V_5$，长度为 22。

9.2.4 拓扑排序

AOV 网（Activity On Vertex Network）称为顶点活动网，图中顶点代表活动，图中的有向边代表活动的先后关系，可以用一种有向无环图来描述相关问题，在 AOV 网中，将所有活动排列成一个拓扑序列的过程叫做拓扑排序。

[例 9.6] 按大学计算机专业教学计划制定要求，学生需要先修完一些课程才能进行后续课程的学习，如表 9.1 所示。

表 9.1 课程安排表

课程编号	课程名称	先修课程
C_1	高等数学	无
C_2	计算机导论	无
C_3	C 语言程序设计	C_1、C_2
C_4	离散数学	C_1
C_5	数据结构	C_3、C_4
C_6	操作系统	C_5
C_7	数据库原理	C_3、C_4、C_5

【解析】用有向图来表示表 9.1 内容，如图 9.22 所示。

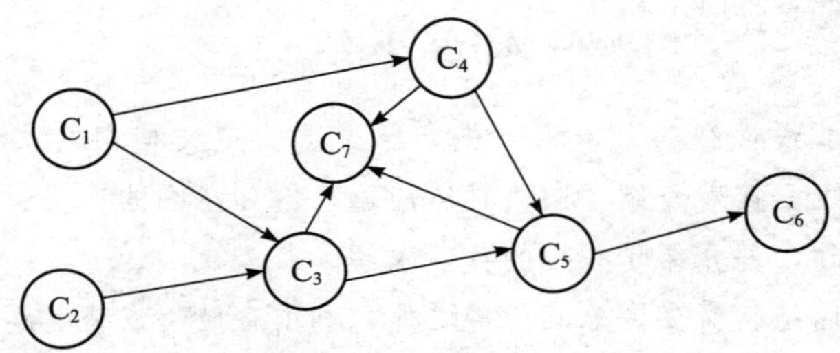

图 9.22 课程安排的有向图

由图 9.22 可以看出，AOV 网中不存在回路（环），否则在循环的回路中没有所谓先后关系，出现死锁现象。对 AOV 网进行拓扑排序，产生顶点序列用来解决相关问题。

拓扑排序的基本思想是：

(1) 在有向图中挑选一个没有入度的顶点，且输出。

(2) 从图中将步骤（1）中找到的顶点删除，相应的弧也删除，并修改剩余顶点的入度。

(3) 重复步骤（1）、(2)，直到所有顶点都输出。

[例 9.7] 如图 9.22 所示的有向图，请输出进行拓扑排序时的顶点序列。

【解析】

(1) 入度为 0 的顶点有 C_1 和 C_2。

(2) 依次输出 C_1 和 C_2 两点后，如图 9.23 (a) 所示。入度为 0 的顶点有 C_3、C_4。

(3) 依次输出 C_3 和 C_4 两点后，如图 9.23 (b) 所示。入度为 0 的顶点有 C_5。

(4) 输出 C_5 后，如图 9.23 (c) 所示。入度为 0 的顶点有 C_6、C_7。

依次输出 C_6、C_7 后，整个过程停止。其中拓扑序列为：$C_1 \rightarrow C_2 \rightarrow C_3 \rightarrow C_4 \rightarrow C_5 \rightarrow C_6 \rightarrow C_7$。而在步骤（2)、(3) 时 C_1 可以后于 C_2 输出，C_3 可以后于 C_4 输出等。因而拓扑排序产生的序列并不唯一的。本例还可以有拓扑序列 $C_2 \rightarrow C_1 \rightarrow C_4 \rightarrow C_3 \rightarrow C_5 \rightarrow C_7 \rightarrow C_6$ 等。

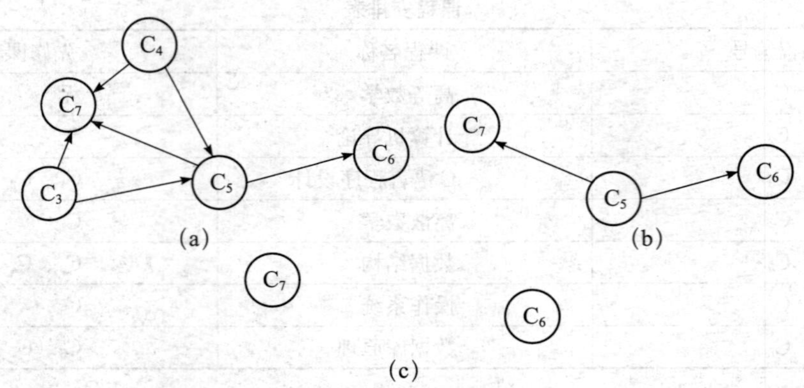

图 9.23 课程安排的有向图

·本章小结·

图是一种复杂的非线性结构。本章首先介绍了图的定义和相关术语，以及图的存储结构：邻接矩阵和邻接表。接着介绍了图的具体应用，例如，图的遍历、构造最小生成树、最短路径等做了具体阐述，并介绍了相应的算法求解。

对于图的两种存储结构需要区分其优劣之处，利用存储特点将其运用在不同问题的求解中。图的遍历方法同样也有两种：深度优先遍历和广度优先遍历。两种遍历方法的选择依赖于存储结构的不同。此外，图还有着非常广泛的问题求解，在构造最小生成树、最短路径问题中，都是以带权的图（网）作为研究对象，用图来表述实际问题中的复杂关系。最小生成树是在保证图是连通的前提下，整体成本耗损问题。而最短路径则是解决在带权图中某些顶点之间的最低成本消耗，顶点不同，所得到的最短路径也有所不同。不同问题适用于不同的解决方案，选择合适的算法能准确、有效地完成问题求解。

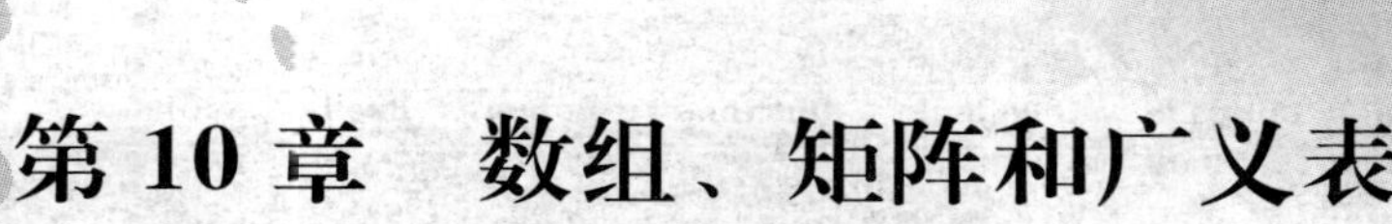

第 10 章　数组、矩阵和广义表

内容提要及教学目标

数组是大家比较熟悉的一种数据结构。它的特点是：数组中的数据元素都具有相同的数据类型，不同的元素通过下标来识别。本章主要学习数组的逻辑结构、几种特殊矩阵的存储以及广义表的存储和操作。

- 掌握数组的基本概念，数组的存储结构特点，以及数组元素存储地址的计算。
- 掌握几种特殊矩阵的压缩存储技术。
- 理解稀疏矩阵的压缩存储方法。
- 掌握广义表的基本定义和概念，理解广义表的递归性。
- 了解广义表的存储特点及基本操作。

本章重点及难点

数组的存储结构，几种特殊的矩阵，稀疏矩阵的存储，广义表的概念及存储。

10.1　实例：学生出勤的天数

【实例目的】

(1) 掌握数组的逻辑结构；

(2) 掌握数组的内存映像。

【实例内容】

在教学过程中，为了加强教学管理，需要记录学生的考勤信息。记录过程中，每个学生的出勤信息基本类似，所不同的是出勤的天数不一样。将学生的出勤天数以数组的形式保存下来。这样容易实现对学生出勤信息的增加、删除和修改。

【实例步骤】

依据以上的分析，可以用C语言实现这个算法。

(1) 编辑程序。

在 Turbo C 2.0 编译界面中按 Alt＋F 键，选择 New，然后输入源程序，如图 10.1

所示。

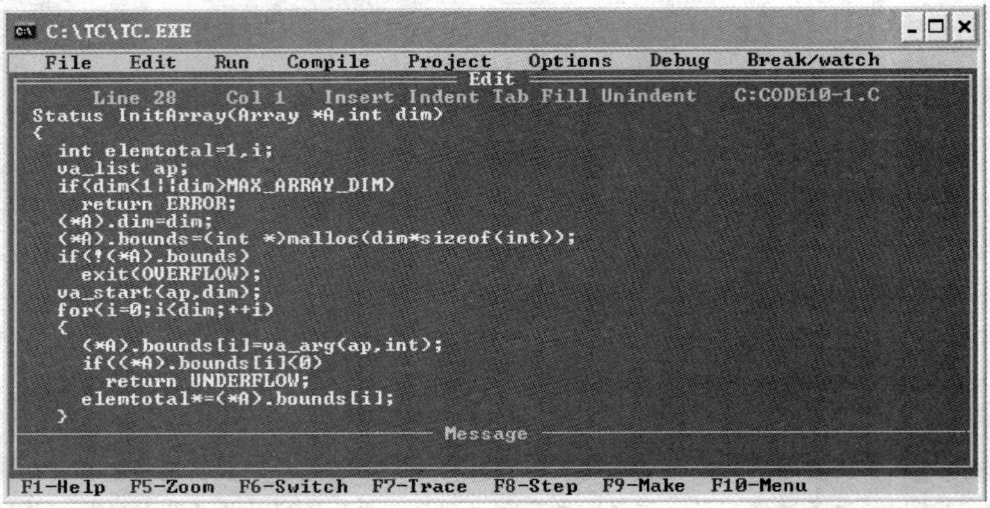

```
C:\TC\TC.EXE
File  Edit  Run  Compile  Project  Options  Debug  Break/watch
                              Edit
   Line 28   Col 1   Insert Indent Tab Fill Unindent   C:CODE10-1.C
Status InitArray(Array *A,int dim)
{
  int elemtotal=1,i;
  va_list ap;
  if(dim<1||dim>MAX_ARRAY_DIM)
    return ERROR;
  (*A).dim=dim;
  (*A).bounds=(int *)malloc(dim*sizeof(int));
  if(!(*A).bounds)
    exit(OVERFLOW);
  va_start(ap,dim);
  for(i=0;i<dim;++i)
  {
    (*A).bounds[i]=va_arg(ap,int);
    if((*A).bounds[i]<0)
      return UNDERFLOW;
    elemtotal*=(*A).bounds[i];
  }
                              Message
F1-Help  F5-Zoom  F6-Switch  F7-Trace  F8-Step  F9-Make  F10-Menu
```

图 10.1　源代码界面

(2) 数组定位的实现方法如图 10.2 所示。

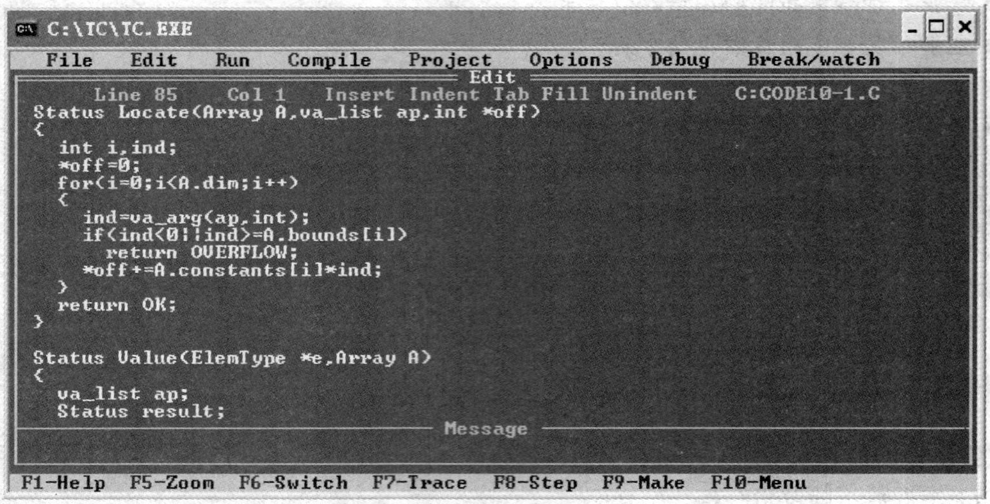

```
C:\TC\TC.EXE
File  Edit  Run  Compile  Project  Options  Debug  Break/watch
                              Edit
   Line 85   Col 1   Insert Indent Tab Fill Unindent   C:CODE10-1.C
Status Locate(Array A,va_list ap,int *off)
{
  int i,ind;
  *off=0;
  for(i=0;i<A.dim;i++)
  {
    ind=va_arg(ap,int);
    if(ind<0||ind>=A.bounds[i])
      return OVERFLOW;
    *off+=A.constants[i]*ind;
  }
  return OK;
}

Status Value(ElemType *e,Array A)
{
  va_list ap;
  Status result;
                              Message
F1-Help  F5-Zoom  F6-Switch  F7-Trace  F8-Step  F9-Make  F10-Menu
```

图 10.2　运行结果界面

10.1.1　数组的逻辑结构

数组是最常用的一种数据结构，在大多数程序设计语言中，都把数组作为固有的数据类型。数组类似于线性表，数组是 n(n＞1)个相同类型数据的有序组合，数组中的数据是按顺序存储在一块地址连续的存储单元中。数组中的每一个数据通常称为数组元素，每个元素由一个值和一个下标所决定，数组中各元素之间的关系是由各元素下标体现出来，也就是说，数组是一组偶对，即下标和值。对每一个有定义的下标，都有一个与该下标相关联的值。

一维数组记为 A=[n]或 $A=(a_0, a_1, \cdots a_{n-1})$，每个数组元素由一个值和一个下标来确定，数组元素下标的顺序可作为一个线性表中的序号。

二维数组，又称矩阵，如图 10.3 所示为矩阵的表示形式。

$$A = \begin{pmatrix} a_{00} & a_{01} & \cdots & a_{0,n-1} \\ a_{10} & a_{11} & \cdots & a_{1,n-1} \\ \cdots & \cdots & \cdots & \cdots \\ a_{m-1,0} & a_{m-1,1} & \cdots & a_{m-1,n-1} \end{pmatrix}$$

图 10.3 二维数组的矩阵结构

二维数组中的每一个元素由矩阵元素的值及一组下标(i,j)(i=0,1,2,…m−1;j=0,1,2,…n−1)来确定。每组下标（i，j）都唯一地对应一个值 a_{ij}。二维数组中的每一个元素都要受到两个关系即行关系和列关系的约束，也就是每个元素都同属于两个线性表。这两个线性表，一个是表达行关系第 i 行的行表 a_{i0}，a_{i1}，a_{i2}，$\cdots a_{ij}$，$\cdots a_{in-1}$，同行元素 a_{ij+1} 的列号大于 a_{ij} 的列号，即 a_{ij+1} 是 a_{ij} 在行表中的直接后继元素；另一个是表达列关系的，如 a_{0j}，a_{1j}，a_{2j}，$\cdots a_{m-1j}$。同列元素 a_{i+1j} 的行号大于 a_{ij} 的行号。即 a_{i+1j} 是 a_{ij} 在列表中的直接后继元素。

依此类推，n 维数组中每个元素值也是由一个值和一组下标来确定，n 维数组中的每一个元素都受着 n 个关系的约束即同属于 n 个线性表。显然，当 n=1 时，n 维数组就是一个线性表，反之，n 维数组也可以看成是线性表的推广。

可以把二维数组看成是这样一个线性表，它的每个元素是一个线性表。例如，图 10.4 所示的是一个二维数组，以 m 行 n 列的矩阵形式表示。

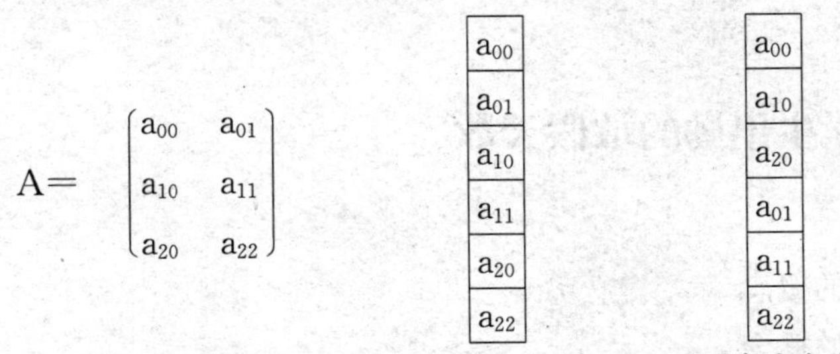

（a）二维数组　（b）行序为主序　（c）列序为主序

图 10.4 二维数组的两种存储结构

$A=[(a_{00}, a_{01}, \cdots a_{0n-1}), (a_{10}, a_{11}, \cdots a_{1n-1}), \cdots, (a_{m-10}, a_{m-11}, \cdots a_{m-1n-1})]$

它的每个元素代表一个行向量。

$A=[(a_{00}, a_{10}, \cdots a_{m-10}), (a_{01}, a_{11}, \cdots a_{m-11}), \cdots, (a_{0n-1}, a_{1n-1}, \cdots a_{m-1n-1})]$

它的每个数组元素是一个列向量。

对于数组，通常只有两种运算。一是给定一个下标，存取相应的数据元素；二是给定一个下标，修改相应的数据元素中的某个数据项的值。

10.1.2 数组的内存映像

数组的内存映像反映了数组在内存中的存储结构。由于数组一般不做删除或插入操作，所以一旦数组被定义之后，数组中的元素个数和元素之间的关系就无须变动。一般采用顺序存储结构表示数组。

存储单元是一维线性结构，而数组是一个多维的结构，则用一组连续存储单元存放数组的数据元素。一般有两种存储方式：一种是以行序为主序的存储方式；另一种是以列序为主序的存储方式，如图 10.4 所示。

对于数组，若已知数组的维数和各维的上下界，就可以为数组分配存储空间。反之，若已知数组第一个元素的地址以及每个数组元素所占字节数，即可求得相应数组元素的存储位置。计算数组元素存储位置的公式称为地址计算公式。假设每个数组元素恰好占 s 个存储单元，可得到简单计算数组元素的地址计算公式。在这些地址公式中，n、m 分别为数组的行数和列数，i、j 分别为数组的行序号和列序号。

一维数组中元素 q 的地址计算公式为：

LOC[i]＝LOC[0]＋i ＊s（0＜i≤n－1）

其中，LOC[0]表示 a_0 的地址。

对于二维数组 A[m][n]，按行序为主序存储的数组元素 a_{ij} 的地址计算公式为

LOC[i][j]＝LOC[0][0]＋(i＊n＋j)＊s（0＜i≤m－1，0＜j≤n－1）

对于三维数组 A[m][n][p]，可分解为 p 个 m×n 的二维数组。所以，按行序为主序存储的数组元素 a_{ijk} 的地址计算公式为：

LOC[i][j][k]＝LOC[0][0][0]＋(i＊n＊p＋j＊p＋k)＊s（0＜i≤m－1，0＜j≤n－1，0＜k≤p－1）

10.2　实例：学生出勤的放假天数

【实例目的】

(1) 掌握对称矩阵的概念。

(2) 掌握三角矩阵的概念。

【实例内容】

在教学过程中，为了加强教学管理，需要记录学生的考勤信息。但是根据学校的教学计划，学校会按照规定放假，由于学生出勤的放假天数一般比较集中，可以采用矩阵结构存储放假天数信息。

【实例步骤】

依据以上的分析，可以用 C 语言实现这个算法。

(1) 编辑程序

在 Turbo C 2.0 编译界面中按 Alt＋F 键，选择 New，然后输入源程序，如图 10.5 所示。

(2) 编译和运行程序，运行结果如图 10.6 所示。

```
C:\TC\TC.EXE
  File   Edit   Run   Compile   Project   Options   Debug   Break/watch
                                   Edit
     Line 1     Col 1   Insert Indent Tab Fill Unindent   C:CODE1002.C
#include "stdio.h"
#define  MAX_TERMS 101

typedef  struct {
                int  col;
                int  row;
                int  value;
}  term;
term    a[MAX_TERMS];

int COMPARE(int coef1,int coef2)
{
        if(coef1<coef2)
                return -1;
        else if(coef1==coef2)
                return 0;
        else
                return 1;
                                  Message
 F1-Help  F5-Zoom  F6-Switch  F7-Trace  F8-Step  F9-Make  F10-Menu
```

图 10.5　源代码界面

```
C:\TC\TC.EXE
  File   Edit   Run   Compile   Project   Options   Debug   Break/watch
                                   Edit
     Line 37    Col 1   Insert Indent Tab Fill Unindent   C:CODE1002.C
void transpose (term a[], term b[])
{
        int n, i, j, currentb;
        n = a[ 0 ].value;
        b[0].row = a[0].col ;
        b[0].col = a[0].row ;
        b[0].value =n;
        if (n > 0)  {
                currentb = 1;
        for ( i =0; i < a[0].col; i++)
                for ( j = 1; j <=n;   j++)
                        if (a[j].col   == i)  {
                                b[currentb].row =a[j].col;
                                b[currentb].col    =a[j].row;
                                b[currentb].value =a[j].value;
                                currentb++;
                        }
_       }
                                  Message
 F1-Help  F5-Zoom  F6-Switch  F7-Trace  F8-Step  F9-Make  F10-Menu
```

图 10.6　运行结果界面

10.2.1　对称矩阵

对称矩阵是一种最常见的特殊矩阵。由于对称矩阵中的元素是关于主对角线对称的，因此为了节省存储空间，可以为每一对对称元素只分配一个存储空间，只存储主对角线及其以上的元素或者只存储主对角线及其以下的元素。对称矩阵是 n 阶矩阵。若一个 n 阶矩阵 A 的元素满足 $a_{ij}=a_{ji}(0<i,j\leqslant n-1)$的性质，则称为 n 阶对称矩阵。即在对称矩阵中，以对角线 a_{00}，a_{11}，…，a_{n-1n-1} 为轴线的对称位置上的矩阵元素值相等。由此，可以对每一对对称的矩阵元素分配一个存储它间，那么 n 阶矩阵中的 n × n 个元素就可以被压缩到 n(n+1)/2 个元素的存储空间中去。

若以行序为主序存储的对称矩阵为例，包括对角线元素的下三角矩阵。假设以一维数组

Sa[n(n+1)/2]作为 n 阶对称矩阵 A 的存储结构，一维数组 Sa[k]与矩阵元素之间存在一一对应的关系的公式，如图 10.7 所示。

$$A = \begin{cases} \frac{i(i+1)}{2}+j & \text{当 } i \geqslant j \\ \frac{j(j-1)}{2}+i & \text{当 } i < j \end{cases}$$

0	1	2	3	4	5		···		n(n+1)/2−1
a_{00}	a_{10}	a_{11}	a_{20}	a_{21}	a_{22}	a_{30}	···	a_{n1}	···	a_{n-1n-1}

图 10.7 对称矩阵的压缩存储

10.2.2 三角矩阵

三角矩阵也是一个 n 阶矩阵，有上三角和下三角矩阵，下（上）三角矩阵是主对角线以上（下）元素均为零的 n 阶矩阵。图 10.8 是一个下三角矩阵。

$$A = \begin{pmatrix} A_{00} & 0 & \cdots & 0 \\ a_{10} & a_{11} & \cdots & 0 \\ \cdots & \cdots & \cdots & \cdots \\ \cdots & \cdots & \cdots & \cdots \\ a_{n-1,0} & a_{n-1,1} & \cdots & a_{n-1,n-1} \end{pmatrix}$$

图 10.8 下三角矩阵的表示

如果不存储主对角线另一方的零元素，三角矩阵的压缩存储方式可与对称矩阵相同，以一维数组 Sa 作为存储结构，按行序为主序存储方式，则矩阵中元素 a_{ij} 的地址计算公式与对称矩阵相同。三角矩阵的存储空间需要 Sa[n(n+1)/2]，其地址公式如下：

LOC[i][j]=LOC[0][0]+(i(i+1)/2+j) * s 0⩽i⩽j⩽n−1

10.3 实例：学生出勤的请假天数

【实例目的】

(1) 掌握稀疏矩阵的存储方式。

(2) 掌握广义表的定义和存储。

【实例内容】

在教学过程中，为了加强教学管理，需要记录学生的考勤信息。由于各种原因，有些学生会请假，这些请假信息也需要记录到考勤信息中。如果请假信息记为 0，则每个学生的请假信息可以用矩阵来表示和存储。

【实例步骤】

依据以上的分析，可以用 C 语言实现这个算法。

(1) 编辑程序。

在 Turbo C 2.0 编译界面中按 Alt+F 键，选择 New，然后输入源程序，如图 10.9 所示。

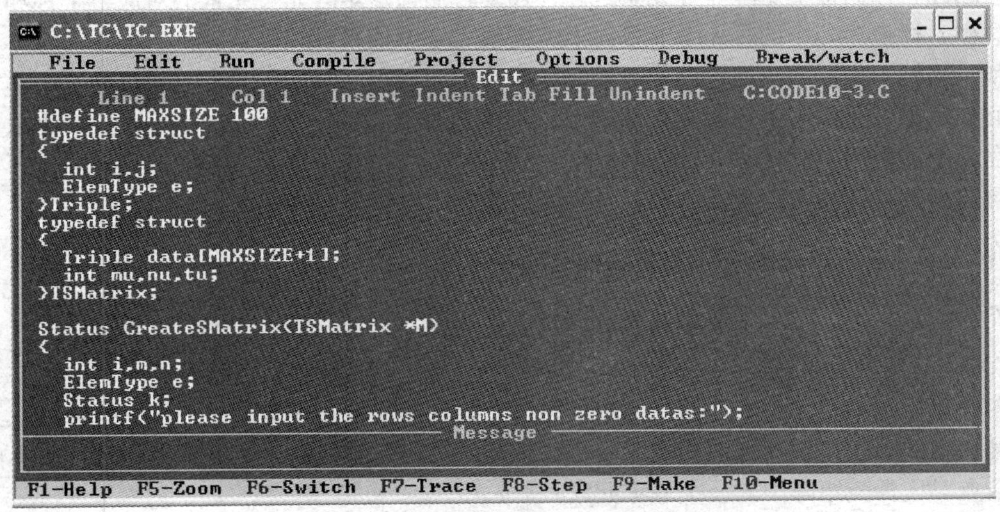

```
C:\TC\TC.EXE
File  Edit  Run  Compile  Project  Options  Debug  Break/watch
Edit
Line 1   Col 1   Insert Indent Tab Fill Unindent   C:CODE10-3.C
#define MAXSIZE 100
typedef struct
{
  int i,j;
  ElemType e;
}Triple;
typedef struct
{
  Triple data[MAXSIZE+1];
  int mu,nu,tu;
}TSMatrix;

Status CreateSMatrix(TSMatrix *M)
{
  int i,m,n;
  ElemType e;
  Status k;
  printf("please input the rows columns non zero datas:");
Message
F1-Help  F5-Zoom  F6-Switch  F7-Trace  F8-Step  F9-Make  F10-Menu
```

图 10.9　源代码界面

(2) 编译和运行程序，运行结果如图 10.10 所示。

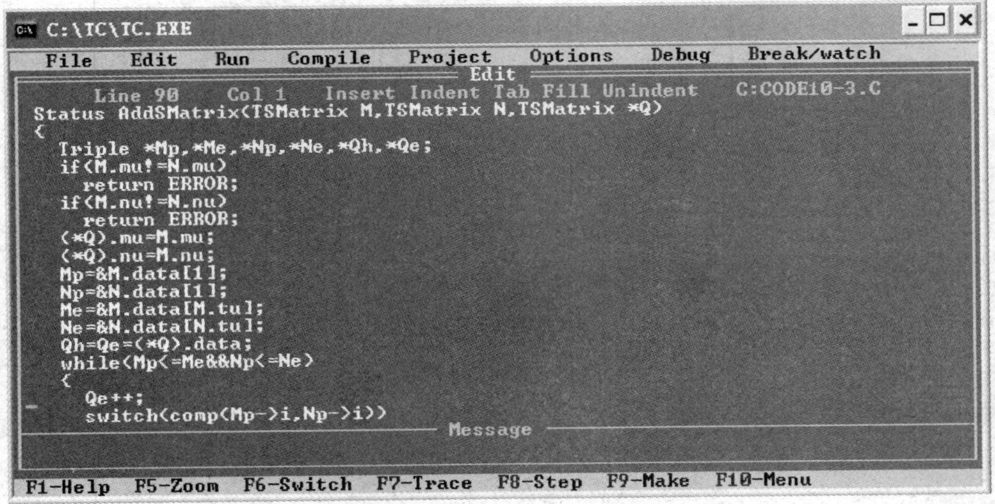

```
C:\TC\TC.EXE
File  Edit  Run  Compile  Project  Options  Debug  Break/watch
Edit
Line 90   Col 1   Insert Indent Tab Fill Unindent   C:CODE10-3.C
Status AddSMatrix(TSMatrix M,TSMatrix N,TSMatrix *Q)
{
  Triple *Mp,*Me,*Np,*Ne,*Qh,*Qe;
  if(M.mu!=N.mu)
    return ERROR;
  if(M.nu!=N.nu)
    return ERROR;
  (*Q).mu=M.mu;
  (*Q).nu=M.nu;
  Mp=&M.data[1];
  Np=&N.data[1];
  Me=&M.data[M.tu];
  Ne=&N.data[N.tu];
  Qh=Qe=(*Q).data;
  while(Mp<=Me&&Np<=Ne)
  {
    Qe++;
    switch(comp(Mp->i,Np->i))
Message
F1-Help  F5-Zoom  F6-Switch  F7-Trace  F8-Step  F9-Make  F10-Menu
```

图 10.10　运行结果界面

【实例相关知识点提示】

当一个矩阵中非零元素的个数远远少于矩阵元素的个数时，并且非零元素的分布也没有规律时，则称该矩阵为稀疏矩阵。

由于稀疏矩阵中非零元素的分布没有规律，所以很难定量的描述稀疏矩阵。假设在 $m\times n$ 的矩阵中，有 t 个矩阵元素不为零，令 $\delta=\frac{t}{m\times n}$，式中 δ 为矩阵的稀疏因子。通常认为当 $\delta\leqslant 0.05$时为稀疏矩阵。

稀疏矩阵同样可以用压缩存储的方法来存储，但是存储方式与之前的特殊矩阵有所不同。在稀疏矩阵的压缩存储中，只存储非零元素，由于在稀疏矩阵非零元素的分布没有任何规律，因此在存储稀疏矩阵非零元素之外，还要存储稀疏矩阵非零元素的对应行下标和列下标。这样，稀疏矩阵中的每一个非零元素就需要有3个值来唯一确定。

举一个例子来说明压缩存储的效果。如果在1000×1000稀疏矩阵中只有1000个非零元素，假如每个三元组需占用3个存储单元，则该矩阵共需3000个存储单元。显然比采用非压缩存储所需占用1000×1000个存储单元要少得多。

稀疏矩阵存储的常用方法有两种：三元组表和十字链表。

10.3.1 稀疏矩阵的三元组表存储

在稀疏矩阵中，每一个非零元素可以用它所在的行号i、列号j以及元素值a_{ij}组成的三元组(i，j，a_{ij})来表示。

在稀疏矩阵的三元组表存储结构中，可以按行号的递增顺序排列，在同一行中，三元组按列号递增的顺序排列，从而构成了一个稀疏矩阵的三元组线性表。该三元组线性表中的每一个结点对应稀疏矩阵中的一个非零元素。

图10.11所示的稀疏矩阵，可以用三元组线性表表示为：

((1,1,5),(1,4,2),(2,3,1),(3,2,9),(4,5,1),(5,4,2))。

$$\begin{pmatrix} 5 & 0 & 0 & 2 & 0 \\ 0 & 0 & 1 & 0 & 0 \\ 0 & 9 & 0 & 0 & 0 \\ 0 & 0 & 0 & 0 & 1 \\ 0 & 0 & 0 & 2 & 0 \end{pmatrix}$$

(1) 稀疏矩阵

i	j	a_{ij}
1	1	5
1	4	2
2	3	1
3	2	9
4	5	1
5	4	2

(2) 三元组

图10.11 稀疏矩阵

用C语言进行描述，三元组线性表中的结点定义如下：

```
#define NUM 100                    /*非零元素的最大个数*/
typedef struct
{
      int row;                     /*行号*/
      int column;                  /*列号*/
      datatype value;              /*元素值*/
}three_element;                    /*三元组的定义*/

typedef struct
{
      int md;                      /*行号*/
      int nd;                      /*列号*/
      int ld;                      /*非零元素个数*/
      three_element data[NUM];     /*元素值*/
}three_table;                      /*三元组线性表的定义*/
```

其中，元素值域是一个一维数组，它的每一个数组元素的结构由 three _ element 定义。

一般来说，具有 t 个非零元素的稀疏矩阵可以用 t+1 个三元组表示，其中可用第一个三元组表示稀疏矩阵的行数、列数及非零元素的个数。

稀疏矩阵采用三元组表示后，还需要进行各种运算。下面讨论稀疏矩阵的转置和相乘算法。

1. 求转置矩阵

转置操作是矩阵运算中比较容易的一种，对于一个 $m\times n$ 矩阵 A_{mn}，转置操作是将其转化为一个 $n\times m$ 的矩阵 B_{nm}，且 $B[i][j]=A[i][j]$，其中 $0\leqslant i<n, 0\leqslant j<m$。假设有一个稀疏矩阵 A，A 的转置矩阵为 B。数组 B 中三元组排列的顺序是以稀疏矩阵 B 中元素的行号（即对于 A 中的列号）从小到大为顺序，若行号相同，再以列号（即对应 A 中行号）从小到大的顺序排列。在图 10.12 中，矩阵 A 的转置矩阵为 B。

1	2	18
3	3	8
3	5	6
4	3	28
5	2	12
6	6	−18

（1）矩阵 A 的三元组表

2	1	18
2	5	12
3	3	8
3	4	28
5	3	−6
6	6	−18

（2）转置矩阵 B 的三元组表

图 10.12　矩阵 A 的三元组表

将已知三元组 A 求其转置矩阵 B，需对数组 A 进行 n 次扫描（n 为 A 的列数，也是 B 的行数）才能完成。第 1 次扫描把第 2 列中的值置 1，按照从上到下的顺序写入到数组 B 中；第 2 次扫描把其值置 2，按照从上到下的顺序写入到数组 B 中，依此类推，直至扫描 n 次。转置算法如下：

```
TransThreeSparmat(three_table b, three_table a)
{
( * b). md = ( * a). nd;
( * b). nd = ( * a). md;
( * b). ld = ( * a). ld;                          /* 稀疏矩阵的行、列非零元素的个数 */
if(a. ld ! = 0)                                   /* 有非零元素则转换 */
{
      q = 1;
      fcr(col = 1;col < = a. nd;col ++ )          /* 按 A 的列序转换 */
            for(col = 1;col < = a. nd;col ++ )    /* 扫描整个三元组表 */
            if(p = 1;p < = a. ld;p ++ )
            {
              ( * b). data[q]. row = a. data[p]. column;
              ( * b). data[q]. column = a. data[p]. row;
              ( * b). data[q]. value = a. data[p]. value;
              q ++ ;
            }
```

```
    }
}
```

2. 矩阵相乘

矩阵相乘也是一种常见的矩阵运算。设有矩阵 $A(m_1 \times n_1)$ 和 $B(m_2 \times n_2)$。当 $n_1 = m_2$ 时，乘积为 $Q(m_1 \times n_2)$，A×B线性代数矩阵乘法可以描述如下：

$$Q(p,q)=\sum_{i=1}^{n_1} A(p,i)^{*}B(i,q) \qquad 1\leqslant p\leqslant m_1 \quad 1\leqslant q\leqslant n_1$$

已知矩阵 A（3×4）和 B（4×3）分别为：

$$A=\begin{pmatrix}0 & -2 & 1 & 0\\0 & 0 & 0 & 4\\3 & 0 & 5 & 0\end{pmatrix} \qquad B=\begin{pmatrix}0 & 1 & 0\\2 & 0 & 3\\4 & 0 & 1\\0 & 0 & 0\end{pmatrix}$$

则矩阵 A（3×4）和 B（4×3）的乘积 Q（3×3）为：

$$Q=\begin{pmatrix}0 & 0 & -5\\0 & 0 & 0\\20 & 3 & 5\end{pmatrix}$$

由于稀疏矩阵有很多元素是零，因而有很多项乘积也是零。为了实现快速，仅对两项都不为零的元素计算它们的乘积。由线性代数矩阵乘法：

$$Q(p,q)=\sum_{i=1}^{n_1} A(p,i)^{*}B(i,q) \qquad 1\leqslant p\leqslant m_1 \qquad 1\leqslant q\leqslant n_1$$

我们知道只有 A(p,i)与 B(i,p)有相乘的机会，且当两项都不为零时，乘积才不为零。

根据以上分析，我们仅存储 A，B 的非零元素，即仍用三元组 a 和 b 分别表示 A 和 B。它们的三元组表示如图 10.13 所示。

行	列	值
3	4	5
1	2	−2
1	3	1
2	4	4
3	1	3
3	3	5

(a) 矩阵 A 的三元组表

行	列	值
4	3	5
1	2	1
2	1	2
2	3	3
3	1	4
3	3	1

(b) 矩阵 B 的三元组表

图 10.13　矩阵 A、B 的三元组表

由于是将矩阵 A 的列与矩阵 B 的行相等的两项相乘，所以可以根据图 10.13（a）中第 1 行第 2 列的值，到图 10.13（b）中第 1 列找第 2 行的值与其相乘，即将它们对应的非零元素相乘。得到的新元素 Q_{pq}，p 为 A 的行号，q 为 B 的列号。

注意：有可能得到若干个新的乘积元素其下标是一样的，这时要将它们相加求和。

算法思想如下：

(1) 对三元组表 B 从上到下进行扫描，统计出 B 中每一行非零元素的个数，由此可求出 B 中每一行第 1 个非零元素在 B 中的位置。

(2) 对 A 从上到下进行扫描，将 A 中每一个元素与 B 中相应元素相乘，作为 A×B 中的一项。在稀疏矩阵相乘的过程中，为了得到非零项的乘积，对于 A 中每一行的元素(p,k,A_{pk})，$(1\leqslant p\leqslant m_1, 1\leqslant q\leqslant n_1)$，需要在 B 中找到有相应的元素$(k,q,B_{kq})$。

10.3.2 稀疏矩阵的十字链表存储

当我们用三元组来表示稀疏矩阵时，三元组表的元素个数是固定不变的。如果再做其他操作（如加法、乘法）时，非零项数目会发生变化，此时使用三元组顺序表的结构会造成大量数据的移动，使得算法的时间复杂度大大增加。稀疏矩阵的十字链表表示法是用多重链表来存储稀疏矩阵。在十字链表示法中，稀疏矩阵中的每个非零元素用一个结点来表示，这种结点由 5 个域组成。其中行域 row、列域 col、值域 val 分别表示某个非零元素所在的行号、列号和数值，如图 10.14 (a) 所示。向下指针域用以链接同一列中表示下一个非零元素的结点，向右指针域(right)用以链接同一行中表示下一个非零元素的结点。这样，同一行中非零元素的结点构成一个链表，同一列非零元素的结点也构成一个链表。我们把每行、每列的链表用循环线性链表来表示，且使第 k 行和第 k 列的两个链表合用一个表头结点。这种行（列）表头结点也由 5 个域组成，如图 10.14 (b) 所示。其中相应的 row 和 col 域内写入零，next 域用以链接下一行（列）循环线性链表的表头结点，down 域用以链接本列循环线性链表中第一个非零元素结点，right 域用以链接本行循环线性链表中第一个非零元素结点。我们把这种行（列）表头结点也构成一个循环线性链表，并且设置总表头结点。为使结点格式统一，总表头结点也用 5 个域，如图 10.14 (c) 所示。总表头结点在 row、col 域中写入稀疏矩阵的行数 m 和列数 n，而 next 域用以链接第一行（列）循环线性链表的去头结点，另外的 down 和 right 域，在总表头结点中是不用的。

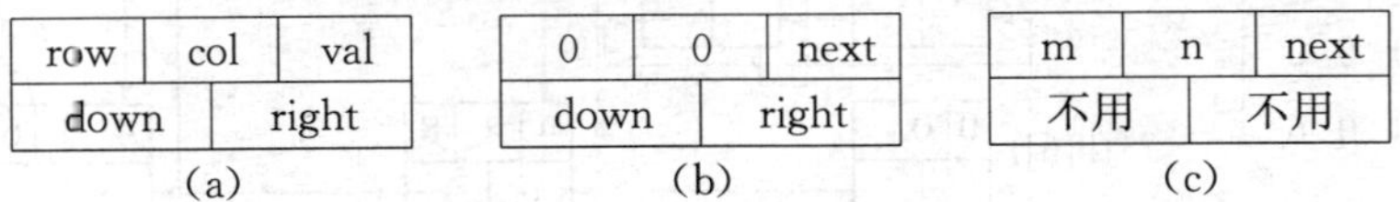

图 10.14 十字链表的结构

总之，这种多重链表中有 3 种结点，即总表头结点、行（列）表头结点和非零元素结点。这 3 种结点不但各域的意义不全一样，而且它们的数据类型也有不同。用 C 语言描述如下：

```
struct
{
    int row,col;
    struct node * right, * down;
    union
    {
        float val;
        struct node * next;
    }same;
};
```

另外还有 3 种循环线性链表，即：

（1）hm 指向各行（列）去头结点组成的循环线性链表，其结点之间用各结点的 next 域相链接。

（2）由同一行中的非零元素结点组成的循环线性链表，其结点之间用各结点的 right 域相链接。

（3）在同一列中的非零元素结点组成的循环线性链表，其结点之间用各结点的 down 域相链接。

对表示某一个非零元素的结点来说，它既是第 i 行循环线性链表中一个结点，又是第 j 列循环线性链表中的一个结点。由于在图 10.15 中对整个稀疏矩阵是用十字交叉的多重链表来表示的，所以称这种多重链表为十字链表。如图 10.15(a)中的稀疏矩阵 A，其十字链表如图 10.15(b)所示。

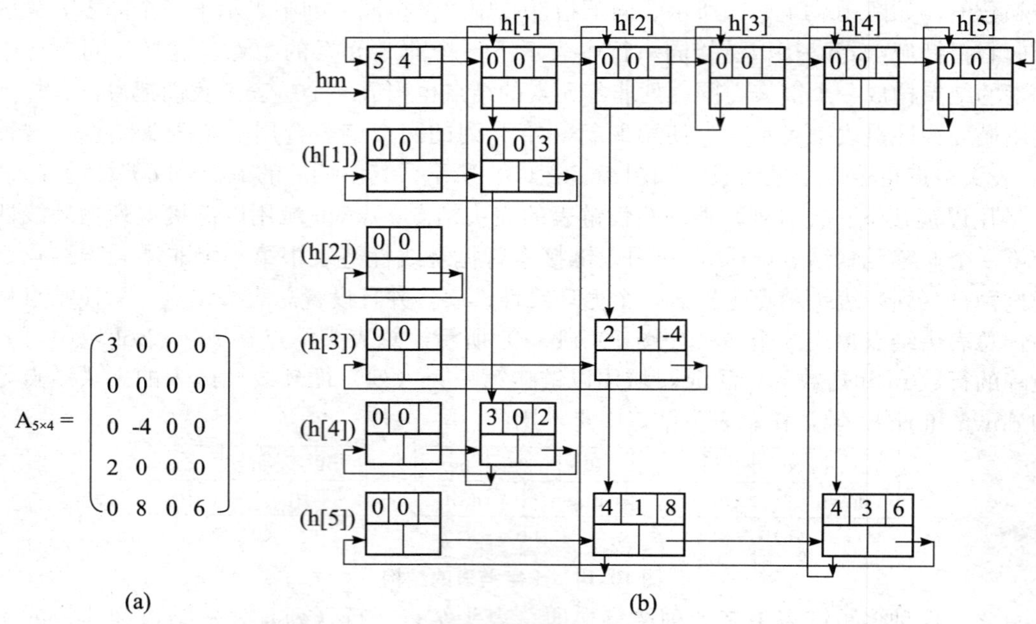

图 10.15 稀疏矩阵 A 的十字链表

十字链表可以看作是由各个行链表和列链表共同搭建起来的一个综合链表，每一个结点既是处在第 i 行链表的一个结点，同时又是处在第 j 列链表上的一个结点，就像是处在十字交叉路口上的一个结点一样，这就是十字链表名字的由来。

十字链表中每一行和每一列链表都构成一个循环链表，都有一个表头结点。由于表头结点的行和列的域 i 和 i 的值都为零，且各自都指向每一行或列链表中的第一个结点，因此可以将行和列链表共享一个表头结点，即第 i 行和第 i 列共用同一个表头结，第 j 列和第 j 行共用同一个结点。因此在 5×4 的稀疏矩阵 A 中共需要 5 个表头结点，这 5 个表头结点的 next 域各自指向它们的下一个表头结点，同时用一个相应的头指针 h[i]指向该表头结点。由于 A 为 5×4，所以 h[5]的列指针域未用到。

为了处理方便，又增加了一个总表头结点，它的 down 和 right 域没有用到，行和列的值 i 和 j 所在的域用来存放总的行数和列数，它的 next 域指向第一个表头结点。这样总表头结点和表头结点在一起又构成了一个循环链表，并用一个总的头指针 hm 指向该循环链表的总表头结点。

下面是建立十字链表的算法。

```
#include "stdio.h"
#include "stdlib.h"
#define MAXSIZE 1000                    /* 定义非零元素的最大值 */
typedef int elemtype;
typedef struct node
{
int i,j;
struct node *down, *right;
union{
  struct node *next;                    /* 头结点使用的 next 域 */
  elemtype v;                           /* 结点使用 v 值域 */
  }val;
}crosslink;

Void CreateCrossLink(crosslink *hm)
{
  /* 建立十字链表 */
  crosslink *p, *q, *h[MAXSIZE];
  int i,j,m,n,t,s;
  elemtype v;                           /* 根据用户需求定义变量 */
  printf("please input the number of row,column and none-zero data.\n");
  scanf("%d%d%d",&m,&n,&t);             /* 行、列和非零元素的个数 */
  if(m>n)            /* 由于行、列共用一个头结点,所以取行、列的较大数为表头结点数 */
    s=m;
  else
    s=n;
  p=(crosslink *)malloc(sizeof(crosslink)); /* 生成总表头结点 */
  p->i=m;
  p->j=n;
  hm=p;                                 /* 用总的头指针 hm 指向总的表头结点 */
  h[0]=p;
  /* 以下是建立表头结点的过程 */
  for(i=1;i<=s;i+)
  {
    p=(crosslink *)malloc(sizeof(crosslink));
    p->i=0;
    p->j=0;
    p->right=p;
    p->down=p;
    h[i]=p;
    h[i-1]->val.next=p;
}
```

```
h[s]->val.next=hm;                    /*构成表头结点的循环链表*/
/*以下是输入非零结点值和建立十字链表的过程*/
 for(i=1;i<=t;i++)
 {
   scanf("%d%d%d",&i,&j,&v);      /*输入非零元素的三元组*/
   p=(crosslink *)malloc(sizeof(crosslink));
   p->i=i;
   p->j=j;
   p->val.v=v;
   /*以下是将新建结点插入到十字链表中第i行链表的过程*/
   q=h[i];                           /*q指向第i行的表头结点*/
   while((q->right!=h[i])&&(q->right->j<j))
     q=q->right;
   p->right=q->right;
   q->right=p;
     /*以下是将新建结点插入到十字链表中第j列链表的过程*/
     q=h[j];                         /*q指向第j列的表头结点*/
   while((q->down!=h[j])&&(q->down->i<i))
       q=q->down;
   p->down=q->down;
   q->down=p;
 }/* CreateCrosslink */
```

从上面的算法可以看出：十字链表的建立，首先要根据行和列的最大值建立总表头结点和表头结点，并构成一个循环链表；然后是生成新结点，读入非零元素值，将新结点插入十字链表相应的行和列的过程。上述算法的时间复杂度是O(t* s)，其中t为稀疏矩阵中非零元素的个数，s取行m和列n中较大的一个。

十字链表建立完毕，输出十字链表就比较容易。下面是十字链表的输出算法描述。

```
void DispCrosslink(crosslink *hm)
{
  /*十字链表输出的对应算法*/
  crosslink *p,*q;
  int i,j;
  printf("the row number.\n");
  for(i=0;i<=hm->j;i++)                 /*输出行 */
    printf("%d",i);
  printf("\n");
  printf("the column number.\n");
  for(i=1,p=hm->val.next;p!=hm;i++) /*输出列 */
    printf("%d",i);
    for(j=1,q=p->right;q!=p;j++)
    {
      if(j==q->j)
      {
```

```
            printf('%d\t",q->val);
            q=q->right;
        }
        else
            printf('0");
      printf("\n");
      p=p->val.next;
    }
}/* DispCrosslink */
```

10.3.3　广义表的定义

广义表是线性表的推广，它是 n（n≥0）个元素的序列，记为：

$$(a_1, a_2, \cdots a_{i-1}, a_i, a_{i+1}, \cdots a_n)$$

其中，A 是广义表的名称，n 是它的长度，当 n=0 的时候称为空表。在一个非空的广义表中，其元素 a_i 可以是某一确定类型的单个元素，称为原子，也可以是一个广义表，称为子表。因此广义表的定义是一种递归的定义，广义表是一种递归的数据结构。当广义表非空的时候，称第一个元素 a_1 为广义表 A 的表头（Head)，称其余元素组成的表（a_2，⋯ a_{i-1}，a_i，a_{i+1}，⋯a_n）是 A 的表尾(Tail)。

习惯上用括号将广义表括起来，用逗号分割元素，用小写字母表示单元素，用大写字母表示广义表。下面是广义表的举例。

A=（ ）；表示 A 为空表，长度为 0。

B=(b,c)；表示 B 为一个长度为 1 的广义表。它由两个原子元素 b 和 c 组成。

C=(a,(b,c))；表示 C 为长度为 2 的广义表。它有两个元素：一个为原子 a，另一个为子表(b,c)。

D=(C,B,A)；表示广义表 D 的长度为 3，3 个元素都是子表，D 的表达也相当于((a,(b,c)),(b,c),())这种形式。

E=(a,E)；表示 E 为一个长度为 2 的广义表，第一个元素是单元素，第二个元素展开后是一个无限的广义表，这是一种递归表。

从上面的广义表定义和举例中可以看到，广义表可以为其他广义表所共享（例如，D 就直接使用了广义表 A、B 和 C，无须重新列出其子表的值)；另外广义表可以是一个递归的表，即列表可以是其本身的一个子表，如广义表 E 就是其自身的一个子表。

另外，广义表的元素之间除了存在次序关系外还存在层次关系，广义表中元素最大的层数称为广义表的深度。相对于元素来说，它的层数就是包含该元素括号对的数目。例如，j 广义表

F=（a、(b，(c、(d)))）

则数据元素 a 在第一层，数据元素 b 在第二层，数据元素 c 在第三层，数据元素 d 在第四层，广义表 F 的深度为 4。

从对于表头和表尾的定义可知：任何一个非空列表其表头可能是原子，而其表尾必定为列表。下面是对上述定义中求表头和表尾运算的例子。

Head(B)=b　　　　Tail(B)=(c)

Head(C)=a　　　　Tail(C)=((b,c,))

Head(D)=C　　　　Tail(D)=(B,A)

如果进而对 D 的表尾进行求表头和表尾的运算，则有：

Head((B,A))= (B, A)　　Tail((B,A))=()。

10.3.4　广义表的存储

在计算机中表示广义表，虽然可以采用顺序分配的结构，但它会给存储管理带来较大的困难。因此，通常采用链式分配的结构表示广义表。广义表中的结点具有不同的结构，即数据元素结点和子表元素结点。为将两者统一，结点结构如图 10.16 所示。

flag	info	link

图 10.16　广义表结点结构

其中，flag 为标志域，以区别数据元素与子表。若此结点表示数据元素，则结点中的 flag 域设为 0，info 域存放数据元素的值；若此结点表示子表，则结点中的 flag 域设为 1，info 域存放指向该子表的指针。结点中的 link 域存放指向下一个结点的指针。其结构定义如下：

```
typedef struct linknode
{
    int flag;
    struct linknode * link;
    union{
      char data;
      struct linknode * sublist;
    }info;
}GNODE;
```

例如，上面所举的 5 个列表的存储结构可用图 10.17 表示。

从上述定义和例子可推出列表的 3 个重要结论。

(1) 列表的元素可以是子表，而子表的元素还可以是子表。

(2) 列表可为其他列表所共享。

(3) 列表可以是一个递归的表，即列表也可以是其本身的一个子表，…。

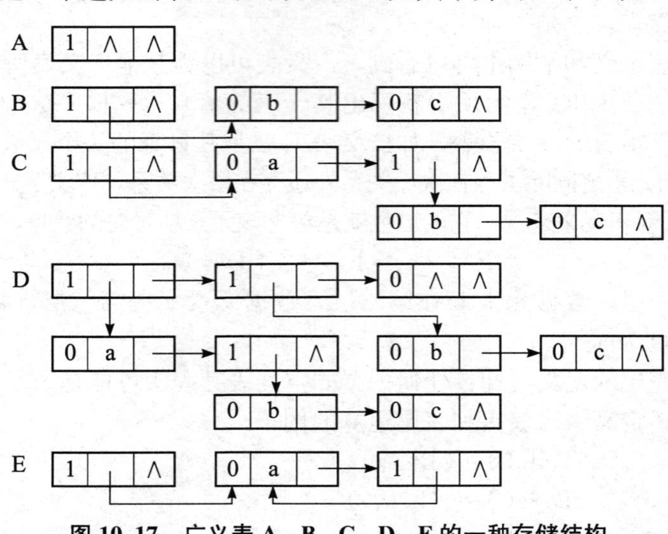

图 10.17　广义表 A、B、C、D、E 的一种存储结构

10.3.5　广义表的运算

广义表的操作主要有求广义表的长度、广义表的深度及对广义表进行查找、删除和打印等。我们在此仅讨论求广义表深度的操作。

广义表的深度定义为广义表中括弧的重数，这是广义表的一种量度。

广义表 LS=$(a_1, a_2, \cdots a_{i-1}, a_i, a_{i+1}, \cdots a_n)$的深度 DEPTH（LS）递归定义为：

基本项 DEPTH（LS）=1　　　　当 LS 为空表时；

DEPTH（LS）=0　　　　当 LS 为单元素时，此时没有括号；

归纳项：DEPTH（LS）=1+Max｛DEPTH（a_i）$1 \leqslant i \leqslant n$｝。

由此定义容易写出求深度的递归函数。假设 p 是 GNODE 型的变量，则 p->flag==1 且 p->info.sublist==NULL 表明广义表为空表，p->flag==0 表明是单元数。反之，p 指向表结点，该结点中的 p->info.sublist 指针指向表头，即为 p 的第 1 个子表，而结点中的 p->link 指针指向 p 的下一个结点。由此求广义表深度的递归函数，可用如下 C 语言描述。

```
int depth(GNODE *p)
{
  int h,maxdh;
  GNODE *q;
  if(p->flag==0) return(0);                          /*若表头结点为0,则表示该表为原子 */
  else
    if(p->flag==1&&p->info.sublist==NULL)  /*空表的情况*/
        maxdh=1;
    else                                               /*否则,要进行递归求解 */
    {
        maxdh=0;                                       /*赋初值 */
        while(p!=NULL)          /*循环扫描广义表的每个结点,对每个结点求其子表深度 */
        {
            q=p->info.sublist;
            h=depth(q);
            if(h>maxdh) maxdh=h;                       /*取最大的子表深度 */
            p=p->link;
        }
        return(maxdh+1);                               /*最大子表深度加1即为该广义表的深度 */
        }
 }
```

上述算法的执行过程实际上是遍历广义表的过程，在遍历中首先求得各子表的深度，然后综合得到广义表的深度。

广义表 D=(A,B,C)=((),(e),(a,(b,c,d)))的深度为 3。按递归定义分析广义表 D 的深度，则有：

DEPTH(D)=1+Max{DEPTH(A),DEPTH(B)DEPTH(C)}

DEPTH(A)=1;

DEPTH(B)=1+Max{DEPTH(e)}=1+0=1

DEPTH(C)=1+Max{DEPTH(a),DEPTH((b,c,d))}=2

DEPTH(a)=0

DEPTH((b,c,d))=1+Max{DEPTH(b),DEPTH(c),DEPTH(d)}=1+0=1

由此，DEPTH(D)=1+Max{1,1,2}=3。

·本章小结·

数组是由下标和值组成的有序对集合。在数组中对于每组有定义的下标都存在一个与其对应的值，该值通常称为数组元素的值。一旦数组定义后，该结构就具有以下性质：

(1) 数据元素的数目固定，即一旦定义了数组结构，在其操作过程中，元素的个数不再变化。

(2) 数组中所有元素的值具有相同的数据类型。

(3) 数据元素的下标关系具有上下界的约束，并且下标有序。

对于数组来讲，只有下列两种运算：

(1) 给定一组下标，找到其对应的数据元素。

(2) 给定一组下标，存储或修改与其相对应的数据元素中某个数据项的值。

对于特殊矩阵可采用不同的存储方法：

(1) 对称矩阵：压缩存储的对应关系是 $k=i(i-1)/2+j$

(2) 对角矩阵：压缩存储的对应关系是 $k=2(i-1)+j$

稀疏矩阵的压缩存储：

(1) 三元组表：仅存储非零元素，除其值外还必须同时存储它的下标位置。

(2) 十字链表：零元素不形成结点，非零元素才有存储，从而节省存储空间。

广义表是线性表的一种扩展，允许表中元素可以是原子元素，也可以是线性表。广义表具有3个重要特点：

(1) 列表的元素可以是子表，而子表的元素还可以是子表。

(2) 列表可与其他列表共享。

(3) 列表可以是一个递归的表，即列表也可以是其本身的一个子表。

第11章 文 件

内容提要及教学目标

文件使得数据能够在规模很大，并且需要长期保存的要求下存放在外存储器中。常见的文件分类为顺序文件和散列文件。通过本章的学习，读者应掌握以下内容：

- 了解文件的基本概念和文件的基本运算。
- 掌握不同文件的分类。
- 熟悉不同文件的操作方式和相关特点。

本章重点及难点

熟悉文件的基本概念；熟悉顺序文件和散列文件的组织方式和操作方式。

11.1 文件的基本概念

11.1.1 文件及其类别

文件(File)是由性质相同的记录所构成的集合。数据结构中讨论的文件主要是数据库意义上的文件，而不是操作系统意义上的文件。操作系统中是以文件为单位对数据进行管理，而数据库所研究的文件是结构化的记录集合。

文件中的每个记录由一个或多个数据项组成，记录是文件中存取数据的基本单位。数据项是文件最基本的不可分割的数据单位，是文件中可使用的最小单位。

在文件系统中，数据按组成分为3个级别：数据项、记录和文件。

数据项有时也称为字段，或者称为属性(Attribute)。能惟一标识一个记录的数据项或数据项的组合称为主关键字项；不能唯一标识一个记录的数据项或数据项的组合称为次关键字项。

[例11.1] 表11.1所示是某高校教师信息管理，每位职工的档案信息包括：工号、姓名、性别、职务、工资、住址、电话。文件由若干记录组成，每位职工情况就是一个记录。这份教师信息表中列出了5个记录，每个记录由7个数据项组成。每个数据项代表记录

的某种属性，每个数据项的名字称为记录的域。其中，“工号”为主关键字，而“姓名”、“性别”等数据项为次关键字。

表 11.1 教师信息表

工 号	姓 名	性 别	职 务	工 资	住 址	电 话
10001	匡青青	女	讲师	2142	北京西路 411 号	6262111
10002	肖子皓	男	副教授	2700	南京东路 999 号	5966201
10003	谭辉明	男	助教	1930	西安路 688 号	8138793
10004	彭明明	男	讲师	2302	上海路 168 号	8138927
10005	章小花	女	助教	1959	八一大道 21 号	8174110

文件还可以分为定长记录文件和不定长记录文件两类。若文件中所有记录的信息长度都相同，则称这类记录为定长记录，由这类定长记录组成的文件称为定长记录文件；若文件中含有信息长度不等的不定长记录，则称其为不定长记录文件。

11.1.2 文件记录的逻辑结构和物理结构

文件结构同样也包括逻辑结构、存储结构及在文件上的各种操作运算三个方面。文件的操作是定义在逻辑结构上的，但操作的具体实现要在存储结构上进行。

1. 文件记录的逻辑结构

文件记录的逻辑结构是一种面向用户的结构，是用户对数据的表示和存取的方式。文件可看成是以记录为数据元素的一种线性结构。

2. 文件记录的物理结构

文件记录的物理结构（亦称为存储结构）是指数据在物理存储器上存储的方式，是数据的物理表示和组织。

11.1.3 文件组织与操作

1. 文件组织

文件的基本组织方式有 4 种：顺序组织、索引组织、散列组织和链式组织。文件的构造方法往往是这 4 种组织方式的组合。常用的文件类型有：顺序文件、索引文件、索引顺序文件、散列文件等。文件组织方式的选择，取决于文件的使用方式与频繁程度、存取要求、外存的性质和容量。本章主要介绍顺序文件和散列文件。

2. 文件操作

文件的操作主要有两类：检索和修改。

文件的检索操作即在文件中查找满足给定条件的记录，它既可以按记录的逻辑号进行查找，也可以按关键字进行查找。根据检索条件不同，对数据库文件的检索有以下 4 种方式。

（1）简单查询：只查询单个关键字等于给定值的记录。

例如，在表 11.1 所示文件中查询“工号”＝“10003”，或“姓名”＝“谭辉明”的记录。

（2）范围查询：查询关键字属于某个范围内的记录。

例如，在表 11.1 所示文件中查询“性别”＝“女”的所有教师的记录。

（3）函数查询：给定关键字的某个函数，询问该函数的某个值。

例如，在表 11.1 所示文件中查询“工资”在平均值以上的教师记录。

(4) 布尔查询：将以上 3 种查询用布尔运算（与、或、非）组合起来的查询。

例如，在表 11.1 所示文件中查询“职务”为“讲师”且“工资”在平均值以上的男性职工。

文件的修改操作是指插入一个记录、删除一个记录和更新一个记录等 3 种运算。此外，为提高文件的效率，还要进行文件再组织操作；当文件被破坏后，恢复文件及保护数据文件的安全等。

文件的检索和更新有实时处理和批量处理两种处理方式。通常，实时处理对响应时间要求很严格，应当在接受询问后几秒内完成检索和更新。而批量处理则不同，对响应时间要求宽松一些。不同的文件系统有不同的要求。

11.2　顺序文件

顺序文件是指记录按其在文件中的逻辑顺序依次存放到外存储器中，是逻辑顺序和物理顺序一致的文件。若顺序文件中的记录按其主关键字有序，则称此顺序文件为顺序有序文件，否则称为顺序无序文件。为了提高运算效率，通常将顺序文件组织成有序文件。这里假设以后所涉及的顺序文件都是有序文件。

顺序文件是根据记录的序号或记录的相对位置来存取文件的，它的特点是：

- 要检索第 i 个记录，必须先检索前 i－1 个记录。
- 插入新的记录时，只能添加在文件的末尾。
- 若要更新文件中的某个记录，则必须将整个文件进行复制。

顺序文件存储在顺序存储设备上。磁带是一种典型的顺序存储设备，磁带文件是顺序文件。对于存储在顺序存储设备上的顺序文件只能用顺序查找方法进行检索。

对于存储在直接存储设备（如磁盘）上的顺序文件，可以用顺序查找进行检索，也可以用分块查找或二分查找进行检索。

顺序文件的修改操作比较困难，不能按内存操作方法进行文件的插入、删除和修改操作，这是因为文件中的记录不能像向量空间的数据那样“移动”，而只能通过复制整个文件来实现插入、删除和更新操作。为了提高效率，通常采用批量处理方式实现对顺序文件的更新。采用批量处理时，需要设置一个附加文件，用来存放所有对顺序文件的修改请求。当修改请求积累到一定数量时，就开始进行批量处理。

下面通过磁带文件的批处理过程来说明顺序文件的更新操作过程。

磁带文件适合于文件数据量大、记录变动少和只做批量修改的情况。对磁带文件进行修改时，一般需用另一条复制带将原带上不变的记录复制一遍，同时在复制过程中插入新记录，并用修改后的新记录代替原记录写到磁带上。为方便起见，要求待复制的文件按关键字或逻辑记录号有序。

一个文件，称为事务文件，存放到另一个磁带文件中。主文件按关键字从小到大顺序有序，事务文件和主文件有同样的有序关系。

磁带文件进行批处理其更新过程如下：首先将事务文件按主关键字排序，然后将主文件与事务文件归并成一个新的主文件。在归并过程中，顺序读出主文件与事务文件中的记录，比较它们的关键字并分别进行不同的处理。对于关键字不匹配的主文件记录，则将其直接写到新主文件中。“更改”和“删除”记录时，要求主文件与事务文件的关键字相匹配。若“删除”记录，则不需要写到新主文件中；若“更改”记录，则要将更改后的新记录写到新主文件中；若“插入”记录，则不要求关键字相匹配，可直接将事务文件中要插入的记录写到新主文件合适的位置上。

磁盘上顺序文件的修改操作与磁带文件类似。顺序文件特别适用于磁带存储器，也适用于磁盘存储器。顺序文件适合进行顺序存取和成批处理。

顺序文件的主要优点是：顺序存取速度很快。若顺序文件存放在磁带上，这个优点总是可以保持的；但是，若顺序文件存放在直接存取设备（如磁盘）上，则在多道程序的情况下，反而会降低文件存取的速度。因此，顺序文件多用于顺序存储设备（如磁带）。

11.3 散列文件

散列文件是利用散列存储方式组织的文件，亦称为直接存取文件。

1. 散列文件的组织方式

散列文件是利用散列存储方式组织的文件，亦称直接存取文件。即根据文件中关键字的特点，设计一个散列函数和处理冲突的方法，将记录散列到存储设备上。

2. 基桶和溢出桶

在散列文件的存储单位叫桶(Bucket)。假如一个桶能存放 m 个记录，则当桶中已有 m 个同义词的记录时，存放第 m+1 个同义词会发生“溢出”。需要将第 m+1 个同义词存放到另一个桶中，通常称此桶为“溢出桶”。相对地，称前 m 个同义词存放的桶为“基桶”。

注意：

①溢出桶和基桶大小相同，相互之间用指针相链接。

②当在基桶中没有找到待查记录时，就沿着指针到所指溢出桶中进行查找，因此，希望同一散列地址的溢出桶和基桶，在磁盘上的物理位置不要相距太远，最好在同一柱面上。

3. 散列文件的查找操作

在散列文件中查找的过程如下：

(1) 根据给定值求出散列桶地址。

(2) 将基桶的记录读入内存，进行顺序查找。

(3) 若找到关键字等于给定值的记录，则检索成功；否则，读入溢出桶的记录继续进行查找。

4. 散列文件的删除操作

在散列文件中删去一个记录，仅需对被删记录作删除标记即可。

5. 散列文件的特点

(1) 散列文件的优点如下：

①文件随机存放，记录不需进行排序。

②插入、删除方便。

③存取速度快；不需要索引区，节省存储空间。

散列文件的缺点如下：

①不能进行顺序存取，只能按关键字随机存取。

②询问方式限于简单询问。

③在经过多次插入、删除后，可能造成文件结构不合理，需要重新组织文件。

·本章小结·

文件是存放于外存储器中的数据结构。本章主要介绍了顺序文件、散列文件的结构特点及其操作。

顺序文件具有文件中记录的物理顺序和逻辑顺序一致的特点，对顺序存储器上的顺序文件只能进行顺序存取，对直接存储器上的顺序文件还可按记录号或关键码进行随机存取。对顺序文件的操作主要是按批处理方式进行；散列文件记录可以随机存放，插入删除方便，但在存放时会出现地址冲突。

第12章 外部排序

内容提要及教学目标

本章主要介绍了外部排序的概念和基本思想，以及常用的两种外部排序方法——多路平衡归并排序和置换选择排序。通过本章的学习，读者应该掌握以下内容：

- 深刻理解外部排序的概念和基本思想。
- 理解多路平衡归并排序的过程。
- 理解置换选择排序的过程。

本章重点及难点

外部排序的概念和基本思想、多路平衡排序的过程和置换选择排序的过程。

12.1 外部排序的基本思想

在第5章我们讲述的内部排序，都是针对记录比较少的文件，但当文件中记录个数比较多时，以至于多到内存都放不下时，就要借助于磁盘、磁带和光盘等外存来保存，这种把待排序记录存储在外部存储设备上的排序方法被称为外部排序。

外部排序的基本思想是：外部排序将整个排序过程分两个独立的阶段完成。第一个阶段，按照内存的大小，将待排序文件分成若干个子文件，依次读入内存，选用合适的内部排序方法对其进行排序，然后把排序后的文件重新写回到外存上去，形成初始的归并段，排序后的文件通常被称为初始归并段；第二个阶段使用归并排序的方法对这些初始归并段进行归并排序，直到得到一个有序的文件为止。

第一个阶段的工作已经在第5章讨论过了，本章主要讨论第二个阶段，即归并的过程。先从一个实例来看外部排序的归并是怎么进行的。

[例12.1] 假设一个待排序文件有10 000个记录，先通过内部排序10次得到10个初始归并段S[1]～S[10]，其中每一段都含有1000个记录。然后将这10个初始归并段两两归

并，直到得到一个有序文件为止。归并过程如图 12.1 所示。

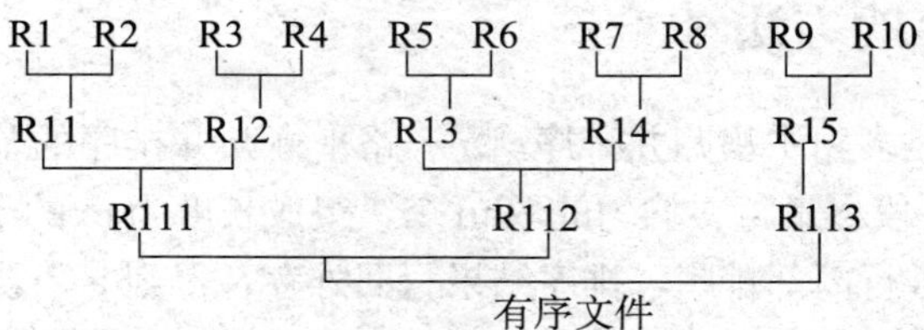

图 12.1　2—路平衡归并排序

从图 12.1 可以看出，10 个初始归并段排列成一个有序文件，需要经过 4 趟归并，每一趟归并后都由 m 个归并段得到 m/2 个新的初始归并段，这种方法就是 2—路平衡归并法。

将两个有序归并段合并成一个有序段的过程，若在内存中进行就很简单，只需通过二路归并排序中的合并函数 Merge 就可以实现。但如果是在外存中进行两两归并，不仅要调用 Merge 函数，而且还要进行外存上的读和写操作，所以我们不能把两个有序段及归并结果段同时放在内存中。对外存中信息的读/写是以“物理快”为单位的。假设例 12.1 中每个物理快可以容纳 200 个记录，则每一趟归并需要进行 50 次“读”和 50 次“写”，4 趟归并加上内部排序的读/写，那么外排序共需进行 500 次读/写。

一般情况下：

外部排序花费的总时间＝内部排序（产生初始归并段）花费的时间 $m^{*} t_{is}$＋外存信息读写的时间 $d^{*} t_{io}$＋内部归并所需的时间 $s^{*} ut_{mg}$

其中：t_{is}是为得到一个初始归并段进行内部排序所需要时间的均值；t_{io}是进行一次外存读/写时间的均值．ut_{mg}是对 u 个记录进行内部归并所需时间；m 为经过内部排序之后得到的初始归并段的个数；s 为归并的趟数；d 为总的读/写次数。由此，例 12.1 中 10 000 个记录利用二路归并进行排序所需总的时间为：

$10^{*} t_{is} + 500^{*} t_{io} + 4^{*} 10000 t_{mg}$

其中，t_{io}取决于所用的外存设备，显然 t_{io} 比 t_{mg} 要大得多。因此，调高外部排序的效率主要在于减少外存信息读/写的次数 d。

下面来分析 d 和“归并过程”的关系。如果对例 12.1 中的 10 个初始归并段进行 5 路平衡归并（即每一趟将 5 个或 5 个以下的有序子文件归并成一个有序子文件），则从图 12.2 可以看出，仅需进行 2 趟归并，外部排序时总的读/写次数便减少到 2×100＋100＝300，比 2 路归并减少了 200 次的读/写。

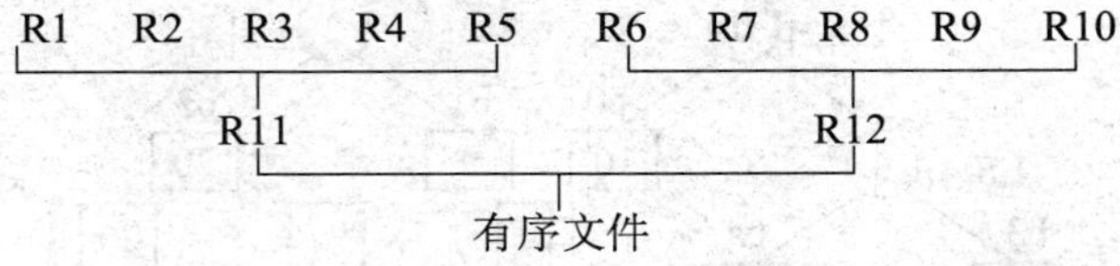

图 12.2　5—路平衡归并排序

可见，对同一个文件进行外部排序时，所需读/写外存的次数 d 和归并的趟数 s 成正比。而在一般情况下，对 m 个初始的归并段进行 k—路平衡归并时。归并的趟数

$$s = \lceil \log_k m \rceil$$

可见，如果增加 k 或减少 m 便能减少 s。

12.2 外部排序的方法

最常用的外部排序是多路平衡归并排序。m—路平衡归并排序的基本思想是：第一趟，将n个长度为1的初始归并段尽量每次均匀的取m个，组成长度为m的子文件若干个，依次将这若干个子文件读入内存进行内部排序，排序结果写回外存，得到k个初始归并段；第二趟再对这k个长度为m的初始段重复第一趟的排序过程，反复执行，直到文件中只含有一个初始段的时候，排序结束。二路归并排序是最简单的多路归并排序。在多路归并排序过程中，归并后的第一个初始段是所有归并段中关键字最小的记录，需要比较k−1次，如果每趟归并n个记录，就要比较(n−1)(k−1)次，m个初始段需要归并 s=[$\log_k m$]趟，共需比较(n−1)（k−1）s=[$\log_k m$]次。为了减少k的值，通常在实现时选用“败者树”，而不用选择排序。

所谓“败者树”，实际上是树形选择结构的一种变型。如图12.3（a）是一棵实现5—路归并的“败者树”LS[0…4]，图中方形结点表示叶子结点（也可以看成是外结点），分别为5个归并段中当前参加归并选择记录的关键字；败者树中根结点LS[1]的双亲结点LS[0]为“冠军”，在此指示各归并段中的最小关键字记录为第三段中的当前记录；结点LS[3]指示b1和b2两个叶子结点中的败者即b2，而胜者b1和b3（b3是叶子结点b3、b4和b0经过两场比赛后选出的获胜者）进行比较，结点LS[1]则只是它们中的败者为b1。在选得最小关键字的记录后，只要修改叶子结点b3中的值，使其为同一归并段中的下一个记录的关键字，然后结点向上和双亲结点所指的关键字进行比较，败者留在该双亲结点，胜者继续向上直至树根的双亲。如图12.3（b）所示，当第3个归并段中的第2个记录参加归并时，所得的最小关键字记录为第一个归并段中的记录。为了防止归并过程中某个归并段变为空，可以在每个归并段中附加一个关键字为最大值的记录。当选出的“冠军”记录的关键字为最大值时，表明此次归并已经完成。由于实现k—路归并的败者树的深度为$\lfloor \log_2 k \rfloor +1$，则在k个记录中选择最小关键字仅需进行$\lfloor \log_2 k \rfloor$次比较。败者树的初始化也容易实现，只要先令所有的非终端结点指向一个含最小关键字的叶子结点，然后从各个叶子结点出发调整非终端结点为新的败者树即可。

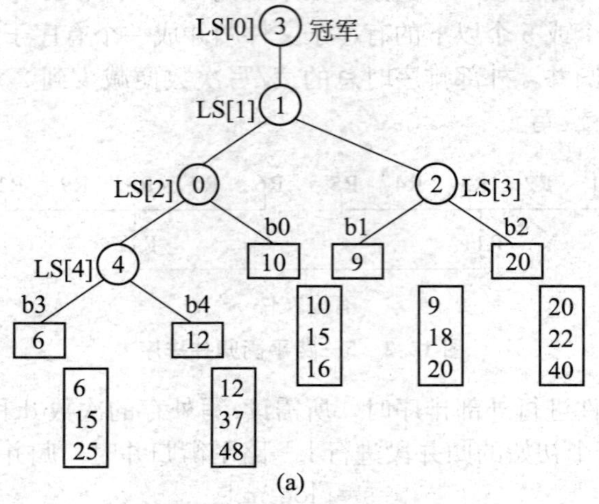

(a)

图12.3 实现5—路归并的败者树

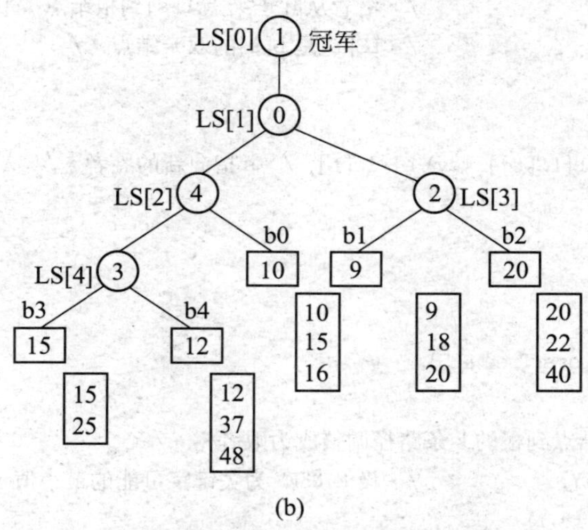

(b)

图 12.3　实现 5—路归并的败者树（续）

下面的算法简单描述利用败者树进行 k 路归并的过程。为了突出如何利用败者树进行归并，在算法中避开了外存信息存取的细节，可以认为归并段已经在内存中。

```
Typedef int LoserTree[k];              /* 败者树是完全二叉树且不含叶子,可采用顺序存储结构 */
Typedef Struct{
    KeyType key;
}ExNode,External[k];                   /* 外结点只存放待归并记录的关键字 */

void K_Merge(LoserTree &LS,External &b)
{     /* 利用败者树 LS 将编号从 0~k-1 的 k 个输入归并段中的记录归并到输出归并段,b[0]~b[k-1]
      为败者树上的 k 个叶子结点,分别存放在 k 个输入归并段中当前记录的关键字 */
      for(i=0;i<k;++i)
       input(b[i].key);
       /* 分别从 k 个输入归并段读入当前第一个记录的关键字到外结点 */
       CreateLoserTree(LS);            /* 建立败者树 LS,选得最小关键字为 b[LS[0]].key */
       while(b[LS[0]].key!=MAXKEY)
       {
         q=LS[0];                      /* q 指示当前最小关键字所在的归并段 */
         output(q);
         /* 将编号为 q 的归并段中当前关键字为 b[q].key)的记录写至输出归并段 */
         input(b[q].key);
         /* 从编号为 q 的输入归并段中读入下一个记录的关键字 */
         Adjust(LS,q);                 /* 调整败者树,选择新的最小关键字 */
       }
     output(LS[0]);                    /* 将含最大关键字 MAXKEY 的记录写至输出归并段 */
}

void Adjust(LoserTree &LS,int s)
```

```
{                                      /*沿着从叶子结点b[s]到根结点LS[0]的路径调整败者树*/
      t=(s+k)/2;                       /*LS[t]是b[s]的双亲结点*/
      while(t>0)
      {
        if(b[s].key>b[LS[t]].key) s→ls[t]; /*s指向新的胜者*/
        t=t/2;
      }
      LS[0]=s;
}
void CreateLoserTree(LoserTree &LS)
{
      /*沿着从叶子结点到根的k条路径调整成为败者树*/
      b[k].key=MINKEY;                 /*设MINKEY为关键字可能的最小值*/
      for(i=0;i<k;++i)
          LS[i]=k;                     /*设置LS中"败者"的初始值*/
      for(i=k-1;i>0;--i)
          Adjust(LS,i);                /*依次从b[k-1],b[k-2],…,b[0]出发调整败者*/
}
```

在多路平衡归并排序中除了可以通过减少k值来减少比较次数，也可以通过减少m来提高排序效率。置换选择排序就是这样一种方法。置换选择排序的基本思想是：在产生每一个初始归并段的过程中，选择最大（或最小）关键字，输入和输出交叉或平行地进行。

假设初始待排序文件为输入文件FI，初始归并段文件为输出文件FO，内存工作区为W，FO和W的初始值为空，设W的容量为w个记录，则置换—选择排序的操作过程如下：

（1）从FI输入w个记录到工作区W中。

（2）从W中选出关键字最小的记录，并记为MINIMAX记录。

（3）将MINIMAX记录输出到FO中。

（4）若FI不为空，则从FI输入下一个记录到W中。

（5）从W中所有关键字比MINMAX记录的关键字大的记录中选出最小的记录，并记为新的MINIMAX记录。

重复步骤（3）～（5），直到在W中选不出新的MINIMAX记录为止，这时得到一个初始归并段，输出一个归并段的结束标志到FO中。

重复步骤（2）～（5），直到W为空。此时得到全部的初始归并段。

［例12.2］ 如表12.1所示，假设FI＝{15，19，4，61，12，17，83，25，16，34，26，7}，工作区个数w＝3，写出置换选择排序的整个过程。

表12.1 置换选择排序过程

FO	W	FI
空	空	15，19，4，61，12，17，83，25，16，34，26，7
空	15，19，4	61，12，17，83，25，16，34，26，7

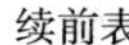

续前表

FO	W	FI
4	15，19，61	12，17，83，25，16，34，26，7
4，15	12，19，61	17，83，25，16，34，26，7
4，15，19	12，17，61	83，25，16，34，26，7
4，15，19，61	12，17，83	25，
4，15，19，61，83	12，17，25	16，34，26，7
4，15，19，61，83，↓（一归并段结束标志）	12，17，25	16，34，26，7
4，15，19，61，83，↓12	16，17，25	34，26，7
4，15，19，61，83，↓12，16	17，25，34	26，7
4，15，19，61，83，↓12，16，17	25，26，34	7
4，15，19，61，83，↓12，16，17，25	7，26，34	空
4，15，19，61，83，↓12，16，17，25，26	7，34	空
4，15，19，61，83，↓12，16，17，25，26，34	7	空
4，15，19，61，83，↓12，16，17，25，26，34，↓（一归并段结束标志）	7	空
4，15，19，61，83，↓12，16，17，25，26，34，↓7	空	空

从例 12.2 可以看出：置换选择排序要弄清楚的一个重要问题，就是产生的归并段的平均长度与工作区的大小关系。在内部排序中，归并段的长度完全由工作区的大小决定，最长不超过工作区的大小，但置换—选择排序所产生的归并段的长度是不定长，并且还可以大于工作区的长度，其平均长度为工作区的两倍。

·本章小结·

外部排序是将待排序记录存储在外部存储器上，在排序过程中需要进行多次内外存之间的信息交换的排序方法。

外部排序过程由两个独立的阶段完成，第一个阶段通过内部排序生成初始归并段，第二个阶段对生成的初始段进行归并排序，直到文件有序为止。

常用的外部排序方法是多路平衡归并排序，其中 2—路平衡归并排序又是最简单的一种。多路平衡排序的执行效率受 k 值的影响很大，所以在实际应用中，常会使用“败者树”来归并。除此之外，也可以使用另外一种外部排序方法，如置换选择排序来改善多路平衡归并排序中的 k 值，从而提高外部排序的执行效率。

参考文献

[1] 谭浩强. C程序设计（第二版）. 北京：清华大学出版社，1999

[2] 段恩泽，肖守柏. 数据结构（C/C♯）. 北京：清华大学出版社，2010

[3] 严蔚敏，吴伟民. 数据结构（C语言版）. 北京：清华大学出版社，2002

[4] 陈小平. 数据结构导论. 北京：经济科学出版社，2000

[5] 张晓莉，王苗，罗文劼. 数据结构与算法（第2版）. 北京：机械工业出版社，2008

[6] 曹桂琴，郭芳. 数据结构学习指导（第二版）. 大连：大连理工大学出版社，2008

[7] 宁正元，易金聪. 数据结构——用C语言描述（第二版）. 北京：中国水利水电出版社，2007

[8] 陈广. 数据结构（C♯语言描述）. 北京：北京大学出版社，2009

[9] 王晓东. 数据结构（C语言版）. 北京：电子工业出版社，2007

[10] 陈慧南. 数据结构——C语言描述（第二版）. 西安：西安电子科技大学出版社，2009

[11] 张乃孝. 算法与数据结构——C语言描述（第2版）. 北京：高等教育出版社，2002

[12] 李春葆. 数据结构（C语言篇）习题与解析. 北京：清华大学出版社，2000

[13] 彭波. 数据结构. 北京：电子工业出版社，2008

[14] 唐发根. 数据结构教程（第2版）. 北京：北京航天航空大学出版社，2005

教师信息反馈表

为了更好地为您服务，提高教学质量，中国人民大学出版社愿意为您提供全面的教学支持，期望与您建立更广泛的合作关系。请您填好下表后以电子邮件或信件的形式反馈给我们。

<table>
<tr><td>您使用过或正在使用的我社教材名称</td><td></td><td>版次</td><td></td></tr>
<tr><td>您希望获得哪些相关教学资料</td><td colspan="3"></td></tr>
<tr><td>您对本书的建议(可附页)</td><td colspan="3"></td></tr>
<tr><td>您的姓名</td><td colspan="3"></td></tr>
<tr><td>您所在的学校、院系</td><td colspan="3"></td></tr>
<tr><td>您所讲授课程名称</td><td colspan="3"></td></tr>
<tr><td>学生人数</td><td colspan="3"></td></tr>
<tr><td>您的联系地址</td><td colspan="3"></td></tr>
<tr><td>邮政编码</td><td></td><td>联系电话</td><td></td></tr>
<tr><td>电子邮件(必填)</td><td colspan="3"></td></tr>
<tr><td>您是否为人大社教研网会员</td><td colspan="3">□ 是　会员卡号：____________
□ 不是，现在申请</td></tr>
<tr><td>您在相关专业是否有主编或参编教材意向</td><td colspan="3">□ 是　　　　□ 否
□ 不一定</td></tr>
<tr><td>您所希望参编或主编的教材的基本情况(包括内容、框架结构、特色等，可附页)</td><td colspan="3"></td></tr>
</table>

我们的联系方式：北京市海淀区中关村大街31号

中国人民大学出版社教育分社

邮政编码：100080

电话：010-62515913

网址：http://www.crup.com.cn/zyjy/

E-mail：jyfs_2007@126.com

数据结构导论
学习指导

主　编　蔡厚新　肖守柏
副主编　吴金舟　熊　蕾　齐兴敏

中国人民大学出版社
·北京·

目 录

第一部分 习题答案与解析

第二部分 课程应用与学习

第三部分 附录

第一部分　习题答案与解析

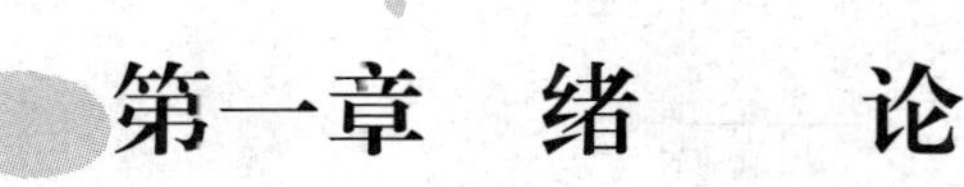

第一章 绪 论

一、单选题

1. 以下说法中，正确的是________。

A. 数据元素是数据这个集合中的个体　　B. 数据元素均由数据项组成

C. 数据项是数据的基本单位　　D. 数据元素是数据的最小单位

【参考答案】 A

2. 以下不属于数据的逻辑结构的是________。

A. 顺序　　B. 树　　C. 图　　D. 集合

【参考答案】 A

3. 数据结构被形式地定义为（K，R)，其中 K 是(1) 的有限集合，R 是 K 上的(2) 有限集合。

（1）A. 算法　　B. 数据元素　　C. 数据操作　　D. 逻辑结构

（2）A. 操作　　B. 映象　　C. 存储　　D. 关系

【参考答案】 （1）B　　（2）D

4. 在数据结构中，从逻辑上可以把数据结构分成________。

A. 线性结构和非线性结构　　B. 紧凑结构和非紧凑结构

C. 动态结构和静态结构　　D. 内部结构和外部结构

【参考答案】 A

5. 线性表若采用链式存储结构时，要求内存中可用存储单元的地址________。

A. 必须是连续的　　B. 部分地址必须是连续的

C. 一定是不连续的　　D. 连续或不连续都可以

【参考答案】 D

6. 通常要求同一逻辑结构中的所有数据元素具有相同的特性，这意味着________。

A. 每个数据元素都一样

B. 数据元素具有同一特点

C. 数据元素所包含的数据项的个数要相等

D. 不仅数据元素所包含的数据项的个数要相同，而且对应数据项的类型要一致

【分析】 同一逻辑结构中的所有数据元素必须具有相同的数据域，而且对应数据项的类型要一致。因为一方面只有同一类型的数据元素才能归类到同一种结构中；另一方面，在计算机存储器中表示数据元素时，还必须为它们定义相同的数据类型。故 D 答案是正确的。

【参考答案】 D

7. 算法是指________。

A. 程序　　B. 计算方法　　C. 操作的描述　　D. 问题求解步骤的描述

【参考答案】 D

8. 以下有关抽象数据类型的描述中，正确的是________。

A. 抽象数据类型是一个值的集合

B. 抽象数据类型是数据的逻辑结构及操作的组合

C. 抽象数据类型的操作可以没有操作结果

D. 抽象数据类型只能用C语言来描述

【参考答案】 B

9. 分析下列程序段的时间复杂度是________。

```
i = 1;
while(i <= n)
   i = i * 2;
```

A. $O(n)$　　B. $O(n^2)$　　C. $O(\log_2 n)$　　D. $O(2*n)$

【分析】循环体里面是 i=i*2，即每循环一次 i 值增加一倍，所以执行次数与 n 之间是以 2 为底的对数关系，故时间复杂度为 $O(\log_2 n)$。

【参考答案】 C

10. 有实现同一功能的四个算法 F1、F2、F3 和 F4，其中 F1 的时间复杂度为 $T1=O(2^n)$，F2 的时间复杂度为 $T2=O(n^2)$，F3 的时间复杂度为 $T3=O(\log_2 n)$，F4 的时间复杂度为 $T4=O(n!)$。仅从时间复杂度来看，较好的算法是____。

A. F1　　B. F2　　C. F3　　D. F4

【参考答案】 C

二、填空题

1. 所谓数据的逻辑结构指的是数据元素之间的________。

【分析】这道题容易出错的地方在于许多考生仅填写“逻辑关系”，这是不全面的，应该是逻辑关系的整体。

【参考答案】 逻辑关系的整体

2. 数据元素是数据的________，数据项是数据的________。

【参考答案】 基本单位　　最小单位

3. 常见的数据存储结构一般有四种类型，它们分别是________、________、________和________。

【参考答案】 顺序　　链式　　索引　　散列

4. 数据结构是相互之间存在一种或多种特定关系的数据元素的集合，它包括三方面的内容，分别是________、________和________。

【参考答案】 数据的逻辑结构　　数据的存储结构　　运算

5. 线性结构中元素之间存在________关系，树形结构中元素之间存在________关系，图形结构中元素之间存在________关系。

【参考答案】 一对一　　一对多　　多对多

6. 在一般情况下，一个算法的时间复杂度是________的函数。

【参考答案】 问题规模

7. 常见时间复杂度有：常数阶 O（________）、线性阶 O（________）、对数阶 O（________）、平方阶 O（________）和指数阶 O（________）。通常认为，具有________量级的算法是好算法，而具有________量级的算法是差算法。

【参考答案】 1 n $\log_2 n$ n^2 2^n 常数阶 指数阶

8. 以下时间复杂度由大到小的排列次序为________。

2^{n+2} $(n+2)!$ $(n+2)^4$ 100 000 $n\log_2 n$

【参考答案】 $(n+2)! > 2^{n+2} > (n+2)^4 > n\log_2 n > 100\ 000$

9. 下面程序段的时间复杂度是________。

```
for(i=0;i<n;i++)
   for(j=0;j<m;j++)
      A[i][j]=0;
```

【参考答案】 O(m*n)

10. 下面程序段的时间复杂度是________。

```
i=s=0;
while(s<n)
{
  i++;        /*i=i+1*/
  s+=i;       /*s=s+i*/
}
```

【参考答案】 O(n)

三、综合题

1. 简要回答下列问题：

（1）数据与数据元素有何区别？

【参考答案】 凡能被计算机存储、加工的对象通称为数据。数据元素是数据的基本单位，在程序中通常作为一个整体而加以考虑和处理。

区别：一个数据可以由一个或多个数据元素构成。

（2）为什么说数据元素之间的逻辑关系是数据内部组织的主要方面？

【参考答案】 所谓逻辑关系是指数据元素之间的关联方式或称“邻接关系”，数据元素不可能是孤立存在的，它们之间总是存在着某种关系，这种数据元素之间逻辑关系的整体称为逻辑结构。一些表面上很不相同的数据可以有相同的逻辑结构，逻辑结构是数据组织的某种“本质性”的东西，所以逻辑关系是数据内部组织的主要方面。

数据的逻辑结构还有以下几点特别需要注意：

①逻辑结构与数据元素本身的形式、内容无关；

②逻辑结构与数据元素的相对位置无关；

③逻辑结构与所含结点个数无关。

（3）逻辑结构与存储结构是什么关系？

【参考答案】 逻辑结构反映数据元素之间的逻辑关系，而存储结构是数据结构在计算机中的表示，它包括数据元素的表示及其关系的表示。

(4) 运算与运算的实现是什么关系？有哪些相同点和不同点？

【参考答案】 运算是指在逻辑结构上施加的操作，而运算的实现是指一个完成该运算功能的程序。

相同点：运算和运算的实现都能完成对数据的“处理”或某种特定的操作。

不同点：运算只是描述处理功能，不包括处理步骤和方法，而运算的实现的核心则是处理步骤。

2. 设有数据逻辑结构为：

```
B = (K,R)
K = {k1,k2, …,k9}
R = {<k1,k3>,<k1,k8>,<k2,k3>,<k2,k4>,<k2,k5>,<k3,k9>,<k5,k6>,<k8,k9>,<k9,k7>,<k4,k7>,<k4,k6>}
```

画出这个逻辑结构的图示，并确定相对于关系 R，哪些结点是开始结点，哪些结点是终端结点？

【参考答案】 该题的逻辑结构图示如图下所示。

开始结点是指无前趋的结点，这里满足该定义的开始结点为 k1，k2。

终端结点是指无后续的结点，这里满足该定义的终端结点为 k6，k7。

该逻辑结构是非线性结构中的图形结构。

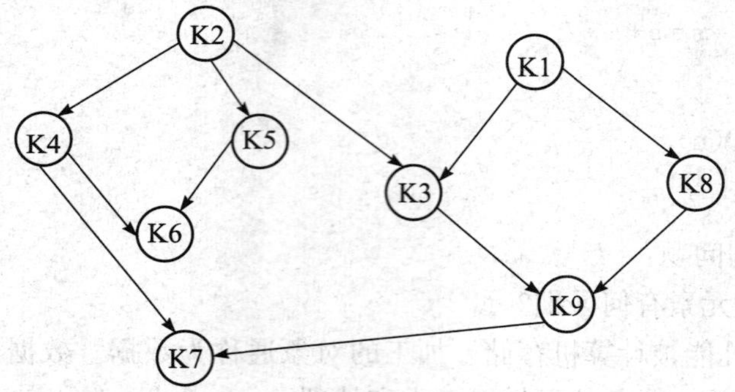

第 2 题图　逻辑结构图示

3. 设有如下图所示的逻辑结构，给出它的逻辑结构。

【参考答案】 本题的逻辑结构如下：

```
B = (K,R)
K = {k1,k2, …,k9}
R = {<k1,k2>,<k1,k3>,<k3,k4>,<k3,k6>,<k6,k8>,<k4,k5>,<k6,k7>,<k8,k9>}
```

该逻辑结构式一个树形结构，其树根为 k1，叶子结点为 k2、k5、k7 和 k9。

4. 有如下递归函数 fact(n)，分析其时间复杂度。

```
fact( int n)
{
    if(n<=1)return(1);          ①
```

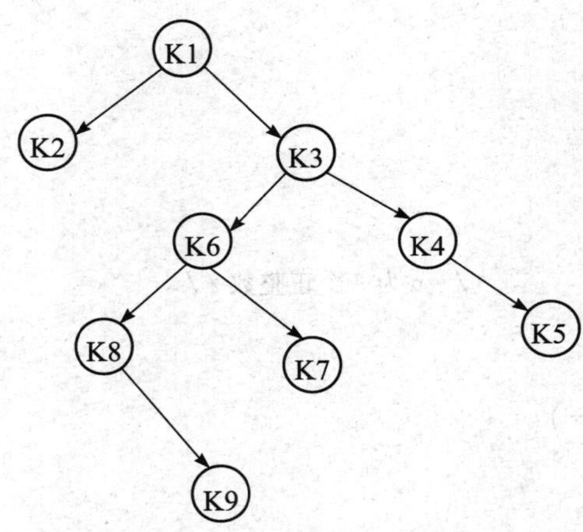

第 3 题图 逻辑结构图示

```
    elsereturn n * fact(n - 1));   ②
}
```

【参考答案】 设 fact（n）的运行时间函数是 T(n)。该函数中语句①的运行时间是 O(1)，语句②的运行时间是 T(n−1)＋O(1)，其中 O(l) 为运算的时间。

因此：$T(n)=\begin{cases} O(1) & n\leqslant 1 \\ T(n-1)+O(1) & n>1 \end{cases}$

则：$T(n)=O(1)+T(n-1)$

$=2*O(1)+T(n-2)$

…

$=(n-1)*O(1)+T(1)$

$=n*O(1)$

$=O(n)$

即 fact(n) 的时间复杂度为 O(n)。

5. 指出下列各算法的时间复杂度。

```
(1) prime(int n)                    /* n为一个正整数 */
  {
      int i = 2;
      while((n % i)! = 0&&i * 1.0<sqrt(n))i ++ ;
      if(i * 1.0 > sqrt(n))
              print f(" % d是一个素数\n",n);
      else
              print f(" % d不是一个素数\n",n);
  }
(2) sum1(int n)                     /* n为一个正整数 */
  {
     int p = 1,sum = 0,i;
     for(i = 1;i < = n;i ++ )
```

```
    {
        p* =i;
        sum+ =p;
    }
    return(sum);
  }
```

```
(3) sum2(int n)                 /*n为一个正整数*/
  {
    int sum=0,i,j;
    for(i=1;i<=n;i++)
    {
        p=1;
        for(j=1;j<=i;j++)p* =j;
        sum+ =p;
    }
    return(sum);
  }
```

【参考答案】 算法的时间复杂度是由嵌套最深层语句的频度决定的。

(1) prime 的嵌套最深层语句：

```
i++;
```

它的频度由条件((n%i)! =0&&i*1.0<sqrt(n))决定，显然 i*1.0<sqrt(n)，即执行频度小于 sqrt(n)，所以其时间复杂度是 $O(\sqrt{n})$。

(2) suml 的嵌套最深层语句：

```
p* =i;sum+ =p;
```

它的频度为 n 次，所以其时间复杂度是 O（n)。

(3) sum2 的嵌套最深层语句：

```
p* =j;
```

它的频度为 1+2+3+…+n=n(n+1)/2 次，所以其时间复杂度是 $O(n^2)$。

6. 求两个 n 阶矩阵的乘法 C=A×B，其算法如下：

```
#define N 100
void maxtrixmult(int n,float a[N][N],b[N][N],float c[N][N])
{
    int i,j,k;
    float x:
    for(i=1;i<=n;i++)                         ①
    {
        for(j=1;j<=n;j++)                     ②
        {
            x=0;                              ③
```

```
            for(k = 1;k< = n;k + + )                ④
                  x + = a[i][k] * b[k][j];          ⑤
            c[i][j] = x;                            ⑥
      }
    }
  }
```

分析该算法的时间复杂度。

【参考答案】　该算法中主要语句的频度分别是：

①$n+1$

②$n(n+1)$

③n^2

④$n^2(n+1)$

⑤n^3

⑥n^2

则时间复杂度为所有语句的频度之和 $T(n)=2n^3+3n^2+2n+1=O(n^3)$。

第二章　线性表

一、单选题

1. 线性表的________元素没有直接后继。

A. 第一个　　B. 最后一个　　C. 所有　　D. 没有

【参考答案】 B

2. 若线性表采用顺序存储结构，每个元素占用 2 个存储单元，第 1 个元素存储地址为 100，则第 5 个元素的存储地址是________。

A. 100　　B. 108　　C. 110　　D. 120

【分析】 第 5 个元素的地址＝100＋2＊（5－1）＝108

【参考答案】 B

3. 从具有 n 个结点的单链表中查找值等于 x 的结点时，在查找成功的情况下，平均需比较________个结点。

A. n　　B. n/2　　C. (n－1)/2　　D. (n＋1)/2

【分析】 最好情况下只需比较 1 次，最坏情况下需比较 n 次，所以平均比较次数为(1＋2＋3＋…＋n)/n＝(n＋1)/2

【参考答案】 D

4. 在单链表中，删除 p 所指结点的直接后继的操作是________。

A. p -> next＝p -> next -> next；

B. p＝p -> next；p -> next＝p -> next -> next；

C. p -> next＝p -> next；

D. p＝p -> next -> next；

【分析】 删除 p 的直接后继后，p 的直接后继的直接后继成为 p 的新的直接后继，所以应将新的直接后继的地址存入 p 的指针域中。

【参考答案】 A

5. 以下有关链表的说法中，错误的是________。

A. 对单链表来说，寻找结点的后继比较容易

B. 对循环链表来说，从任一结点出发，都可以遍历整个链表

C. 对双链表来说，寻找结点的前趋和后继都比较容易

D. 对于静态链表来说，可以随机存取结点中的数据

【参考答案】 D

6. 双向链表具有对称性，是指________。

A. p -> prior -> next==p==p -> next -> next

B. p -> prior -> next==p==p -> next -> prior

C. p -> prior -> prior==p==p -> next -> prior

D. p -> prior -> prior==p==p -> next -> next

【参考答案】　B

7. 单链表中，增加头结点的目的是为了________。

A. 方便运算的实现　　　　　　　　B. 用于标识单链表

C. 使单链表中至少有一个结点　　　D. 用于标识起始结点的位置

【分析】作为单链表来说，是用头指针来对其进行标识的。头指针可以指向头结点，也可以指向起始结点，所以没有必要用头结点来标识起始结点。而一个单链表允许是空的，不一定非要保证单链表中至少有一个结点，因此 B，C，D 答案都是错误的。之所以要引入头结点，目的就是为了方便单链表上运算的实现。

【参考答案】　A

8. 在一个单链表中，若 p 所指结点不是最后结点，在 p 之后插入 s 所指结点，则执行________。

A. s -> next=p；p -> next=s；

B. s -> next=p -> next；p -> next=s；

C. s -> next=p -> next，p=s，

D. p -> next=s；s -> next=p；

【参考答案】　B

9. 在一个单链表中，已知 q 所指结点是 p 所指结点的直接前趋，若在 p，q 之间插入 s 结点，则执行________操作。

A. s -> next=p -> next；p -> next=s；

B. q -> next=s；s -> next=p；

C. p -> next=s -> next；s -> next=p；

D. p -> next=s；s -> next=q；

【分析】按题意画如下图。在本题中，因为相关的三个结点分别被三个指针所指向，所以图中的操作步骤可以对调。

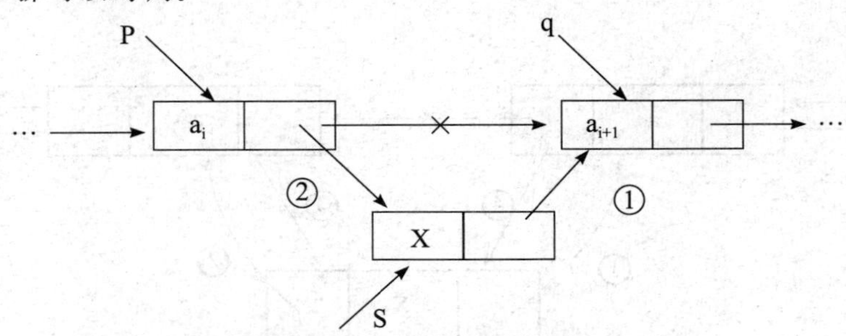

第 9 题图　单链表上插入操作示意图

【参考答案】　B

10. 带头结点的单链表 head 为空的判断条件是________。

A. head＝NULL　　B. head -> next＝NULL

C. head -> next＝head　　D. head！＝NULL

【分析】带头结点的空单链表如下图所示。

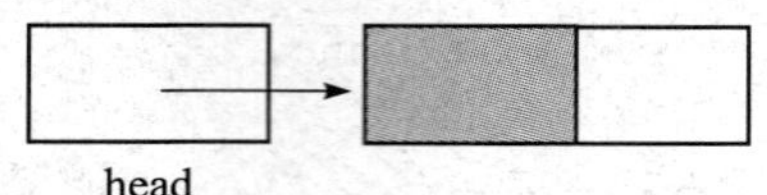

第 10 题图　带头结点的空单链表

所以其判断条件可表示为 head -> next＝NULL。

如果单链表不带头结点，则其判空的条件是 head＝NULL。

【参考答案】　B

11. 不带头结点的单链表 head 为空的判定条件是________。

A. head＝NULL　　B. head -> next＝NULL

C. head -> next＝head　　D. head！＝NULL

【参考答案】　A

12. 非空的循环单链表 head 的尾结点（由 p 所指向）满足________。

A. p＝head　　B. p＝NULL

C. p -> next＝head　　D. p -> next＝NULL

【分析】不管循环单链表是否带有头结点，其尾结点的指针域一定指向头指针 head 的目标，所以有 p -> next＝head。

【参考答案】　C

13. 在循环双链表的 p 所指缩点之后插入。所指结点的操作是________。

A. p -> next＝s；s -> prior＝p；p -> next -> prior＝s；s -> next＝p -> next；

B. p -> next＝s；p -> next -> prior＝s；s -> prior＝p；s -> next＝p -> next；

C. s -> prior＝p；s -> next＝p -> next；p -> next＝s；p -> next -> prior＝s；

D. s -> prior＝p；s -> next＝p -> next；p -> next -> prior＝s；p -> next＝s；

【分析】循环双链表上的插入、删除操作，关键是指针操作的先后顺序不能出错，否则会失去某些结点的地址。建议画一个图，标出指针的先后操作顺序，如图下所示。

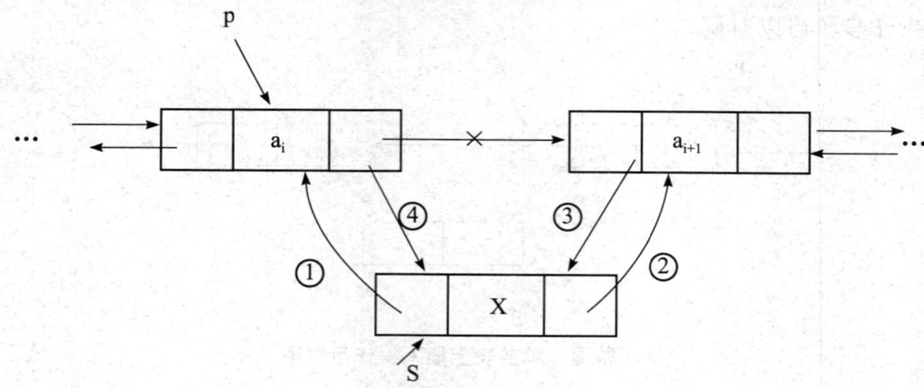

第 13 题图　循环双链表上插入操作示意

【参考答案】　D

二、填空题

1. 对于一个具有 n 个结点的单链表，在 p 所指结点后插入一个新结点的时间复杂度为________；在给定值为 x 的结点后插入一个新结点的时间复杂度为________。

【分析】在指定结点后插入一个结点，无须查找插入位置，故其时间复杂度是 0(1)；而对给定值的结点，因为不知道它的存放位置，所以需要从表头处开始查找，故其时间复杂度是 O(n)。

【参考答案】　O(1)　　O(n)

2. 单链表是________的链接存储表示。

【参考答案】　线性表

3. 在双链表中，每个结点有两个指针域，一个指向________，另一个指向________。

【参考答案】　前趋结点　　后继结点

4. 在一个单链表中删除 p 所指结点时，应执行以下操作：

q=p -> next；

p -> data=p -> next -> data；

p -> next=________；

free（q）；

【参考答案】　p -> next -> next

5. 向一个长度为 n 的向量的第 i 个元素（1≤i≤n+l）之前插入一个元素时，需向后移动________个元素。

【参考答案】　n－i+l

6. 已知顺序表中每个元素占用 3 个存储单元，第 13 个元素的存储地址为 336，则顺序表的首地址为________。

【分析】第 13 个元素的地址（336）＝首地址+3 *（13－1），从而得到首地址为 300。

【参考答案】　300

7. 线性表所含________称线性表的表长，表长为 0 的线性表称为________。

【参考答案】　结点的个数　　空表

8. 线性表的链式存储结构主要有________、________和________。

【参考答案】　单链表　　双向链表　　循环链表

9. 向一个长度为 n 的向量中删除第 i 个元素（1≤i≤n）时，需向前移动________个元素。

【参考答案】　n－i

10. 在一个单链表中，已知 q 所指结点是 p 所指结点的前趋结点，若在 q 和 p 之间插入 s 结点，则执行________。

【参考答案】　q -> next=s；s -> next=p；

三、综合题

1. 叙述以下概念的区别：头指针变量、头指针、头结点、首结点，并说明头指针变量和头结点的作用。

【参考答案】　头指针变量：指该变量的值是指向单链表的第一个结点的指针。因此，它是用于存放头指针的变量。

头指针：指向单链表的第一个结点的指针。

头结点：链表的首结点之前附设的一个结点，称为头结点。

首结点：指用于存储线性表中第一个数据元素的结点。

头指针变量的作用：对单链表中任一结点的访问必须首先根据头指针变量中存放的头指针找到第一个结点，再按各结点链域存放的指针顺序依次往下找，直到找到（或找不到）。头指针变量具有标识单链表的作用，故用头指针变量来命名单链表。

头结点的作用：该结点的数据域中不存储数据元素，其作用是为了对链表进行操作时，将对第一个结点的处理和对其他结点的处理统一起来。

2. 设有一个顺序表 A，其中的元素按值非递减有序排列，编写一个函数插入一个元素 x 后持该向量仍按递减有序排列。

【参考答案】 非递减有序序列是一个按值从小到大进行排序的序列，而且该序列中可能存在值相同的元素。本题的算法思想是：先找到适当的位置，然后后移元素空出一个位置，再将 x 插入。实现本题功能的函数如下：

```
void insert(SqList&A, int n,x)                    /*向量 A 的长度为 n*/
{
    int i,j;
    if(x>=A[n])
       A[n+1]=x;          /*若 x 大于最后的元素,则将其插入到最后*/
    else
       {
       i=1;
       while(x>=A[i])i++;                           /*查找插入位置 i*/
       for(j=n;j>=i;j--)A[j+1]=A[j];               /*移出插入 x 的位置*/
       A[i]=x;
       n++;                                         /*将 x 插入,向量长度增 1*/
    }
}
```

3. 已知一个有序单链表（从小到大排列），表头指针为 head，编写一个函数向该单链表中插入一个元素为 x 的节点，使插入后该单链表仍有序。

【参考答案】 本题的算法思想：先建立一个待插入的结点，然后依次与链表中的各结点的数据域比较大小，找到插入该结点的位置，最后插入该结点。实现本题功能的函数如下：

```
node*insert(node*head, int x)
{  node*s,*p,*q;
   s=(node*)malloc(sizeof(node));/*建立一个待插入的结点*/
   s->data=x;
   s->next=NULL;
   if(head==NULL||x<head->data)/*若单链表为空或 x 小于第一个结点的 data 域*/
   {
```

```
        s -> next = head;                /* 把 s 结点插入到表头后面 */
        head = s;
    }
    else
    {
        q = head;    /* 为 s 寻找插入位置,p 为待比较的结点,q 为 p 的前趋结点 */
        p = A -> head;
        while(p! = NULL&&x > p -> data)  /* 若 x 小于 p 所指结点的 data 域值 */
                                         /* 则退出 while 循环 */
        if(x > p -> data)
        {  q = p;
           p = p -> next;
        }
    s -> next = p;                       /* 将 s 结点插入到 q 和 p 之间 */
    A -> next = s;
  }
}
```

4. 已知一个顺序表中的元素按元素值非递减有序排列，编写一个函数，删除向量中多余的值相同的元素。

【参考答案】 本题的算法思想：由于向量中的元素按元素值非递减有序排列，值相同的元素必为相邻的元素，因此依次比较相邻两个元素，若值相等，则删除其中一个，否则继续向后查找。实现本题功能的函数如下：

```
void delete(SqList&A, int n)              /* 向量 A 的长度为 n */
{
    int i = 1, j;
    while(i < = n - 1)
    if(A[i]! = A[i + 1])i ++ ;            /* 元素值不相等,继续向下找 */
    else
    {
        for(j = (i + 2);j < = n;j ++ )A[j - 1] = A[j];     /* 删除第 i + 1 个元素 */
        n -- ;                            /* 向量长度减 1 */
    }
}
```

5. 有一个单链表，其结点的元素值以非递减有序排列，编写一个函数删除该单链表中余的元素值相同的结点。

【参考答案】 本题采用的算法是：从头到尾扫描该单链表，并作这样的操作：若当前结点的元素值与后续结点的元素值不相等，则指针后移，否则删除该后续结点，直到扫描所有的结点。实现速功能的函数如下：

```
node * delete(node * head)
{
```

```
    node * q;
    if(head! = NULL)
    {
/;当前结点的元素值与后续结点的元素值不相等,则指针后移,否则删除该后续结点 * /.
        while(p-> next! = NULL)
        if(p-> data! = p-> next-> data)p = p-> next;
        else
        {
            q = p-> next;
            p-> next = q-> next;
            free(q);
        }
    }
    return(head);
}
```

6. 编写一个函数，从给定的顺序表 A 中删除元素值在 x 到 y(x≤y)之间的所有元素，要求以较高的效率实现。

【参考答案】 本题的算法思想是：从 0 开始扫描顺序表 L，用 k 记录下元素值在 x 到 y 之间的元素个数，对于不满足该条件的元素，前移 k 个位置。这种算法的时间复杂度为 O(n)，其中 n 为顺序表的长度。实现本题功能的函数如下：

```
void delxy(SqList&A, int x, int y)
{
    int i = 0;
    int k = 0;
    while(i < A. length)
    {
        if(A. data[i]> = x&&A. data[i]< = y)      /* k记录被删除记录的个数 * /
            k++;
        else
            A. data[i-k] = A. data[i];         /* 前移k个位置 * /
        i++;
    }
    A. length- = k;
}
```

7. 设有线性表 $A=(a_1,a_2,\cdots a_m)$，$B=(b_1,b_2,\cdots b_n)$。试写一合并 A、B 为线性表 C 的算法，使得

$$C=\begin{cases}(a_1,b_1,\cdots a_m,b_m,b_{m+1}\cdots,b_n),当\ m\leqslant n\\(a_1,b_1,\cdots a_n,b_n,a_{n+1}\cdots a_m),当\ m>n\end{cases}$$

假设 A. B 均以单链表为存储结构（并且 m、n 显式保存）。要求 C 也以单链表为存储结构并利用单链表 A、B 的结点空间。

【参考答案】 先依次分别从 A，B 表头部取下结点，插入 C 表中。然后再判断 A，B

表中哪个还非空，将非空表插入到C表尾部。

```
void merge(SqList&A,&B,&C)
/*A,B,C均为有头结点的单链表*/
 {
    C=A;
    p=C;
    while((A->next!=NULL)&&(B->next!=NULL))   /*A、B均非空*/
    {
          p->next=A;p=A;A=A->next;            /*将A表结点Ai连接C表*/
          p->next=B;p=B;B=B->next;            /*将B表结点Bi连接C表*/
    }
    if(B==NULL)p->next=A;                     /*若A表不空将A表连接到C表*/
    else p->next=B;                           /*若B表不空将B表连接到C表*/
 }
```

8. 试分别以顺序表和单链表作存储结构，各写一个实现线性表的自身（即使用尽可能少的附加空间）逆置的算法，在原表的存储空间内将线性表$(a_1,a_2,\cdots a_n)$逆置为$(a_n,\cdots a_2,a_1)$。

【参考答案】

（1）顺序表作存储结构。

扫描顺序表A的前半部分元素，对于元A. data[i](0<=i<=L. length/2)，将其与后半部分对应元素A. data[A. length−i−1]进行交换。实现本题功能的函数如下：

```
void invert1(SqList&A)
{
    int i;
    int temp;
    for(i=0;i<A.length/2;i++)         /*交换位置*/
    {
        temp=A.data[i];
        A.data[i]=A.data[A.length-i-1];
        A.data[A.length-i-1]=temp;
    }
}
```

（2）单链表作存储结构。

将原单链表的元素依次取出，再插入另一个单链表的头部，这样就将原单链表逆置，只需附加两个空间。

```
void invert2(SqListA)
/*设A带头结点*/
 {
    p=A->next;          /*取原表表头结点*/
    A->next=NULL;       /*设A为逆置表表头*/
```

```
    while(p! = NULL)
    {
        u = p;p = p -> next;          /* p 后移 */
        u -> next = A -> next;        /* 插入到头结点之后 */
        A -> next = u:
    }
}
```

9. 有一个单链表（不同结点的数据域值可能相同），其头指针为 head，编写一个函数计算数据域为 x 的结点个数。

【参考答案】 本题是遍历通过该链表的每个结点，每遇到一个结点，结点个数加 1，结点个数存储在变量 n 中。实现本题功能的函数如下：

```
int count(node * head)
{
    node * p;
    int n = 0;
    p = head;
    while(p! = NULL)
    {
        if(p -> data = = x)n + + ;
        p = p -> next;
    }
   return(n);
}
```

10. 设有一个循环单链表 head，编写算法，实现结点指针域指向其直接前趋的操作。

【参考答案】 本算法的功能是将下图（a）所示的循环单链表，变换成下图（b）所示的循环单链表。

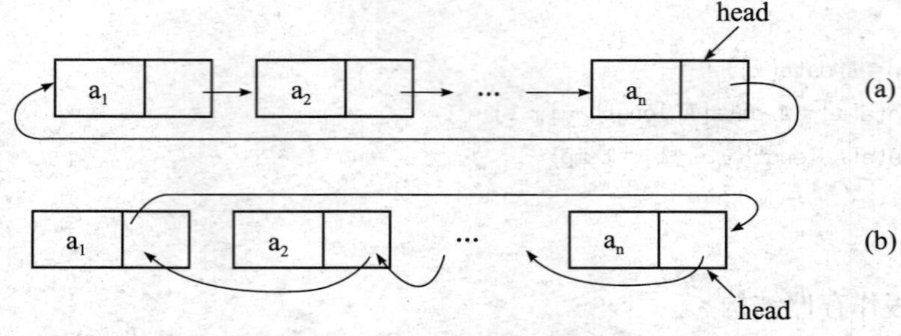

第 10 题图　循环单链表上后域指针改前域指针算法示意图

本题的算法思想是：设置三个指针从头到尾扫描循环单链表，将 a_1 的指针域指向 a_n，a_2 的指针指向 a_1，依此类推，直到最后。但要注意当判断条件 r! =head 成立时，还要将最后两个结点的指针域分别指向它们的直接前趋。实现本题功能的函数如下：

```
void invert(Linklisthead)
{
```

```
    p = head;
    q = head -> next;;
    r = q -> next;
    while(r! = head)
    {
        q -> next = p;
        p = q;
        q = r;
        r = r -> next;
    }
    q -> next = p;
    r -> next = q;
}
```

11. 设有一循环双链表，但初始时每个结点的前域指针 prior 是空的。编写算法，使每个结点的前域指针 prior 指向其直接前趋。

【参考答案】 本题与上一题有相同之处，但是不必改变每个结点后域指针 next 的值。用两个指针从头到尾扫描循环双链表，让每个结点的 prior 域指向其直接前趋。实现本题功能的函数如下：

```
voidinvert_dlist(dlklisthead)
{
    p = head -> next;
    q = head;
    while(p! = head)
    {
        p -> prior = q;
        q = p;
        p = p -> next;
    }
    head -> prior = q;
}
```

第三章　栈和队列

一、单选题

1. 栈的顺序表示中，用 top 表示栈顶指针，那么栈空的条件是________。

A. top==STACKSIZE　B. top==1　C. top==0　D. top==1

【参考答案】　D

2. 一个栈的入栈序列为“abcde”，则以下不可能的出栈序列是________。

A. bcdae　B. edacb　C. bcade　D. aedcb

【参考答案】　B

3. 链栈与顺序栈相比，有一个较明显的优点是（　　）。

A. 通常不会出现栈满的情况　B. 通常不会出现栈空的情况

C. 插入操作更加方便　D. 删除操作更加方便

【分析】不管是链栈还是顺序栈，其插入、删除操作都是在栈顶进行的，都比较方便，所以不可能选 C，D。对链栈来讲，当栈中没有元素而又要执行出栈操作时，就会出现栈空现象，故 B 也是不正确的。只要内存足够大，链栈上就不会出现栈满现象。而对顺序栈来讲，由于其大小是事先确定好的，因此可能会出现栈满现象。所以 A 是正确的。

【参考答案】　A

4. 从栈顶指针为 top 的链栈中删除一个结点，并将被删结点的值保存到 m 中，其操作步骤为________。

A. m=top -> data；top=top -> next；　B. top=top -> next；m=top -> data；

C. m=top；top=top -> next；　D. m=top -> data；

【分析】本操作是链栈上的出栈操作，操作顺序应该是先保存被删结点的值，然后再改变栈顶指针的值。

【参考答案】　A

5. 设有一顺序栈已含 3 个元素，如下图所示，元素 a4 正等待进栈。那么下列 4 个序列中不可能出现的出栈序列是________。

A. a3，a1，a4，a2　B. a3，a2，a4，a1C. a3，a4，a2，a1D. a4，a3，a2，a1

【分析】由于 a1，a2，a3 已进栈，不管 a4 何时进栈，出栈后，a1，a2，a3 的相对位置一定是不变的，即 a3 一定在前，a2 居中，a1 一定在后。比较上述四个答案，只有 A 中的 a1 出现在 a2 的前面，这显然是不正确的。

【参考答案】　A

6. 一个队列的入队序列是“d1，d2，d3，d4”，则队列的出队顺序是________。

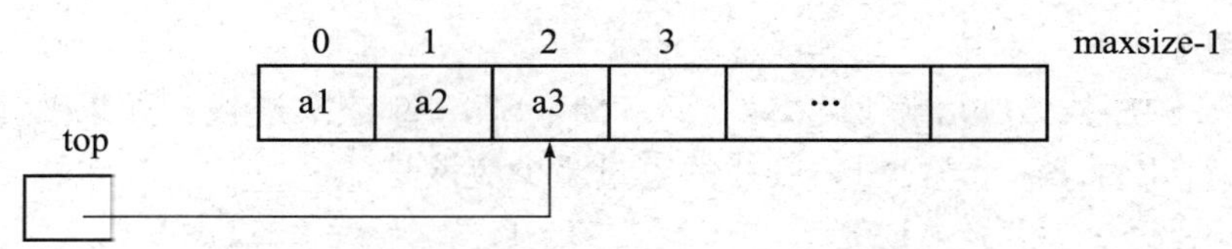

第 5 题图 顺序栈 sq 中已有 3 个元素

A. d4，d3，d2，d1　B. d1，d2，d3，d4　C. d1，d4，d3，d2　D. d3，d2，d4，d1

【参考答案】 B

7. 假定一个循环队列的队头和队尾指针分别为 p 和 q，则判断队空的条件为________。

A. p＝＝0　B. p＋1＝＝q　C. q＋1＝＝p　D. p＝＝q

【参考答案】 D

8. 若以数组 a［8］存放循环队列的元素，且当前队尾指针 rear 的值为 0，队头指针 front 的值为 3。当从队列中出队两个元素，再入队一个元素后，rear 和 front 的值分别为________。

A. 7 和 1　B. 1 和 7　C. 5 和 1　D. 1 和 5

【参考答案】 C

9. 若以数组 a［k］存放循环队列的元素，则当循环队列满时，队列中有________个元素。

A. 2k　B. k＋1　C. k　D. k－1

【分析】在循环队列中，为了能正确区分队满、队空两个判断条件，当前头指针 front 所指单元总是空的。因此最多（队满时）能存放 k－1 个元素。

【参考答案】 D

10. 设数组 A［0，m］作为循环队列 sq 的存储空间，front 为队头指针，rear 为队尾指针，则执行入队操作的语句是________。

A. sq. front＝(sq. front＋1)％m　B. sq. front＝(sq. front＋1)％(m＋1)

C. sq. rear＝(sq. rear＋1)％m　D. sq. rear＝(sq. rear＋1)％(m＋1)

【分析】首先，执行的入队操作是在队尾进行的，所以 A，B 肯定是不对的。其次，由于存放。sq 的数组为 A［0‥m］，共有 m＋1 个单元，％运算中的模应为 m＋1，因此 D 是正确的。

【参考答案】 D

11. 若链队列的队头指针和队尾指针分别为 front 和 rear，则从队列中删除一个结点的操作是________。

A. p＝front；rear＝p -> next；free (p)；　B. p＝rear；front＝p；free (p)；

C. p＝front；front＝p -> next；free (p)；　D. p＝rear；front＝p -> next；free (p)；

【参考答案】 C

12. 输入序列为 ABC，要变为 CBA，经过的栈操作为________。

A. push，pop，push，pop，push，pop　B. push，push，push，pop，pop，pop

C. push，push，pop，pop，push，pop　D. push，pop，push，push，pop，pop

【分析】由于输出的是 CBA，则应将三个元素全部压入栈中，因此应执行三次入栈操作，再执行三次出栈操作。

【参考答案】 B

13. 设有一顺序栈 S，元素 S1，S2，S3，S4，S5，S6 依次进栈，如果 6 个元素出栈的顺序是 S2，S3，S4，S6，S5，S1，则栈的容量至少应该是________。

A. 2　　B. 3　　C. 4　　D. 5

【分析】S1，S2 进栈后，此时栈中有 2 个元素，接着 s2 出栈，栈中尚有 1 个元素；

S3，S4 进栈后，此时栈中有 3 个元素，接着 S4，S3 出栈，栈中尚有 1 个元素；

S5，S6 进栈后，此时栈中有 3 个元素，接着 S6，S5 出栈，栈中尚有 1 个元素；

S1 出栈后，此时栈为空栈。

由此可知，栈的容量至少应该是 3。

【参考答案】 B

14. 如果以链表作为栈的存储结构，则退栈操作时________。

A. 必须判别栈是否满　　B. 判别栈元素的类型

C. 必须判别栈是否空　　D. 对栈不作任何判别

【参考答案】 C

15. 前缀表达式“－2＋8/6　3”的运算结果是________。

A. 1　　B. 4　　C. 8　　D. 16

【参考答案】 C

二、填空题

1. 栈的逻辑特点是________，队列的逻辑特点是________；二者的共同点是只允许在它们的________处插入和删除数据元素；其中________可以作为实现递归函数调用的一种数据结构。

【分析】由于只能在栈顶处执行插入、删除操作，使得数据元素的进栈顺序恰好与出栈顺序相反，所以栈的逻辑特点是先进后出（或后进先出）。而对队列来讲，插入、删除操作必须在队列的两端进行，数据元素的进队顺序与出队顺序是一致的，所以队列的逻辑特点是先进先出（或后进后出）。两者的共同点是所有操作只能在端点处进行。栈是实现递归函数调用的必不可少的数据结构，可用栈来保存返回地址、参变量的值。

【参考答案】 先进后出（或后进先出）　先进先出（或后进后出）　端点　栈

2. 允许在一端插入，在另一端删除的线性表称为________。插入的一端为________，删除的一端为________。

【参考答案】 队列　队尾　对头

3. 在一个循环队列 Q 中，判断队空的条件为________，判断队满的条件为________。

【参考答案】 Q. front＝＝Q. rear　(Q. rear＋1)％QUEUESIZE＝＝Q. front

4. 判别循环队列空和满的方法有________、________和________。

【参考答案】 设置一个标志位　设置一个计数器　少用一个存储空间

5. 已知用数组 sq［50］存放循环队列的元素，且头指针和尾指针分别为 19 和 2，则该队列的当前长度为________。

【参考答案】 33

6. 对带有头结点的链队列 lq，判定队列中只有一个数据元素的条件是________。

【分析】对带有头结点的链队列，其头指针总是指向头结点，而尾指针总是指向最后一个结点，因此当队列中只有一个数据元素时，头、尾指针满足下列条件：

lq->front->next==lq->rear。

【参考答案】 lq->front->next==lq->rear

7. 已知链队列 Q 的头、尾指针分别是 front 和 rear，则出队操作是：p=Q->front；________；free（p）。

【参考答案】 Q->front=Q->front->next

8. 一般情况下，将递归算法转化成等价的非递归算法应该设置________。

【参考答案】 栈。栈的主要作用之一是将递归算法转化为非递归算法

9. 对于栈和队列，无论它们采用顺序存储结构还是链式存储结构，进行插入和删除操作的时间复杂度都是________。

【参考答案】 O(1)

10. 表达式 d/(b－c)＋a 的后缀表达式是________。

【参考答案】 dbc－/a＋

三、综合题

1. 从现实生活中举例说明栈和队列的特征。

【参考答案】 在日常生活中人们洗碗碟时，总是后洗的碗碟放在先洗碗碟的上面，而人们在使用碗碟时总是从上往下去取，符合栈的“后进先出”的特性。

而比如火车站排队买票，先来者排在前面先购买车票，后来者由队尾开始排队，符合队列的“先进先出”的特性。

2. 举例说明栈的“上溢”、“下溢”现象以及顺序队的“假溢出”现象。

【参考答案】

如下图（a）所示，栈顶 top=6，表示栈已满，这时再有元素进栈，即产生“上溢”。

如下图（b）所示，栈顶 top=0，表示栈已空，如要进行出栈操作，即产生“下溢”。

假设有一顺序队列，如下图（c）所示，队尾指针 sq. rear＝maxsize＝6，如有元素入队，产生了“上溢”。这时的“上溢”又称“假溢出”，因为此时队列中还有 2 个存储单元空着（下标为 1，2）。

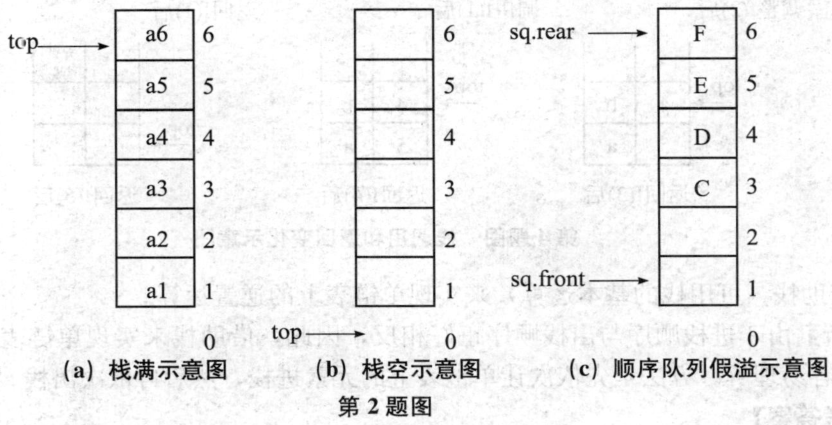

(a) 栈满示意图　(b) 栈空示意图　(c) 顺序队列假溢示意图

第 2 题图

3. 设有编号为 A，B，C，D 的四辆列车，顺序进入一个栈式结构的站台，试写出这四辆列车开出车站的所有可能的顺序。

【参考答案】 出栈顺序有：

A，B，C，D　A，B，D，C　A，C，B，D　A，C，D，B　A，D，C，B
B，A，C，D　B，A，D，C　B，C，A，D　B，C，D，A　B，D，C，A
C，B，A，D　C，B，D，A　C，D，B，A　D，C，B，A

4. 对下列函数，画出调用 f(5) 时引起的工作栈状态变化情况。

```
int f(int i)
{
    if(n = = 1)
      return(10);
    else
      return(f(i - 1) + 2);
}
```

【参考答案】 栈调用和返回变化示意如下图所示。

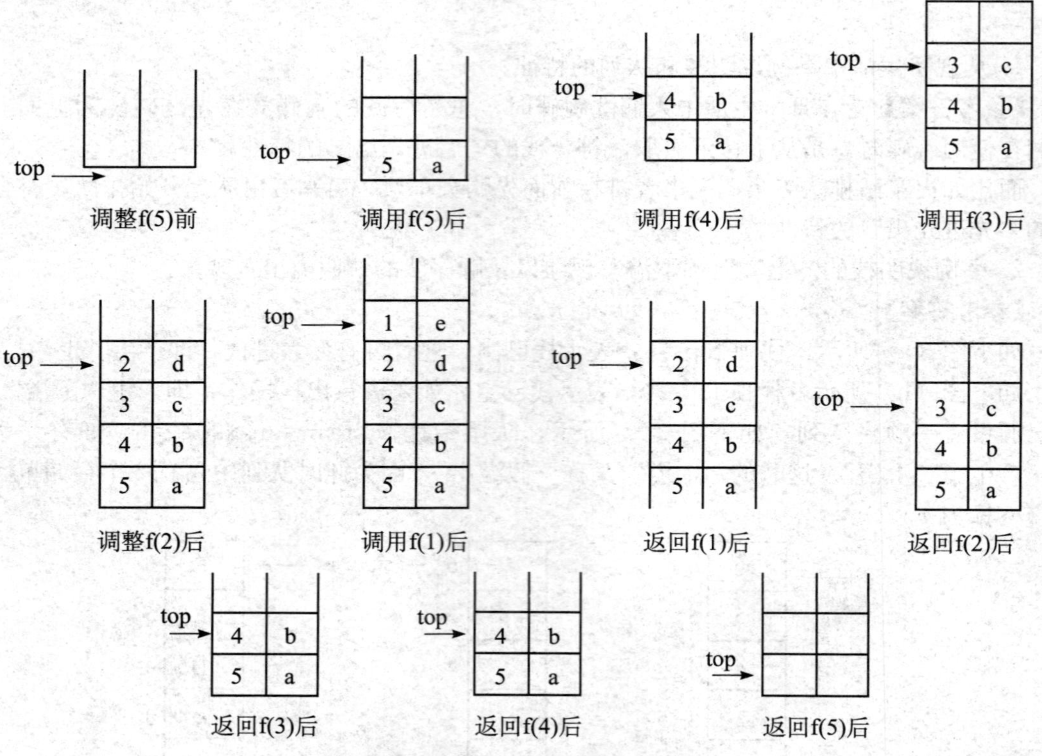

第 4 题图　栈调用和返回变化示意图

5. 借助栈（可用栈的基本运算）来实现单链表上的逆置运算。

【分析】 由于进栈顺序与出栈顺序正好相反，因此，借助栈来实现单链表的逆置运算很方便，也容易理解。方法是先依次让单链表上的元素进栈，然后再依次出栈。

【参考答案】

```
void invert(point head)
{
```

```
    LStackTps;
    Initstack(s);
    p = head;
    while(p <> NULL)
    {
        push(s,p -> data);
        p = p -> next;
    }
    p = head;
    while(notEmptyStack(s))
    {
        pop(s,p -> data);
        p = p -> next;
    }
}
```

6. 用一个循环单链表表示队列，该队列只设一个队尾指针 rear，不设队首指针。试编写算法，完成入队、出队操作。

【分析】 按题意，该队列可以用下图表示。

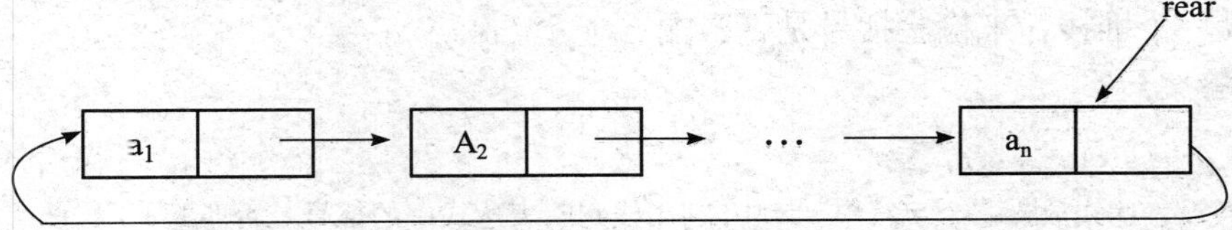

第 6 题图　循环链队列示意图

由图可知，出队操作是在循环单链表的头部进行，相当于删除 a_1 结点。而入队操作是在循环单链表的尾部进行，相当于在 a_n 后插入一个结点。

【参考答案】

```
void Inqueue(lklistrear,dataType x)
{
    s = malloc(sizeof(lklisk));
    s -> data = x;
    if(rear = = NULL)
    {
        rear = s;
        rear -> next = s;
    }
    else
     {
        s -> next = rear -> next;
        rear -> next = s:
        rear = s:
```

```
        }
    }
voiddelqueue(lklistrear)
 {
    if(rear = = NULL)error("overflow");
    else
    {
        s = rear -> next;
        if(s = = rear)
            rear = NULL;
        else
            rear -> next = s -> next;
        free(s);
    }
}
```

7. 试写出一个判别表达式中开、闭括号是否配对出现的算法。

【分析】由于表达式中只含一种括号，因此只有两种错误情况，即：在没有左括号的情况下（左括号数少于右括号数），出现右括号或者整个表达式中的左括号数多于右括号数。现在可以设一个堆栈，来检验括号是否匹配。

【参考答案】

```
Status Express(char * str)
{   /* 假设表达式放入一个字符串 str 中,利用栈判断表达式中的括号是否匹配 */
    InitStack(s);
    while( * str! = '\0')
      {   if( * str = = '(')Push(s, * str);
        if( * str = ')'&&(StackEmpty(s)||Pop(s,temp)! = '('))
            return FALSE;
        str++;
    }
    if(StackEmpty(s))return OK;
    else return FALSE;
}
```

8. 在栈顶指针为 HS 的链栈中，写出计算该链栈中结点个数的函数。

【分析】设指针变量 p 指向 HS，计数器 count=0，当 p 不为空时，计数器累加，并使 p 后移，直至为空为止。算法描述如下。

【参考答案】

```
int CountNode(LinkList HS)
{   /* 计算链栈 HS 中的结点个数 */
    count = 0;p = HS;      /* 指针 p 指向栈顶元素 */
    while(p)
```

```
    {   count++;
        p=p->next;
    }
    return count;
}
```

9. 设从键盘输入一整数的序列：$a_1,a_2,a_3,\cdots,a_n$，试编写算法实现：用栈结构存储输入的整数，当 $a_i\neq-1$ 时，将 a_i 进栈；当 $a_i=-1$ 时，输入栈顶整数并出栈。算法应对异常情况（如栈满等）给出相应的信息。

【分析】 该题就是完成一个入栈和出栈操作，并在操作过程中要判断栈满和栈空的情况，以便做出相应的处理。算法描述如下。

【参考答案】

```
#define maxsize 100
void PushPops(SqStack &s)
{  /*根据输入序列的值,进行入栈和出栈操作*/
    for(i=1;i<=n;i++)
    {   scanf("%d",&a);
        if(a!=-1)/*a=-1则入栈*/
          if(S.top==maxsize)
          {  print f("栈满");
             exit(0);
          }
          elseS.base[S.top++]=x;
      else              /*a=-1栈顶元素出栈*/
          if(S.top==0)
          {  print f("栈空");
            exit(0);
          }
          else
            {  S.top--;
               print f("%d",S.base[S.top]);
            }
      }
}
```

10. 如果希望循环队列中的元素都能得到利用，则需要设置一个标志域 tag，并以 tag 的值为 0 或 1 来区分尾指针和头指针值相同时的队列状态是“空”还是“满”。试编写与此结构相应的入队列和出队列的算法。

【分析】 在循环队列中，若用标志位 tag 来判断队满和队空，假设当 tag=0，并且头指针和尾指针相等时表示队空；当 tag=1，并且头指针和尾指针相等时表示队满。在这种情况下，实现入队和出队操作的函数如下。

【参考答案】

（1）入队列操作。

```
void EnQueue(SqQueue&Q,ElemType x)
{     /*若队列Q不满,则将元素x插入队列,并使其成为新的队尾元素*/
      if(Q.front==Q.rear&&tag)      /*队满*/
          exit(0);
      Q.rear=(Q.rear+1)%MAXQSIZE;
      if(Q.rear==Q.front)
         tag=1;
)
```

（2）出队列操作。

```
void DeQueue(SqQueue &Q,ElemType &x)
{     /*队列不空,则让队头元素出队列,其值由x输出*/
      if(Q.front==Q.rear&&tag==0)/*空队列*/
          exit(0);
      x=Q.base[Q.front];
      Q.front=[Q.front+1]%MAXQSIZE;
      if(Q.front==Q.rear)
         tag=0;
}
```

第四章　串

一、单选题

1. 以下有关串的描述中，________是不正确的。

A. 串是字符的有限序列

B. 子串是串中任意连续字符组成的子序列

C. 串可以采用顺序存储或链式存储

D. 空串是由一个或多个空格组成的串

【参考答案】 D

2. 串的长度是指________。

A. 串中包含的字符个数　　B. 串中包含的不同字符个数

C. 串中除空格以外的字符个数　　D. 串中包含的不同字母个数

【参考答案】 A

3. 若串中字符经常发生变化，则采用________存储方式最合适。

A. 定长顺序　　B. 堆　　C. 链式　　D. 散列

【参考答案】 C

4. 串是一种特殊的线性表，其特殊性体现在________。

A. 可顺序存储　　B. 数据元素是一个字符

C. 可链接存储　　D. 数据元素可以是多个字符。

【分析】 串是以字符为数据元素，以线性结构为逻辑结构的数据，因此把串看成是一种特殊的线性表，其特殊性就体现在所有的数据元素仅含有单个字符。

【参考答案】 B

5. 设有两个串 S 和 T，求 T 在 S 中首次出现的位置的运算是________运算。

A. 求子串　　B. 串插入　　C. 串连接　　D. 模式匹配

【参考答案】 D

6. 已知两个串 S＝“abcczym”和 T＝“abccyzm”，则 StrEqual 串判等操作的结果是________。

A. －1　　B. 0　　C. 1　　D. 64

【参考答案】 B

7. 设 s1＝”Hello”,s2＝”student”，函数 StrDel(s2,strlen(s1),3)的值是________。

A. 空串　　B. lo　　C. stud　　D. ent

【参考答案】 C

8. 若字符串”abcdefg”采用链式存储，假设每个字符占用1个字节，每个指针占用2个字节，则改字符串的存储密度为________。

A. 20％　　B. 30％　　C. 33.3％　　D. 40％

【参考答案】 C

9. 空串与空格串是相同的，这种说法________。

A. 正确　　B. 不正确　　C. 可以说正确的　D. 可以说不正确

【参考答案】 B

10. 串s1＝'ABCDEFG '，s2＝'PQRST '，函数concat（x，y）返回x和y串的连接串，substr（s，i，j）返回串s的从序号i的字符开始的j个字符组成的子串，strlen（s）返回串s的长度，则concat(substr(s1,2,strlen(s2)),substr(s1,strlen(s2),2))＝________。

A. BCDEF　　B. BCDEFG　　C. BCPQRST　　D. BCDEFEF

【参考答案】 D

二、填空题

1. 一个串的任意连续字符组成的子序列称为串的________，该串称为________。

【参考答案】 子串　主串

2. 空串是________，其长度等于________；空格串是________，其长度是________。

【参考答案】 零个字符的串　零　由空格字符组成的串　所含空格的个数

3. 若两个串的长度相等且对应位置上的字符也相等，则称两个串________。

【参考答案】 相等

4. 串s1＝'abcdefg '，s2＝'hijkl '，则concat(substr(s1,2,strlen(s2)),substr(s1,strlen(s2),2))＝________。

【分析】 concat(substr(s1,2,strlen(s2)),substr(s1,strlen(s2),2))

＝concat(substr(s1,2,5),substr(s1,5,2))

＝concat(bcdef,ef)

＝ 'bcdefef '

【参考答案】 'bcdefef '

5. 寻找子串在主串中的位置,称为________。其中,主串又称为________,子串又称为________。

【参考答案】 串的模式匹配目标串模式串

三、综合题

1. 简述下列每对术语的区别:空串和空格串;串变量和串常量;主串和子串;串变量的名字与串变量的值。

【参考答案】

空串:指不含任何字符的串,记作Φ,它的长度为0。

空格串:指由若干个空格组成的字符串,它的长度不为0。

串变量:可以取不同字符串值的变量。

串常量:只能引用但不能改变值的串。

主串与子串:一个串中由任意连续字符组成的子序列称为该串的子串,而该串称为它的所有子串的主串。

串变量的名字:表示串的标识符。

串变量值串变量:表示的字符序列。

2. 设有 A="#",B="mule",C="old",D="my",试计算下列运算的结果(注:A+B 是 CONCAT(A,B)的简写)。

(1)A+B;

(2)B+A;

(3)D+C+B;

(4)SubStr(B,3,2);

(5)SubStr(C,1,0);

(6)StrLen(A);

(7)StrLen(D);

(8)Index(B,D);

(9)Index(C,"d");

(10)Insert(D,2,C);

(11)Insert(B,1,A);

(12)StrDel(B,2,2);

(13)StrDel(B,2,0);

(14)StrReplace(C,2,2,"k")。

【参考答案】

(1)A+B="#mule"
(2)B+A="mule#"
(3)D+C+B="myoldmule"
(4)SubStr(B,3,2)="le"
(5)SubStr(C,1,0)=""
(6)StrLen(A)=1
(7)StrLen(D)=2
(8)Index(B,D)=0
(9)Index(C,"d")=3
(10)Insert(D,2,C)="myldy"
(11)Insert(B,l,A)="m#ule"
(12)StrDel(B,2,2)="me"
(13)StrDel(B,2,0)="mule"
(14)StrReplace(C,2,2,"k")="ok"

3. 已知 s="(xyz)*",T="(x+z)*y"。试利用连接、求子串和置换等基本运算,将S转换为T。

【参考答案】 substr(S,1,2)+"+"+substr(S,4,3)+substr(S,3,1)

4. 分别在顺序串上和链串上实现判等运算 StrEqual(S,T)。

【参考答案】

```
(1)int equal1(string s,t)
  /*串 s,t 为顺序存储结构*/
  {
      if(s.curlen! = t.curlen)      /*判断串 S,T 长是否相等*/
      return(0);                    /*两串不相同*/
      else
      {
```

```
        i = 1;
        while((i <= s.curlen)&&(s.ch[i] = t.ch[i]))
        i++;                    /* 跳过前面相同元素 */
        return(i > s.curlen);
            /* 若 i > s.curlen 表示两串相同,返回 1,否则返回 0 */
    }
}
(2)int equal2(strlist s,t)
  /* 串 s,t 为链式存储结构 */
  {
      p1 = s;p2 = t;
      while((p1! = NULL)&&(p2! = NULL)&&(p1t —> ch = = p2t —> ch))
      {
          p1 = p1 —> next;
          p2 = p2 —> next;
      }    /* p1,p2 元素值相等,p1,p2 后移 */
      return((p1 = = NULL)&&(p2 = = NULL))
      /* 若 p1,p2 同时为空指针时表示两串相同,返回真值,否则返回假值 */
  }
```

5. 若 x 和 y 是两个单链表存储的串，编写一个函数找出 x 中第一个不在 y 中出现的字符。

【分析】 扫描串 x，对于 x 中的每一个结点，判断其值是否在 y 中出现，若出现则继续扫描，否则返回其结点的值。算法描述如下。

【参考答案】

```
char SearchCharacter(LinkList x,LinkList y)
{    /* 查找串 x 第一个不在 y 中出现的字符,设两个链表都带有头结点 */
    p = x -> next;
    while(p)
    {  q = y -> next;
       while(q&&q -> data! = p -> data)
           q = q -> next;
       if(!q)
           return p -> data;
       else  p = p -> next;
    }
    return '# ';    /* x 为空串或 x 中所有元素都在 y 中 */
}
```

6. 函数 void Insert(char * s,char * t,int pos)将字符串 t 插入到字符串 s 中，插入位置为 pos。请用 C 语言实现该函数。假设分配给字符串 s 的空间足够让字符串 t 插入（说明：不得使用任何库函数）。

【分析】 首先在串 s 中查找第 pos 个位置，将 pos 开始的所有字符依次向后移动串 t 的长度的位置，然后将串 t 插入到串 s 中。算法描述如下。

【参考答案】

```
voidInsert(char * s,char * t,int pos)
 {     / * 将串 t 插入到串 s 的第 pos 位置 * /
    if(pos < 1)
      exit(0); / * pos 非法 * /
    i = 1;p = s;
    while( * p! = '\0 '&&i < pos)
    {  i++;
       p++;}
    if( * p = = '\0 ')exit(0);            / * pos 非法 * /
    while( * p! = '\0 ')                  / * 查找 s 中结束符的位置 * /
    {  i++;
       p++;}
    j = 0;q = t;
    while( * q! = '\0 ')                  / * 计算串 t 的长度 * /
    {  j++;
       q++;}
    for(k = i;k > = pos;j -- );           / * 将串 S 中第 pos 起以后的字符后移 * /
     {   * (p + j) = * p;
        p -- ;}
     p++ ;q = t.     / * 将 p 移到第 pos 位置,q 指向串 t 的第一个字符 * /
     for(k = 1;k < = j;k++ )        / * 将每串 t 插入到串 s 的 pos 位置 * /
        p++ = q++ ;
 }
```

7. 已知一个字符串，内有数字和非数字字符，例如 ak123x456？302gef463，将其中连续的数字作为一个整体，依次存放到一维数组 a 中，例如 a[0]＝123,a[11＝456,…，设计算法实现上述要求。

【分析】扫描输入的字符串，当串不结束时，若读的字符为数字字符，则该字符开始检查其后的若干字符，若是数字字符则累加，直到非数字字符为止，并将该数字放入数组 a 中，然后继续扫描，直到所有的字符全部检查完毕。算法描述如下。

【参考答案】

```
void ContDigit(char * str, int a[])
 {  / * 统计给定的字符串中的数值,并放入数组 a 中 * /
    i = 0;p = str;
    while( * p! = '\0')
      if( * p > = '0'&& * p < = '9')
      {   sum = 0;
          while(( * p! = '\0'&& * p > = '0'&& * p < = '9')
```

```
        {   sum = sum * 10 + * p - '0 ';
            p++;
        }
      a[i++] = sum;
    }
   else p++;
  }
```

8. 以定长顺序存储结构表示串，设计算法，将 s 复制给 t，当遇到空格序列时，只复制一个空格，已知 s 的最后一个字符不是空格。

【分析】 设两个变量 i 和 j 分别指向串 s 和串 t 的首位置，并将 s[i] 赋给 t[++]，若 s[i]为空格，则跳过其后面连续的空格，直到将串 s 中满足条件的字符全部赋给串 t 为止。算法描述如下。

【参考答案】

```
viodCopyString(strings,string&t)
{     /*将串 s 中满足条件的字符赋给串 t*/
   i = 1;j = 0;
   while(i <= s[0])
   {  t[++j] = s[i];
      if(s[i] == ' ')
      while(s[i+1] == ' ')/*若后续字符是空格,则跳过*/
         i++;
      i++;
   }
   t[0] = j;
}
```

第五章　内部排序

一、单选题

1. 排序方法的稳定性是指________。

A. 排序算法能在规定的时间内完成排序　　B. 排序算法能得到确定的结果

C. 排序算法不允许有相同关键字的数据元素　　D. 以上都不对

【参考答案】 D

2. 排序的目的是为了以后对已排序的数据元素进行________操作。

A. 打印输出　　B. 分类　　C. 合并　　D. 查找

【分析】 排序的目的主要是为了查找方便，因为在很多场合下，查找是最常见的操作之一。对于一个已排序过的表或文件来说，可以使用二分查找等一些高效率的方法来进行查找操作。

【参考答案】 D

3. 在对一组关键字序列{70,55,100,15,33,65,50,40,95}进行直接插入排序时，把65插入到有序序列需要比较________次。

A. 2　　B. 4　　C. 6　　D. 8

【参考答案】 A

4. 若有关键字序列 {42，70，50，33，40，80}，则利用快速排序的方法，以第一个关键字为基准元素得到的一次划分结果为________。

A. 40，33，42，50，70，80　　B. 40，33，80，42，50，70

C. 40，33，42，80，50，70　　D. 33，40，42，50，70，80

【参考答案】 A

5. 快速排序方法在________情况下最不利于发挥其长处。

A. 要排序的数据量太大　　B. 要排序的数据中含有多个相同值

C. 要排序的数据个数为奇数　　D. 要排序的数据已基本有序

【参考答案】 D

6. 用某种排序方法对线性表（35，90，15，50，10，30，75，28，13）进行排序时，得到以下中间结果，则所采用的排序方法是________。

13，28，15，30，10，35，75，50，90

10，13，15，30，28，35，50，75，90

10，13，15，28，30，35，50，75，90

A. 希尔排序　　B. 二路归并排序　　C. 快速排序　　D. 堆排序

【参考答案】 C

7. 以下________序列不是堆。

A. 98，90，84，82，80，70，64，60，30，20，15

B. 98，84，90，70，80，60，82，30，20，15，64

C. 90，84，30，70，80，60，64，98，82，15，20

D. 15，20，30，60，64，70，80，82，84，90，98

【参考答案】 C

8. 将上万个一组无序并且互不相等的正整数序列，存放于顺序存储结构中，采用________方法能够最快地找出其中最大的正整数。

A. 快速排序　　B. 插入排序　　C. 选择排序　　D. 二路归并排序

【分析】选择排序的基本思想是：每趟在待排序序列中选取当前最小的元素，并将它插入有序序列的后面，因此稍加修改，该排序方法就可以用于解决本题的问题。

【参考答案】 C

9. 在排序过程中，键值比较的次数与初始序列的排列顺序无关的是________。

A. 直接插入排序和快速排序　　B. 直接插入排序和二路归并排序

C. 直接选择排序和二路归并排序　　D. 快速排序和二路归并排序

【分析】初始序列的排列顺序对直接插入排序和快速排序有影响，而对直接选择排序和二路归并排序则没有影响，故正确的答案是 C。

【参考答案】 C

10. 以下排序方法中，不能保证每趟排序至少能将一个数据元素放到其最终位置上的排序方法是________。

A. 堆排序　　B. 冒泡排序　　C. 希尔排序　　D. 快速排序

【参考答案】 C

11. 以下四种排序方法中，要求附加的内存空量最大的是________。

A. 插入排序　　B. 选择排序　　C. 快速排序　　D. 二路归并排序

【分析】对前三种排序方法来讲，对附加内存容量几乎没有要求，但二路归并排序中，由于在二路归并过程中需要有两个同样大小的数组，用于来回对倒。因此，这种排序方法要求附加的内存容量最大。

【参考答案】 D

12. 若有关键字序列{20，80，10，50，60，95，15，55，30，40}，并且该序列是由 5 个长度为 2 的子序列组成，则用二路归并排序方法对该序列进行一趟二路归并后的结果为________。

A. 10，20，50，80，15，55，60，95，30，40

B. 20，80，10，50，60，95，15，55，30，40

C. 20，80，10，50，60，95，15，30，40，55

D. 10，15，20，30，40，50，55，60，80，95

【参考答案】 A

13. 以下________排序方法是不稳定的排序方法。

A. 冒泡　　B. 堆　　C. 直接插入　　D. 二路归并排序

【分析】稳定排序有直接插入、冒泡排序、二路归并排序；不稳定排序有快速排序、直接选择排序、堆排序、希尔排序。

【参考答案】　B

14. 快速排序在最坏情况下的时间复杂度是________。

A. $O(\log_2 n)$　　B. $O(n\log_2 n)$　　C. $O(n^2)$　　D. $O(n^3)$

【分析】当待排序空间事先已基本有序时，每趟快速排序后得到的左、右两个待排序小空间严重不对称，因此，差不多要进行 n 趟次快速排序，每趟排序又要进行 n 级次数的比较，故最坏情况下，总的比较次数将达到 $O(n^2)$。

【参考答案】　C

15. 当文件局部有序或文件长度较小的情况下，最佳的排序方法是________。

A. 直接插入排序　　B. 直接选择排序　　C. 冒泡排序　　D. 二路归并排序

【分析】在本章介绍的几种排序方法中，冒泡排序算法里设置了一个标志，以判别某趟排序过程中，待排序空间是否自然有序。因此它适用于局部有序的文件。另外，冒泡排序属于内部排序，在文件较小时，允许用内部排序算法进行排序，故本题的正确答案是 B。

【参考答案】　B

二、填空题

1. 根据在排序过程中使用的存储器将排序方法分为：________和________。

【参考答案】　内部排序　　外部排序

2. 常用的插入排序有________和________。

【参考答案】　直接插入排序　　希尔排序

3. 对于直接插入排序和直接选择排序，若待排序序列基本有序，则选用________较好；若待排序序列为逆序，则选用________较好。

【参考答案】　直接插入　　直接选择

4. 直接插入排序在最好情况下的时间复杂度为________，在最坏情况下的时间复杂度为________。

【参考答案】　$O(n)$　　$O(n^2)$

5. 若堆中某一数据元素在数组中的下标为 30，则它的左孩子的下标为________，右孩子的下标为________。

【参考答案】　61　　62

6. 对于堆排序和快速排序，若待排序序列基本有序，则选用________较好；若待排序序列无序，则选用________较好。

【参考答案】堆排序　　快速排序

7. 常用的选择排序方法有________和________。

【参考答案】　直接选择排序　　堆排序

8. 设有字母序列{P, D, F, Z, E, P, N, B, X, M, G, W}，请写出按二路归并排序方法对该序列进行一趟扫描后的结果________。

【参考答案】　DPFZEPBNMXGW

9. 设表中元素的初始状态是按键值递增的，分别用堆排序、快速排序、冒泡排序和二路归并排序方法对其仍按递增顺序进行排序，则________最省时间________最费时间。

【分析】 对冒泡排序来讲，由于算法中设置了一个标志 flag，用于记载一趟排序中是否出现了记录交换，以便判断当前待排序区域是否已自然有序。因此本题中用冒泡排序最省时间。当初始时记录已按键值递增有序，若采用快速排序法，每次所选取的中间元素都是最小的，故划分出的左右两个区域一个为空，另一个比原区域少一个元素，使得元素的比较次数只比上一趟少 1，所以总的时间消耗是 $O(n^2)$，因此在本题中用快速排序法最费时间。

【参考答案】 冒泡排序　　快速排序

10. 对快速排序来讲，其最好情况下的时间复杂度是________，其最坏情况下的时间复杂度是________。

【分析】 快速排序的基本思想是由选取的中间元素把整个待排序空间分成左、右两个区域，其中左边区域中元素的关键字都不大于中间元素的关键字，而右边区域中元素的关键字都不小于中间元素的关键字，接下来再按上述思路继续对各个区域进行划分。最好情况下，每次选定的中间元素正好将待排序空间分成几乎等长的两个区域，这样仅需 $\log_2 n$ 趟划分即可。每趟划分所需时间复杂度为 $O(n)$，最好情况下的时间复杂度是 $O(n\log_2 n)$。

最坏情况下，每次选取的中间元素不是最大就是最小，因此划分出的两个区域一个为空，而另一个仅比原空间少一个元素，故需要 $n-1$ 趟划分。每趟划分的时间复杂度为 $O(n)$，因此，最坏情况下的时间复杂度为 $O(n^2)$。

【参考答案】 $O(n\log_2 n)$　　$O(n^2)$

三、综合题

1. 在执行某种排序算法的过程中出现了关键字朝着最终排序序列相反的方向移动，从而认为该排序算法是不稳定的，这种说法对吗？为什么？请举一例说明。

【参考答案】 这种说法不对。因为排序的不稳定性是指两个关键字值相同的元素的相对次序在排序前、后发生了变化，而题中叙述和排序中稳定性的定义无关，所以此说法不对。例如，对 4，3，2，1 冒泡排序就可否定本题结论。

2. 举例说明本章介绍的各排序方法中哪些是不稳定的？

【参考答案】 稳定排序有直接插入、冒泡排序、二路归并排序。

不稳定排序有快速排序、直接选择排序、堆排序。

不稳定排序举例：

(1) 快速排序。

初始状态	39	67	35	50	99	$\underline{67}$	10	55
排序后	10	35	39	50	55	$\underline{67}$	67	99

(2) 堆排序。

初始状态	67	38	75	97	80	13	27	$\underline{67}$
排序后	13	27	38	$\underline{67}$	67	75	80	97

(3) 直接选择排序。

初始状态	39	67	35	50	99	$\underline{67}$	10	55
排序后	10	35	39	50	55	$\underline{67}$	67	99

(其中$\underline{67}$表示记录初始位置在 67 记录位置之后)

3. 对于给定的一组键值：83，40，63，13，84，35，96，57，39，79，61，15，分别画出应用直接插入排序、希尔排序、冒泡排序、快速排序、直接选择排序、堆排序、二路归并排序对上述序列进行排序中各趟的结果。

【参考答案】

(1) 直接插入排序。

序号	1	2	3	4	5	6	7	8	9	10	11	12
关键字	83	40	63	13	84	35	96	57	39	79	61	15
i=1	83	[40	63	13	84	35	96	57	39	79	61	15]
i=2	40	83	[63	13	84	35	96	57	39	79	61	15]
i=3	40	63	83	[13	84	35	96	57	39	79	61	15]
i=4	13	40	63	83	[84	35	96	57	39	79	61	15]
i=5	13	40	63	83	84	[35	96	57	39	79	61	15]
i=6	13	35	40	63	83	84	[96	57	39	79	61	15]
i=7	13	35	40	63	83	84	96	[57	39	79	61	15]
i=8	13	35	40	57	63	83	84	96	[39	79	61	15]
i=9	13	35	39	40	57	63	83	84	96	[79	61	15]
i=10	13	35	39	40	57	63	79	83	84	96	[61	15]
i=11	13	35	39	40	57	61	63	79	83	84	96	[15]
i=12	13	15	35	39	40	57	61	63	79	83	84	96

(2) 希尔排序。

序号	1	2	3	4	5	6	7	8	9	10	11	12
关键字	83	40	63	13	84	35	96	57	39	79	61	15
第1趟(d1=6)后	83	40	39	13	61	15	96	57	63	79	84	35
第2趟(d2=3)后	13	40	15	79	57	35	83	61	39	96	84	63
第3趟(d3=1)后	13	15	35	39	40	57	61	63	79	83	84	96

(3) 冒泡排序。

序号	1	2	3	4	5	6	7	8	9	10	11	12
关键字	83	40	63	13	84	35	96	57	39	79	61	15
第1趟排序后	40	63	13	83	35	84	57	39	79	61	15	[96]
第2趟排序后	40	13	63	35	83	57	39	79	61	15	[84	96]
第3趟排序后	13	40	35	63	57	39	79	61	15	[83	84	96]
第4趟排序后	13	35	40	57	39	63	61	15	[79	83	84	96]
第5趟排序后	13	35	40	39	57	61	15	[63	79	83	84	96]
第6趟排序后	13	35	39	40	57	15	[61	63	79	83	84	96]
第7趟排序后	13	35	39	40	15	[57	61	63	79	83	84	96]
第8趟排序后	13	35	39	15	[40	57	61	63	79	83	84	96]
第9趟排序后	13	35	15	[39	40	57	61	63	79	83	84	96]
第10趟排序后	13	15	[35	39	40	57	61	63	79	83	84	96]

第11趟无元素交换，则排序结束。

(4) 快速排序。

序号	1	2	3	4	5	6	7	8	9	10	11	12
关键字	83	40	63	13	84	35	96	57	39	79	61	15
第 1 趟排序后	[15	40	63	13	61	35	79	57	39]	83	[96	84]
第 2 趟排序后	[13]	15	[63	13	61	35	79	57	39]	83	[96	84]
第 3 趟排序后	13	15	[39	40	61	35	57]	63	[79]	83	[96	84]
第 4 趟排序后	13	15	[35]	39	[61	40	57]	63	79	83	[96	84]
第 5 趟排序后	13	15	35	39	[57	40]	61	63	79	83	[96	84]
第 6 趟排序后	13	15	35	39	40	[57]	61	63	79	83	[96	84]
第 7 趟排序后	13	15	35	39	40	57	61	63	79	83	84	96

(5) 直接选择排序。

序号	1	2	3	4	5	6	7	8	9	10	11	12
关键字	83	40	63	13	84	35	96	57	39	79	61	15
i=1	13	[40	63	83	84	35	96	57	39	79	61	15]
i=2	13	15	[63	83	84	35	96	57	39	79	61	40]
i=3	13	15	35	[83	84	63	96	57	39	79	61	40]
i=4	13	15	35	39	[84	63	96	57	83	79	61	40]
i=5	13	15	35	39	40	[63	96	57	83	79	61	84]
i=6	13	15	35	39	40	57	[96	63	83	79	61	84]
i=7	13	15	35	39	40	57	61	[63	83	79	96	84]
i=8	13	15	35	39	40	57	61	63	[83	79	96	84]
i=9	13	15	35	39	40	57	61	63	79	[83	96	84]
i=10	13	15	35	39	40	57	61	63	79	83	[96	84]
i=11	13	15	35	39	40	57	61	63	79	83	84	[96]

(6) 堆排序。排序过程如下图所示。

关键字	83	40	63	13	84	35	96	57	39	79	61	15
排序成功的序列为：	13	15	35	39	40	57	61	79	83	84	96	63

(7) 二路归并排序。

序号	1	2	3	4	5	6	7	8	9	10	11	12
关键字	83	40	63	13	84	35	96	57	39	79	61	15
第 1 趟排序后	[40	83]	[13	63]	[35	84]	[57	96]	[39	79]	[15	61]
第 2 趟排序后	[13	40	63	83]	[35	57	84	96]	[15	39	61	79]
第 3 趟排序后	[13	35	40	57	63	83	84	96]	[15	39	61	79]
第 4 趟排序后	13	15	35	39	40	57	61	63	79	83	83	96

4. 设有 10000 个无序的数据元素，可供选择的排序方法有：二路归并排序、堆排序、希尔排序和快速排序。现在希望用最快速度挑选出前 10 个最大的数据元素，问采用什么方法最好？为什么？

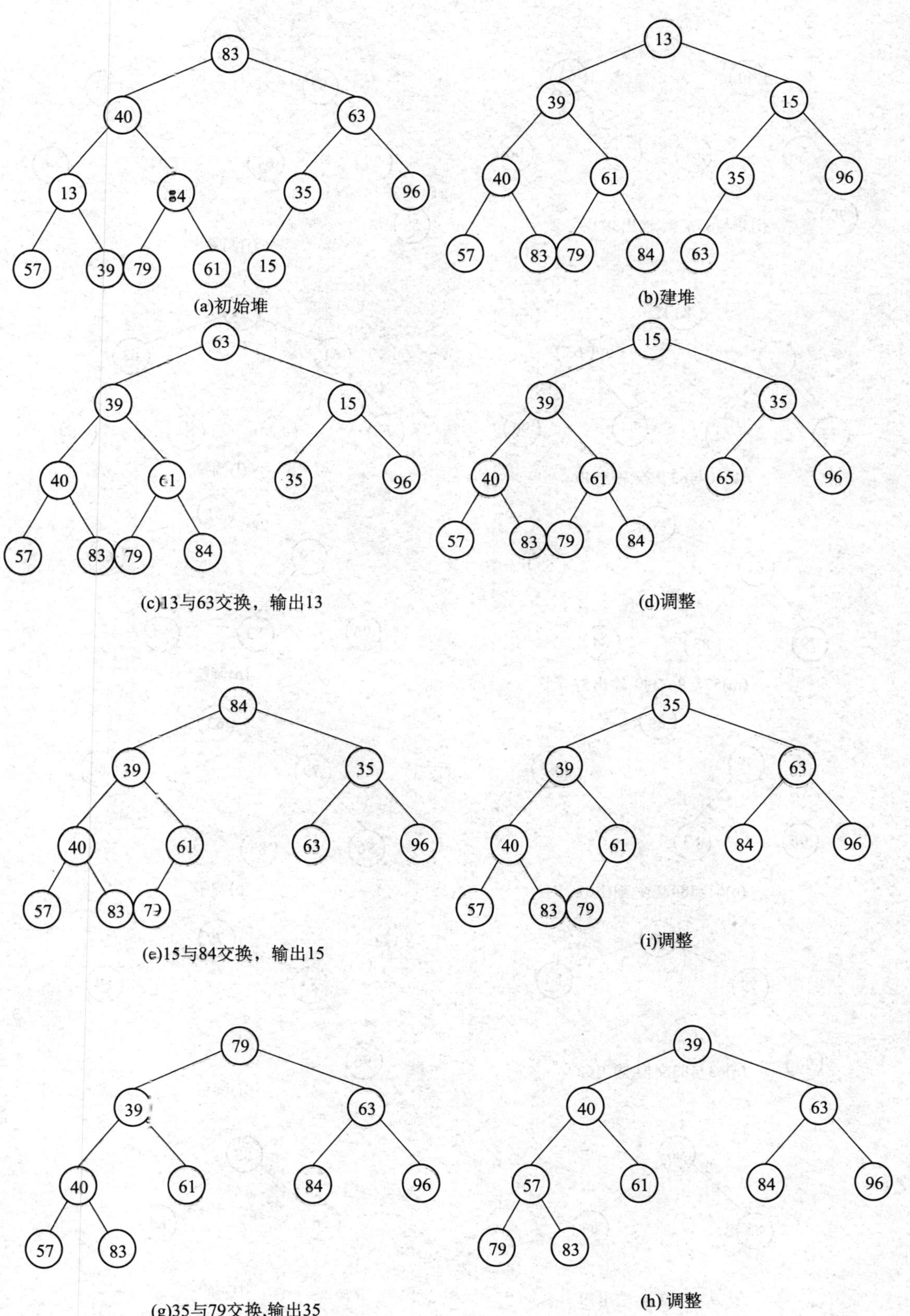

(a)初始堆

(b)建堆

(c)13与63交换，输出13

(d)调整

(e)15与84交换，输出15

(i)调整

(g)35与79交换,输出35

(h) 调整

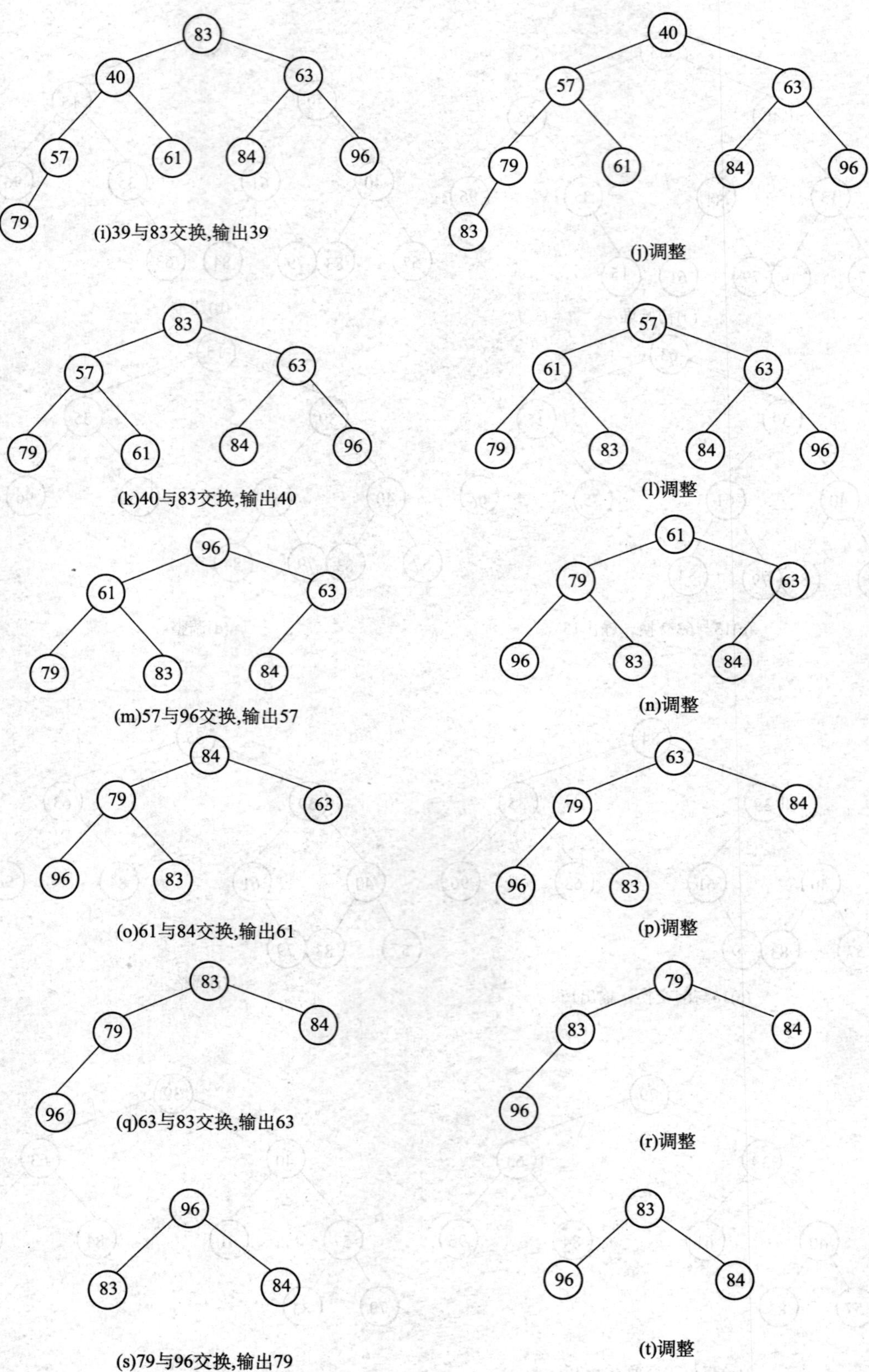

(i)39与83交换,输出39

(j)调整

(k)40与83交换,输出40

(l)调整

(m)57与96交换,输出57

(n)调整

(o)61与84交换,输出61

(p)调整

(q)63与83交换,输出63

(r)调整

(s)79与96交换,输出79

(t)调整

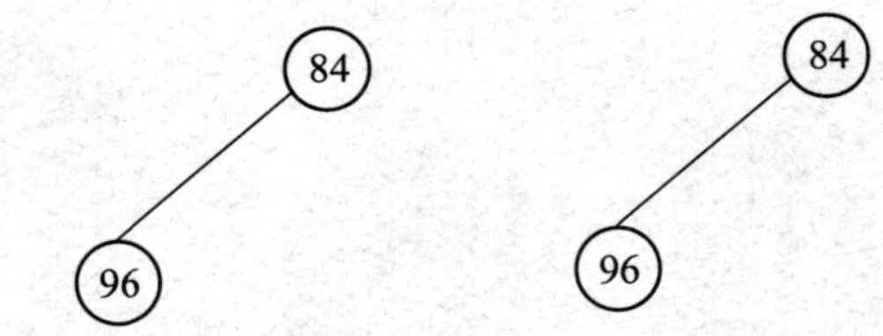

(u)83与84交换,输出83　　(v)调整,输出84和96

第 3(6)题图　堆排序(a)～(v)排序过程

【参考答案】 这几种方法速度都很快，但二路归并排序、希尔排序和快速排序都是在排序结束后才能确定数据元素的顺序，无法提前知道数据元素的有序性。只有堆排序，每次均输出最大（或最小）的数据元素，因此采用它比较合适。

5. 试比较直接插入排序、直接选择排序、快速排序、堆排序、二路归并排序的时空性能。

【参考答案】 直接插入排序、直接选择排序、快速排序、堆排序和二路归并排序时空性如下表：

排序方法	平均时间	最坏时间	辅助空间
直接插入	O(n^2)	O(n^2)	O(1)
直接选择	O(n^2)	O(n^2)	O(1)
快速排序	O($n\log_2 n$)	O(n^2)	O($n\log_2 n$)
堆排序	O($n\log_2 n$)	O($n\log_2 n$)	O(1)
二路归并排序	O($n\log_2 n$)	O($n\log_2 n$)	O(n)

从上表可以得出：就平均时间性能而言，快速排序最佳，其所需时间最省，但快速排序在最坏情况下，时间性能不如堆排序和二路归并排序。而后两者相比的结果是，当 n 较大时，二路归并排序所需时间优于堆排序，但它所需辅助空间最多。

注意，在所有排序方法中，没有哪一种是绝对最优的，有的适用于 n 较大的情况，有的适用于 n 较小的情况，还有的与关键字的分布和初始位置有关……因此，在实际使用时，需要根据不同情况适当选用排序方法，甚至可将多种方法结合使用。

6. 采用单链表作存储结构，编写一个采用选择排序方法进行升序排序的函数。

【参考答案】 依题意，单链表定义如下：

```
struct node
{
    int key;
    struct node * link;
};
```

因此，实现本题功能的函数如下：

```
struct * selectsort(struct node * h)
{
    struct node * p, * q, * r, * s, * t;
    t = NULL;
```

```
    while(h! = NULL)
    {
      p = h;
      q = NULL;
      s = h;
      r = NULL;
      while(p! = NULL)
      {
          if(p -> key < s -> key)
          {
            s = p;
            p = q;
          }
          q = p;
          p = p -> link;
      }
      if(s = = h)
          h = h -> link;
      else
          h = s;
      s -> link = t;
      t = s;
    }
    h = t;
    return(h);
}
```

7. 设计一个用链表表示的直接选择排序算法。

【分析】每趟从单链表头部开始，顺序查找当前链值最小的结点。找到后，插入到当前的有序表区的最后。

【参考答案】 Voidselesort（lklistL）

```
/ * 设链表 L 带头结点 * /
{
      q = L;                                   / * 指向第一数据前趋 * /
      while(q - > next! = NULL)
      {p1 = q - > next;
        minp = p1;                             / * minp 指向当前已知的最小数 * /
        while(p1 - > next! = NULL)
        {if(p1 - > next - > data < minp - > data)
        minp = p1 - > next;                    / * 找到了更小数 * /
        p1 = p1 - > next;                      / * 继续往下找 * /
      }
      if(minp! = q - > next)                   / * 将最小数交换到第一个位置上 * /
```

```
    {r1 = minp -> next;
     minp -> next = r1 -> next;              /* 删除最小数 */
     r2 = q -> next;
     q -> next = r2 -> next;                 /* 删除当前表中第一个数 */
     r1 -> next = q -> next;
     q -> next = r1;                         /* 将最小插入到第一位置上 */
     r2 -> next = minp -> next;
     minp -> next = r2;                      /* 将原第一个数放到最小数原位置上 */
    }
   q = q > next;                             /* 选择下一个最小数 */
  }
}
```

8. 设计一个用链表表示的直接插入排序算法。

【分析】本算法采用的存储结构是带头结点的双循环链表。首先找元素插入位置，然后把元素从原链表中删除，插入到相应的位置处。请注意双链表上插入和删除操作的步骤。

【参考答案】

```
Void sort(dlklinkh)
    /* 链表 h 采用带头结点的双循环链表 */
{  pre = h -> next;
    while(p! = h)
    {  p = pre -> next;                    /* p 是有序表的末尾 */
       q = p -> next;                      /* 保存下一个插入元素 */
       while((pre! = h)&&(p -> data < pre -> data))
         pre = pre -> prior;               /* 从后往前找插入位置 */
       if(pre! = p -> prior)
       {  p -> prior -> next = p -> next;
          p -> next -> prior = p > prior;  /* 删除 p */
          p -> next = pre -> next;
          pre -> next -> prior = p;
          p -> prior = pre;
          pre -> next = p;                 /* 插入到 pre 之后 */
       }
     p = q;
     }
  }
```

9. 插入排序中找插入位置的操作可以通过二分查找的方法来实现。试据此写一个改进后的插入排序算法。

【分析】插入排序的基本思想是：每趟从无序区间中取出一个元素，再按键值大小括入到前面的有序区中。对于有序区，当然可以用二分查找来确定插入位置。

【参考答案】

```
Void sort(datatype a[n])
```

```
/*n为元素个数,数组下标从1开始,到n结束*/
{  for(i=2;i<=n;i++)
    {low=1;high=i-1;                     /*low,high分为当前元素上、下界*/
      a[0]=a[i];
      while(low<=high)
      {  mid=(low+high)/2;
         switch
         {  a[0]<=a[mid]:high=mid-1;    /*修改上界*/
            a[0]>a[mid]:low=mid+1;      /*修改下界*/
         }
         for(j=i-1;j>=mid;j--)
           a[j+1]=a[j];
           a[mid]=a[i];
         }
     }
}
```

10. 写出非递归调用的快速排序算法。

【分析】 先调用划分函数 quickpass()，以确定中间元素的位置，然后再借助栈分别对中间元素左、右两边的区域进行快速排序。

【参考答案】

```
Voidqksort(datatypeA[n])
/*n为元素个数*/
{  Setnull(s);                            /*设置一个栈保存有关参数和变量*/
   l=1;h=n;                               /*l,h分别指向表头和表尾*/
   while((l<h)||(!emptu(s)))
   {  while(l<h)
       {  quickpass(A,l,h,i);
            push(s,l,h,i);                /*保存变量值*/
            h=i-1;                        /*设置对左边进行划分的参数*/
       }
   if(!empty(s))
     {  pop(s,l,h,i);                     /*取出变量值*/
        l=i+1:                            /*设置对右边进行划分的参数*/
     }
   }
}
```

第六章　查找

一、单选题

1. 对有 n 个数据元素的顺序表做顺序查找时，若查找每个元素的概率相同，则平均查找长度为________。

A. (n－1)/2　　B. n/2　　C. (n＋1)/2　　D. n

【参考答案】 C

2. 对长度为 4 的顺序表进行查找，若查找第一个元素的概率为 1/24，第二个元素的概率为 1/6，第三个元素的概率为 2/3，第四个元素的概率为 1/8，则查找任一个元素的平均查找长度为________。

A. 23/8　　B. 20/8　　C. 17/8　　D. 14/8

【参考答案】 A

3. 下面有关折半查找的叙述中，正确的是________。

A. 数据元素必须有序排列，可以采用顺序存储，也可以采用链式存储

B. 数据元素必须有序排列，且必须采用顺序存储

C. 数据元素必须有序排列，而且只能从大到小排列

D. 数据元素可以有序排列，也可以无序排列

【参考答案】 B

4. 对有 14 个数据元素的有序表 a［14］进行折半查找，搜索到 a［5］的关键字等于给定值，此时元素比较顺序依次为________。

A. a[8]，a[5]，a[6]，a[7]　　B. a[1]，a[8]，a[7]，a[6]

C. a[6]，a[4]，a[8]，a[5]　　D. a[6]，a[2]，a[4]，a[5]

【参考答案】 D

5. 有一个长度为 12 的有序表，按折半查找法对该表进行查找，在表内各元素等概率情况下查找成功时所需平均比较次数为________。

A. 35/12　　B. 37/12　　C. 39/12　　D. 43/12

【分析】 由题目已知元素序号（即下标）范围为 1～12。

查找 1 次成功的结点为：6。

查找 2 次成功的结点为：3，9。

查找 3 次成功的结点为：1，4，7，11。

查找 4 次成功的结点为：2，5，8，10，12。

成功查找所有结点的总的比较次数为：1×1＋2×2＋3×4＋4×5＝37。

平均比较次数为37/12。因此选择B。

【参考答案】 B

6. 当采用分块查找时，数据的组织方式为________。

A. 数据必须有序

B. 数据不必有序

C. 数据分成若干块，每块内数据不必有序，但块间必须有序

D. 数据分成若干块，每块内数据必须有序，但块间不必有序

【参考答案】 C

7. 下面关于哈希表的说法中，正确的是________。

A. 不管采用何种处理冲突方法，都可直接删除元素

B. 哈希表不需比较关键字即可查找到元素

C. 哈希函数构造的越复杂，冲突就越小

D. 哈希函数在关键字与哈希地址之间建立映像

【参考答案】 D

8. 哈希表的地址区间为0～17，哈希函数为h(key)＝K%17。采用线性探测法处理冲突，并将关键字序列{26,25,72,38,8,18,59}依次存储到哈希表中，则存放元素59需要搜索的次数是________。

A. 5　　B. 4　　C. 3　　D. 2

【参考答案】 B

9. 设有一组关键字为{19,15,23,2,68,20,84,28,55,11,10,80}，用链地址法构造哈希表，哈希函数为h(key)＝key%13，则哈希地址为2的链表中有________个记录。

A. 1　　B. 2　　C. 3　　D. 4

【参考答案】 D

10. 将10个数据元素存放到有100 000个单元的哈希表中，则________产生冲突。

A. 一定不会　　B. 一定会　　C. 可能会　　D. 无法判断

【参考答案】 C

二、填空题

1. 顺序查找在查找成功情况下的平均查找长度为________；在查找失败情况下的平均查找长度为________。

【参考答案】 (n＋1)/2　n＋1

2. 折半查找只能使用________存储结构。

【参考答案】 顺序

3. 已知一个有序表为{10，23，35，46，48，55，59，64，72，83，88，99}，当用折半查找方法查找值为46和83的元素时，分别需要比较________次和________次才能查找成功；若采用顺序查找时，分别需要比较________次和________次才能查找成功。

【参考答案】 3　4　4　10

4. 索引顺序表上的查找分两个阶段，它们是________和________。

【参考答案】 确定待查元素所在的块在块内查找待查的元素

5. 在分块检索中，若索引表和各块内均采用顺序查找，则900个元素的线性表分成

________块最好；若分成 25 块，其平均查找长度为________。

【分析】对 n 个元素的线性表采用分块检索时，分$\sqrt{n}$成块最好，在这个问题中具体分成$\sqrt{900}$=30 最好；若分成 25 块，则每块有 900/25=36 个元素，确定元素所在块，平均需查找（25+1)/2=13 次，确定元素在块内的位置平均需查找（36+1)/2=18.5 次，合计平均需查找 31.5 次。

【参考答案】 30 31.5

6. 在分块查找法中，首先查找________，然后再查找相应的________。

【参考答案】 索引表 块

7. 哈希函数的构造方法主要有________、________、________、________和________。

【参考答案】 直接定址法 除留余数法 数字分析法 平方取中法 折叠移位法

8. 在哈希函数 h（key）=key%m 中，m 值最好取________。

【参考答案】 小于等于表长的素数

9. 常用的处理冲突的方法有：________和________。

【参考答案】 开放定址法 链地址法

三、综合题

1. 顺序查找时间为 O(n)，折半查找时间为 O($\log_2 n$)，哈希法为 O(1)，为什么有高效率的查找方法而低效率的方法不被放弃?

【参考答案】 不同的查找方法适用的范围不同，高效率的查找方法并不是在所有情况下都比其他查找方法效率要高，而且也不是在所有情况下都可以采用。

2. 为什么有序的单链表不能进行折半查找?

【参考答案】 因为链表无法进行随机访问，若要访问链表中的结点，必须从头指针开始依次遍历链表，从而浪费大量时间。另外，也不好设定查找结束的条件。

3. 已知一个有 7 个数据元素的有序顺序表，其关键字为｛3，18，25，37，69，87，99｝。请给出用折半查找方法查找关键字值 18 的查找过程。

【参考答案】

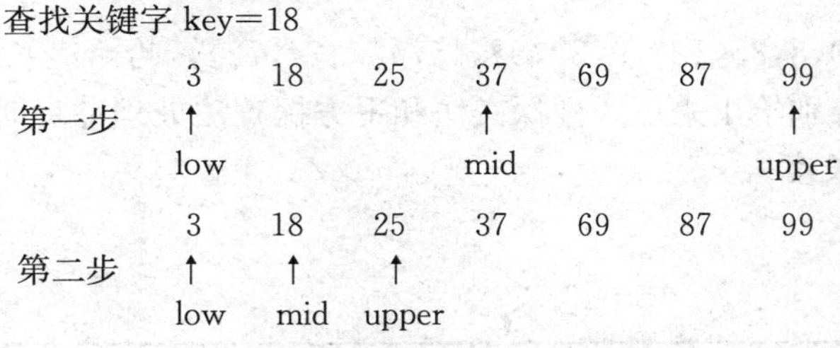

第 3 题图 查找 18 的过程

4. 已知一组关键字为{5,88,12,56,71,28,33,43,93,17}，哈希表长为 13，哈希函数为 h(key)=key%13，请用线性探查法和平方探查法解决冲突构造这组关键字的哈希表，并计算查找成功时的平均查找长度。

【参考答案】

线性探查法：

哈希地址	0	1	2	3	4	5	6	7	8	9	10	11	12
关键字		28	93	56	5	71	33	43	17	88		12	
比较次数		1	2	1	1	1	1	5	6	1		1	

平均查找长度：ASL$_{成功}$＝(1×7＋2＋5＋6)/10＝2

平方探查法：

哈希地址	0	1	2	3	4	5	6	7	8	9	10	11	12
关键字		93	28	43	56	5	71	33	17		88		12
比较次数		3	1	3	1	1	1	1	4		1		1

平均查找长度：ASL$_{成功}$＝(1×7＋4＋3×2)/10＝1.7

5. 对第上题的关键字序列采用链地址法构造哈希表，并计算查找成功时的平均查找长度。

【参考答案】

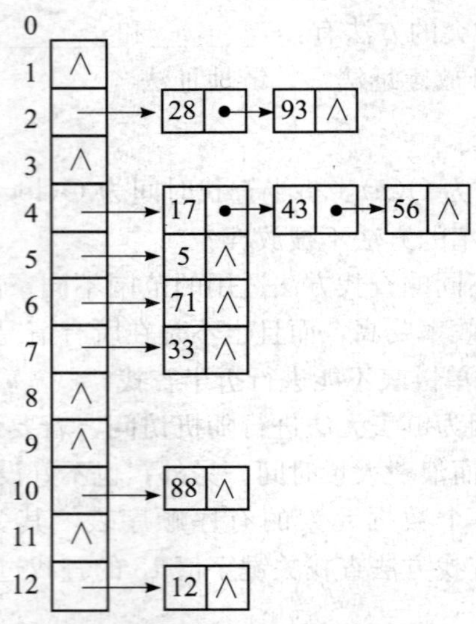

第 5 题　图哈希表的链地址法

6. 已知关键字序列{20,8,35,127,9,82,98,15,45,174,72}，哈希表长为 13，哈希函数为 h(key)＝key％13，试分别给出采用线性探查法和平方探查法处理冲突时的哈希表，并计算查找成功时的平均查找长度。

【参考答案】

线性探查法：

哈希地址	0	1	2	3	4	5	6	7	8	9	10	11	12
关键字	72		15		82	174	45	20	8	35	127	9	98
比较次数	7		1		1	1	1	1	1	1	1	3	6

平均查找长度：ASL$_{成功}$＝(1×8＋3＋7＋6)/11＝24/11

平方探查法：

哈希地址	0	1	2	3	4	5	6	7	8	9	10	11	12
关键字	9	174	15		82	45	98	20	8	35	127	72	
比较次数	4	5	1		1	3	3	1	1	1	1	4	

平均查找长度：$ASL_{成功}=(1\times6+5+3\times2+4\times2)/11=25/11$

7. 试写出二分查找的递归算法。

【分析】在待查区间的上、下界处设两个指针，由此计算出中间元素的序号，当中间元素大于给定值 X 时，接下来到其低端区间去查找；当中间元素小于给定值 X 时，接下来到其高端区间去查找；当中间元素等于给定值 X 时，表示查找成功，输出其序号。

【参考答案】

```
int binlist(datatype a[n];int s,t;dataType x)
/*n为元素个数,s,t分别为查找区间的上、下界*/
  {
    if(s>t)return(0);                                  /*查找失败*/
    else{  mid=(s+t)/2;
           switch(mid)of
            {  x<a[mid]:return(binlist(a,s,mid-1,x));   /*在低端区间上递归*/
                 x==a[mid]:return(mid);                 /*查找成功*/
                 x>[mid]:return(binlist(a,mid+1,t,x));   /*在高端区间上递归*/
            }
       }
}
```

8. 写出从哈希法构造的散列表中删除关键字为 k 的一个记录的算法，设所有哈希函数为 H，解决冲突的方法是链地址法。

【分析】首先利用哈希函数关键字 k 的地址 d，并在第 d 个单链表中查找值为 k 的关键字，若查找成功，则删除该结点。算法描述如下。

【参考答案】

```
void Delete(LinkList *HT,ElemType key)
{     /*在哈希表 HT 中删除关键字 key*/
  p=HT[H(key)];
  if(!p)
    {  print f("表中无该元素\n");exit(0);}
  if(p->data==k)           /*表中的一个元素*/
    {  HT[H(key)]=p->next;
     free(p);
    }
  else
    {  while(p&&p->data!=k)
      {  q=p;p=p->next;}
      if(p)                      /*查找成功*/
      {  q->next=p->next;
```

```
            free(p);
        }
      else
      {  printf("表中无此元素\n");exit(0);}
    }
}
```

第七章　二叉树

一、单选题

1. 已知一棵高度为 5 的二叉树，则该二叉树的其结点总数为________。

A. 6～17　　B. 5～16　　C. 6～32　　D. 5～31

【参考答案】 D

2. 按照二叉树的定义，具有 4 个结点的二叉树共有________种。

A. 5　　B. 10　　C. 12　　D. 14

【参考答案】 D

3. 已知一棵满二叉树有 47 个结点，则该二叉树有________个叶子结点。

A. 6　　B. 12　　C. 24　　D. 48

【参考答案】 C

4. 若一棵二叉树有 12 个度为 0 的结点，6 个度为 1 的结点，则有________个度为 2 的结点。

A. 5　　B. 7　　C. 11　　D. 18

【参考答案】 C

5. 具有 16 个结点的满二叉树，其高度为________。

A. 3　　B. 4　　C. 5　　D. 6

【参考答案】 C

6. 二叉排序树根结点的左子树中所有结点关键字值________右子树中所有结点的关键字值。

A. 小于　　B. 等于　　C. 大于等于　　D. 大于

【参考答案】 A

7. 在下列存储结构中，属于二叉树存储结构的是________。

A. 三叉链表　　B. 孩子兄弟链式存储结构

C. 双亲存储结构　　D. 孩子链式存储结构

【参考答案】 A

8. 若已知一棵二叉树的先序序列和中序序列分别是 BEFCGDH 和 FEBGCHD，则它的后序序列是________，层次遍历序列是________。

A. EFGHBCD　　B. FEGHDCB　　C. BCDEFGH

D. EFBGCHD　　E. BECFGDH　　F. FEGBHDC

【分析】 由先序序列可知，二叉树的根结点为 B，最后的叶结点为 H，而后序遍历中根结点必定排在最后，因此第一空选 B；而层次遍历序列中最后一个元素必定是最后一个结点，即 H，因此第二空只能在 C 和 E 中选择，又由中序序列可知左分支有两个结点 F 和 E，再由前序列可知，左分支的根结点为 E，所以层次遍历序列的前两个元素为 BE，因此第二空选 E。

也可以利用前序遍历序列和中序遍历序列确定（画出）二叉树，然后再写出后序遍历序列和层次遍历序列。

【参考答案】 B E

9. 对下图所示的一棵二叉树进行遍历，得到的遍历序列为 CADGEFB，则该遍历序列是________的结果。

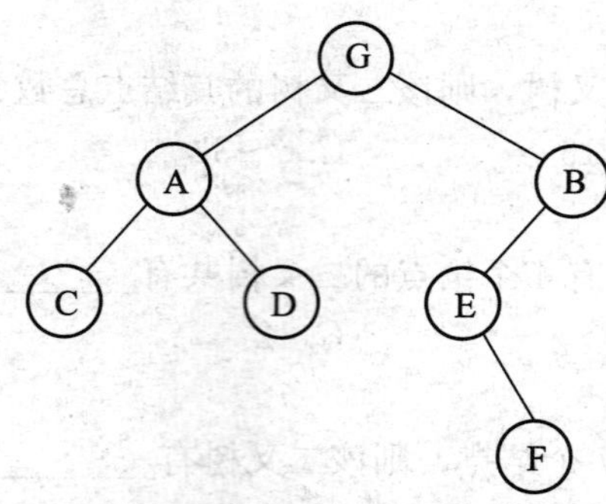

第 9 题 图二叉树遍历

A. 前序遍历　　B. 中序遍历　　C. 后序遍历　　D. 层次遍历

【参考答案】 B

10. 已知一棵二叉树的前序遍历序列与中序遍历序列相同，则该二叉树是________。

A. 左单支树　　B. 右单支树　　C. 完全二叉树　　D. 满二叉树

【参考答案】 B

11. 具有 n 个结点的线索二叉树上，含有________个线索。

A. n−1　　B. n　　C. n+1　　D. 0

【参考答案】 C

12. 若对第 9 题图所示的二叉树进行中序线索化，则结点 D 的左右线索域的指针分别指向________结点。

A. C，E　　B. A，E　　C. C，G　　D. A，G

【参考答案】 D

13. 分别用下列序列构造二叉排序树，与用其他三个序列所构造的结果不同的是________。

A. {100，70，40，90，140，150，110}

B. {100，70，90，40，140，110，150}

C. {100，140，110，150，70，40，90}

D. {100，40，70，90，140，110，150}

【参考答案】 D

14. 有 n 个叶子的哈夫曼树的结点总数为________个。

A. n　　B. 2n　　C. 2n−1　　D. 2n+1

【分析】由于在哈夫曼树中只有度为 2 和度为 0 的结点，由二叉树的性质可得 $n_2 = n_{0-1}$，而叶子树为 n，所以哈夫曼树的结点总数为 2n−1，因此选 C。

【参考答案】　C

15. 以下图中，哪个是哈夫曼树________。

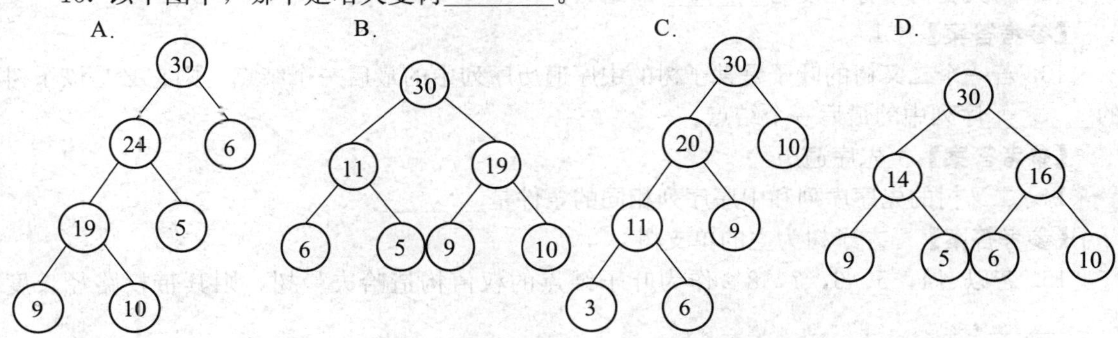

第 15 题图　二叉树遍历

【参考答案】　B

二、填空题

1. 若一棵完全二叉树的结点个数为 10，则编号最大的分支结点的编号为________。

【参考答案】　5

2. 已知采用二叉链表作为存储结构的一棵二叉树共有 10 个结点，则二叉链表中共有________个指针域。

【参考答案】　20

3. 一棵具有 10 个结点的二叉树共有 5 个叶结点，则该二叉树有________个度为 2 的结点，________个度为 1 的结点。

【参考答案】　4　1

4. 一棵具有 31 个结点的满二叉树，它的高度是________，共有________个叶结点。

【参考答案】　5　16

5. 若二叉树的中序遍历序列与后序遍历序列相同，则该二叉树一定满足________。

【参考答案】　任何结点都没有右子树

6. 一棵二叉树的中序遍历序列为 CAEFDRB，后序遍历序列为 CFEDABR，则它的前序遍历序列为________。

【参考答案】　RACDEFB

7. 已知采用顺序存储结构的一棵二叉树，其存储映像为 | F | A | B | ^ | C | D | ^ | ^ | ^ | E |，则其前序遍历序列为________。

【参考答案】　FACEBD

8. 根据遍历方法不同，线索二叉树分为________、________和________。

【参考答案】　前序线索二叉树中序线索二叉树后序线索二叉树

9. 树的后序遍历序列与其对应二叉树的________遍历序列相同。

【参考答案】　中序

10. 若二叉树的右子树为空，则与其对应的森林有________棵树。

【参考答案】 1

11. 在哈夫曼树中，权值校大的叶结点一定离根结点________。

【参考答案】 较近

12. 哈夫曼树不存在度为________的结点。

【参考答案】 1

13. 若一个二叉树的叶子是某子树的中序遍历序列中的最后一个结点，则它必是该子树的________序列中的最后一个结点。

【参考答案】 先序遍历

14. 二叉树的先序序列和中序序列相同的条件是________。

【参考答案】 左子树为空的单支树

15. 若以｛4，5，6，7，8｝作为叶子结点的权值构造哈夫曼树，则其带权路径长度是________。

【参考答案】 69

三、综合题

1. 画出一棵后序遍历序列与中序遍历序列相同的二叉树。

【参考答案】

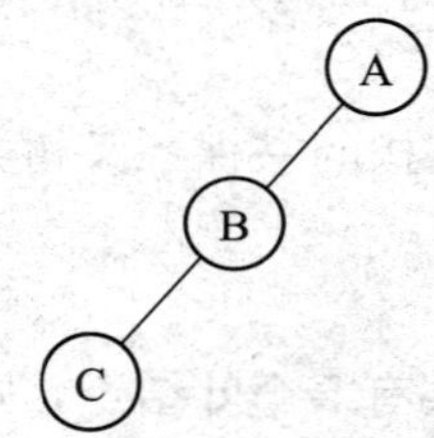

2. 已知二叉树的前序遍历序列 HACDFGBE，中序遍历序列为 CAFDCHEB，请画出该二叉树，并给出后序遍历序列。

【参考答案】

后序遍历序列为：CFGDAEBH

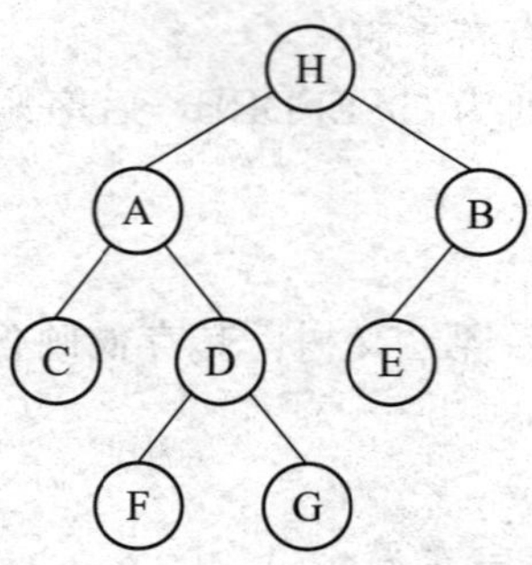

3. 如下图所示，给出表达式树的前序遍历序列、中序遍历序列和后序遍历序列。

【参考答案】

前序遍历序列：－＊＋ABC＋D＊EF

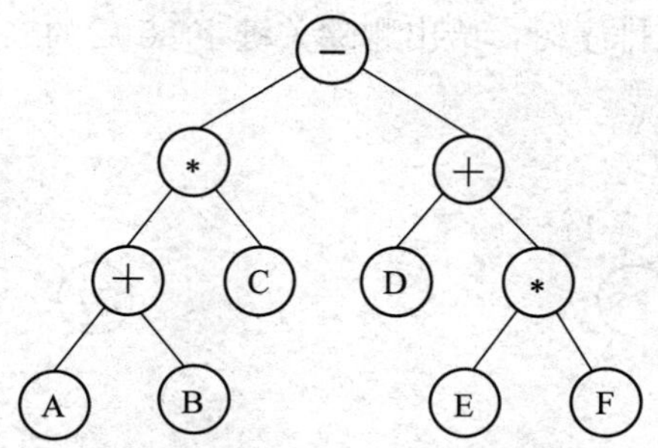

第 3 题图　表达式树

中序遍历序列：(A+B) * C −(D+E * F)（注：括号是人为加上的，表示计算的顺序）

后序遍历序列：AB+C * DEF * +−

4. 已知某密码电文由 5 个字母 A，B，C，D，E 组成，每个字母在电文中的出现频率分别是 12，7，21，8，6，请给出 5 个字母的哈夫曼编码。

【参考答案】

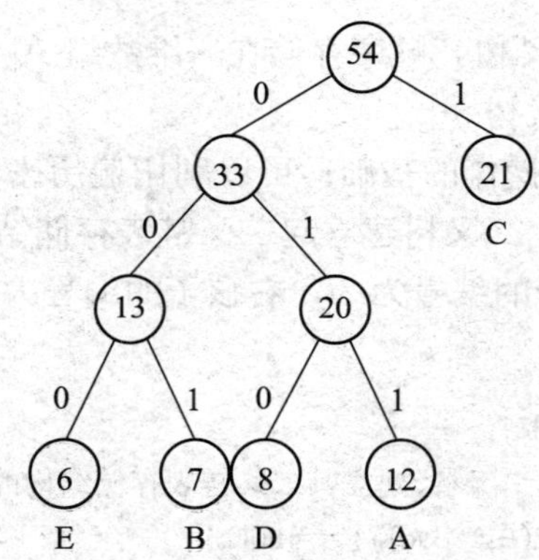

编码：A——011　　B——001　　C——1　　D——010　　E——000

5. 已知关键字序列为{53,17,19,61,98,75,79,63,46,40}，请给出利用这些关键字构造的二叉排序树。

【参考答案】

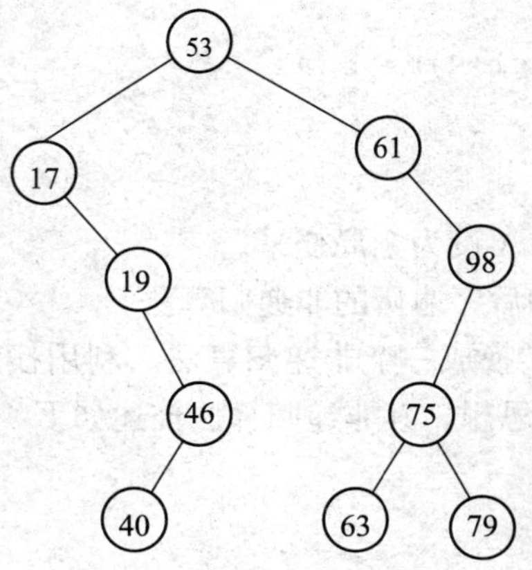

第 5 题图　二叉排序树

6. 对如下图所示的二叉排序树，给出删除关键字 85 后的二叉排序树。

【参考答案】

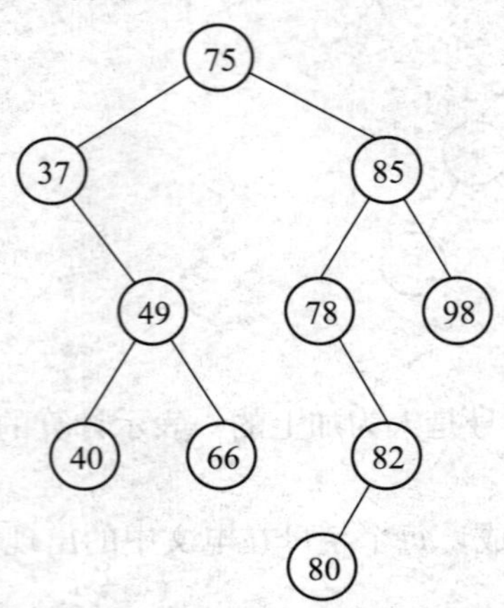

第 6 题图　二叉排序树　　　　**第 6 题图　删除 85 后的二叉排序树**

7. 具有 n 个结点的完全二叉树，顺序存储在一维数组 A[1…,z]中，设计算法将 A 中顺序存储变为二叉链表存储的二叉树。

【分析】 遍历是二叉树各种操作的基础；可以利用遍历来建立二叉树。本题就是利用先序遍历，由顺序存储结构的完全二叉树建立起二叉链表存储结构的完全二叉树。顺序存储结构中，编号为 i 的结点的左孩子的编号为 2i，右孩子的编号为 2i+1。

【参考答案】

```
voidCrerateBit(BiTree&T,int i)
{     /*由顺序存储结构的完全二叉树,建立其二叉链表存储结构的完全二叉树*/
if(!(T=(BiTree)malloc(sizeof(BiTNode)))==NULL)
    exit(OVERFLOW);
T->data=A[i];
if(2*i<=n)
    CreateBit(t->lchild,2*i);
elseT->lchild=NULL;
if(2*i+1<=n)
    CreateBit(t->rchild,2*i+1);
  else T->rchild=NULL;
}
```

在该算法中，可以将数组 A 设为全局变量。

8. 试编写出先序、中序和后序遍历的非递归算法。

【分析】 将一个递归算法转换成一个非递归算法，利用栈就可消除递归，根据对二叉树进行先序、中序和后序遍历的思想，其非递归算法描述如下。

【参考答案】

(1) 先序遍历。

```
void PreOrderTraverse(BiTree bt)
```

```
{     /* 二叉树 bt 采用二叉链表存储,对其进行先序遍历 */
  if(bt)                                  /* 二叉树非空 */
  {  InitStack(S);Push(S,bt);
     while(!EmptyStack(S))
     {  while(GetTop(S,p)&&p)        /* 当栈顶元素非空 */
          {  visit(p->data);
             push(S,p->lchild);
          }
        Pop(S,p);
        if(!EmptyStack(S))            /* 若栈非空,使栈顶元素的右孩子入栈 */
         {  Pop(S,p);Push(S,p->rchild);}
     }
   }
}
```

(2) 中序遍历。

```
void InOrderTraverse(BiTree bt)
{     /* 二叉树 bt 采用二叉链表存储,对其进行中序遍历 */
  if(bt)
  {  InitStack(S);Push(S,bt);
     while(!EmptyStack(S))
     {  while(GetTop(S,p)&&p)
             push(S,p->lchild);
        Pop(S,p);
        if(!EmptyStack(S))
       {  Pop(S,p);
          visit(p->data);
          Push(S,p->rchild);
       }
     }
  }
}
```

(3) 后序遍历。

```
voidPeorder(BiTreebt)
{     /* 后序遍历 bt 所指的二叉树,s 为存储二叉树结点指针的栈 */
  InitStack(s);Push(s,bt);
  while(!EmptyStack(s))
  {  while(GetTop(s,p))
         Push(s,p->lchild);
     Pop(s,p);
     if(!EmptyStack(s))
     {  Push(s,GetTop(s,p)->rchild);
```

```
        if(GetTop(s,p) = = NULL)
        {  Pop(s,p);Pop(s,p);
           visit(p - > data);
           while(GetTop(s,q) - > rchild = = p&&!EmptyStack(s))
           {  Pop(s,p);
              visit(p - > data);
           }
           if(!EmptyStack(s))
              Push(s,GetTop(s,p) - > rchild);
        }
     }
   }
}
```

第八章　树

一、单选题

1. 设树 T 的度为 4，其中度为 1、2、3、4 的结点个数分别为 4、2、1、1，则 T 中的叶子树为________。

A. 5　　B. 6　　C. 7　　D. 8

【分析】度为 0 的结点数为：$n_0=1+\sum_{i=2}^{4}(i-1)ni=1+(2-1)\times 2+(3-1)\times 1+(4-1)\times 1=8$

【参考答案】　D

2. 树的先序遍历与________等价。

A. 二叉树的前序遍历　　B. 二叉树的中序遍历

C. 二叉树的后序遍历　　D. 树的后序遍历

【参考答案】　B

3. 树最适合用来表示________。

A. 有序数据元素　　B. 元素之间具有分支层次关系的数据

C. 无序数据元素　　D. 元素之间无联系的数据

【参考答案】　B

4. 树的基本遍万策略可分为先序遍历和后序遍历；二叉树的基本遍历策略可分为先序遍历、中序遍历和后序遍历。若把由树转化得到的二叉树叫做这棵树对应的二叉树。下列结论正确的是________。

A. 树的先序遍历序列与其对应的二叉树的后序遍历序列相同

B. 树的后序遍历序列与其对应的二叉树的后序遍历序列相同

C. 树的先序遍历序列与其对应的二叉树的中序遍历序列相同

D. 以上都不对

【参考答案】　A

5. 树中所有结点的度等于所有结点数加________。

A. 0　　B. 1　　C. −1　　D. 2

【参考答案】　C

二、填空题

1. 除根结点以外，树中每个结点有________个前趋，________个后继。

【参考答案】 1 0或多

2. 如下图所示的树有________个叶结点，有________个分支结点，度为________，A结点的兄弟是________。

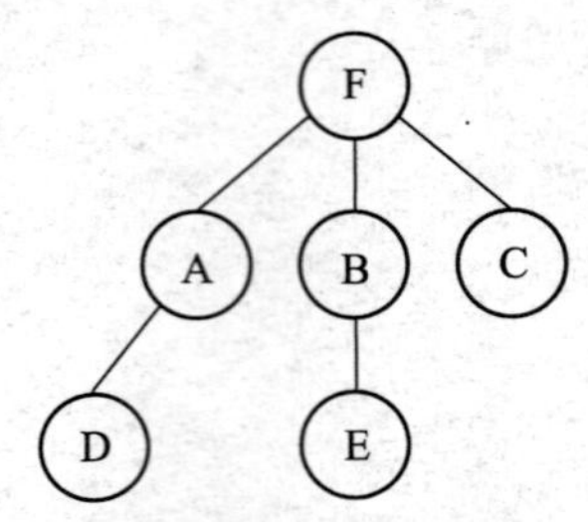

第2题图 树

【参考答案】 3 3 3 B和C

3. 树的存储结构主要有________、________和________。

【参考答案】 双亲存储结构孩子存储结构孩子兄弟存储结构

4. 对于一棵具有n个结点的树，该树中所有结点的度数之和为________。

【参考答案】 n－1

5. 一棵树的广义表表示为a（b（c，d（e，f），g（h）），i（j，k（x，y））），结点d和x的层数分别为________和________。

【参考答案】 34

三、综合题

1. 如下图所示的树，回答以下问题：

（1）写出根结点；

（2）写出所有叶结点；

（3）写出E的双亲；

（4）写出E的兄弟；

（5）写出H的祖先；

（6）写出A的子孙；

（7）树的深度是多少？

（8）E的层次数是多少？

第1、2、3题图 树

【参考答案】

（1）I （2）C，E，F，G，H （3）B （4）F，G

（5）I，A，D （6）D，H （7）4 （8）3

2. 如上图所示的树，给出该树的先序遍历序列和后序根遍历序列。

【参考答案】

先序遍历序列：IADHBEFGC；后序遍历序列：HDAEFGBCI。

3. 如上图所示的树，给出该树的双亲表示法和孩子兄弟表示法的图示。

【参考答案】

双亲表示法：

	data	parent
0	I	–1
1	A	0
2	B	0
3	C	0
4	D	1
5	E	2
6	F	2
7	G	2
8	H	4

孩子兄弟表示法：

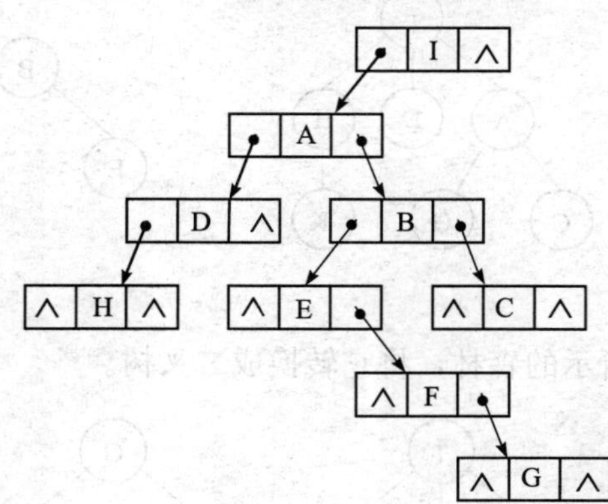

4. 如下图所示的一棵树，请把它转换成二叉树。

【参考答案】

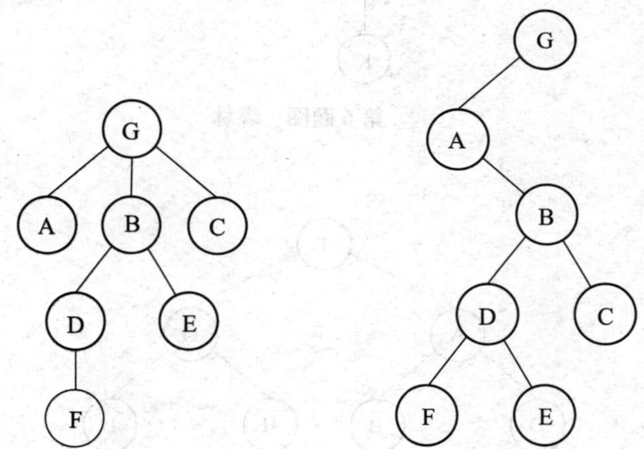

第 4 题图　树

5. 如下图所示的二叉树，请把它转换成森林。

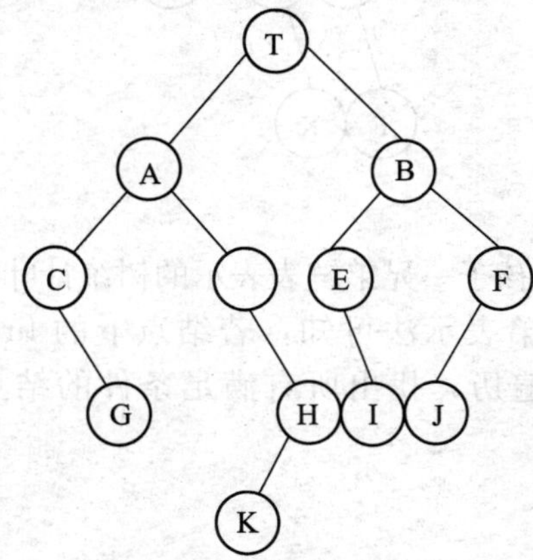

第 5 题图　二叉树

【参考答案】

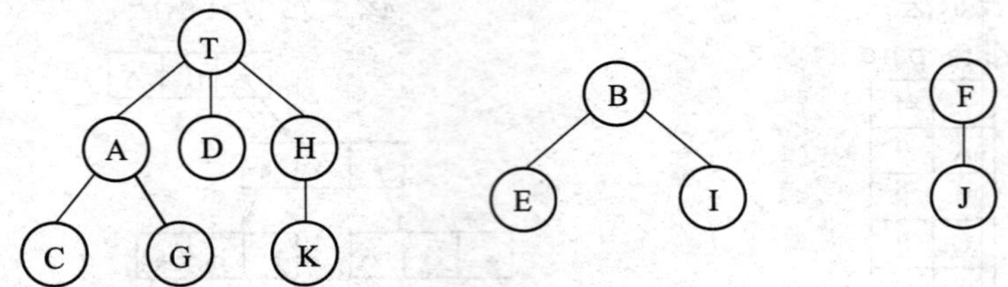

6. 如下图所示的森林，将它转换成二叉树。

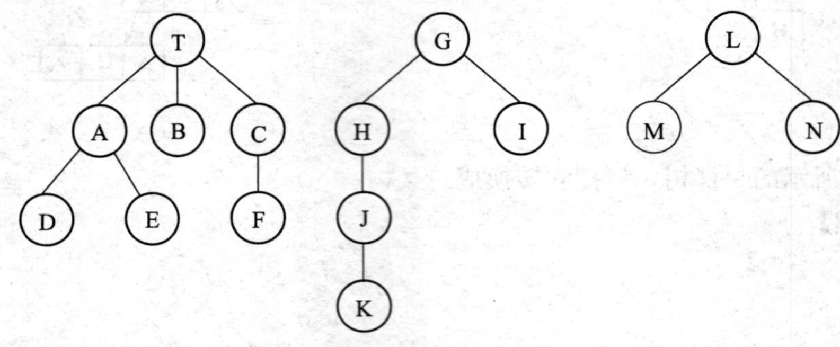

第 6 题图　森林

【参考答案】

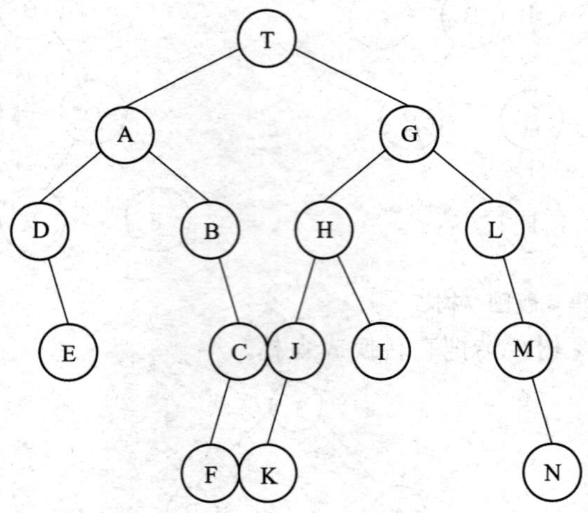

7. 试编写算法，对一棵以孩子—兄弟链表表示的树统计叶子的个数。

【分析】由树的孩子—兄弟表示法可知，若结点 p 的 firstchild 为空，则该结点即为叶子结点，对树 T 进行层次遍历，找出所有满足条件的结点即为叶子结点的数目，算法描述如下。

【参考答案】

```
int CountLeavies(CsTreeT)
{     /*统计用孩子—兄弟表示法存储的树T的叶子结点数*/
  count = 0;
  if(T)
  {   InitQueue(Q);EnQueue(Q,T);                 /*初始化队列并让根入队列*/
    while(1EmptyQueue(Q))
      {   DeQueue(Q,p);
        if(p->frrstchild = NULL)
          count ++ ;
        elseEnQueue(Q,p->firstchild);
        q = p->nextsibiling;
        while(q)                                 /*右兄弟非空*/
        {   EnQueue(Q,q);
          q = q->nextsibling;
        }
      }
    }
    retum count;
  }
```

8. 试编写一个算法，将双亲表示法存储的树转化为：

(1) 带双亲的孩子链表；

(2) 孩子—兄弟表示法。

【分析】(1) 将双亲表示法转化成带双亲的孩子链表，首先对孩子链表的表头结点进行初始化，然后扫描双亲表示法的树结点，若第i个的双亲是第j个结点，就将第i个结点插到第j个单链表，直至所有结点全部处理完为止。算法描述如下。

【参考答案】

```
void PChangeC(PTreeT1,CTree&T2)
  {   /*将双亲表示存储的树转化为带双亲的孩子链表*/
  T2.n = T1.n; /*初始化*/
  for(i = 0;i< T1.n;i ++ )
  {   T2.nodes[i].data = T1.node[i].data;
      T2.nodes[i].parent = T1.node[i].parent;
      T2.nodes[i].firstchild = NULL;
  }
  /*下面是进行转换操作*/
  for(i = 0;i< T1.n;i ++ )
  {   j = T1.node[i].parent;
      if(j! = -1)
    {   p = (ChildPtr)malloc(sizeof(struct(TNode));
        p->lchild = i;
```

```
            p -> next = T2. nodes[ j]. firstchild;
            T2. nodes[ j]. firstchild = p;
        }
    }
}
```

【分析】（2）将双亲表示的存储结构转化成孩子一兄弟表示法，首先找出根结点，然后在双亲表示法的存储结构中找出双亲是根的所有结点，若根的第一个孩子为空，则将某结点作为根的第一个孩子，其余结点作为兄弟。对双亲表示法中的任意一结点，均递归建立其孩子一兄弟链表。算法描述如下。

【参考答案】

```
CSTreePchangeCS(PtreeT, int root)
{  将双亲表示法的树 T 转化为孩子一兄弟表示法,root 表示树根在双亲表示法中的下标
  p = (CSTree)malloc(sizeof(CSNode));
  p -> data = T. nodes[root]. data;
  p -> frrstchild = p -> nextsibling = NULL;
  first = 1;
  fbr(i = 0;i< T. n;i ++ )
    if(T. nodes[ i]. parent = = root)
    {   q = PchangeCS(T, i);
        if(first)
        {  p -> frrstchild = q;first = 0;sibling = p -> frrstchild; }
      else {   sibling -> nextsibling = q;sibling = q; }
    }
  returnp;
}
```

第九章　图

一、单选题

1. 在无向图中，所有顶点的度数之和等于边数之和的________倍。

A. 1/2　　B. 1　　C. 2　　D. 3

【参考答案】 C

2. 在有向图中，所有顶点的入度之和是所有顶点出度之和的________倍。

A. 1/2　　B. 1　　C. 2　　D. 3

【参考答案】 B

3. 以下有关完全图的叙述中，不正确的是________。

A. 在完全图中，任意两个顶点之间均有边相连

B. 含有 n 个顶点的完全图具有 n(n－1) 条边

C. 完全图是无向图

D. 完全图是有向图

【参考答案】 D

4. 以下有关连通分量的说法中，正确的是________。

A. 连通分量是有向图中的极小连通子图

B. 连通分量是无向图中的极小连通子图

C. 连通分量是有向图中的极大连通子图

D. 连通分量是无向图中的极大连通子图

【参考答案】 D

5. 以下哪个路径不是简单路径________。

A. v1，v2，v4，v2　　B. v1，v2，v4，v5

C. v1，v2，v5，v4　　D. v1，v2，v3，v5

【参考答案】 A

6. 在一个含 n 个顶点的连通图中，任意一条简单路径的长度都不可能超过________。

A. n/2　　B. n－1　　C. n　　D. n＋1

【参考答案】 B

7. 十字链表适用于________。

A. 完全图　　B. 连通分量　　C. 无向图　　D. 有向图

【参考答案】 D

8. 具有 n 个顶点的连通图，其最小生成树具有________条边。

A. n/2　　B. n－1　　C. n　　D. n＋1

【参考答案】 B

9. 任何一个带权的无向连通图，其最小生成树一定有________。

A. 1 棵　　B. n 棵　　C. 1 棵或 n 棵　　D. 0 棵

【参考答案】 C

10. 如下图所示的有向图，其深度优先搜索遍历序列为________。

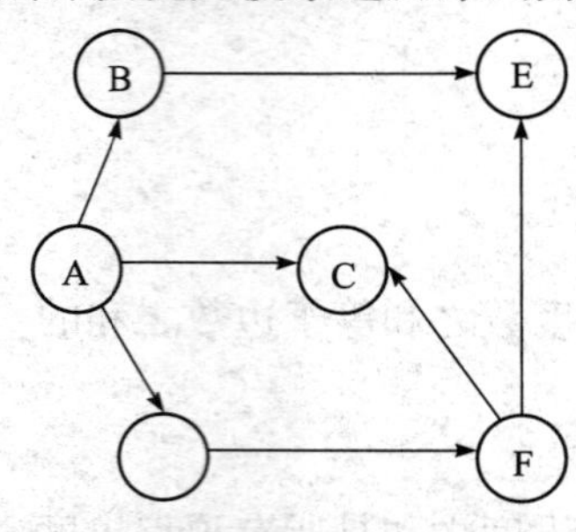

第 10 题图　有向图

A. ABEFDC　　B. ABEDCF　　C. ACDBEF　　D. ADFECB

【参考答案】 D

11. 对于第 10 题图所示的有向图，其广度优先搜索遍历序列为________。

A. ABCDFE　　B. ABCDEF　　C. ABECDF　　D. ADCBEF

【参考答案】 B

12. 对于第 10 题图所示的有向图，其拓扑排序序列为________。

A. ADCFEB　　B. CEBFDA　　C. ABDFCE　　D. CBFEDA

【参考答案】 C

13. 使用________算法可以确定从源点到图中其余顶点的最短路径。

A. 迪杰斯特拉　　B. 弗洛伊德　　C. 克鲁斯卡尔　　D. 普里姆

【参考答案】 A

14. 判断一个有向图是否存在回路，除了可以利用拓扑排序方法外，还可以利用________。

A. 深度优先搜索遍历算法　　B. 广度优先搜索遗历算法

C. 普里姆算法　　D. 克鲁斯卡尔算法

【参考答案】 A

15. 以下有关关键路径的叙述中，不正确的是________。

A. 关键路径上的活动是关键活动

B. 关键路径是从源点到汇点之间具有最大路径长度的路径

C. 关键路径可以构成回路

D. 关键活动的时间余量为 0

【参考答案】 C

二、填空题

1. 有向图的极大连通子图称为________。

【参考答案】　强连通分量

2. 一个具有 n 个顶点的完全无向图的边数为________；一个具有 n 个顶点的完全有向图的弧数为________。

【参考答案】　n(n−1)/2n(n−1)

3. 在有向图中，顶点的度等于________。

【参考答案】　顶点的入度与顶点的出度之和

4. 一个有 n 个顶点的无向图，采用邻接矩阵作为存储结构，则求图中边数的方法是________。求任一顶点的度的方法是________。

【参考答案】　矩阵中 1 的个数除以 2 计算该行中 1 的个数

5. 一个有 10 个顶点的有向图，它最多能有________条边。

【参考答案】　90

6. 无向图 G=（V，E)，其中：V={a，b，c，d，e，f},E={(a，b),(a，e),(a，c),(b,e),(c，f),(f,d)，(e,d)},对该图进行深度优先遍历，得到的顶点序列是________。

【参考答案】　a，e，d，f，c，b

7. ________算法是按路径长度递增的次序产生最短路径的算法。

【参考答案】　迪杰斯特拉

8. 图的基本存储结构主要有________和________。

【参考答案】　邻接矩阵邻接表

9. 图的遍历方法主要有________和________两种。

【参考答案】　深度优先搜索遍历广度优先搜索遍历

10. 构造图的最小生成树的方法主要有________和________两种。

【参考答案】　普里姆算法克鲁斯卡尔算法

11. 用图中的顶点表示活动，用弧表示活动间的先后关系，这样的有向图称为________。

【参考答案】　AOV 网

12. 事件 vk 的最早发生时间是从源点到顶点 vk 的________。

【参考答案】　最大路径长度

13. 在 AOE 网中，从源点到汇点之间具有最大路径长度的路径称为________。

【参考答案】　关键路径

14. 有 29 条边的无向连通图，至少有________个顶点，至多有________个顶点；有 29 条边的无向非连通图，至少有________个顶点。有 29 条边（弧）的有向连通图，至少有________个顶点，至多有________个顶点；有 29 条边的有向非连通图，至少有________个顶点。

【分析】对于 n 个顶点的无向连通图 G，为完全图时边数达到最多：共 n(n−1)/2 条边，满足不等式 n(n−l)/2≤29 最大的 n 为 8，即 8 个顶点的连通无向图最多 28 条边，因此有 29 条边的连通无向图至少有 9 个顶点；当 G 为树时边数达到最少：：共 n−1 条边，因此有 29 条边的连通图中至多 30 个顶点。因为 29 条边 9 个顶点的无向图必定是连通的，29 条边的非连通无向图至少有 10 个顶点（一个子图为含 8 个顶点的完全图，另一个子图为含两个顶点的完全图）。因为 5 个顶点的有向完全图最多 20 条边，6 个顶点的有向完全图最多 30 个结点。因此有 29 条弧的有向连通图至少有 6 个顶点，至多 29 个顶点。29 条边 6 个顶点的有向图必定是连通的，要不连通至少有 7 个顶点。

【参考答案】 930106297

15. Prim 算法适用于求________的最小生成树，Kruskal 算法适用于求________的最小生成树。

【参考答案】 稠密图 稀疏图

三、综合题

1. 对下图所示的有向图，请回答以下问题。

(1) 该图是强连通图吗？若不是，请给出其强连通分量。

(2) 请给出每个顶点的度、入度和出度。

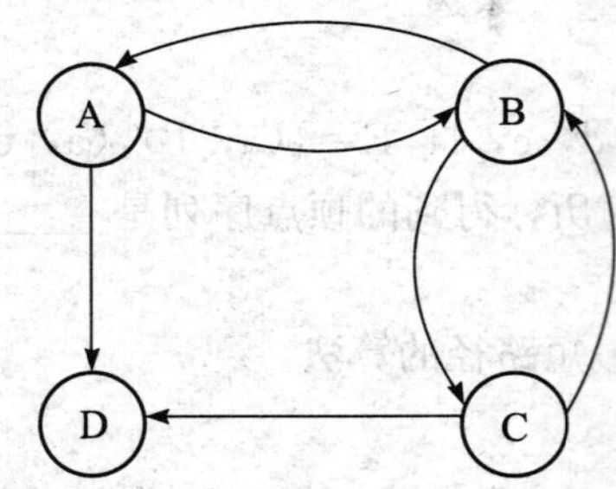

第 1 题图 有向图

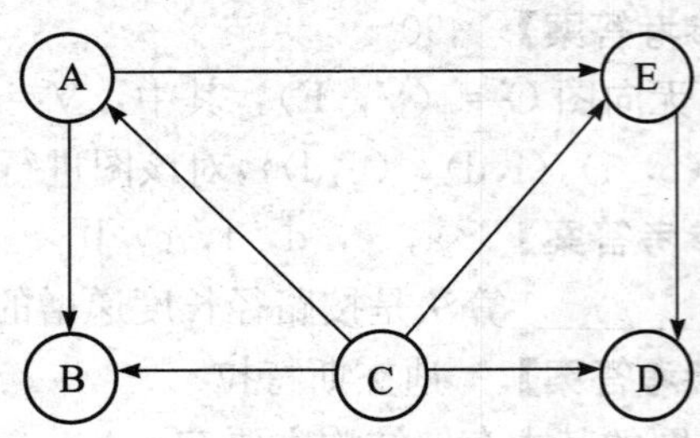

第 2、3 题图 有向图

【参考答案】

(1) 该图不是强连通图。强连通分量为：

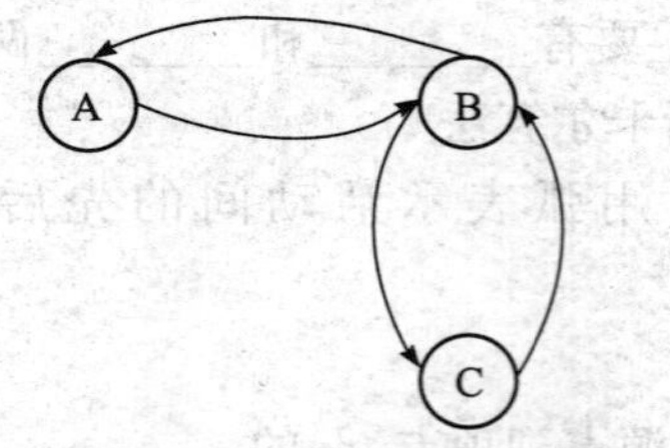

(2) 每个顶点的度、入度和出度：

D (A) =3ID (A) =1OD (A) =2

D (B) =4ID (B) =2OD (B) =2

D (C) =3ID (C) =1OD (C) =2

D (D) =2ID (D) =2OD (D) =0

2. 给出上图所示有向图的邻接矩阵、邻接表和逆邻接表。

【参考答案】

邻接矩阵：

$$\begin{bmatrix} 0 & 1 & 0 & 0 & 1 \\ 0 & 0 & 0 & 0 & 0 \\ 1 & 1 & 0 & 1 & 1 \\ 0 & 0 & 0 & 0 & 0 \\ 0 & 0 & 0 & 1 & 1 \end{bmatrix}$$

邻接表：

0 A → 1 → 4 ^

1 B ^

2 C → 0 → 1 → 3 → 4 ^

3 D ^

4 E → 3 ^

逆邻接表：

0 A → 2

1 B → 0 → 2 ^

2 C ^

3 D → 2 → 4 ^

4 E → 0 → 2 ^

3. 对上图所示的有向图，请给出从 A 开始的深度优先搜索遍历序列和广度优先搜索遍历序列。

【参考答案】

深度优先搜索遍历序列：AEDBC；

广度优先搜索遍历序列：AEBDC。

4. 已知一个无向图的邻接表如下图所示，请给出从顶点 v_0 开始的深度优先搜索遍历序列和广度优先搜索遍历序列。

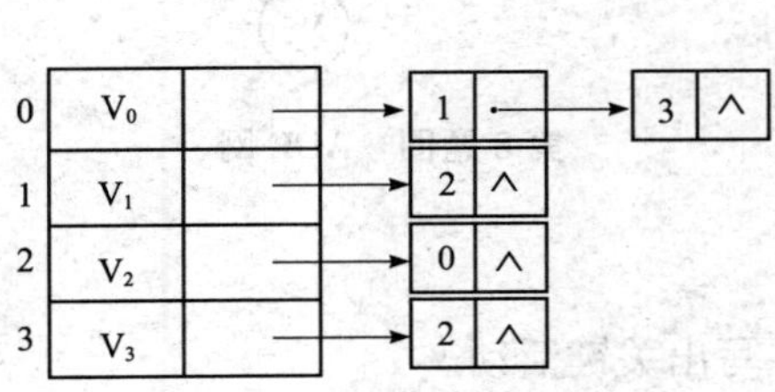

第 4 题图 邻接表

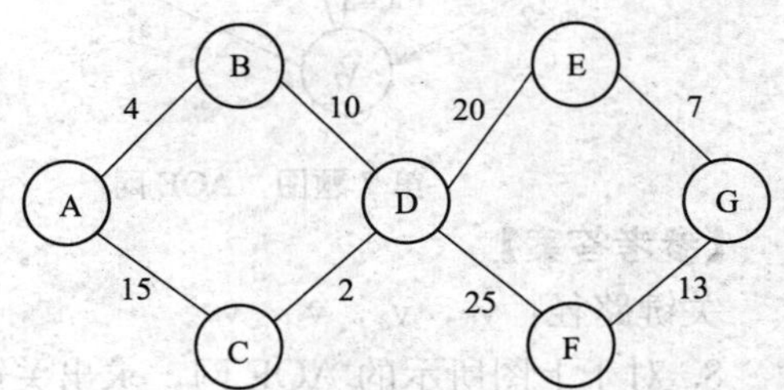

第 5、6 题图 网

【参考答案】

深度优先搜索遍历：v_0 v_1 v_2 v_3；

广度优先搜索遍历：v_0 v_1 v_3 v_2。

5. 已知如上图所示的网，请给出从顶点 A 开始按 Prim 算法构造的最小生成树，并给出构造顺序。

【参考答案】

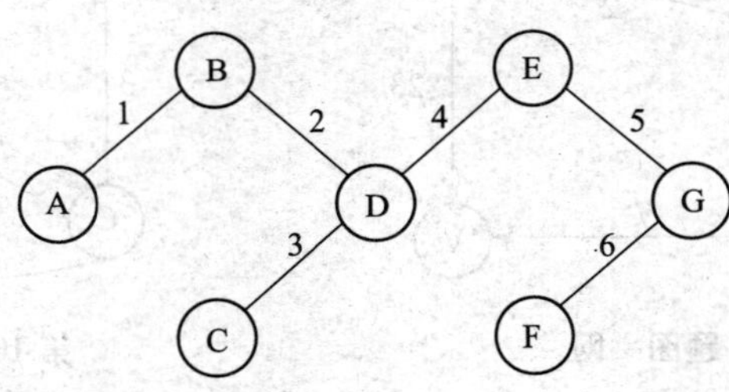

6. 已知如上图所示的网，请给出按 Kruskal 算法构造的最小生成树，并给出构造顺序。

【参考答案】

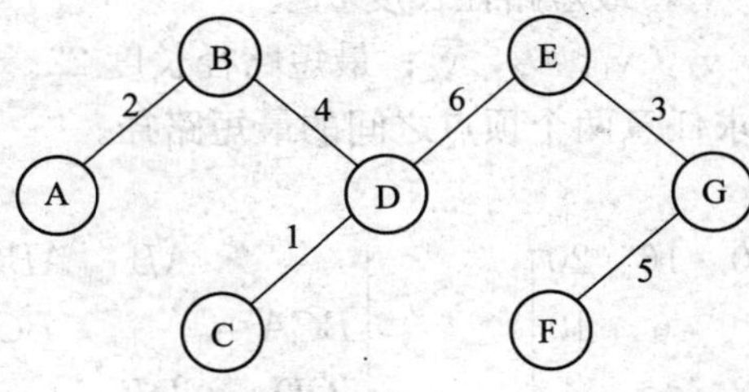

7. 对于下图所示的 AOE 网，写出其关键路径。

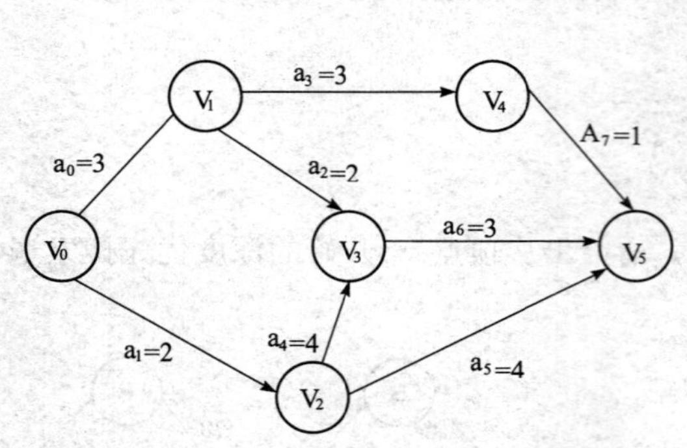

第 7 题图　AOE 网

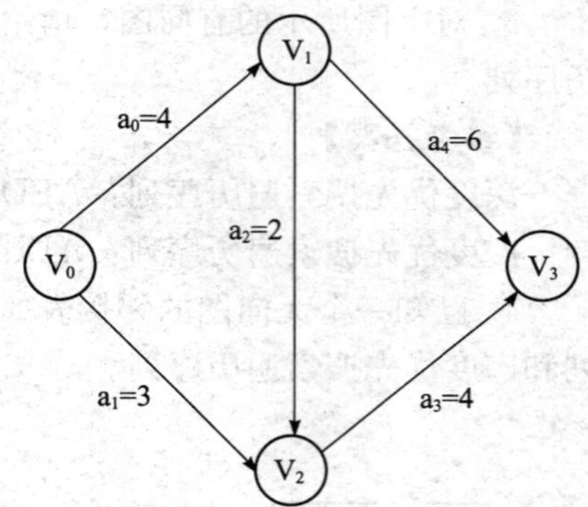

第 8 题图　AOE 网

【参考答案】

关键路径：v_0，v_2，v_3，v_5。

8. 对于上图所示的 AOE 网，求出关键路径，并写出关键活动。

【参考答案】

关键活动：a_0，a_2，a_3，a_4。

关键路径：v_0，v_1，v_3 和 v_0，v_1，v_2，v_3。

9. 对下图所示的网，求顶点 v0 到其他顶点之间的最短路径和最短路径长度。

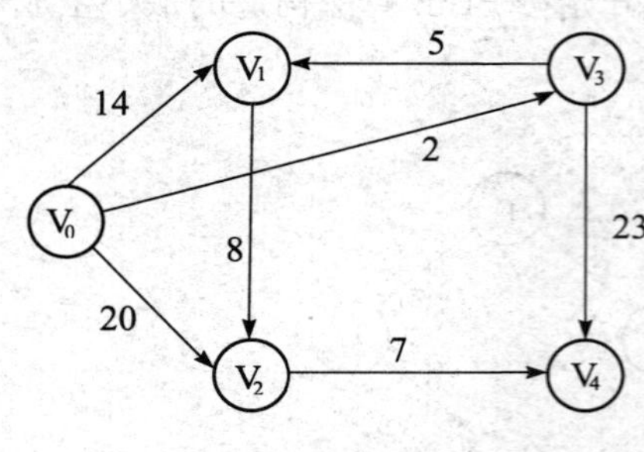

第 9 题图　网

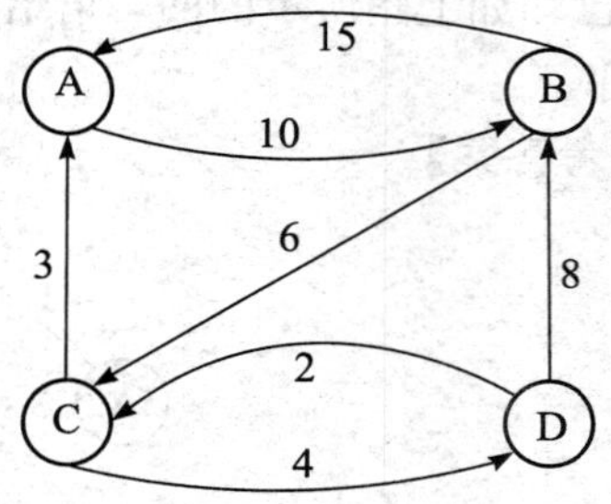

第 10 题图　网

【参考答案】

v_0 到 v_1：最短路径 v_0，v_3，v_1；最短路径长度 7；

v_0 到 v_2：最短路径 v_0，v_3，v_1，v_2；最短路径长度 15；

v_0 到 v_3：最短路径 v_0，v_3；最短路径长度 2；

v_0 到 v_4：最短路径 v_0，v_3，v_1，v_2，v_4；最短路径长度 22。

10. 对上图所示的网，求任意两个顶点之间的最短路径。

【参考答案】

$$\begin{bmatrix} \infty & 10 & 16 & 20 \\ 9 & \infty & 6 & 10 \\ 9 & 12 & \infty & 4 \\ 5 & 8 & 2 & \infty \end{bmatrix} \quad \begin{bmatrix} & AB & ABC & ABCD \\ BCA & & BC & BCD \\ CD & CDB & & CD \\ DCA & DB & DC & \end{bmatrix}$$

11. 一个函数，根据用户输入的偶对（以输入 0 表示结束）建立其有向图的邻接表。

【分析】根据输入的顶点，首先建立邻接表的头结点，然后根据输入的顶点对，确定顶点在图中的位置，采用前插法将结点插入列表结点中。算法描述如下。

【参考答案】

```
voidCreateAdjList(ALGrahp&G)
{  /*根据输入的偶对,建立有向图G的邻接表*/
  scanf("%d",&Gvexnum);                                  /*输入图G的顶点数*/
  for(i=0;i<Gvexnum;i++)                                 /*头结点进行初始化*/
  {  scanf(&Gvertices[i].data);
     Gvertices[i].firstare=NULL;
  }
  count=0;
  scanf(&v1,&v2);                                        /*输入顶点对,建立邻接表*/
  while(v1&&v2)
  {  count++;
     i=Locate(G,v1);
     j=Locatevex(G,v2);
     p=(ArcNode*)malloc(sizeof(ArcNode));
     p->adjvex=j;
     p->nextare=G.vertices[i].firstare;
     G.vertices[i].frrstare=p;
     Scanf(&v1,&v2);
  }
  Garcnum=count;
}
```

12. 已知图采用邻接表存储方式，试写出删除边（v_i，v_j）（对于无向图）或删除弧< v_i，v_j>（对于有向图）的算法。

【分析】本题只给出对无向图的操作，由于图采用邻接表存储，根据输入的边(vi，vj)，分别找出两顶点在图中的位置i和j，然后在各自的邻接表链表中删除相应的结点。算法描述如下。

【参考答案】

```
void DeleteEdge(ALGraph&G,int i,int j)
{  /*删除用邻接表存储的无向图G中的边(i,j)*/
  p=G.vertices[i].firstarc;pre=NULL;/*pre是前趋*/
  while(p)
  if(p->adjvex==j)
  {  if(pre==NULL)
        G.vertices[i].firstarc=p->nextarc;
     elsepre->nextarc=p->nextarc;
     free(p);break;
  }
  else{pre=p;p=p->nextarc;}
  p=G.vertices[j].firstarc;
```

```
pre = NULL;                                    /*查找另一个顶点的邻接点*/
while(p)
    if(p->adjvex = = i)
    {  if(pre = = NULL)
           G.vertices[j].firstarc = p->nextarc;
    else pre->nextarc = p->nextarc;
    free(p); break;
  }
  else{pre = p;p = p->nextarc;}
}
```

13. 已知 n 个顶点的有向图，用邻接矩阵表示，编写函数计算每对顶点的最短路径。

【分析】该函数其实就是利用弗洛伊德算法求解任意两顶点之间的最短路径。算法描述如下。

【参考答案】

```
void SortPath_Floyd(MGrophG)
{  /*求有n个顶点的有向图G的任意两顶点之间的路径,顶点i和顶点j之间的最短路径*/
   /*存放在数组sortpath[i][j]*/
    for(i = 0;i< G.vexnum;i ++ )
      for(j = 0;j< G.vexnum;j ++ )
          sortpath[i][j] = Garcs[i][j].adj;
    for(k = 0;k< G.vexnum;k ++ )
      for(i = 0;i< G.vexnum;i ++ )
        for(j = 0;j< Gvexnum;j ++ )
          iftpath[i][k] + sortpath[k][j]< sortpath[i][j])
            sortpath[i][j] = sortpath[i][k] + sortpath[k][j];
}
```

14. 对于一个使用邻接表存储的有向图 G，可以利用深度优先遍历方法，对该图中结点进行拓扑排序，写出在遍历图的同时进行拓扑排序的算法。

【分析】对有向图进行深度优先搜索，可以判定图中是否有回路。若从有向图的某个顶点 v 出发深度优先遍历，在 DFS(v) 结束前，出现顶点 n 到顶点 v 的回边，图中必有环。用数组 flag[i] =1，表示其邻接点已全部被搜索完。由于深度优先搜索得到的序列是逆拓扑排序序列。因此用队列存放所访问的顶点。算法描述如下。

【参考答案】

```
int flag[];count = 0;success = 1;                 /*success:测试拓扑排序是否成功*/
InitQueue(Q);
voidDFSTopSort(ALGraphG)
{  /*对以邻接表为存储结构的有向图G进行拓扑排序*/
  for(v = 0;v< G.vexnum;v ++ )                     /*标志位初始化*/
  {  visited[v] = 0;flag[v] = 0;}
  for(v = 0;v< G.vexnum;v ++ )
```

```
  {  DFS(G,v);flag[v] = 1;}
  if(count< G. vexnum)
    print f("图中有环存在\n");
  else
    print f("该图是有向无环图\n");
}
voidDFS(ALGraphGint V)
{  /＊从第 v 个顶点出发深度优先遍历图 G＊/
   visit(v);visited[v] = 1;
   EnQueue(Q,v);count ++ ;
   for(p = G. vertice[v]. firstarc;p;p = p -> nextarc)
      if(visited[p -> adjvex]&&flag[p -> adjvex] = = 0)      /＊DFS 结束前出现回边＊/
        success = 0;
   elseif(!visited[p -> adjvex])
      {  DFS(G,p -> adjvex);flag[p -> adjvex] = 1;}
}
```

15. 假定 Anxn 是一个无向简单图 G 的邻接矩阵，其中 n 是图 G 的顶点数。对 Anxn 采用顺序的方法存储其下三角，然后写出对 G 进行宽度优先搜索的算法。

【参考答案】

```
void BFSTraverse(MGraphG,int B[])
{  /＊对采用压缩存储的无向图 G 进行广度优先搜索＊/
    for(i = 0;i< G. vexnum;i ++ )                /＊转换＊/
      for(j = 0,j< G. vexnum;j ++ )
        B[k ++ ] = Garcs[i][j]. adj;
    for(v = 0;v< G. vexnum;v ++ )
      visited[v] = 0;
    row = 1;InitQueu(Q);                                        /＊记住每行的首元素位置＊/
    for(v = 0;v< Gvexnum;v ++ )
    if(!visited[v])
    {  visit(Q);visited[v] = 1;
       EnQueue(Q,v);
       while(!EmptyQueue)(Q))
       {  DeQueue(Q,v);
          i = row;j = v;
          while(i< G. vexnum)
        {  k = i(i + 1)/2 + j;
          if(B[k]) = = 1&&!visited[i])
          {  visit(i);
             visited[i] = 1;
             EnQueue(Q,i);
          }
        i ++ ;
```

```
        }
    row++;
        }
      }
    }
```

第十章　数组、矩阵和广义表

一、单选题

1. 常对数组进行的两种基本操作是________。

A. 建立与删除　　B. 索引与修改　　C. 查找与修改　　D. 查找

【分析】对数组来讲，一旦建立起来后，数组中的元素个数是不能改变的，所以不能对数组施加插入、删除这些操作。而且通常是按行或列对数组进行顺序存储的，故也无需要对其建立索引。因此数组上最常见的操作是查找与修改。

【参考答案】 C

2. 设有一个 8 阶的对称矩阵 A，采用压缩存储方式，以行序为主序存储，每个元素占用一个存储单元，基址为 100，则 A_{63} 的地址为________。

A. 118　　B. 124　　C. 151　　D. 160

【参考答案】 B

3. 已知数组 A[1‥6，2‥8] 在内存中以行序为主序存放，且每个元素占两个存储单元，则计算元素 A[i，j] 地址的公式为________。

A. LOC（A [i，j]）＝LOC（A [1，2]）＋ [（i－1） ∗7＋（j－2）] ∗2

B. LOC（A [i，j]）＝LOC（A [1，2]）＋ [（j－2） ∗6＋（i－1）] ∗2

C. LOC（A [i，j]）＝LOC（A [1，2]）＋（i∗8＋j） ∗2

D. LOC（A [i，j]）＝LOC（A [1，2]）＋（j∗6＋i） ∗2

【参考答案】 A

4. 二维数组 A 的每个元素是由 6 个字符组成的串，其行下标 i＝0，1，…，8，列下标 j＝1，2，…，10，且每个字符占一个字节。若 A 以行序为主序存放，元素 A[8，5] 的起始地址与当 A 以列序为主序存放时的元素________的起始地址相同。

A. A [7，8]　　B. A [6，5]　　C. A [0，7]　　D. A [3，10]

【参考答案】 D

5. 对稀疏矩阵进行压缩存储的目的是________。

A. 降低运算的时间复杂度　　B. 节省存储空间

C. 便于存储　　D. 便于进行矩阵运算

【参考答案】 B

6. 以下有关广义表说法中不正确的是________。

A. 广义表的表头总是一个原子　　B. 广义表的表尾总是一个广义表

C. 广义表的元素可以是单个元素　　D. 广义表的元素可以是一个子表

【参考答案】 A

7. 广义表L=（a，(b，(c)，d)，(()，e)）的长度为________。

A. ∞　　B. 6　　C. 4　　D. 3

【参考答案】 D

8. 广义表L=（a)，则表尾为________。

A. a　　B. （()）　　C. 空表　　D. （a)

【参考答案】 C

9. 已知广义表L=（(a，b，c)，a，(x，y，z)），从L表中取出原子项y的运算是________。

A. head（tail（head（tail（L））））　　B. . tail（head（head（tail（L））））

C. head（tail（head（tail（tail（L）））））　　D. head（tail（tail（L）））

【参考答案】 C

10. 下列广义表是线性表的有________。

A. L=（a，(b，c)）　　B. L=（a，L）　　C. L=（a，b）　　D. L=（a，()）

【参考答案】 C

二、填空题

1. 通常数组只有________和________两种运算，因此常采用________来存储数组。

【参考答案】 读　写　顺序存储结构

2. 数组A中每个元素的长度是3个字节，行下标i从1到8，列下标j从1到10，首地址ST开始连续存放在存储器中。若按行优先方式存储，元素A[8][5]的起始地址为________;若按列先方式存储，元素A[8][5]的起始地址为________。

【分析】 按行优先方式存储时，A[8][5]的前面已经存放了74(7*10+4=74)个元素，它们共占用了74*3=222个字节，所以A[8][5]的起始地址为ST+222。按列优先方式存储时，A[8][5]的前面已经存放了39（4*8+7=39）个元素，它们共占用了39*3=117个字节，所以A[8][5]的起始地址为ST+117。

【参考答案】 ST+222 ST+117

3. 二维数组M的成员是6个字符（每个字符占一个存储单元）组成的串，行下标i的范围从0到8，列下标j的范围从1到10，则存放M至少需要________个字节；M的第8列和第5行共占________个字节；若M按行优先方式存储，元素M[8][5]的起始地址与当M按列优先方式存储时的________元素的起始地址一致。

【分析】 按题意二维数组M共有9行（行号0～8），每行有10列（列号1～10），合计有90个元素，每个元素占6个字节，所以存放M至少需要90×6=540个字节。

M的第8列上若有9个元素，第5行上共有10个元素，合计有19个元素，但是其中有两个元素是重复的（M[5][8]），故实际有18个元素，共需占用18×6=108个字节。

元素M[8][5]在数组中位于第9行的第5列，当按行优先方式存储时，在其前面已经存储了8×10+4=84个元素，因此M[8][5]是顺序存储的第85个元素。而当按列优先方式存储时，第85个元素应该是位于第10列的第3行上（前9列共有81个元素，第10列有4个元素），即元素M[3][10]。

【参考答案】 540　　108　　M[3][10]

4. 下三角矩阵压缩存储的下标对应关系为________。

【参考答案】

$$k=\begin{cases}\frac{1}{2}i\times(i+1)+j & (i\geqslant j,\ i,\ j=0,\ 1,\ \cdots n-1)\\ 空 & (i<j;\ i,\ j=0,\ 1,\ \cdots n-1)\end{cases}$$

5. 已知数组 A[3‥8，2‥6] 以列序为主序顺序存储，且每个元素占两个存储单元，则计算元素 A[i，j] 地址的公式为________。

【参考答案】　LOC（A [i，j]）＝LOC（A [3，2]）＋（（j－2）＊6＋（i－3））＊2

6. 设有二维数组 int M[10] [20]，每个元素（整数）占 2 个存储单元，数组的起始地址为 2000，元素 M[5] [10] 的存储位置为________，M[8] [19] 的存储位置为________。

【参考答案】　2198　2316（设按行优先存储）

7. 所谓稀疏矩阵指的是________。

【参考答案】　非零元很少（t≪m＊n）的矩阵

8. 稀疏矩阵 $A=\begin{bmatrix}0 & 0 & 0\\ 0 & 0 & 10\\ 0 & 0 & 0\end{bmatrix}$ 的三元组表示为________。

【参考答案】　（2，3，10）

9. 一个 5×4 矩阵可以看成是长度为 5 的线性表，表中每个元素是长度为________的线性表。

【参考答案】　4

10. 广义表(a，(a)，d，e，（(i，j)，k)）的长度是________，深度是________。

【参考答案】　53

11. 已知广义表 A＝((()，(a，(b)，c)))，则 head(tail(head(tail(head(A)))) 等于________。

【参考答案】　(b)

12. 当广义表中的每个元素都是原子时，广义表便成了________。

【参考答案】　线性表

13. 广义表的表尾是指除第一个元素之外，________。

【参考答案】　其余元素组成的表

三、综合题

1. 已知 5×6 数组 A 的每个元素占 2 个字节，数组的基址为 1000，求：

(1) A 所占的字节数；

(2) 元素 a_{25} 的地址；

(3) 按行和按列优先存储的 a_{34} 地址。

【参考答案】　60　1034　1044　1046

2. 设有上三角矩阵(a_{ij}) n×n，将其上三角元素逐行存于数组 B(1：m) 中(m 充分大)，使得 B[k] ＝a_{ij}，且 k＝f_1(i) ＋f_2(j) ＋c。试推导出函数 f_1，f_2 和常数 c（要求 f_1 和 f_2 中不含常数项）。

【参考答案】　对上三角形矩阵：

$$\begin{bmatrix} a_{11} & a_{12} & a_{13} & \cdots & a_{1n-1} & a_{1n} \\ 0 & a_{22} & a_{23} & \cdots & a_{2n-1} & a_{2n} \\ 0 & 0 & a_{33} & \cdots & a_{3n-1} & a_{3n} \\ \vdots & \vdots & \vdots & & \vdots & \vdots \\ 0 & 0 & 0 & \cdots & a_{n-1n-1} & a_{n-1n} \\ 0 & 0 & 0 & \cdots & 0 & a_{nn} \end{bmatrix}$$

若 i<=j，$k=loc(i,j)=\underbrace{n+(n-1)+(n+2)+\cdots+(n-i+2)}_{\text{前 } i-1 \text{ 行}}+\underbrace{(j-i+2)}_{\text{第 } i \text{ 行}}$

$=i*(n-(i-1)/2)+j-n$

$k=f_1(i)+f_2(j)+c=i*(n-(i-1)/2)+j-n$　　（当 i<=j）

即 $f_1(i)=i*(n-(i-1)/2)$，$f_2(j)=j$，$c=-n$。

3. 设有三对角矩阵（a_{ij}）n×n，将其三条对角线上的元素逐行存于数组 B（1：3n－2）中，使得 B［k］＝a_{ij}，求：

（1）用 i，j 表示 k 的下标变换公式；

（2）用 k 表 i、j 的下标变换公式。

（1）**【分析】** 对三角对称矩阵：

$$\begin{bmatrix} a_{11} & a_{12} & 0 & 0 & 0 & 0 & \cdots & 0 & 0 \\ a_{12} & a_{22} & a_{23} & 0 & 0 & 0 & \cdots & 0 & 0 \\ 0 & a_{32} & a_{33} & a_{34} & 0 & 0 & \cdots & 0 & 0 \\ \vdots & \vdots & \vdots & \vdots & \vdots & \vdots & & \vdots & \vdots \\ 0 & 0 & 0 & 0 & 0 & 0 & \cdots & a_{nn-1} & a_{nn} \end{bmatrix}$$

其第一行和最后一行有 2 个元素，其余各行都有 3 个元素。

【参考答案】　若 |i－j|<=1，k＝loc（i，j）

$=\underbrace{2}_{\text{第1行}}+\underbrace{3+3+\cdots+3}_{(i-2)\text{ 个}}+\underbrace{j-i+2}_{\text{第 } i \text{ 行}}$

$=2+3*(i-2)+j-i+2$

$=2i+j-2$

（2）**【分析】** 对三角对称矩阵，若知道元素总数 k，求所占的行数应考虑第一行有 2 个元素，其余各行都有 3 个元素，所以所占行数为 i－k/3＋1（注意，这里的/为整除）。

由（1）　　$k=2i+j-2$

得　　　　$j=k-2i+2=k-2(i-1)$

又　　　　$i=k/3+1$

因此　　　$j=k-2(k/3)$

即得列数为 $j=k-2(k/3)$

【参考答案】　$i=k/3+1$，$j=k-2(k/3)$。

4. 已知稀疏矩阵 $A=\begin{bmatrix}0&0&0&0&30&0\\0&0&0&0&0&0\\0&0&0&0&50&0\\0&0&0&0&0&0\\10&0&0&0&0&20\end{bmatrix}$，请给出矩阵 A 的三元组表示。

【参考答案】

A 的三元组表示：

row	col	value
1	5	30
3	5	50
5	1	10
5	6	20

row	col	value
5	6	4

5. 已知某稀疏矩阵 A 的十字链表表示如下，请给出该矩阵。

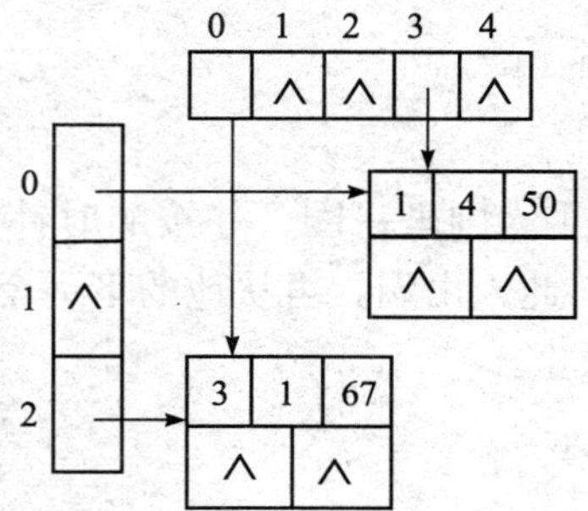

【参考答案】

$$A=\begin{bmatrix}0&0&0&50\\0&0&0&0\\67&0&0&0\end{bmatrix}$$

6. 已知广义表 L=((),())，求 head(L)，tail(L)，L 的长度，深度各为多少？

【参考答案】　head(L) =()，tail(L) =(())，L 的长度为 2，L 的深度为 2。

7. 求下列广义表运算的结果：

(1) head ((i，j，k))；　(2) tail ((k，m，n))；　(3) head (tail (((a，b，c)，(d)))；

【参考答案】　head ((i，j，k)) = i；tail ((k，m，n)) = (m，n)；head (tail (((a，b，c)，(d)))) = (d)。

8. 画出以下广义表的存储结构图示：

((((a)，b))，(((),d)，(e，f)))

【参考答案】

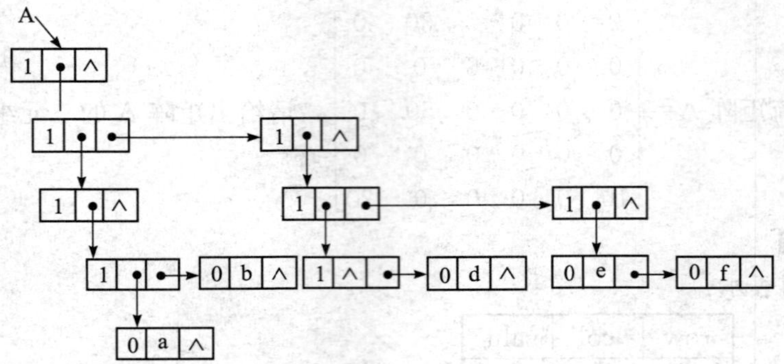

9. 已知广义表L=（（x，y，z），a，（u，t，w）），求：从L表中取出原子项t的运算。

【参考答案】 取出原子项t的运算过程如下：

```
Tail(L) = (a,(u,t,w))
Tail(Tail(L) = ((u,t,w))
Head(Tail(Tail(L))) = (u,t,w)
Taill(Head(Tail(Tail(L)))) = (t.w)
Head(Tail(Head(Tail(Tail(L))))) = t
```

10. 约瑟夫环问题：设有n个人围坐一圈，并按顺时针方向1～n编号。从第s个人开始进行报数，报数到第m个人，此人出圈，再从他的下一个人重新开始从1到m的报数进行下去，直到所有的人都出圈为止。

```
void Josef(int A[],int n,int s,int m)
{
    for(i = 1;i< = n;i ++ )
      A[i] = i;
    s1 = s;
    for(i = n;i> = 2;i -- )
    {  s1 = ________;                          /* 计算出圈人 s1 */
       if(s1 = = 0)________;
       w = A[s1];                              /* A[s1]出圈 */
       for(j = ________)
          A[j] = A[j + 1];
        A[i] = w;
     }
    print f("出圈序列为:");                     /* 输出出圈序列 */
    for(i = n;i> = 1;i -- )
       print f(" %d",A[i]);
    print f("\n");
}
```

【参考答案】 (s1+m−1)%m　　s1=i　　j=s1；j<i−1；j++

11. 编写算法：将稀疏矩阵转换为三元组的表示形式。

【分析】按行优先查找矩阵每一个非零元素并装入三元组表中。由三元组表 i 域表示非 0 元素行下标，三元组表 j 域表示非 0 元素列下标，三元组表 v 域表示非 0 元素值。

【参考答案】

```
trans_mat_trix(datatypea[m][n],spmatrixTpb)
  /*a为m行,n列矩阵,b为存放三元组的数组*/
  {
    p=0;                                  /*p为矩阵非零元素计数*/
    for(i=1;i<=m;i++)
      for(j=1;j<=n;j++)
        if(a[i][jl)                       /*非零元素*/
        {
          p++;                            /*给三元组赋值*/
          b.data[p].i=i;
          b.data[p].j=j;
          b.data[p].v=a[i,j];
        }
    b.mu=m;b.nu=n;b.tu=p;                 /*赋行数、列数和非0元素数*/
}
```

12. 编写算法，将自然数 1～n^2 按“蛇形”填入，n×n 矩阵中。例（1～42）如下图所示。

1	3	4	10
2	5	9	11
6	8	12	15
7	13	14	16

第 12 题图　1～4^2 的 4×4 矩阵

【分析】在蛇形矩阵中，数的填法是“从右上到左下”，在沿平行于副对角线的各条对角线上，将自然数从小到大填写，当从右上到左下时，坐标 i 增加，坐标 j 减小，直到 j 减小到小于 0 为止；然后 j 从 0 开始增加，而 i 从当前值开始减小，直到 i 小于 0 为止，循环执行上述操作。当过了副对角线后，在 i＝n 时，j＝j＋2，开始从左下到右上填数；当 j＝n 时，i＝i＋2，开始从右上到左下填数，直到，n2 个数全部填完为止。算法描述如下。

【参考答案】

```
void Snake_Number(int a[][100],int n)
  {    /*将自然数1～n2按“蛇形”填入n阶矩阵a中*/
    i=j=0;k=1;
    while(i<n&&j<n)
    {  while(i<n&&j>=0)
       {  a[i][j]=k++;i++;j--;}
    if(j<0&&i<n)j=0;              /*副对角线及以上部分的新i,j坐标*/
    else{i=n-1;j=j+2;}            /*副对角线及以下部分的新i,j坐标*/
```

```
    while(i>=0&&j<n)
      { a[i][j]=k++;i--;j++;}
    if(i<0&&j<n)
      i=0;
    else{i=i+2;j=n-1;}
  }
}
```

13. 设 A[1…100] 是一个记录构成的数组，B[1…100] 是一个整数数组，其值介于 1 至 100 之间，现要求按 B[1…100] 的内容调整 A 中记录的次序，比如当 B[1] =11 时，则要求将 A[1] 的内容调整到 A[11] 中去。规定可使用的附加空间为 O (1)。

【分析】由题目可知，由于辅助空间为 O (1)，要想使数组 A 中的内容调整成符合题目要求的内容，可按数组 B 中的值调整数组 A 中的内容。若 B[i] =i,则 A [i] 中的内容保持不变；若 B[i] =k,则将 A[i] 与 A[k] 的内容交换,并调整 B[i] 的值,直至 B[i] =i 为止。算法描述如下。

【参考答案】

```
void ChangeElement(ElemTypeA[】,int B[],int n)
  {                                    /*按数组B中的值,调整数组A中的内容*/
    i=1;
  while(i<n)
     { if(B[i]!=i)
        { j=i;
          while(B[j]!=i)
          { k=B[j];B[j]=B[k];B[k]=k;
             t=A[j];A[j]=A[k];A[k]=t;
          }
        }
      i++;
     }
}
```

14. 已知两个定长数组，它们分别存放两个非降序有序序列，请编写程序把第二个数组序列中的数逐个插入到前一个数组序列中，完成后两个数组中的数分别有序（非降序）并且第一数组中所有的数都不大于第二个数组中的任意一个数。注意：不能另开辟数组，也不能对任意一个数组进行排序操作。例如：

第一个数组为：4，12，28

第二个数组为：1，7，9，29，45

输出结果为：1，4，7（第一个数组）

9，12，28，29，45（第二个数组）

【分析】由于两个数组定长，设其长度分别为 m 和 n，又知两个数组中的元素都非递减有序，重新排列元素后，第二个数组中所有元素都大于第一个数组中的所有元素。因此取第一个数组中的最后一个元素与第二个数组中的第一个元素进行比较，若第一个数组中的最后一个元

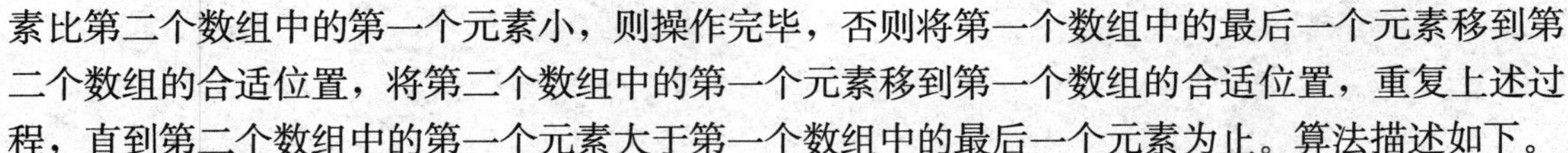

素比第二个数组中的第一个元素小，则操作完毕，否则将第一个数组中的最后一个元素移到第二个数组的合适位置，将第二个数组中的第一个元素移到第一个数组的合适位置，重复上述过程，直到第二个数组中的第一个元素大于第一个数组中的最后一个元素为止。算法描述如下。

【参考答案】

```
void ExchangeElem(int A[],int B[],int m,int n)
  { /*分解两个有序数组A和B,使A中所有元素都小于B中元素*/
   /*m,n分别表示数组A和B的长度*/
   while(A[m-1]>B[0])
   {     x=A[m-1];A[m-1]=B[0];
         i=1:
         while(i<n&&B[i]<x)           /*查找x的位置*/
         {  B[i-1]=B[i];i++;
         }
         B[i-1]=x;
         j=m-2;x=A[m-1];              /*查找B[0]的位置*/
         while(j>=0&&A[j]>x)
         {  A[j+1]=A[j];j--;)
         A[j+1]=x;
   }
}
```

15. 给定有 m 个整数的递增有序数组 a[1…m] 和有 n 个整数的递减有序数组 b[1…n]，试写出算法：将数组 a 和 b 归并为递增有序数组 c[1…m+n]。（要求：算法的时间复杂度为 O(m+n)）。

【分析】由于两个数组都有序，但合并得到的新数组 C 的递增有序，则设两个变量 i 和 j，分别指向数组 A 的第一个元素和数组 B 的最后一个元素，将 A[i] 和 B[j] 中的小者插入到数组 C 中,重复上述操作，直到将两个数组中的元素全部合并到数组 C 为止。算法描述如下。

【参考答案】

```
void Merge(int A[],int B[],int &C[],int m,int n)
  {  将两个递增和递减的数组A和B,合并成一个递增有序的数组C
  i=0;j=n-1;k=0;
  while(i<m&&j>=0)
    if(A[i]<=B[j])
      C[k++]=A[i++];
    else C[k++]=B[j--];
  while(i<m)
    C[k++]=A[i++];
  while(j>=0)
    C[k++]=B[j--];
}
```

第十一章　文件

一、单选题

1. 直接存取文件的特点是________。

A. 记录按关键字排序

B. 记录可以进行顺序存取

C. 存取速度快，但占用较多的存储空间

D. 记录不需要排序，存取效率高

【参考答案】　D

2. 对文件进行直接存取的根据是________。

A. 按逻辑记录号去存取某个记录

B. 按逻辑记录的关键字去存取某个记录

C. 按逻辑记录的结构去存取某个记录

D. 按逻辑记录的具体内容去存取某个记录

【参考答案】　A

3. 倒排文件的主要优点是________。

A. 便于进行插入和删除运算

B. 便于进行文件的合并

C. 能大大提高次关键字的查找速度

D. 能大大节省存储空间

【参考答案】　C

4. 索引顺序文件的记录，在逻辑上按关键字的顺序排列，但物理上不一定按关键字顺序存储，故需建立一张指示逻辑记录和物理记录之间一一对应关系的________。

A. 链接表　　B. 索引表　　C. 符号表　　D. 交叉访问题

【参考答案】　B

5. 索引非顺序文件是指________。

A. 主文件有序，索引表有序　　B. 主文件有序，索引表无序

C. 主文件无序，索引表有序　　D. 主文件无序，索引无有序

【参考答案】　C

二、填空题

1. 散列文件关键在于选择好的________和________方法。

【参考答案】　散列函数　冲突处理。

2. 对索引顺序文件既能进行________存取，又能进行________存取，因而是最常用的文件组织方式之一。

【分析】索引顺序文件是带有索引的有序文件，所以在其上既可以进行顺序存取，又可以进行二分存取。

【参考答案】　顺序　二分。

3. 对磁带上的顺序文件进行更新某记录时，必须________整个文件。而在顺序文件的最后添加新的记录时，则不必________整个文件。

【分析】顺序文件中逻辑记录的顺序与物理记录的顺序是一致的。其特点是若存取第 i 个记录，必须先依次搜索它前面的 i−1 个记录，因此插入的新记录只能添加在文件的末尾，而要更新文件中的某个记录时，必须将整个文件进行复制。

【参考答案】　复制　复制。

4. 记录的________结构是数据在物理存储器上的存储方式。

【参考答案】　物理

5. 文件的基本运算分为检索和修改两类，前者有 3 种方式，分别是________、________和________。

【参考答案】　顺序存取　直接存取　按关键字存取。

6. 索引文件的检索分两步完成，第一步是________，第二步是________。

【参考答案】　将索引表读入内存查找到相应的物理地址根据索引表所指示的物理地址将记录所在的数据块读入内存进行查找

7. 直接存取文件是用________方法组织的。

【参考答案】　哈希

8. 树索引文件的特点是________。

【参考答案】　一种适合分支查找的动态索引

9. 磁带和磁盘的主要差别是________。

【参考答案】　磁盘是直接存取设备，读/写一个信息块的时间与当前读/写头所处的位置关系不大，而磁带是顺序存取设备，读写一个信息块的时间与所读位息块距当前读/写头的位置关系很大。

10. 磁带文件和磁盘文件排序的主要差别是________。

【参考答案】　初始归并段在外存储介质中的分布方式

三、综合题

1. 什么是文件的逻辑记录和物理记录？它们有什么区别与联系？

【参考答案】　记录是文件存取操作的基本单位。逻辑记录是按用户观点的基本存取单位，物理记录是按外存设备观点的基本存取单位。通常逻辑记录和物理记录之间存在三种关系：

(1) 一个物理记录存放一个逻辑记录；

(2) 一个物理记录包含多个逻辑记录；

(3) 多个物理记录表示一个逻辑记录。

2. 简述磁带和磁盘的结构和存储信息的特点。

【参考答案】

磁带结构：

目前使用的磁带一般有 1/2 英寸宽，最长可达 3 600 英尺。在 1/2 英寸的带面上，横向上可记录 9 位或 7 位二进制信息（分别称为 9 道带或 7 道带）。磁带上的信息是以块为单位存放的。一个信息块由若干字节构成，如 512 字节或 1024 字节。要读写某一个块上信息，首先要定位，即通过磁带的移动使磁头对准被读块的前端。磁带不是连续运转的设备，而是一种启停设备，为适应启动的加速和停止时的滑动，磁带上块之间需要留出间隙，间隙通常为 1/4～3/4 英寸长，间隙一般是一段空白区，不存放数据信息。

磁带存储信息的特点：

(1) 一个信息块就是磁带存放的一个物理记录，通常一个信息块可存放多个逻辑记录；

(2) 磁带存放信息的优点是存储量大，缺点是因为磁带是一种顺序存储设备，它读写速度较慢。

磁盘结构：

磁盘存储器通常分为两种：硬盘和软盘。磁盘由若干个同心的圆磁道构成，若干个盘片可以通过一个主轴串在一起，构成一个盘组。各个盘面上半径相同的磁道在一起构成一个柱面，盘组有多少个盘面，因此说每个柱面有多少个磁道。一个磁道可分为若干段，每段是一个物理记录。因此对盘组来讲其从大到小的存储单位依次为：柱面、磁道、物理记录。

读写盘组上信息，首先要经过定位动作：

(1) 选定柱面：通过磁臂移动使磁头对准指定的柱面；

(2) 选定磁道：即选择对应所需盘面的磁头，这由电子线路实现，速度快；

(3) 找物理记录：磁头定位到要读写的区段，这是机械动作，速度较慢，需要几毫秒，真正用到读写信息的时间比定位时间少得多。

磁盘存储信息的特点：

与磁带存储器相比，磁盘存储器的优点是存取速度快，既适应顺序存取，又适应随机存取。

3. 简述 ISAM 文件组织方法和操作特点。

【参考答案】 索引顺序存取方法 ISAM 是一种专为磁盘存取设计的索引顺序文件组织方法。ISAM 文件由多级主索引、柱面索引、磁道索引和主文件组成。文件记录在同一盘组上存放时，应尽量先放在一个柱面上，然后再顺序存放在相邻的柱面上。对同一柱面，则应按盘面的次序存放。

从操作上看其特点是：

(1) ISAM 文件检索方法，先从主索引出发，找到相应的柱面索引，再从柱面索引找到记录所在柱面的磁道索引，最后从磁道索引找到记录所在磁道的第一个记录的位置，由此出发，在该磁道上进行顺序查找，直至找到为止。反之，若找遍该磁道而不存在此记录，则表明该文件中无此记录。

(2) 在插入记录时，可能会发生溢出，因此，每个柱面上还开辟有一个溢出区。磁道索引项中有溢出索引项，由于 ISAM 文件中记录是按关键字顺序存放的，则在插入记录时，需移动记录，并将同一磁道上最末一个记录移至溢出区，同时修改磁道索引。

（3）在删除记录时，只需找到待删记录，在其存储位置上作删除标志即可，而不需移动记录或改变指针。在经过多次增删后，文件的结构可能变得很不合理，此时可能溢出区中存有大量记录，而基本区中，又浪费很多空间，因此需要周期地整理 ISAM 文件，将溢出区中记录移到基本区中，空出溢出区。

4. 简述散列文件的查找方法及优缺点。

【参考答案】　散列文件是用散列技术组织成的文件，其组织方法类似于散列表，但存储介质是外存储器。

散列文件查找：在散列文件中进行查找时，首先根据给定值求得散列地址（即基桶号），将基桶中的记录读入内存进行顺序查找。若查到关键字等于给定值的记录，则检索成功。当在基桶内查不到时，若基桶没有填满，则文件不含待查记录；否则根据指针域的值找到溢出桶，并将桶中的记录读入内存，继续进行顺序查找，直到查找成功或不成功。

优缺点：散列文件具有随机存放、记录不需进行排序、插入删除方便、存取速度快、不需要索引区和节省存储空间等优点。但散列文件不能顺序存取，只能按关键字随机存取，在经过多次插入、删除后，可能出现溢出而其桶内多数记录已被删除的情况，此时需要重新组织文件。

5. 文件的检索效率取决于哪些因素。

【参考答案】　为提高文件的检索效率，应对文件的组织方式、文件采用何种物理结构、文件的存储类型、记录的类型、大小、关键字的数目以及文件操作等因素进行综合考虑。

6. 某一文件有 18 个记录，关键字分别为：285，116，070，923，597，177，512，262，015，076，157，208，337，817，613，117，390，362。桶的容量 m＝3，桶数 b＝7，用除留余数法构造哈希函数 H(key) ＝keyMOD7。所得散列文件如下图所示，若还有两个键值分别为 132，370 的记录，它们将如何存放。

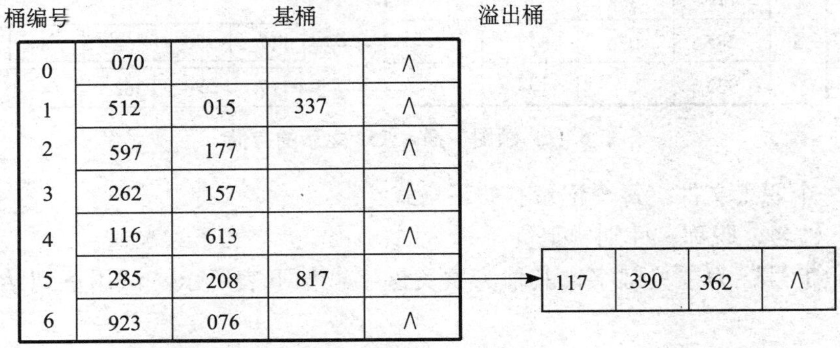

桶编号	基桶				溢出桶
0	070			Λ	
1	512	015	337	Λ	
2	597	177		Λ	
3	262	157		Λ	
4	116	613		Λ	
5	285	208	817	→	117　390　362　Λ
6	923	076		Λ	

第 6 题图　散列文件

【参考答案】　因为 132％7＝6，将 132 直接插入基桶编号 6，如图 6（a）～（b）所示。

又因为 370％7＝6，将 370 插入基桶编号 6，发生“溢出”，采用拉链法解决溢出，如图 6（c）所示。

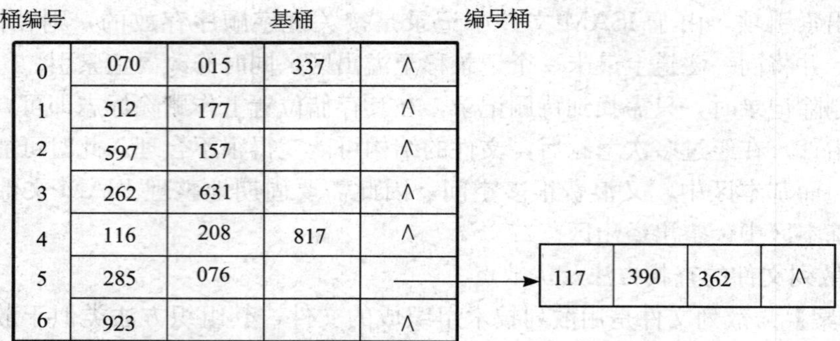

第 6（a）题图　插入 132 之前的存储

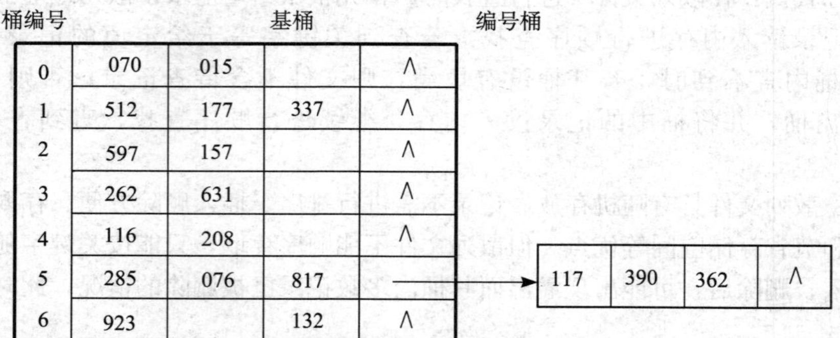

第 6（b）题图　插入 132 之后的存储

桶编号	基桶				编号桶			
0	070	015		Λ				
1	512	177	337	Λ				
2	597	157		Λ				
3	262	631		Λ				
4	116	208		Λ				
5	285	076	817	→	117	390	362	Λ
6	923		132	→	117	390	362	Λ

第 6（c）题图　插入 132 之后的存储

7. 设有一个职工文件，每个记录有如下格式：

职工号、姓名、职称、性别、工资

其中“职工号”为主关键字，其他为次关键字，如下表所示。试用下列结构组织这个文件：

（1）索引无序文件

（2）多重表文件

（3）倒排文件

第 7 题表 职工文件

记录	职工号	姓名	职称	性别	工资
1	29	程均华	教授	男	985
2	05	王小强	副教授	男	806
3	02	李丽梅	副教授	女	781
4	38	张文斌	讲师	男	580
5	31	付志强	助教	男	482
6	43	董巍巍	讲师	男	600
7	17	赵红梅	教授	女	962
8	46	李芳媛	助教	女	456

【参考答案】

(1) 索引无序文件如图 (a) 所示。

(2) 多重表文件如图 (b) 所示。

(3) 倒排文件如图 (c) 所示。

关键字	记录
02	3
05	2
17	7
29	1
31	5
38	4
43	6
46	8

记录	职工号	姓名	职称	性别	工资
1	29	程均华	教授	男	985
2	05	王小强	副教授	男	806
3	02	李丽梅	副教授	女	781
4	38	张文斌	讲师	男	580
5	31	付志强	助教	男	482
6	43	董巍巍	讲师	男	600
7	17	赵红梅	教授	女	962
8	46	李芳媛	助教	女	456

第 7 (a) 题图 索引无序文件结构

记录	职工号	姓名	职称	指针	性别	指针	工资
1	29	程均华	教授	∧	男	∧	985
2	05	王小强	副教授	∧	男	1	806
3	02	李丽梅	副教授	2	女	∧	781
4	38	张文斌	讲师	∧	男	2	580
5	31	付志强	助教	∧	男	4	482
6	43	董巍巍	讲师	4	男	5	600
7	17	赵红梅	教授	1	女	3	962
8	46	李芳媛	助教	5	女	7	456
主文件							

次关键字	长度	头指针
教授	2	1
副教授	2	2
讲师	2	4
助教	2	5
职称索引		

次关键字	长度	头指针
男	5	1
女	3	3
性别索引		

第 7 (b) 题图 多重表文件结构

记录	职工号	姓名	职称	性别	工资
1	29	程均华	教授	男	985
2	05	王小强	副教授	男	806
3	02	李丽梅	副教授	女	781
4	38	张文斌	讲师	男	580
5	31	付志强	助教	男	482
6	43	董巍巍	讲师	男	600
7	17	赵红梅	教授	女	962
8	46	李芳媛	助教	女	456

次关键字	头指针
教授	1，7
副教授	2，3
讲师	4，6
助教	5，8
职称索引	

次关键字	头指针
男	1，2，4，5，6
女	3，7，8

第 7（c）题图　倒排文件结构

第十二章　外部排序

一、单选题

1. 外排序是指________。

A. 在外存上进行的排序方法

B. 不需要使用内存的排序方法

C. 数据里很大，需要人工干预的排序方法

D. 排序前后数据在外存，排序时数据调入内存的排序方法

【参考答案】　D

2. 磁盘文件采用选择法实现 k 路归并时，占用 CPU 的时间与 k________。

A. 有关　　B. 无关　　C. 可能有关　　D. 关系不大

【参考答案】　B

3. 磁盘文件有 m 个初始归并段，采用 k 路归并时，所需的归并遍数是________。

A. $\log_2 k$　　B. $\log_2 m$　　C. $\log_k m$　　D. $\lceil \log_k m \rceil$

【参考答案】　D

二、填空题

1. 在选择树中，“败者”是指________。

【参考答案】　在一次比较中，没有上升进入其父结点的结点

2. 归并排序有两个基本阶段，第一阶段是________，第二阶段是________。

【参考答案】　生成初始归并段　对这些初始归并段采用某种归并方法，进行多遍归并

三、综合题

1. 归并排序中使用的选择树和堆排序中的堆有什么差别?

【参考答案】　选择树是由参加比较的 n 个元素作为叶子结点而得到的完全二叉树；而堆是 n 个元素 R_i (i=1，2，…n) 的序列，它满足性质：$R_i \leqslant R_{2i}$ 且 $R_i \leqslant R_{2i+1}$ ($1 \leqslant i \leqslant n/2$)，堆是一个含有 n 个结点的完全二叉树。

2. 以 10 个长度为 L 的归并段为例，用 2 路平衡归并法进行排序，写出归并过程中各磁带内容的变化情况。

【参考答案】　2 路平衡归并使用 4 台磁带机：T_1，T_2，T_3 和 T_4，开始时初始归并段的分布如下：

T_1：R_1(1L)，R_3(1L)，R_5(1L)，R_7(1L)，R_9(1L)

T_2：R_2(1L)，R_4(1L)，R_6(1L)，R_8(1L)，R_{10}(1L)

T_3：

T_4：

其中 R_i（1L）（$1 \leqslant i \leqslant 10$）表示归并段 R_i 的长度为 1L。

经过第一遍归并后，各磁带上的归并段的分布如下：

T_1：

T_2：

T_3：R_1(2L)，R_3(2L)，R_5(2L)

T_4：R_2(2L)，R_4(2L)

经过第二遍归并后，各磁带上的归并段的分布如下：

T_1：R_1(4L)，R_3(2L)

T_2：R_2(4L)

T_3：

T_4：

经过第三遍归并后，各磁带上的归并段的分布如下：

T_1：

T_2：

T_3：R_1(8L)

T_4：R_2(2L)

经过第四遍归并后，各磁带上的归并段的分布如下：

T_1：R_1(10L)

T_2：

T_3：

T_4：

3. 以 55 个长度为 L 的归并段为例，用 2 路多阶段归并法进行排序，写出归并过程中各磁带内容的变化情况。

【参考答案】 2 路多阶段归并使用 3 台磁带机：T_1、T_2 和 T_3，假设开始时初始归并段的分布是 T_1 中 20 段，T_2 中 35 段，其归并过程如下：

i 遍后	T_1	T_2	T_3	
开始	20（1L）	35（1L）		
1		15（1L）	20（2L）	（从 T_1 和 T_2 归并成 20 个 2L 长的段放到 T_3）
2	15（3L）		5（2L）	（从 T_2 和 T_3 归并成 15 个 3L 长的段放到 T_1）
3	10（3L）	5（5L）		（从 T_1 和 T_3 归并成 5 个 5L 长的段放到 T_2）
4	5（3L）		5（8L）	（从 T_1 和 T_2 归并成 5 个 8L 长的段放到 T_3）
5		5（11L）		（从 T_1 和 T_3 归并成 5 个 11L 长的段放到 T_2）

第二部分　课程应用与学习

实验一 线性表应用——仓库管理

1. 实验目的

理解线性表、顺序表存储结构及单链表存储结构的概念，掌握线性表、顺序表存储结构及单链表存储结构的建立、插入、删除、查询和输出基本操作算法。

2. 实验内容

建立一个仓库管理程序，可以按顺序和货物名称查询仓库存储情况，也可以增加或删除货物以及建立新的仓库存储系统。

3. 程序设计

货物按编号由小到大存储，在查询中可能需要查找货物前后的存储情况，故采用双向链表存储结构，其结构定义如下：

```
typedef struct dnode                    /*定义双向链表结构体*/
{int number;                            /*货物编号*/
char name[max];                         /*货物名称*/
int counter;                            /*货物数量*/
struct dnode *prior, *next;             /*定义两指针,分别指向其前趋和后继*/
}dlnode;
```

参考程序中，函数 append( )建立仓库货物表，函数 insert( )在指定结点后插入新结点，函数 delete( )删除指定结点后的结点，函数 follow( )打印指定结点的前趋和后继，函数 travel( )打印整个仓库存货表单。程序运行时双向链表示意如图 2—1 所示。

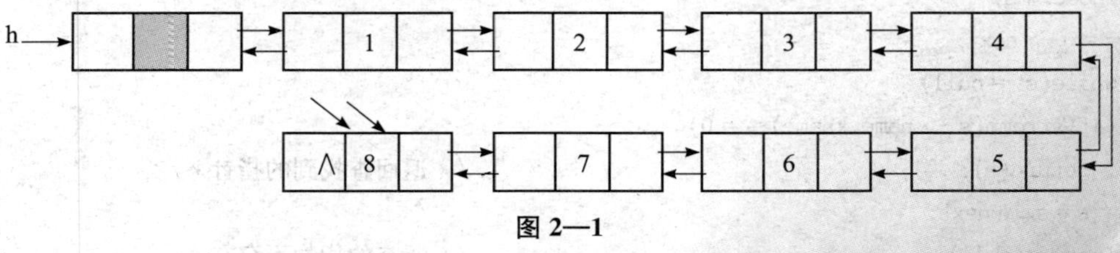

图 2—1

4. 参考程序

```
#include< stdio.h>
#define null 0
#define max 99
typedef struct cnode                                   /*定义双向链表结构体*/
```

```
{int number;                                   /*货物编号*/
  char name[max];                              /*货物名称*/
  int counter;                                 /*货物数量*/
  struct dnode *prior, *next;                  /*定义两指针,分别指向其前趋和后继*/
}dlnode;

void *initiate(dlnode **h)                     /*初始化*/
{ *h=(dlnode*)malloc(sizeof(dlnode));
  (*h)->next=null;
}

dlnode *append(dlnode *p,dlnode thing[8])      /*建立仓库的双向链表*/
  {dlnode *s;
int i,j;
for(i=0; i<8;i++)                              /*建立结点*/
{s=(dlnode*)malloc(sizeof(dlnode));
  for(j=0;thing[i].name[j]!='\0';j++)
  s->name[j]=thing[i].name[j];
  s->name='\0';
  s->counter=thing[i].counter;
  s->number=thing[i].number;
  s->next=p->next;
  p->next->prior=s;
  p->next=s;
  s->prior=p;
  }
}

dlnode *search(dlnode *p,char kname[max])      /*查找指定货物的指针*/
{dlnode *s;
  s=p->next;
  while(s!=null)
  {if(strcmp(s->name,kname)==0)
    return(s);                                 /*返回查找到的指针*/
    s=s->next;
  }return(null);                               /*所查的货物不存在*/
}

int insert(dlnode *p,char kname[max])          /*在指定货物后插入新的货物*/
{dlnode *m, *n;
  dlnode *search( );
  m=search(p,kname);                           /*用search查找指定货物*/
  if(m!=null)
```

```
    {n = (dlnode * )malloc(sizeof(dlnode));                    /* 申请新结点 */
    printf("Input number name counter:");
    scanf("%d%s%d",&n -> number,n -> name,&n -> counter);      /* 输入新货物的存储情况 */
    n -> next = m -> next;
    m -> next -> prior = n;
    m -> next = n;
    n -> prior = m
    return(0);
  }
  else
    {printf("%s not found.\n",kname);
    return( -1);
    }
  }

  int delete(dlnode *p,char kname[max])                        /* 删除指定结点的后继结点 */
  {dlnode *s, *q, *r;
    dlnode *search( );
    s = search(p,kname);                                       /* 查找指定结点 */
    if(s -> next = = null)                                     /* 后继结点不存在 */
      {printf("node k has no follow.");
      return(0);
      }
  else
      {q = s -> next;
       r = q;
      q -> next -> prior = q -> prior;
      q -> prior -> next = q -> next;
      free(r);
      return(1);
      }
   }

  void print(dlnode *p,int i)                                  /* 打印第 i 个结点 */
  {dlnode *s;
    int j = 0;
    if(i< 0 || i> 7)
      {printf("i is wrong.\n");
      return;
      }
    s = p -> next;
    while(s! = null&&j ! = i)
    {s = s -> next;
```

```
  j++;
  }
  printf(" number\tname\tcounter\n");
  printf( "%d\t%s\t%d\n",s->number,s->name,s->counter) ;
}

void follow(dlnode *p,char kname[max])                /*打印指定结点的前趋和后继*/
{dlnode *s, *q;
   dlnode *search( );
  q=search(p,kname);
  if(q= =null)
     {printf("kname is wrong.");
    return;
  }
s=q->prior;
if(s= =p)                                             /*打印其前趋结点*/
  printf("node k has not front node.");
else
  {printf("node k's front node:\n");
  printf(" number\tname\tcounter\n");
  printf( "%d\t%s\t%d\n ",s->number,s->name,s->counter) ;
}
s=q->next;
if(s= =null)                                          /*打印其后继结点*/
  {printf("node k has no rear node. \n");
  return;
  }
printf("node k's rear node:\n");
printf("number\tname\tcounter\n');
printf( " %d\t%s\t%d\n ",s->number. s->name, s->counter) ;
}

void travel(dlnode *p)                                /*列出整A个仓库存货情况*/
{dlnode *s;
s=p->next;
printf("number\tname\tcounter\n");
while(s! =null)
{printf(" %d\t% s\t% d\n " , s->number, s->name, s->counter): ;
  s=s->next; .
}
}
main( )
{int cmd,i;
```

```
    char name[max],kname[max];
    dlnode *q, *p;
    dlnode *append( );
    int delete( ),insert( );
    void print( ),travel( ),follow( );
    void *initiate( );
    static dlnode thing[8] = { {80, "motor",802}, {70,"machine",612}, {60,"housing",507 }, {50,"
ignit",408 },{40,"brakes",230}, {30,"eank",118},{20,"filter",117},{10,"block",105 } };
                                                    /*初始化仓库存货情况*/
    initiate(&p);
    append(p,thing);                                /*建立双向链表*/
    printf("p:print No. i node;\n");                /*提示信息*/
    printf("f:printf node ks front and rear node;\n");
    printf("d:delete node k's rear 'node;\n");
    printf("i:insert new node beside node k;\n");
    printf("t:travel all nodes;\n");
    printf("q:exit;\n");
    for(;;)
    {
      printf("cmd = ");                             /*输入操作符*/
      cmd = getchar( );
       getchar( );
        switch(cmd)
        {case 'i':                                  /*插入新结点*/
          printf("Input kname:");
          scanf("%s",kname);
          insert(p,kname);
          getchar( );
          break;
        case 'd':                                   /*删除后继结点*/
          printf("Input kname: ");
          scanf(" %s",kname);
          delete(p,kname);
          getchar( );
          break;
        case 'p':                                   /*打印第i个结点*/
          printf("Input i:");
          scanf("%d",&i);
          print(p,i);
          getchar( );
          break;
        case 'f':                                   /*打印指定结点的前趋和后继结点*/
          printf("Input kname:");
```

```
        scanf(" % s",&kname);
        follow(p,kname);
        getchar( );
        break;
      case 't':                                    /* 遍历整个仓库存货情况 */
        travel(p);
        break;
      case 'q':
        printf("\n");
        exit(0);
      }
  }
}
```

程序运行如图 2—2 所示。

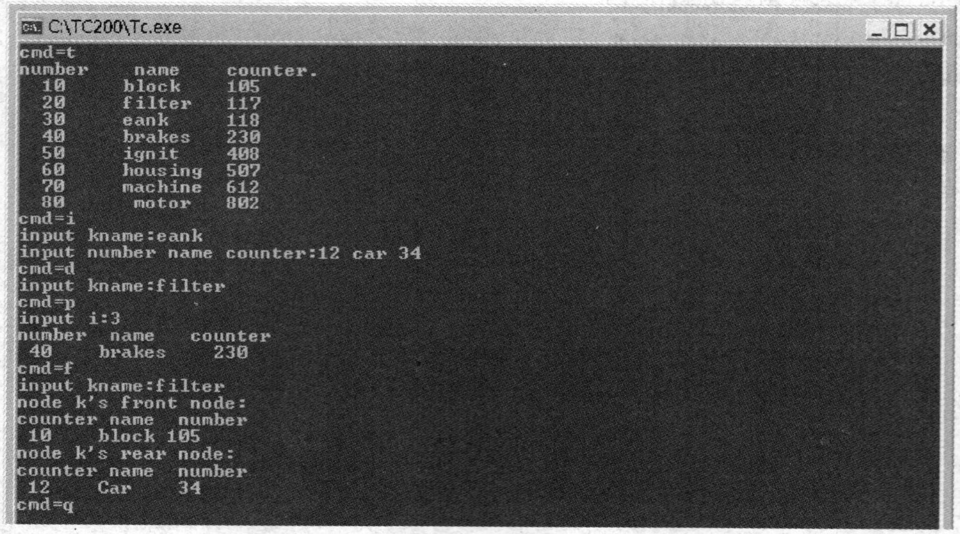

```
C:\TC200\Tc.exe
cmd=t
number     name     counter.
  10      block     105
  20      filter    117
  30      eank      118
  40      brakes    230
  50      ignit     408
  60      housing   507
  70      machine   612
  80       motor    802
cmd=i
input kname:eank
input number name counter:12 car 34
cmd=d
input kname:filter
cmd=p
input i:3
number   name   counter
 40    brakes     230
cmd=f
input kname:filter
node k's front node:
counter name  number
 10    block 105
node k's rear node:
counter name  number
 12    Car    34
cmd=q
```

图 2—2

程序运行结果如下：

```
cmd = t                                            /* 整个仓库存货情况 */
number name counter.
    10      block      105
    20      filter     117
    30      eank       118
    40      brakes     230
    50      ignit      408
    60      housing    507
    70      machine    612
    80      motor      802
```

```
cmd = i                                        /* 在指定结点后插入一个结点 */
input kname:eank                               /*指定结点名*/
input number name counter:12 car 34            /*插入数据*/
cmd = d                                        /*在指定结点后删除一个结点*/
input kname:filter                             /*指定结点名*/
cmd = p                                        /*打印指定结点数据*/
input i:3
number name counter
40 brakes 230
cmd = f                                        /*打印指定结点前后结点数据*/
input kname:filter
node k's front node:
counter name number
10 block 105
node k's rear node:
counter name number
12 Car 34
cmd = q
```

实验二　栈的应用—停车场管理

1. 实验目的

掌握队列、栈在顺序存储结构、链式存储结构下的基本运算的实现，加深对栈、队列结构的理解，逐步培养解决实际问题的能力。

2. 实验内容

假设停车场是一个可停放 n 辆车的狭长通道，且只有一个大门可供汽车进出。在停车场内，汽车按到达的先后次序，由北向南依次排列（假设大门在最南端，最先到达的第一辆车停放在车场的最北端）。车场内已停满 n 辆车，后来的汽车需在门外的便道上等候，当有车开走时，便道上的第一辆车才可开入。当停车场内某车辆要离开时，在它之后进入的车辆必须先退出车场为它让路，待该辆车开出大门后，其他车辆再按原次序返回车场。每辆车离开停车场时，应按其停留时间的长短交费（在便道上停留的时间不收费）。按上述要求为停车场编写进行管理的模拟程序，要求以顺序栈模拟停车场，以链队列模拟便道。从终端读入汽车到达或离去的数据，每组数据包括三项：（1）是“到达”还是“离去”；（2）汽车牌照号码；（3）“到达”或“离去”的时刻。例如，（‘A’,1,5)表示1号牌照车在5这个时刻到达，而(‘D’,5,20)表示5号牌照车在 20 这个时刻离去。与每组输入信息相应的输出信息为：如果是到达的车辆，则输出其在车场中或便道上的位置；如果是离去的车辆，则输出其在停车场中停留的时间和应交的费用。提示：需另设一个栈，临时停放为让路而从车场退出的车。

3. 程序设计

(1) 功能。

①建立一个模拟停车场的顺序栈，一个模拟便道的链队列，一个临时存放退让车辆的顺序栈。

②初始化栈、初始化队列。

③处理到达车辆。

④处理离去车辆。

(2) 输入要求。

输入车辆的有关信息，包括：到达还是离去、车牌号、到达或离去的时间。

(3) 测试数据。

‘A’ 123 8 10	‘A’ 456 8 20	‘A’ 223 8 30
‘L’ 123 9 0	‘L’ 278 8 50	‘L’ 456 9 30
‘E’ 190 0 0		

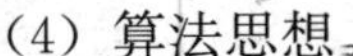

(4) 算法思想。

根据题目的要求，停车场只有一个大门，因此可用一个栈来模拟；而当栈满后，继续来到的车辆只能停在便道上，根据便道停车的特点，可知这可以用一个队列来模拟，先排队的车辆先离开便道，进入停车场。由于排在停车场中间的车辆可以提出离开停车场，并且要求在离开车辆到停车场大门之间的车辆都必须先离开停车场，让此车辆离去，然后再让这些车辆依原来的次序进入停车场。因此在一个栈和一个队列的基础上，还需要有一个地方（车辆暂存处）保存为了让路离开停车场的车辆，显而易见这也应该用一个栈来模拟。本题中用到两个栈和一个队列。

对于停车场和车辆暂存处，有车辆进入和车辆离去两个动作，这就是栈的进栈和出栈操作，只是还允许排在中间的车辆先离开停车场，因此在栈中需要进行查找。而对于便道，也有入队列和出队列的操作，同样允许排在中间的车辆先离开队列。这样基本动作只需利用栈和队列的基本操作即可实现。

整个操作过程：当输入数据表示有车辆到达，则判断栈是否已满。若未满就将新数据进栈（表示新到达的车辆进入停车场的里面），数据应包括车牌号和到达时间；若已满，就将数据放在队尾，表示车辆在便道上等待进入停车场。

当输入数据表示有车辆要离去，就在栈中寻找是否有此车牌号的车辆，如有就让此车辆离开停车场，并根据停车时间计费；如没有找到，就在队列中（便道上）寻找此车牌号的车辆，如有就允许此车辆离开队列，但不收费；如没有就显示出错信息。

当离开停车场的车辆位于栈的中间时，必须先将此位置到栈顶之间的所有数据倒到另一个栈中（车辆暂存处），然后安排车辆出栈，最后将另一个栈中的数据倒回到停车场栈中。

在模拟停车场管理时，还应注意，如果停车场栈中已没有车辆停放时，输入数据仍然要求车辆退出，则显示出错信息；程序中停车场的停车数量规定为 n，模拟停车场的栈和模拟车辆暂存处的栈均设计成顺序栈，但对于便道没有规定，因此认为便道上可以停任意多的车辆，模拟便道的队列设计成链队列。

汽车的模拟输入信息格式可以是（到达/离去，汽车牌照号码，到达/离去的时刻）。例如，(‘A’,1,5)表示1号牌照车在 5 这个时刻到达，而(‘D’,5,20)表示5号牌照车在 20 这个时刻离去。整个程序可以在输入信息为(‘E’,0,0)时结束。

(5) 数据结构。

①顺序栈的类型定义如下：

```
#define MaxSize                                    /*停车场大小*/
typedef struct
{ int hour;
  int minute;
}Time;                                             /*时间结点*/
typedef struct                                     /*定义栈元素的类型*/
{ int num;                                         /*车牌号'/
  Time arrive;                                     /*到达时刻或离去时刻*/
}CarNode;                                          /*车辆信息结点*/
```

```
typedef struct                                        /* 定义栈 */
{ CarNode stack[MaxSize];
int top;
}SqStackCar;
```

②链队列的类型定义如下：

```
typedef struct node                                   /* 定义队列结点的类型 */
{ CarNode data;
struct node * next:
} QueueNode ;
typedef struct                                        /* 定义队列 */
{ QueueNode * front, * rear;
}LinkQueueCar;
```

(6) 模块划分。

①初始化栈、队列。

②处理到达车辆。

③处理离去车辆。

④主函数 main( ),功能是给出测试数据值，建立测试数据值栈、队列，调用 InitSeqStack 函数、InitLinkQueue 函数、Arrival 函数、Leave 函数实现问题要求。

4. 参考程序

```
#define MaxSize 2                                     /* 定义停车场栈长度 */
#define PRICE 0.05                                    /* PRICE 为每车每分钟收费值 */
#include "stdio.h"
/* 存储结构 */
typedef struct
{ int hour;
int minute;
}Time;

typedef struct
{ int num;
Time arrtime;
}CarNode;

typedef struct
{ CarNode stack[MaxSize];
int top;
} SqStackCar;
```

```
typedef struct node
{ int num;
struct node * next;
} QueueNode ;

typedef struct                                          /* 定义队列,模拟便道 */
{ QueueNode * front, * rear;
} LinkQueueCar;

void InitSeqStack(SqStackCar * s)                       /* 初始化栈 */
{s -> top = -1;
}

int push (SqStackCar * s,CarNode x)                     /* 数据元素 x 入指针 s 所指的栈 */
{ if (s -> top = = MaxSize - 1)
     return (0);                                        /* 如果栈满,返回 0 */
   else
    { s -> stack[ ++ s -> top] = x;                     /* 栈不满,到达车辆入栈 */
      return (1);
     }
}/ * push * /

CarNode pop( SqStackCar * s)                            /* 栈项元素出栈 */
{ CarNode x;
   if(s -> top< 0)
    { x. num = 0;
     x. arrtime. hour = 0;
     x. arrtime. minute = 0;
     return (x);                                        /* 如果栈空,返回空值 t/
     }
  else
   { s -> top -- ;
     Return(s -> stack[ s -> top + 1]);                 /* 栈不空,返回栈顶元素 */
   }
}/ * pop * /

void InitLinkQueue( LinkQueueCar * q)                   /* 初始化队列 */
{
   q -> front = ( QueueNode * ) malloc( sizeof( QueueNode)); /* 产生一个新结点,作头结点 */
  if (q -> front! = NULL)
  { q -> rear = q -> front; q -> front -> next = NULL;
  q -> front -> num = 0;                                /* 头结点的 num 保存队列中数据元素
                                                           的个数 */
```

```
  }
 }/ * InitQueue * /

 void EnLinkQueue (LinkQueueCar  * q, int x)                    / * 数据入队列 * /
 { QueueNode  * p;
   p = (QueueNode * )malloc( sizeof( QueueNode));               / * 产生一个新结点 * /
   p -> num = x;
   p -> next = NULL;
   q -> rear -> next = p;                                       / * 新结点入队列 * /
   q -> rear = p;
   q -> front -> num ++ ;                                       / * 队列元素个数加 1 * /
 }/ * EnLinkQueue * /

 int DeLinkQueue (LinkQueueCar  * q)                            / * 数据出队列 * /
 { QueueNode  * p;
   int n;
   if(q -> front = = q -> rear)
     return(0);                                                 / * 如果队列空,返回空值 * /
   else
     { p = q -> front -> next;
     q -> front -> next = p -> next;                            / * 返回队头元素值 * /
     if (p -> next = = NULL)
       q -> rear = s -> front;
       n = p  -> num;
       free (p);
       q -> front -> num - - ;                                  / * 队列元素个数减 1 * /
       return (n);
     }
 } / * DeLinkQueue * /

void Arrive (SqStackCar  * stop, LinkQueueCar  * lq, CarNode x)
                                                                / * 处理车辆达到的情况 * /
  { int f;
    f = push(stop, x);                                          / * 新到达的车辆入停车场栈 * /
    if (f = = 0)
      { EnLinkQueue( lq, x. num);                               / * 如停车场满,就进入便道队列 * /
        printf("第 % d 号车停在便道第 % 号车位上\n", x. num, lq -> front -> num);
      }
    else                                                        / * 新到达的车辆入停车场 * /
         printf("第 % d 号车停在停车场第 % d 车位上\n", x. num, stop -> top + 1);
} / * Arrive * /

void Leave (SqStackCar  * s1, SqStackCar  * s2, LinkQueueCar  * p, CarNode x)
```

```
                                            /*处理车辆离去的情况*/
{ int n=f=0;
   CarNode y;
   QueueNode *q;
   while( (s1->top>-1)&&(f!=1))             /*在停车场中寻找要离开的车辆*/
   { y=pop (s1);
     if(y.num!=x.num)                       /*如果栈顶元素不是要离开的车辆,
                                            就将其放入车辆暂停处*/
       n=push( s2,y);
   else
       f=1;
  }
  if (y.num==x.num)                         /*在停车场中找到要离开的车辆*/
  {printf("第%d号车应收费%2.1f元\n", y.num, (x.arrtime.hour - y.arrtime.hour) * 60 +
((x.arrtime. minute-y.arrtime.minute))*PRICE);
  while(s2 ->top>-1)                        /*车辆暂停处不空,将其全部放回停
                                            车场*/
    { y=pop (s2);
      f=push( s1, y);
    }
   n=DeLinkQueue (p);
  if (n!=0)                                 /*如便道上有车辆,将第一辆放入停
                                            车场*/
  (y.num=n;
  y.arrtime=x.arrtime;                      /*计费时间为刚离开车辆的离去时
                                            间*/
  f=push( s1,y);
  printf("第%d号车停在停车场第%d号车位上\n",y.num,s1->top+1);
   }
}
  else                                      /*在停车场中没有找到要离开的车
                                            辆*/
    {while(s2->top>-1)                      /*将车辆暂停处中的所有车辆放入停
                                            车场*/
      { y=pop (s2);
        f=push( s1, y);
      }
    q=p->front;
    f=0;
    while(f==0&&q->next!=NULL              /*在便道上寻找要离开的车辆*/
    if(q->next ->num! =x.num)
      q=q->next;
    else
```

```
    { q->next=q->next->next;                    /*在便道上找到该车辆*/
      p->front->num--;
      if (q->next==NULL)
        p->rear=p->front;
      printf("第%d号车离开便道\n",x.num);        /*该车离开便道,但不收费*/
      f=1;
    }
    if(f==0)                                    /*在便道上也没找到要离开的车辆,
                                                  输入数据错误*/
    printf("输入数据错误,停车场和便道上均无第%d号车\n",x.num);
    }
}/*Leave*/

void main()                                     /*停车场模拟管理程序*/
{ char ch1;
    SqStackCar s1,s2;
    LinkQueueCar p;
    CarNode x;
    int flag;
    InitSeqStack (&s1);                         /*初始化停车场栈*/
    InitSeqStack (&s2);                         /*初始化车辆规避所栈*/
    InitLinkQueue( &p);                         /*初始化便道队列*/
    flag=1;
    for(;;)
    { printf("输入数据:'A'/'L'/'E',车牌号,到达/离开时间\n");
      scanf("%c%d%d%d", &ch1, &x.num, &x.arrtime.hour,&x.arrtime.minute);
      getchar();
      switch( ch1)
      { case 'A':Arrive (&s1, &p, x);            /*车辆到达*/
            break;
      case 'L':Leave (&s1, &s2,&p,x);            /*车辆离去*/
            break;
      case 'E':flag=0;                           /*结束程序运行*/
        printf("程序正常结束\n");
        break;
      default: printf("输入数据错误,重新输入\n");
       /*其他情况,输入数据错误*/
       }
       if( flag==0) break;
     }
  } /*main*/
```

运行如图 2—3 所示。

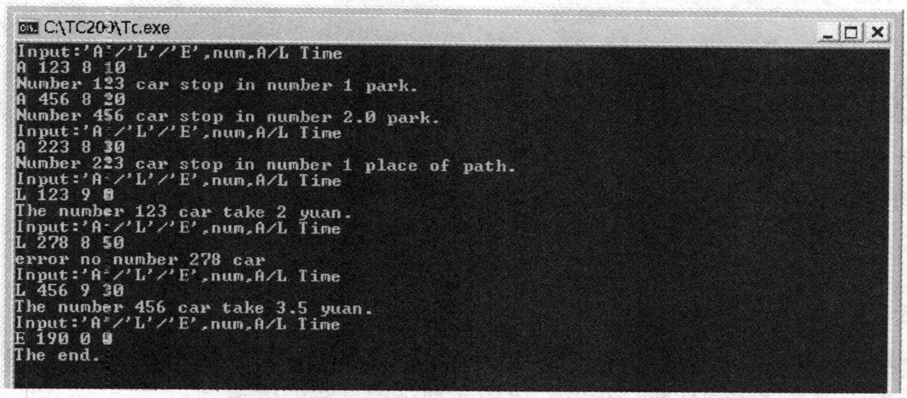

```
C:\TC20\Tc.exe
Input:'A'/'L'/'E',num,A/L Time
A 123 8 10
Number 123 car stop in number 1 park.
A 456 8 20
Number 456 car stop in number 2.0 park.
Input:'A'/'L'/'E',num,A/L Time
A 223 8 30
Number 223 car stop in number 1 place of path.
Input:'A'/'L'/'E',num,A/L Time
L 123 9 0
The number 123 car take 2 yuan.
Input:'A'/'L'/'E',num,A/L Time
L 278 8 50
error no number 278 car
Input:'A'/'L'/'E',num,A/L Time
L 456 9 30
The number 456 car take 3.5 yuan.
Input:'A'/'L'/'E',num,A/L Time
E 190 0 0
The end.
```

图 2—3

程序运行结果如下：

```
Input:'A'/'L'/'E',num,A/L Time
A 123 8 10
Number 123 car stop in number 1 park.
A 456 8 20
Number 456 car stop in number 2 park.
Input:'A'/'L'/'E',num,A/L Time
A 223 8 30
Number 223 car stop in number 1 place of path.
Input:'A'/'L'/'E',num,A/L Time
L 123 9 0
The number 123 car take 2. 0 yuan.
Input:'A'/'L'/'E',num,A/L Time
L 278 8 50
error no number 278 car
Input:'A'/'L'/'E',num,A/L Time
L 456 9 30
The number 456 car take 3. 5 yuan.
Input:'A'/'L'/'E',num,A/L Time
E 190 0 0
The end.
```

实验三　排序应用——学生成绩排名

1. 实验目的

掌握对一批记录进行排序的各种算法，比如插入排序、交换排序、选择排序及归并排序的基本思想，排序过程和性能分析，并比较各种排序算法的优缺点。

2. 实验内容

某门课程有 m 个班的学生参加考试，每个班最多有 n 个学生，请输出学生在本班及全体考生中的排名表。

3. 程序设计

（1）功能。

①每个班级的学生记录按学号顺序排列，每个学生记录至少包含排列名次、学号、姓名、成绩四个域。

②输出每个学生在本班的排列情况，具有相同成绩的名次相同。

③输出全体考生的排名情况。

（2）输入要求：随机产生 m*n 个数据。

（3）测试数据。假定有 8 个班，每班学生人数在 5～10 之间；学号是“班号＋学生在花名册的序号”，班号为 1，2，3，4，5，6，7，8 姓名随意填写；成绩由计算机随机产生 1～100 之间的数据。

（4）算法思想：利用二维结构体数组存放所有学生的信息，学生成绩由计算机随机产生，分别用不同的排序算法对学生成绩进行排序，并对不同算法进行比较。

（5）数据结构。

①定义有 8 个班级，每班有 10 个学生。

```
#define m 8
#define n 10
```

②定义二维数组存放 m*n 个学生记录，相应数据如下：

```
typedef struct
{
        int order;
        int no;
        int score;
    }
    RecData;
```

```
RecData students [m][n+1];
```

（6）模块划分。本程序包括 8 个函数：

①main( )：调用其他函数，完成本题功能。

②gen _ recs( )：随机产生测试数据记录。

③sort _ one _ class(RecData r[ ],int n)：对一个班的学生按成绩排序。

④MergeOnePass(RecData sr[ ],RecData dr[ ]，int low，int g，int h)：二路归并。

⑤MergeOnePass(RecData sr[ ],RecData dr[ ],int l，int d)：一趟归并排序。

⑥sort _ all (RceType sr[ ]，RecData dr[ ]，int l)：对全体学生按成绩排序。

⑦order _ no(RecData r [l，int l)：按班级排序。

⑧print _ list(RecData r[ ]，int l)：输出全体学生排名表。

4. 参考程序

```
#include "stdio.h"
#include "stdlib.h"
#define m 8
#define n 10
typedef struct
{
    int order;
    int no;
    int score;
  }RecData;
RecData students [m][n+1];
void gen_recs( )
{
    int i,j;
    for(i=0;i<m;i++)
    for(j=1;j<=n;j++)
    {
      students[i][j].no=(i+1)*100+j ;
      students[i][j].score=random(50)+50;
    }
  }

void sort_one_class(RecData r[ ],int s)
{
  int i,j;
  for(i=2;i<=s;i++)
  {r[0]=r[i];
      j=i-1;
  while(r[0].score>r[j].score)
  {r[j+1]=r[j] ;
```

```
        j--;
    }
    r[j+1]=r[0];
}
}

void merge(RecData sr[ ], RecData dr[ ], int low, int g, int h)
{
    int i, j, k;
    i=low;
    j=g+1;
    k=low;
    while((i<=m)&&(i<=h))
    {
      if(sr[i].score>sr[j].score)
          dr[k++]=sr[j++];
      else
          dr[k++]=sr[j++];
      }
      while (i<=m)
          dr[k++]=sr[i++];
      while (j<=h)
          dr[k++]=sr[j++];
}

void mergeonepass (RecData sr[ ], RecData dr[ ], int l, int d)
{
      int i;
      i=1;
      while(l-i+1>=2*d)
      {
        merge(sr,dr,i,i+d-1,i+2*d-1);
        i=i+2*d;
      }
      if(l-i+1>d)
        merge(sr,dr,i,i+d-1,l);
      else
        merge (sr,dr,i,l,l);
}

void sort_all(RecData sr[ ], RecData dr[ ], int l)
{
    int d;
```

```
  d = 1;
  while (d< l)
  {
    mergeonepass(sr, dr,d,l);
    mergeonepass(dr,sr,2 * d,l);
    d  = 4 * d;
  }
}

void order_no (RecData r[ ], int l)
{
     int i;
      r[1].order = 1;
     for(i = 2;i< = l;i++ )
       if(r[i - 1].score = =  r[i].score)
           r[i].order = r[i - 1].order;
     else
           r[i].order = i;
}

void print_list(RecData r[ ], int l)
{
     int i, k;
     printf("| mingci xuehao chengji |\n");
     printf("| mingci xuehao chengji |\n");
     printf("| mingci xuehao chengji |\n");
     k = (l + 2)/3;
     for(i = 1;i< = k;i++ )
     {
         printf("|  %4d%4d%4d", r[i].order,r[i].no, r[i].score);
         printf("||%4d%4d%4d",r[i + k].order,r[i + k].no, r[i + k].score);
         printf("|  %4d%4d%4d",r[i + 2 * k].order,r [i + 2 * k].no, r [i + 2 * k].score);
         printf("\n");
     }
}
void main ( )
{
     RecData r1[n * m + 1],r2[n * m + 1];
     int j ,i,k;
     gen_recs( );
     for(i = 0;i< 5;i++ )
     {
         sort_one_class(students[i],n);
```

```
        order_no(students[i], n);
        printf("\ndi%dpaiming (i) \n",i+1);
        print_list(students [i], n);
    }
    k=1;
    for(i=0;i<5;i++)
    for(j=0;j<=n;j++)
        r1[k++]=students[i][j];
    sort_all(r1, r2,m*n);
    order_no(r1, m*n);
    printf("\n quanti (i) \n");
    print_list(r1,m*n);
}
```

程序运行如图 2—4 所示。

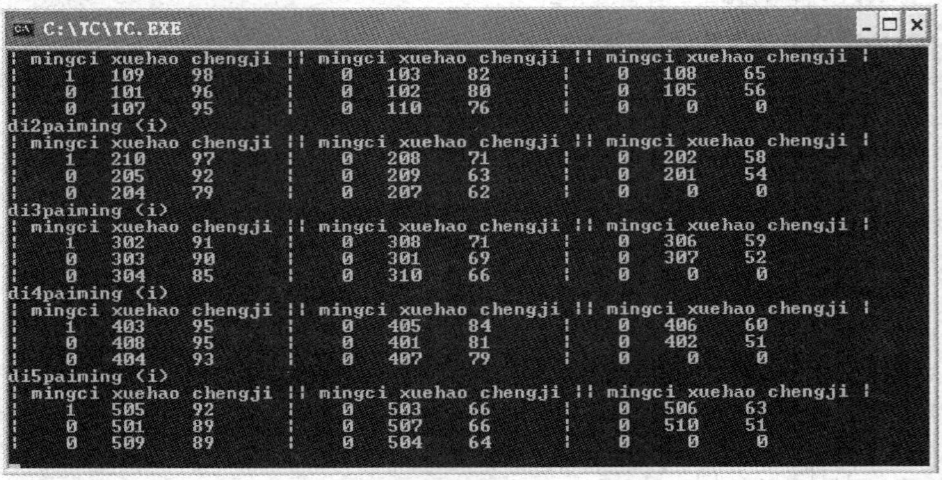

```
C:\TC\TC.EXE
| mingci xuehao chengji || mingci xuehao chengji || mingci xuehao chengji |
|    1    109    98      |    0    103    82      |    0    108    65
|    0    101    96      |    0    102    80      |    0    105    56
|    0    107    95      |    0    110    76      |    0      0     0
di2paiming (i)
| mingci xuehao chengji || mingci xuehao chengji || mingci xuehao chengji |
|    1    210    97      |    0    208    71      |    0    202    58
|    0    205    92      |    0    209    63      |    0    201    54
|    0    204    79      |    0    207    62      |    0      0     0
di3paiming (i)
| mingci xuehao chengji || mingci xuehao chengji || mingci xuehao chengji |
|    1    302    91      |    0    308    71      |    0    306    59
|    0    303    90      |    0    301    69      |    0    307    52
|    0    304    85      |    0    310    66      |    0      0     0
di4paiming (i)
| mingci xuehao chengji || mingci xuehao chengji || mingci xuehao chengji |
|    1    403    95      |    0    405    84      |    0    406    60
|    0    408    95      |    0    401    81      |    0    402    51
|    0    404    93      |    0    407    79      |    0      0     0
di5paiming (i)
| mingci xuehao chengji || mingci xuehao chengji || mingci xuehao chengji |
|    1    505    92      |    0    503    66      |    0    506    63
|    0    501    89      |    0    507    66      |    0    510    51
|    0    509    89      |    0    504    64      |    0      0     0
```

图 2—4

程序运行结果如下：

di1paiming (1)

mingci	xuehao	chengj	mingci	xuehao	chengji	mingci	xuehao	chengji
1	109	98	0	103	82	0	108	65
0	101	96	0	102	80	0	105	56
0	107	95	0	110	76	0	0	0

di2paiming (2)

mingci	xuehao	chengj	mingci	xuehao	chengji	mingci	xuehao	chengji
1	210	97	0	208	71	0	202	58
0	205	92	0	209	63	0	201	54
0	204	79	0	207	62	0	0	0

```
di3paiming (3)
| mingci xuehao chengj  | | mingci xuehao chengji | | mingci xuehao chengji |
| 1      302    91      | | 0      308    71      | | 0      306    59      |
| 0      303    90      | | 0      301    69      | | 0      307    52      |
| 0      304    85      | | 0      210    66      | | 0      0      0       |
di4paiming (4)
| mingci xuehao chengj  | | mingci xuehao chengji | | mingci xuehao chengji |
| 1      403    95      | | 0      405    84      | | 0      406    60      |
| 0      408    95      | | 0      401    81      | | 0      402    51      |
| 0      404    93      | | 0      407    79      | | 0      0      0       |
di5paiming (5)
| mingci xuehao chengj  | | mingci xuehao chengji | | mingci xuehao chengji |
| 1      505    92      | | 0      503    66      | | 0      506    63      |
| 0      501    89      | | 0      507    66      | | 0      510    51      |
| 0      509    89      | | 0      504    64      | | 0      0      0       |
```

实验四　查找应用——学生档案管理

1. 实验目的

掌握目前常用的几种查找算法，如顺序查找、折半查找、索引查找、分块查找和哈希查找。每一种不同的查找算法，有不同的查找效率。当数据量比较大的时候，查找效率就显得特别重要。

2. 实验内容

在一个学生档案管理系统中，保存学生个人的情况，其中包括学生的姓名、学号、家庭住址及入学时的成绩。现要求在该系统中查找一个名字叫“wanli”的学生。若能查到，输出其全部信息；如果查不到，给出无此学生的信息。

3. 程序设计

该档案系统中数据的存储采用顺序存储结构，每个记录包含一名学生的有关信息，每个记录顺序存放在一维数组中。其结构定义如下：

```
Typedef struct                                        /*定义一个学生信息*/
 {   int number;
     char name[10];
     int score;
     char address[20];
  }student;
```

4. 参考程序

```
#define maxnum 100                                    /*定义一维数组存放学生信息*/
typedef struct
  {int number;
  char name[10];
  int score;
  char address[20];
  }student;
student stud[maxnum];
main( )
{
  int i, m,num,num1;
```

```
  int low,high,mid;
  student stud[100];
  char nam[10];
  printf("\ninput student total:");
  scanf("%d",&num);
  printf("input stud[ ]:\n");
  for(i=0;i<num;i++)
      scanf("%d%s%d%s",&stud[i].number,stud[i].name,&stud[i].score,stud[i].address);
  printf("input research name:");                    /* 输入待查找学生的信息 */

  scanf("%s",&nam);
  low=0;                                              /* 折半查找 */
  high=num-1;
  mid=(low+high)/2;
  while(low<=high&&strcmp(stud[mid].name,nam)!=0)
    {if(strcmp(stud[mid].name,nam)>0)
         high=mid-1;
    else
      if(strcmp(stud[mid].name,nam)<0)
          low=mid+1;
    mid=(low-high)/2;
  }
 if(strcmp(stud[mid].name,nam)==0)                   /* 找到输出该学生信息 */
     printf("the
 student:%5d%5s%5d%5s\n",stud[mid].number,stud[mid].name,stud[mid].score,stud[mid]
.address);
 else
     printf("the student is not exit.");              /* 找不到给出提示信息 */
 }
```

运行程序,程序运行结果如图 2—5 所示:

```
Input student total:3↙
Input stud[ ]:
1 hg 67 er
2 hh 67 tr
3 kj 89 tr
Input research name:kj↙
The student:3 kj 89 tr
```

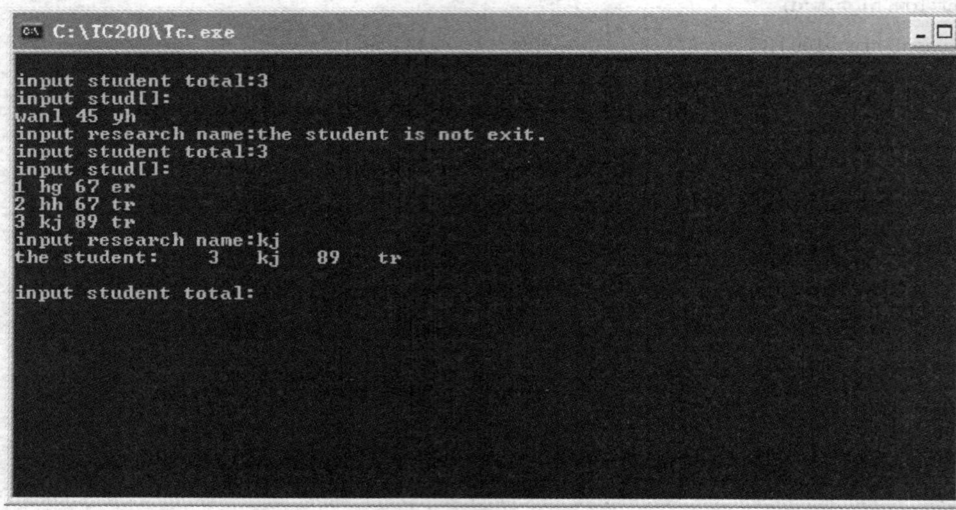
C:\TC200\Tc.exe
input student total:3
input stud[]:
wanl 45 yh
input research name:the student is not exit.
input student total:3
input stud[]:
1 hg 67 er
2 hh 67 tr
3 kj 89 tr
input research name:kj
the student: 3 kj 89 tr
input student total:

图 2—5

实验五　二叉树应用——银行财务实时处理系统

1. 实验目的

理解二叉树的基本概念，掌握二叉排序树的构造方法及二叉树的遍历算法，掌握在二叉排序树上进行查找算法。

2. 实验内容

银行账户的账号由科目表和分户号组成。此系统要求把属于一个科目的分户表文件的记录全部找出来，并按记录中的分户号从小到大的顺序排列，以便于按顺序逐户处理信息并查找某一个分户号的记录。

3. 程序设计

科目表文件每个记录包括科目表及该科目表分户二叉树根结点的指针。分户表文件每个记录的形式为记录号、分户号、左链和右链。

根据题意，本系统应能实现以下三个功能：

(1) 构造分户二叉排序树。

(2) 中序遍历分户二叉排序树。

(3) 查找某一分户号记录。

4. 参考程序

```
#include <stdio.h>
#define null
int counter = 0;
typedef struct btreenode                              /*定义每个分户结点的结构*/
{
   int recorder;
   int number;
   struct btreenode *lchild;
   struct btreenode *rchild;
}bnode;
bnode *creat(int recorder,int number,bnode *lbt,bnode *rbt) /*创建根结点*/
{
   bnode *p;
   p = (bnode *)malloc(sizeof(bnode));
```

```
    p->recorder=recorder;
    p->number=number;
    p->lchild=lbt;
    p->rchild=rbt;
    return(p);
  }
  bnode *ins_lchild(bnode *p,int recorder,int number)            /*插入作为左孩子*/
  {
    bnode *q;
    if(p==null)
        printf("Illegal insert.");
    else
    {
        q=(bnode*)malloc(sizeof(bnode));
        q->recorder=recorder;
        q->number=number;
        q->lchild=null;
        q->rchild=null;
        if(p->lchild!=null)
        q->rchild=p->lchild;
        p->lchild=q;
      }
  }

  bnode *ins_rchild(bnode *p,int recorder,int number)            /*插入作为右孩子 */
  {
    bnode *q;
    if(p==null)
      printf("lllegal insert");
    else
    {
     q=(bnode*)malloc(sizeof(bnode));
     q->recorder=recorder;
     q->number=number;
     q->lchild=null;
     q->rchild=null;
     if(p->rchild!=null)
     q->lchild=p->rchild;
     p->rchild=q;
   }
  }

inorder(bnode *p)                                                /*中序遍历二叉排序树*/
```

```
{
    if(p==null)
        return.
    if(p->lchild!=null)
        inorder(p->lchild);
    printf("%d",p->number);
    if(p->rchild!=null)
        inorder(p->rchild);
}

search(bnode *p,int number)                                    /*查找结点*/
{
   while(p!=null)
   {
      if(p->number==number)
      {
          printf("record\tnumber\tlchild\trchild\n");
          printf("%d\t%d\t%d\t%d",p->recorder,p->number,
          p->lchild->number,p->rchild->number);
          return;
      }
      if(number>p->number)
          p=p->rchild;
      else
          p=p->lchild;
   }
   return;
}

main()
{
  bnode *bt,*p,*q;
  bnode *creat();
  bnode *ins_lchild(),*ins_rchild();
  int recorder,number;
  printf("Input recorder number:\n");
  scanf("%d",&recorder);
  scanf("%d",&number);
  p=creat(recorder,number,null,null);
  bt=p;
  scanf("%d",&recorder);
  scanf("%d",&number);
  while(number!=-1&&recorder!=-1)
```

```
{
    p = bt;
    q = p;
    while(number! = p - > number&&q ! = null)
    {
        p = q;
        if(number < p - > number)
          q = p - > lchild;
        else
          q = p - > rchild;
  }
  if(number = = p - > number)
  {
      printf("The data is exit.");
          return;
      }
      else
      if(number < p - > number)
          ins_lchild(p, recorder, number);
      else
          ins_rchild(p, recorder, number);
          scanf(" % d", &recorder);
          scanf(" % d", &number);
      }
      p = bt;
      printf("the object:");
      inorder(p);
      printf("\nInput serching number: ");
      scanf(" % d", &number);
      search(p, number);
      printf("\n");
}
```

运行程序，程序运行结果如图 2—6 所示。

```
Input recorder number:
10   34
11   56
12   12
13   23
14   2
-1   -1
the object: 2   12   23   34   56
input searching number: 12
```

```
recorder number lchild rchild
       12      12     2        23
```

```
C:\TC\TC.EXE
Input recorder number:
10 34
11 56
12 12
13 23
14 2
-1 -1
the object:2 12 23 34 56
Input serching number: 12
record  number  lchild  rchild
12      12      2       23
```

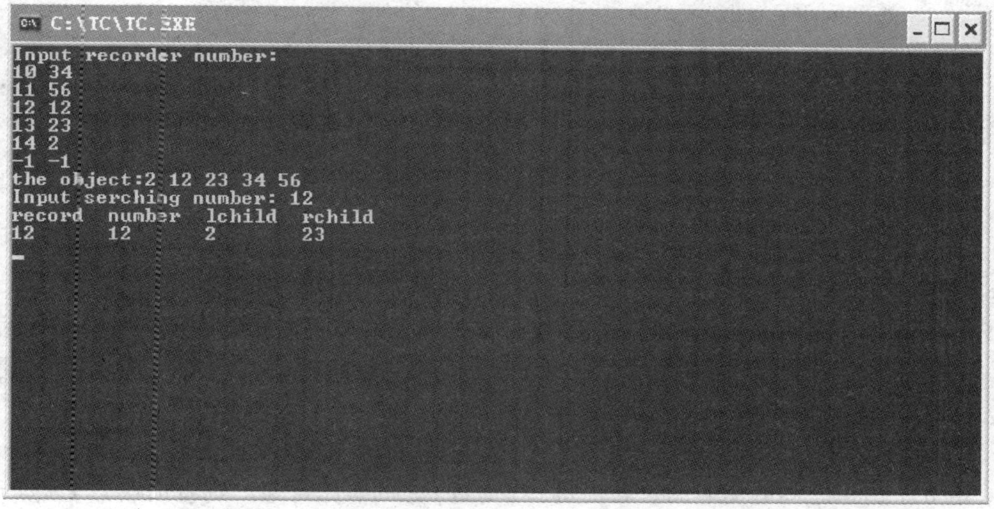

图 2—6

实验六　图的应用——医院选址问题

1. 实验目的

了解图的各种存储结构，掌握图的深度优先搜索和广度优先搜索遍历算法，掌握最小生成树、最短路径、拓扑排序等图的常用算法，加深对图的理解，培养解决实际问题的编程能力。

2. 实验内容

给定 n 个街道之间的交通图。若街道 i 与街道 j 之间有路可通，则将顶点 i 与顶点 j 之间用边连接，边上的权值 wij 表示这条道路的长度。现准备在这 n 个街道中选择一个街道建一所医院。编写一个算法求出该医院应建立在哪个街道，才使距离最远的街道到医院的路程最短。

3. 程序设计

(1) 利用输入信息构建一张有向图 G，用邻接矩阵 A 表示，有向图的顶点是街道，若街道 i 到街道 j 之间有路可通，则顶点 i 到顶点 j 之间设置一条权值为 w_{ij} 的有向边<i，j>。

(2) 应用弗洛伊德算法计算每对顶点之间的最短路径。

(3) 找出从每一个顶点到其他顶点的最短路径中最长的路径。

(4) 最后从 (3) 中找出的 n 条最长路径中找出最短的一条。

4. 参考程序

```
#include<stdio.h>
#include<alloc.h>
#include<conio.h>
#include<stdio.h>
#define M 5                                /* 道路条数 */
#define N 3                                /* 街道个数 */
int A[N][N];                               /* 邻接矩阵 */
int mg[N][N];
/* 建图的邻接矩阵 */
int m=0,n=0;
void BuildG( )
{

  int i,j,k,w;
  while(1){
```

```
    printf("iuput the number of streets [1 - %d],streets number [1 - %d]\n",M,N);
    scanf("%c%d",&m,&n);
   if(m>=1&&m<=M&&n>=1&&n<=N)
    break;
  }
  for(i=0;i<n;i++)                          /* 邻接矩阵清零 */
    for(j=0;j<n;j++)
      A[i][j]=0;
  for(k=0;k<m;){                            /* 构造邻接矩阵的各条边 */
    i=j=-1;
    printf("input the [%d]path two nodes [1 - %d]:",k+1,n);
    scanf("%d%d",&i,&j);
    if(i<1||j<1||i>n||j>n)
    {
     printf("ERROR! Node scope [1 - %d]\n",n);
     continue;
    }
   k++;
   i--;
   j--;
  printf("input the wage [%d]:",k-1);
  scanf("%d",&w);
    A[i][j]=w;                              /* 置邻接矩阵的值 */
    mg[i][j]=w;
  }
}
int maxminpath( )
{
int i,j,k;
    float s,min=10000;                      /* 最短路径长度 min 置初值 10000 */
    for(k=0;k<n;k++)                        /* 应用弗洛伊德算法计算每对街道之间的最短路径 */
     for(i=0;i<n;i++)
    for(j=0;j<n;j++)
     if(A[i][k]+A[k][j]<A[i][j])
        A[i][j]=A[i][k]+A[k][j];
   k=-1;
    for(i=0;i<n;i++){                       /* 对每个街道循环一次 */
     s=0;
     for(j=0;j<n;j++)                       /* 求 i 街道到其他街道最长的一条最短路径 */
    if(A[i][j]>s)
     s=A[i][j];
     if(s<min){                             /* 在各最长路径中选最短的一条,将该街道放在 k 中 */
    k=i;
```

```
    min = s;
      }
     }
    return k;
}
void main( )
{
   int k;
   BuildG( );
   k = maxminpath( );
   printf("\nthe hospital shoud be builded at %dstreet!\n",k);
}
```

程序输入如图 2—7 所示。

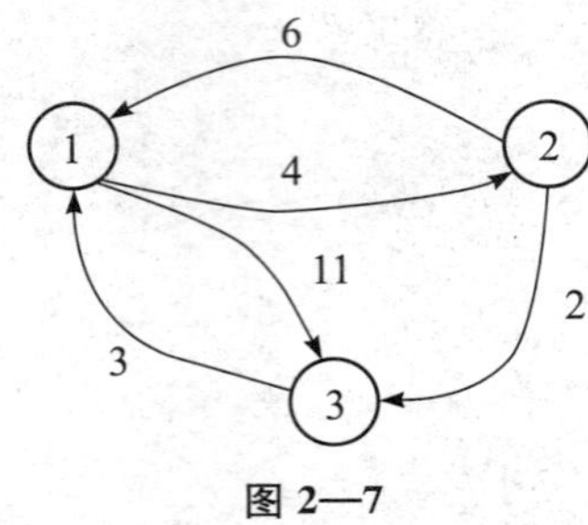

图 2—7

图中顶点表示 3 条街道，边表示 5 条路，每条边上的数字代表边的权值。

运行结果如图 2—8 所示。

```
C:\TC200\Tc.exe
input the number of streets[1-5],streets number[1-3]
5 3
 input the [1] path two nodes[1-3]ú||1 2
input the wage ú||4
 input the [2] path two nodes[1-3]ú||2 1
input the wage ú||6
 input the [3] path two nodes[1-3]ú||1 3
input the wage ú||11
 input the [4] path two nodes[1-3]ú||3 1
input the wage ú||3
 input the [5] path two nodes[1-3]ú||2 3
input the wage ú||2

output array A[i][j]
  0       4       6
  5       0       2
  3       7       0

 the hospital should be builded at the 2 street!
input the number of streets[1-5],streets number[1-3]
```

图 2—8

输入以下内容：

```
input the number of streets[1 - 5],streets number[1 - 3]:5 3
input the [1] path two nodes[1 - 3]:1 2
```

```
input the wage:4
input the [1] path two nodes[1 - 3]:2 1
input the wage:5
input the [1] path two nodes[1 - 3]:1 3
input the wage:11
input the [1] path two nodes[1 - 3]:3 1
input the wage:3
input the [1] path two nodes[1 - 3]:2 3
input the wage:2
```

输出结果如下：

```
output array A[i,j]:
0 4 6
5 0 2
3 7 0
The hospital shoud be builded at the 2 street!
```

实验七　递归的应用（一）——汉诺塔问题

1. 实验内容

在一个函数的定义中出现了对自己本身的直接调用，或通过一系列调用语句，直接地调用自己，则称之为递归函数。递归是程序设计中一个强有力的工具。

递归算法是计算机算法的重要内容，很多问题都可以使用递归方法解决。递归算法的特点是可以比较自然地反映解决问题的过程，并能够方便地调试程序。对于某些问题（例如汉诺塔问题，树的遍历等问题），需要通过递归算法求解。

2. 程序设计

汉诺（Hanoi）塔问题：古代有一个梵塔，塔内有三个座 A、B、C，A 座上有 64 个盘子，盘子大小不等，大的在下，小的在上如图 2—9 所示。有一个和尚想把这 64 个盘子从 A 座移到 B 座，但每次只能允许移动一个盘子，并且在移动过程中，3 个座上的盘子始终保持大盘在下，小盘在上。在移动过程中可以利用 B 座，要求打印移动的步骤。

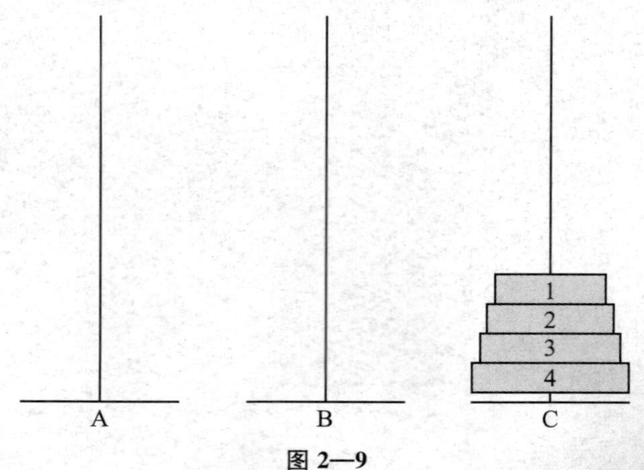

图 2—9

这个问题在盘子比较多的情况下，很难直接写出移动步骤。我们可以先分析盘子比较少的情况。假定盘子从大到小依次为：盘子 1，盘子 2，…盘子 64。

如果只有一个盘子，则不需要利用 B 座，直接将盘子从 A 移动到 C。

如果有 2 个盘子，可以先将盘子 1 上的盘子 2 移动到 B；将盘子 1 移动到 C；将盘子 2 移动到 c。这说明可以借助 B 将 2 个盘子从 A 移动到 C，当然，也可以借助 C 将 2 个盘子从 A 移动到 B。

如果有 3 个盘子，那么根据 2 个盘子的结论，可以借助 C 将盘子 1 上的两个盘子从 A

移动到 B；将盘子 1 从 A 移动到 C，A 变成空座；借助 A 座，将 B 上的两个盘子移动到 C。这说明：可以借助一个空座，将 3 个盘子从一个座移动到另一个座。

如果有 4 个盘子，那么首先借助空座 C，将盘子 1 上的三个盘子从 A 移动到 B；将盘子 1 移动到 C，A 变成空座；借助空座 A，将 B 座上的三个盘子移动到 C。

上述的思路可以一直扩展到 64 个盘子的情况：可以借助空座 C 将盘子 1 上的 63 个盘子从 A 移动到 B；将盘子 1 移动到 C，A 变成空座；借助空座 A，将 B 座上的 63 个盘子移动到 C。

3. 参考程序

```
void Move(char chSour, char chDest)
{
    /* 打印移动步骤 */
printf("\nMove the top plate of %c to %c",chSour, chDest);
}
Hanoi(int n, char chA, char chB, char chC)
{
    /* 检查当前的盘子数量是否为 1 */
    if(n==1)                                    /* 盘子数量为 1,打印结果后,不再继续进行递归 */
     Move(chA,chC);
else                                            /* 盘子数量大于 1,继续进行递归过程 */
{
      Hanoi(n-1,chA,chC,chB);
      Move(chA,chC);
      Hanoi(n-1,chB,chA,chC);
    }
}
main( )
{
    int n;
    printf("\nPlease input number of the plates: ");/* 输入盘子的数量 */
    scanf("%d",&n);
    printf("\nMoving %d plates from A to C:",n);
    Hanoi(n,'A','B','C');                       /* 调用函数计算,并打印输出结果 */
}
```

如果 n 为 4，程序输出结果为：

```
Moving 4 plates from A to C:
Move the top plate of A to B
Move the top plate of A to C
Move the top plate of B to C
Move the top plate of A to B
Move the top plate of C to A
Move the top plate of C to B
```

```
Move the top plate of A to B
Move the top plate of A to C
Move the top plate of B to C
Move the top plate of B to A
Move the top plate of C to A
Move the top plate of B to C
Move the top plate of A to B
Move the top plate of A to C
Move the top plate of B to C
```

其运行结果如图 2—10 所示。

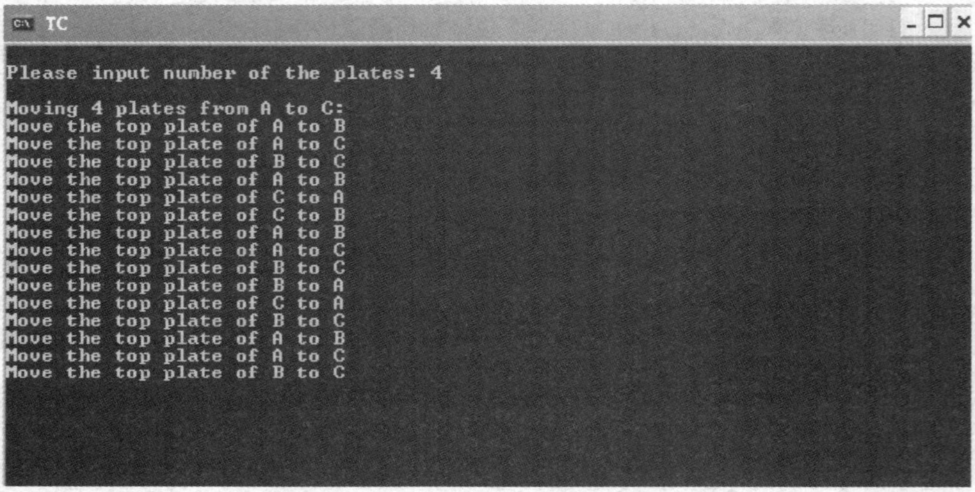

```
TC
Please input number of the plates: 4

Moving 4 plates from A to C:
Move the top plate of A to B
Move the top plate of A to C
Move the top plate of B to C
Move the top plate of A to B
Move the top plate of C to A
Move the top plate of C to B
Move the top plate of A to B
Move the top plate of A to C
Move the top plate of B to C
Move the top plate of B to A
Move the top plate of C to A
Move the top plate of B to C
Move the top plate of A to B
Move the top plate of A to C
Move the top plate of B to C
```

图 2—10

实验八　递归的应用（二）——八皇后问题

1. 实验内容

八皇后问题是非常经典的问题，即在 8×8 格的国际象棋上摆放八个皇后，使其不能互相攻击，即任意两个皇后都不能处于同一行、同一列或同一斜线上，问有多少种摆法，如图 2—11 所示。

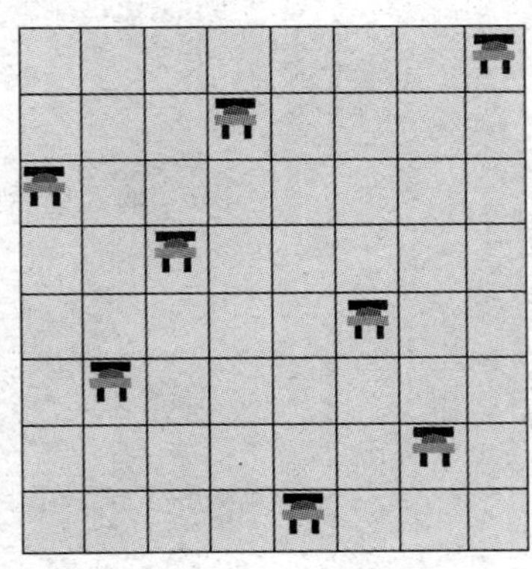

图 2—11

2. 程序设计——回溯算法的实现

(1) 为解决这个问题，我们把棋盘的横坐标定为 i，纵坐标定为 j，i 和 j 的取值范围是从 1 到 8。当某个皇后占了位置（i，j）时，在这个位置的垂直方向、水平方向和斜线方向都不能再放其他皇后了。用语句实现，可定义如下三个整型数组：a［8］，b［15］，c［24］。其中：

```
a[j-1]=1 第 j 列上无皇后
a[j-1]=0 第 j 列上有皇后
b[i+j-2]=1 (i,j)的对角线(左上至右下)无皇后
b[i+j-2]=0 (i,j)的对角线(左上至右下)有皇后
c[i-j+7]=1 (i,j)的对角线(右上至左下)无皇后
c[i-j+7]=0 (i,j)的对角线(右上至左下)有皇后
```

(2) 为第 i 个皇后选择位置的算法如下：

```
for(j=1;j<=8;j++)                         /*第 i 个皇后在第 j 行*/
if ((i,j)位置为空))                        /*即相应的三个数组的对应元素值为 1*/
```

```
{占用位置(i,j)                                     /*置相应的三个数组对应的元素值为0*/
 if i<8
    为i+1个皇后选择合适的位置;
 else 输出一个解
}
```

3. 参考程序

```
#include <conio.h>
#define MAXN 20
int n, m, good;
int col [MAXN+1], a [MAXN+1];
int b [2*MAXN+1], c [2*MAXN+1];

main( )
 {
int i, j;
int num=1;
char awn;
printf (" Input n: ");                          /*输入皇后的个数,如8*/
scanf ("%d", &n);
for (j=0; j<=n; j++)
  a [j] =1;
for (j=0; j<=2*n; j++)
    b [j] =c [j] =1;
m=1;
col [1] =1;
good=1;
col [0] =1;
do {
     if (good)
     if (m==n)
      {
         printf (" NO. %d method. \n", num); /*输出第num种排列方法*/
         printf (" ");
       for (i=1; i<=n; i++)
            printf ("%4d", i);
            printf (" \n");

       for (i=1; i<=n; i++)
        {
           printf ("%d", i);
           for (j=1; j<=n; j++)
           {
```

```
            if (j= =col [i])
              {
               printf (" Q");              /*Q的位置为皇后的位置*/
              }
            else printf (" *");
          }
          printf (" \n");
        }

         awn=getch( );
         if (awn= ='Q' | | awn= ='q' )
          exit( );
        else
          num++;
        while (col [m] = =n)
         {
          m--;
          a [col [m]] =b [m+col [m]] =c [n+m-col [m]] =1;
        }
        col [m] ++;
      }
      else
       {
       a [col [m]] =b [m+col [m]] =c [n+m-col [m]] =0;
       col [++m] =1;
      }
      else
       {
          while (col [m] = =n)
         {
          m--;
          a [col [m]] =b [m+col [m]] =c [n+m-col [m]] =1;
        }
      col [m] ++;
     }
   good=a [col [m]] &&b [m+col [m]] &&c [n+m-col [m]];
  }
 while (m! =0);
}
```

运行结果如图 2—12、图 2—13 和图 2—14 所示：

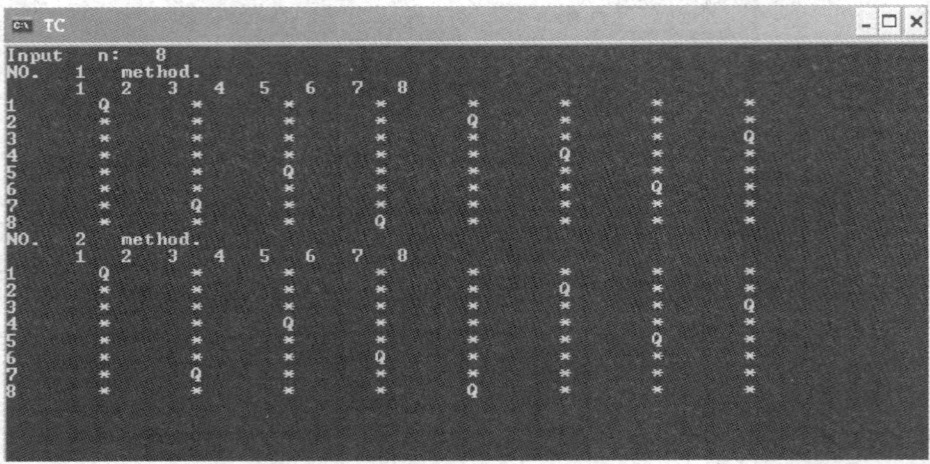

图 2—12

```
TC
5       *       *       *       *       *       *       *       Q
6       *       Q       *       *       *       *       *       *
7       *       *       *       *       Q       *       *       *
8       *       *       Q       *       *       *       *       *
NO.   4   method.
      1  2  3  4  5  6  7  8
1       Q       *       *       *       *       *       *       *
2       *       *       *       *       *       *       Q       *
3       *       *       *       *       Q       *       *       *
4       *       *       *       *       *       *       *       Q
5       *       Q       *       *       *       *       *       *
6       *       *       *       Q       *       *       *       *
7       *       *       *       *       *       Q       *       *
8       *       *       Q       *       *       *       *       *
NO.   5   method.
      1  2  3  4  5  6  7  8
1       *       Q       *       *       *       *       *       *
2       *       *       *       Q       *       *       *       *
3       *       *       *       *       *       Q       *       *
4       *       *       *       *       *       *       *       Q
5       *       *       Q       *       *       *       *       *
6       Q       *       *       *       *       *       *       *
7       *       *       *       *       *       *       Q       *
8       *       *       *       *       Q       *       *       *
```

图 2—13

```
TC
5       Q       *       *       *       *       *       *       *
6       *       *       *       *       *       *       Q       *
7       *       *       *       Q       *       *       *       *
8       *       *       *       *       *       Q       *       *
NO.   91   method.
      1  2  3  4  5  6  7  8
1       *       *       *       *       *       *       *       Q
2       *       *       Q       *       *       *       *       *
3       Q       *       *       *       *       *       *       *
4       *       *       *       *       *       Q       *       *
5       *       Q       *       *       *       *       *       *
6       *       *       *       *       Q       *       *       *
7       *       *       *       *       *       *       Q       *
8       *       *       *       Q       *       *       *       *
NO.   92   method.
      1  2  3  4  5  6  7  8
1       *       *       *       *       *       *       *       Q
2       *       *       *       Q       *       *       *       *
3       Q       *       *       *       *       *       *       *
4       *       *       Q       *       *       *       *       *
5       *       *       *       *       *       Q       *       *
6       *       Q       *       *       *       *       *       *
7       *       *       *       *       *       *       Q       *
8       *       *       *       *       Q       *       *       *
```

图 2—14

第三部分　附　录

附录 A　数据结构实训指导

一、概述

《数据结构》是一门实践性很强的课程，只有通过大量的实训，才能对数据结构的逻辑关系和物理存储表示、数据结构的算法设计和具体程序实现有真正的认识、理解和掌握。实训中的问题比平时的习题要复杂，也更接近实际，实训着眼于理论与应用的结合点，使读者学会如何把书上学到的知识用于解决实际问题，培养读者的动手能力。另一方面，能使书上的知识变“活”，起到深化理解和灵活掌握教学内容的目的。平时的习题较偏重于如何编写功能单一的“小”算法，而实训习题是软件设计的综合训练，涉及问题分析、总体结构设计、用户界面设计、程序设计基本技能和技巧，多人合作，以至一整套软件工作规范的训练和科学作风的培养。

在编写本教材的“实验范例”时，笔者特别注重培养学生的独立思考能力和综合实验素质，在实训内容的安排上详略得当，有所侧重。做到了对每种数据结构都力求由浅入深，循序渐进，按层次来逐步深入应用。数据结构是实践性很强的课程，在掌握理论的基础上，必须大力加强对作业及上机实践环节的要求和管理，使学生加深对基本概念的理解，提高分析问题和解决问题的能力。

本书的“课程应用与学习”部分共安排了 8 个实训例子，读者可根据老师的要求或自己的实际情况，选做其中的 2～3 题。每个学生对所做的每个实训题目，必须要给出实训报告。

二、实训步骤

虽然数据结构中的实训习题还远不是一个“真正”的软件（从实际问题中提出来的），但为了培养一个软件工作者所应具备的科学工作的方法和良好的程序设计风格，我们要求在进行实训时，按软件工程的方法去做，具体步骤如下所述。

1. 问题分析

在进行设计之前，首先应该充分地分析和理解问题本身，弄清问题要求什么，包括功能要求、性能要求和约束、基本数据特性、数据间的联系等。

2. 数据结构与算法设计

针对要解决的问题，考虑各种可能的数据结构，并且力求从中选出最佳方案（必须连同算法实现一起考虑），确定主要的数据结构及全程变量，对引入的每种数据结构和全程变量要详细说明其功用、初值和操作特点。

算法设计分为概要设计和详细设计。概要设计着重解决程序的模块设计问题，包括考虑如何把被开发的问题自顶向下分解成若干模块，并决定模块间的接口，即模块间的相互关系以及模块之间的信息交换问题。详细设计则要决定每个模块内部的具体算法，包括输入、处理和输出，可用伪码描述，在此过程中，要综合考虑系统功能，使得系统结构清晰、合理、简单和易于调试，不必过早陷入语言细节。

3. 编码实现

编码就是把详细设计的结果进一步求精为程序设计语言程序。此时，要考虑语言的细节。

4. 调试用例设计

准备典型测试数据和调试方案。测试数据要有代表性、敏感性。测试方案包括模块测试和模块集成测试。

5. 静态检查

在上机之前，认真的静态检查是必不可少的。静态检查主要有两种方法：一是用一组测试数据手工执行程序；二是通过阅读或给别人讲解自己的程序深入全面地理解程序逻辑。

6. 上机准备和上机调试

上机准备包括以下内容：

(1) 熟悉机器的操作系统和语言集成环境的用户手册，尤其是最常用的命令操作，以便顺利进行上机的基本操作。

(2) 掌握调试工具，考虑调试方案，设计测试数据并手工得出正确结果。

对程序进行编译，纠正程序中可能出现的语法错误。调试前，先运行一遍程序看看究竟会发生什么，然后根据事先设计的测试方案并结合现场情况进行错误跟踪，包括打印执行路径或输出中间变量值等手段。

调试最好分模块进行，自底向上，即先调试底层函数。必要时可以另写一个调用驱动程序。

7. 总结和整理实训报告

具体方法后文有详细介绍

三、实训报告规范

实训报告的开头应给出题目、班级、姓名、学号和完成日期等（详见附录 B），还可包括以下内容。

1. 需求分析

以无歧义的陈述说明程序设计的任务，强调的是程序要做什么，说明程序设计的任务，明确规定以下内容：

(1) 输入的形式和输入值的范围。

(2) 输出的形式。

(3) 程序所能达到的功能。

(4) 测试数据，正确的输入及其输出结果和含有错误的输入及其输出结果。

2. 概要设计

说明本程序中用到的所有数据结构，主程序的流程以及各程序模块之间的层次（调用）

关系。

3. 详细设计

对主程序和其他模块写出伪码算法，画出各模块之间的调用关系图。

4. 测试

测试内容包括：测试数据、测试结果的分析与讨论，测试过程中遇到的主要问题及其解决过程，对设计与实现的回顾讨论和分析；算法的时空分析（包括基本操作、算法的时间复杂度和空间复杂度的分析）。

5. 心得

心得包括程序的改进设想、经验和体会。

6. 程序清单

程序清单应包括带注释的源程序。如果提交源程序软盘，可以只列出程序文件名的清单。注意，程序中应有详细的注释。

四、数据结构实训所使用的编程环境

数据结构实训的编程环境为 Turbo C 2.0。要求学生要熟悉 Turbo C（简称 TC）语言环境，掌握 C 语言程序的书写格式和 C 语言程序的结构，特别要注意参数传递的规律，熟悉指针变量作函数参数的基本用法，以及如何把一个数据结构的算法转变成 C 语言的源程序，并在机器上调试、运行。

1. TC 集成开发环境简介

用高级语言编写的程序称为源文件，需要将其转换为二进制机器代码才能在计算机上运行。转换过程分为编译和连接两步，首先对源文件进行编译，生成的文件称为目标文件，然后将目标文件进行连接，生成可执行文件，可执行文件可以在计算机上运行。这个过程如图 A—1所示。

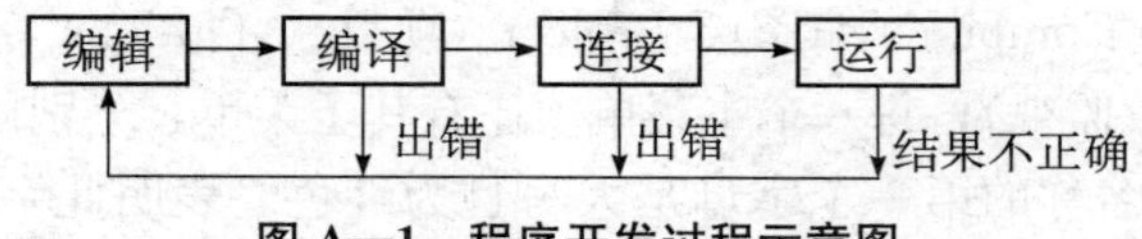

图 A—1　程序开发过程示意图

上述过程按以下步骤进行：

(1) 编辑源文件。输入新的源程序或对源文件进行修改，然后进入第（2）步骤。

(2) 对源文件进行编译。如果程序没有语法错误，则形成目标文件（.obj 文件），进入第（3）步骤；如编译时出现错误，则回到第（1）步骤修改源文件，再进行编译，直到没有编译错误，进入下一步骤。

(3) 将编译正确的目标文件进行连接。如果连接时没有发生错误，则形成可执行文件（.exe 文件），进入第（4）步骤；如果出现连接错误，则回到第（1）步骤进行修改。重复(2)、(3) 步骤，直到程序没有连接错误，进入下一步骤。

(4) 运行可执行文件。运行程序，得到运行结果，如果程序满足功能要求，则工作结束；如果程序运行结果不正确，则表明源程序还存在问题，需要进行修改，要返回第(1) 步骤，重复（1）、(2)、(3)、(4) 步骤，直至程序运行结果完全正确为止。

Turbo C（简称 TC）是美国 Borland 公司开发的 C 语言产品，由于它使用简单、方便，产生代码效率高、速度快、功能强，因此得到了广泛使用。Turbo C 2.0，为用户提供了一个集编辑、编译、连接、调试于一体的集成开发环境（Integrated Development Environment，IDE环境，以下简称 TC 环境)，用户可在此环境下对源文件进行全屏幕编辑、编译、连接、调试、运行等工作，也可对 TC 环境参数进行设置。

2. TC 环境的工作界面介绍

进入 TC 环境后，在屏幕中间出现一个 Turbo C 的版本信息框，显示有 Turbo C 的版本号、出版日期和公司名称等。按任一键此版本信息框消失，用户将会看到如图 A—2 所示的 TC 环境的工作窗口。

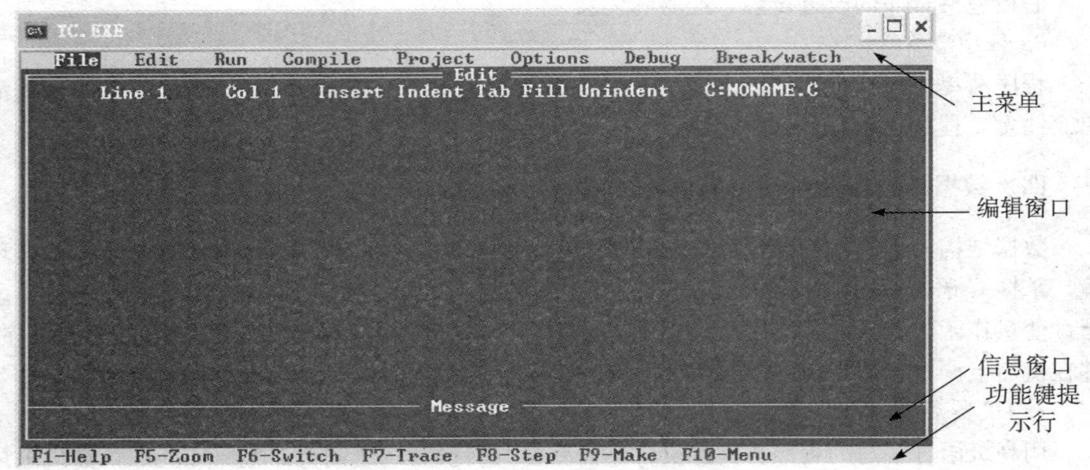

图 A—2 TC 环境工作窗口

TC 环境工作窗口包括以下内容：

(1) 主菜单：主菜单位于屏幕的顶部，它包括 8 个下拉式主菜单项：File（文件)、Edit（编辑)、Run（运行)、Compile（编译)、Project（项目)、Options（选项)、Debug（调试）和 Break/watch（断点/监视)，每一个主菜单项还有其子菜单，分别用来实现不同操作。

8 个主菜单项英文名称的第一个字母是大写且为红色。表明此字母和〈Alt〉键组成了热键，如热键〈Alt〉+〈E〉的功能是进入编辑状态。当主菜单被激活后，以反亮条显示，使用键盘上的左移键和右移键可以选择所要求的主菜单项，按 Enter 键可显示其相应子菜单内容，按 ESC 键则取消对主菜单项的选择。

另一个激活主菜单的方法是按〈F10〉键，主菜单条上的某一个菜单项被激活，进一步使用左右移键可选择其他主菜单项及其子菜单。

在子菜单中，许多命令都定义了热键，比如 File 主菜单中的 Save 子菜单项的热键为〈F2〉，直接按〈F2〉键与进入 File 菜单后选择 Save 的效果是一样的。因此熟练掌握一些热键的用法，可以加快用户的操作速度，提高工作效率。

(2) 编辑窗口：主菜单下面的屏幕被分为上下两个区域，上方为编辑窗口，标有 Edit 字样。编辑窗口是一个全屏幕编辑环境，其作用是对 C 源程序进行输入和编辑。

在编辑窗口的上部有一行英文，显示编辑窗口的状态，内容如下：

Line 1 Col 1 Insert Indent Tab Fill Unindent C:NONAME.C

其中，Line 1 和 Col 1 表示光标的位置，数字表示光标所在的行列。当光标移动时，

Line 和 Col 后面的数字也随之改变。

Insert 表示屏幕当前为插入状态，用键盘上的〈Insert〉键切换模式开关，使输入处于插入或改写状态。

Tab 表示可以使用〈Tab〉键输入制表符，可用〈Ctrl〉+〈O〉+〈T〉进行切换。

Indent 表示当前为自动缩进方式，用〈Ctrl〉+〈O〉+〈I〉进行切换。

C：NONAME. C 为当前被编辑的文件名。

（3）信息窗口：信息窗口在屏幕的下部，用来显示编译和连接时的有关信息。在信息窗口上方有“Message”字样标志。编译和调试源程序时都需要通过此窗口来查看诊断信息，在编辑源程序时不使用此窗口。

（4）热键提示行：无论当前 TC 环境的哪个窗口或菜单项被激活，在屏幕的最下方总是有一行热键提示。第一次进入时，默认的热键提示行如下：

F1－Help　F5－Zoom　F6－Switch　F7－Trace　F8－Step　F9－Make　F10－Menu

- F1－Help：帮助命令。任何时候按〈F1〉键都会显示帮助信息。
- F5－Zoom：分区控制。在编辑源程序时，按〈F5〉键信息窗口消失，编辑窗口占据整个屏幕，可以显示较多的源程序文件内容。若再按一次〈F5〉键，信息窗口重新出现。
- F6－Switch：窗口切换开关。在编辑状态下，编辑窗口和信息窗口中只有一个是活动的，如果当前编辑窗口是活动的，按〈F6〉键激活信息窗口，该窗口中的标题“Message”以高亮度方式显示，编辑窗口不能工作；若再按一次〈F6〉键，重新激活编辑窗口。
- F7－Trace：跟踪命令。单步执行程序并且跟踪进入到被调函数内继续单步执行。
- F8－Step：单步执行命令。按一次〈F8〉键执行程序的一条语句。
- F9－Make：生成目标文件命令。对程序进行编译和连接，生成 . obj 文件和 . exe 文件。
- F10－Menu：菜单命令。按〈F10〉键激活主菜单。

另外，按下〈Alt〉键并保持按下状态几秒钟，提示行将显示〈Alt〉键与其他热键的功能，显示内容为：

Alt：F1－Last help　F3－Pick　F6－Swap　F7/F8－Prev/Next error　F9－Compile

这些由〈Alt〉键和其他键组成的热键的功能是：

- 〈Alt〉+〈F1〉：显示最后一次显示的帮助信息。
- 〈Alt〉+〈F3〉：显示本次进入 TC 环境后最后打开过的文件名列表（最多显示 8 个文件名）。
- 〈Alt〉+〈F6〉：将前次编辑过的文件调入编辑窗口。
- 〈Alt〉+〈F7〉：在屏幕上方显示有关前一个错误的提示信息。
- 〈Alt〉+〈F8〉：在屏幕上方显示有关下一个错误的提示信息。
- 〈Alt〉+〈F9〉：对编辑窗口的程序进行编译。

3. 编辑源程序

（1）编辑新文件。

进入 TC 集成环境并激活编辑窗口后，用户可以输入和编辑源程序。如果输入和编辑一个新的 C 程序，则按〈 F10〉键后选择主菜单中的 File 菜单项，或用热键〈Alt〉+〈F〉，再用键盘的上下移键选择子菜单项 New 命令（如图 A—3 所示），这时编辑窗口被清空，光标定位在左上角（第 1 行、第 1 列）。系统默认的新文件名为 Noname. C。

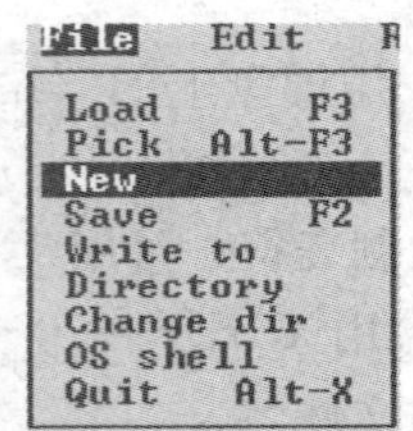

图 A—3 子菜单项 New 命令

用户此时可将已编好的源程序逐行输入，如发现错误可随时修改。TC 环境下常用的编辑功能和对应的按键命令如下：

↑、↓、←、→：上、下、左、右移动光标；

PgUp/PgDn：上下按页翻滚文件内容；

Home、End：将光标移到行首、行尾；

Ctrl＋Y：删除一行；

Ctrl＋N：插入一行；

Ctrl＋T：删除一个单词；

Ctrl＋KB：设置块开始（注：KB 表示按字母 K 键和 B 键，下同）；

Ctrl＋KK：设置块结尾；

Ctrl＋KV：块移动；

Ctrl＋KC：块复制；

Ctrl＋KY：块删除；

此外，键盘上的 Insert、Delete、Backspace 键的功能仍是插入/改写状态切换、删除当前字符和删除光标左侧字符。使用装载文件命令(Load)也可以建立新文件。

(2) 保存文件。

File 主菜单项下的 Save 命令的功能是保存编辑窗口内正在打开的文件。保存文件命令的热键是〈F2〉。新文件第一次被保存时，屏幕上弹出如图 A—4 所示的对话框，要求用户输入文件名。

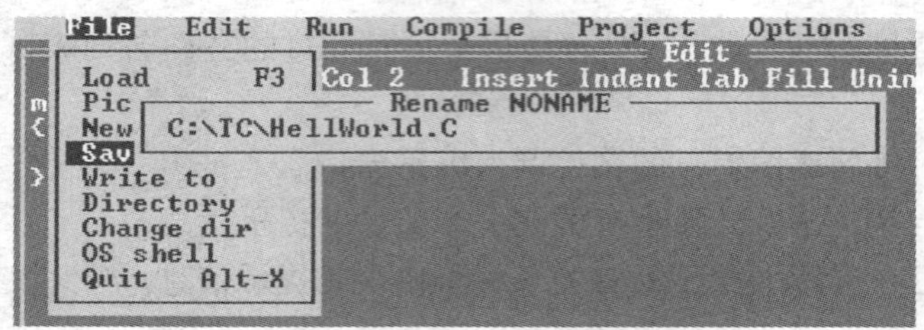

图 A—4 输入文件名

如果用户仅输入文件名，则文件被保存在当前子目录下。如果输入了盘符和子目录名，则文件保存在用户指定的子目录下；如果用户没有输入文件的扩展名，则文件的扩展名是.C；如果用户输入了扩展名，则文件按用户指定的扩展名保存；如果是已经保存过的文件，则执行保存文件命令后，该文件的内容被更新，文件中原有的内容被保存在扩展名为.BAK 的文件里。

例如，刚新建立的文件还没有保存，编辑窗口中的文件名还是默认的“NONAME.C”，按〈F2〉键后在输入文件名的对话框内输入“C:\TC\HelloWorld”，这样源程序 HelloWorld.C 就被保存在 C 盘的 TC 子目录内。

TC 环境没有自动保存文件的功能，要在接受用户的保存文件命令后才保存当前的文件内容。所以，用户要随时保存正在编辑的文件，不要等到整个文件输入结束后再去保存，因为在操作过程中如果不及时保存文件，遇到突然断电等特殊情况，未被保存的内容将会丢失，并且不可恢复。

如果对原有文件重新以另一个文件名存盘，可用 File 菜单项下的 Write to 命令，在“New Name”对话框中输入新文件名，文件就会以新名存盘，而原来的文件仍存在，如图 A—5 所示。编辑窗口中右上角所显示的文件名也为新文件名（如 HelloWorld1.c）。

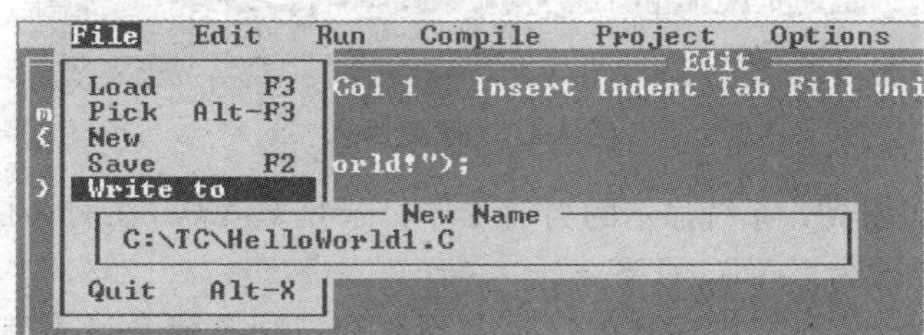

图 A—5　另存文件名

(3) 装载文件。

如果要编辑已经存在的源文件，就需要把它从磁盘中调出来装入 TC 环境的编辑窗口。

按〈F10〉键选择 File 菜单项中的 Load 命令，或按热键〈F3〉，屏幕上出现如图 A—6 所示的对话框，等待用户输入文件名。例如，要编辑 C 盘 TC 子目录下的 HelloWorld.c 文件，则输入文件名并按 Enter 键确认后，该文件就被调入内存，并显示在编辑窗口中。

如果用户在装载文件对话框中不输入具体的文件名，而是输入 *.C，屏幕显示出当前目录下的所有扩展名为 .C 的文件名，用户利用光标键选择需要装入的文件名，按 Enter 键即可装入该文件。

如果用户在装载命令下输入新文件名，则编辑窗口被清空，新文件名显示在窗口右上角，此时用户就可以编辑一个新文件。

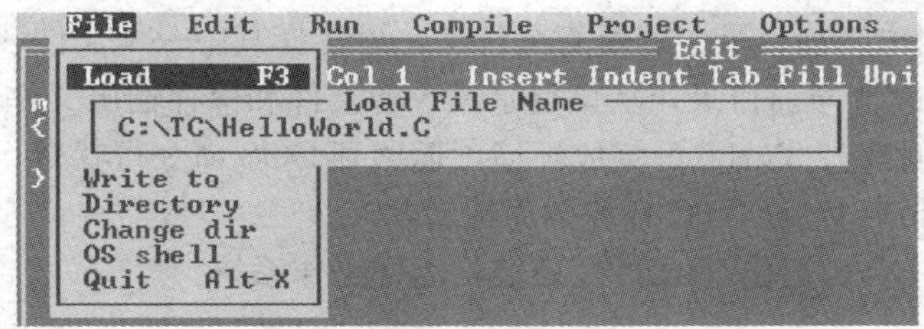

图 A—6　装载文件

(4) 改变工作目录。

从 TC 子目录下启动 TC 环境，其默认的工作目录为 TC 子目录。当几个人共同使用同一台计算机时，为了管理上的方便和安全，用户要建立自己的工作子目录，保存自己的工作文件。这样，在 TC 环境里，就要改变当前的工作目录。下面介绍改变工作目录的操作方法。

用户在进入 TC 环境前首先建立用户自己的子目录（C:\TC\USER1)，然后启动 TC 进入 File 主菜单，用上下移键选择 File 菜单下的 Change dir 命令，屏幕出现一个“New Directory”对话框，提示用户输入所选择的工作目录名，如图 A—7 所示。

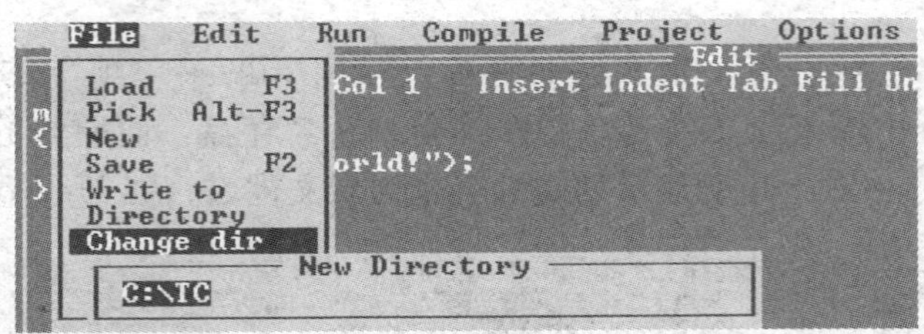

图 A—7 改变目录

从图 A—7 中可以看到，系统显示的当前工作目录是 C:\TC,在对话框中输入“C:\TC\USER1”，工作目录就改为 C:\TC\USER1。

如果在“New Directory”中输入的目录名不存在，则系统会显示出错信息，即系统要求此目录已经建立。

4. 主菜单项的功能

下面列出了 TC 环境全部主菜单项的功能，菜单项后面尖括号内为热键。

(1) File 菜单。

● Load〈F3〉：把源文件装入编辑缓冲区。该项被选中后弹出一个对话框，可以直接键入含有路径的文件名，也可以键入文件类型通配符如 *.C，通过移动光标选择相应文件。

● Pick〈Alt〉+〈F3〉：该项被选中后打开一个表，表中列出了最近装入过的文件。第一个文件是当前正在编辑的文件，其余是以前装入过的文件。可从表中选择要装入的文件。

● New：清除编辑缓冲区，编辑一个名为 Noname.C 的新文件。

● Save〈F2〉：将正在编辑的文件存盘。在编辑新文件时，第一次使用该命令存储新文件 Noname.C，屏幕会弹出一个对话框，提示用户改写文件名。

● Write to：将当前编辑的文件另保存为一个新文件或保存在不同路径上。

● Directory：列出当前目录中的所有文件名，可选择其中一个文件装入编辑缓冲区。

● Change dir：改变当前目录，从该目录读入源文件和保存输出文件到该目录。

● Os shell：暂时离开 Turbo C 集成环境，返回到 DOS 命令行状态。此时 Turbo C 驻留在内存中，键入 Exit 后又返回 TC 环境的原编辑状态。

● Quit〈Alt〉+〈X〉：退出 Turbo C 环境，返回操作系统。

(2) Edit 命令。

选择 Edit 并按 Enter 键后，直接进入编辑状态。如表 A—1 所示，列出了 TC 所有的编辑命令。

表 A—1　　编辑命令

分　类	命　令	作　用	命　令	作　用
光标移动	←	左移一格	Ctrl＋F	右移一词
	→	右移一格	Ctrl＋QR	移到文本开始
	↑	上移一行	Ctrl＋QC	移到文本结尾
	↓	下移一行	Home	移到本行开始
	Ctrl＋QE	移到本窗口开始	End	移到本行结尾
	Ctrl＋QX	移到本窗口底部	Ctrl＋W	向上滚动
	Ctrl＋QP	移到上次光标位置	Ctrl＋Z	向下滚动
	PgDn	上移一页	Ctrl＋QB	移到本块开始
	PgUp	下移一页	Ctrl＋QK	移到本块结尾
	Ctrl＋A	左移一词		
插入删除	Ins	Insert on/off	Ctrl＋Y	删除光标所在行
	Del	删除光标所在字符	Ctrl＋T	删除光标左一词
	Backspace	删除光标前一个字符	Ctrl＋QY	从光标处删到行尾
	Ctrl＋N	插入一行		
块操作	Ctrl＋KB	做块头标记	Ctrl＋KH	隐去/显示块标记
	Ctrl＋KK	做块尾标记	Ctrl＋KV	块移动
	Ctrl＋KT	单个词标记	Ctrl＋KR	从盘读入块
	Ctrl＋KC	块复制	Ctrl＋W	把块写入盘
	Ctrl＋KY	块删除		
其他	Ctrl＋U	撤消正在进行的操作	Ctrl＋KD	存盘退出
	Ctrl＋P	允许加入控制符	Ctrl＋KQ	不存盘退出
	Tab	制表符	Ctrl＋QF	寻找
	Ctrl＋OI	Indent on/off	Ctrl＋QA	寻找和替换
	Ctrl＋OT	Tab 模式 on/off	Ctrl＋QN	寻找标记处
	Ctrl＋F1	在线帮助		

(3) Run 菜单。

如表 A—2 所示，简要列出了菜单中选择项及其作用。

表 A—2　　**Run 菜单**

选　择　项	作　用
Run 〈Ctrl〉＋〈F9〉	编译、链接生成目标文件和可执行文件并运行
Program reset 〈Ctrl〉＋〈F2〉	用于动态调试。其作用是中止当前的调试操作，释放分配给程序的空间，关闭已打开的文件。但不改变断点设置
Go To cursor 〈F4〉	用于动态调试，使程序从执行长条开始运行到编辑窗口中的光标所在行上。若光标所在行不含可执行代码语句，则显示一个 ESC 框给警告
Trace into 〈F7〉	用于动态调试，运行到函数中的下一条语句。当遇到低一级的函数调用时，若编译时 Options/Compile/Code/Obj debug information 选择开关为 on，则跟踪进入函数内部
Step over 〈F8〉	用于动态调试，运行到当前函数中的下一条语句，不跟踪函数调用
User screen 〈Alt〉＋〈F5〉	显示屏幕输出，程序输出和 Os/shell 输出屏幕

(4) Compile 菜单。

如表 A—3 所示，简要列出了菜单中选择项及其作用。

表 A—3　　Compile 菜单

选　择　项	作　　用
Compile to OBJ〈Alt〉+〈F9〉	编译源文件，生成相应的目标文件。OBJ 文件名称来源于 Primary C file 选项中记录的文件。如果在 Primary C file 选项中没有记录着文件名，则源文件就是最后装入编辑窗口中的文件
Make EXE file	生成可执行文件。如果处理的是 .C 文件，则编译并连按生成相应的 .obj 和 .exe 文件
Line EXE file	链接 .obj 文件和系统库，生成 .exe 文件
Build all	类似于 Compile/Mak EXE. file。只是不进行过时检查，即无条件编译与链接
Primary C file	弹出一个会话窗口，要求输入将要编译或 Make 的文件名。若在编译或链接时发现了错误，则把相应的文件装入编辑窗口
Get info	弹出一个显示窗口。其中显示了当前目录、当前源文件及源文件的字节大小、程序退出码以及可用存储空间等信息

(5) Project 菜单。

● Project name：弹出会话窗口，输入将要被编译和连接的项目文件名。

● Break make on：规定终止 Make 的条件。此项被选择后弹出一个选择窗，其中有 4 个选择项：

Warning：在编译一个文件后，如发现警告（Warning）错误，就停止编译。

Error：在编译一个文件后，如发现错误（Error），就停止编译。

Fatal：编译完全部文件后，如发现致命错误，就停止编译。

Link：在连接前停止 Make，即只生成 .obj 文件。

● Auto dependencies：设置自动依赖关系。

On：自动检查 .c 文件与相应 .obj 文件的日期和时间关系。TC 在编译时把日期和时间信息存放在 .obj 文件中。若 .c 文件比 .obj 文件的日期和时间新，则重新编译。

Off：不检查日期和时间。

● Clear Project：清除 Project name 并重置消息窗口。

● Remove message：清除消息窗口中的错误信息。

(6) Options 菜单。

Options 菜单功能是设置集成环境的工作方式，包含编译(Compiler)、连接(Linker)、环境(Environment)、目录(Directories)、参数(Arguments)、保存任选项(Save options)、恢复任选项(Retrieve options)等 7 个子菜单。

① 编译子菜单。Compile 子菜单中的选项为用户提供了选择文件配置、内存模式、查错技术、代码优化、诊断信息控制、宏定义等功能。

● Model：弹出一个子菜单，允许用户选择 Tiny、Small、Medium、Compact、Large、Huge 等 6 种编译模式中的一种，系统默认模式为 Small。

● Defines：弹出一个窗口，可以在窗口中输入宏定义。

● Code generations：弹出一个子菜单，改变子菜单中的选项可以控制生成的目标代码的形式。

● Optimization：弹出一个子菜单，按程序需要优化用户代码。

● Source：弹出一个子菜单，可以控制编译初始时如何处理源代码。

● Errors：弹出一个子菜单，用户可以控制编译器如何处理和响应诊断信息。

● Names：用户可以改变代码、数据和 BSS 段的默认段、组和类名，一般不需改变。

② 连接子菜单。Linker 子菜单中的选项可以改变连接程序的设置。

● Map file：选择映射文件的类型。

● Initialize segments：告诉连接程序初始化、未初始化的段。

● Default libraries：当连接非 C 编译程序产生的模块时，那些编译程序可能在目标文件中加入了一个默认库表，该选项可控制连接程序是否在默认库中查找所需函数。

On：查找所需函数；

Off：不查找所需函数。

● Graphics library：打开或关闭自动查找 BGI 图形库的开关。

● Warn duplicate symbols：打开或关闭连接程序警告在目标及库文件里出现的相同符号。

● Stack warning：控制是否产生 No stack 警告信息。

On：产生 No stack 警告信息（在 small 模式情况中有时会产生这种信息）。

Off：不产生 No stack 警告信息。

● Case—sensitive link：控制是否区分大小写字母。

On：区分大小写字母。

Off：不区分大小写字母。

③ 环境子菜单。Enviroment 菜单的功能是设置文件是否自动存盘、Tab 键的空格数和显示屏幕行数等。

● Message tracking：当滚动信息窗口中的错误信息时，控制 TC 是否跟踪编辑程序中的语法错误及跟踪方式。

● Keep messages：控制在编译、Make 之前是否保存信息窗口中的错误信息。

● Config auto save：控制是否自动保存选项设置。

● Edit auto save：控制是否将正在编辑的文件自动存盘。

On：选择 Run/Run 或 File/Os shell(Quit)时，自动将正在编辑的源文件存盘.

Off：不存盘。

● Backup files：控制是否产生备份文件。

On：当要覆盖一个磁盘上已存在的文件时，自动将原来的文件以 .Bak 扩展名保存起来，然后再将当前文件存盘。

Off：不产生备份文件。

● Tab size：选择 Tab 制表键的空格数。默认值为 8，可取值范围为 2－16(Tab mode on)。

● Zoomed windows：把当前激活的窗口（编辑窗口或信息窗口）放大到整屏。与热键〈F5〉的作用相同。

● Screen size：弹出一个子菜单，允许用户选择显示屏幕的行数，标准为 25，EGA 为 43，VGA 为 50。

⑤ 目录子菜单。Directories 菜单中的选择项可以告诉 TC 到哪里去寻找编译、连接所需的文件，生成的可执行文件，找配置文件、选择文件和帮助文件。

● Include directories：选择头文件所在目录。

● Library directories：选择库文件所在目录。

● Output directory：选择输出文件所在目录。

● Turbo C directory：选择 TC 所在目录。

● Pick file name：弹出一个窗口，允许用户规定 pick 文件名。默认的文件名为 TCPICK. TCP，它是初启 TC 时自动加载的。如果用户没有规定 pick 文件名，则下面的选项 Current pick file 的设置为空；如规定了 pick 文件名时，将显示 pick 文件名。

● Current pick file：显示当前 pick 文件的文件名和它所在的目录。

(7) Debug 菜单。

● Evaluate 〈Ctrl〉+〈F4〉：弹出一个会话窗口，窗口中有以下 3 项内容：

Evaluate：待求值的变量或表达式。

Result：变量或表达式的当前值。

New Value：赋给变量的新值（New value)。

● Call stack〈Ctrl〉+〈F3〉：弹出一个调用栈显示窗口，其中显示了程序正在运行函数的调用序列。主函数在栈底，子函数在栈顶。

● Find function：显示编辑窗口中某一函数的定义。在会话窗口中输入要显示的函数名并按 Enter 键后，光标就指向该函数的定义处。

● Refresh display：编辑屏幕被重写后，选该项则可恢复屏幕内容。

● Display swapping：控制编辑窗口与程序输出窗口的切换。弹出一个选择窗口，有以下三种选择：

Smart（默认方式)：执行代码产生输出时，切换到程序输出窗口，然后又返回到编辑窗口。

Always：每执行一条语句切换一条屏幕。

None：不进行切换。

● Source debugging：控制编译器是否在可执行文件中加入调试信息。弹出一个选择窗口，有以下三种选择：

On：在可执行文件中加入调试信息，debugger 可调用。

Standalone：在可执行文件中加入调试信息，debugger 不可调用。

None：不在可执行文件中加入调试信息。

(8) Break/Watch 菜单。

● Add watch 〈Ctrl〉+〈F7〉：弹出一个窗口，在该窗口中输入监视表达式后，在窗口中将显示表达式的值。

● Delete watch：删除监视窗口中最后加入的监视表达式。也可把光标移到 watch 窗口中的某一表达式处，用 Del 键或〈Ctrl〉+〈Y〉键删除。

● Edit watch：弹出一个编辑窗口，在该窗口中编辑高亮显示的监视表达式。

● Remove all watches：清除观察窗口中的所有表达式。

● Toggle breakpoint〈Ctrl〉+〈F8〉：在光标所在行设置断点，再次执行该命令时则清除该断点。

- Clear all breakpoint：清除所有断点。
- View next breakpoint：把光标移到下一个断点处。

5. 常用热键表

虽然集成环境的所有操作都可以通过菜单操作来完成，但 TC 对一些常用菜单选项提供了与之对应的热键。熟练使用这些热键能够提高操作速度。表 A—4 列出了常用热键及其功能。

表 A—4　常用热键及其功能

热　键	功　能	热　键	功　能
F1	打开帮助文件	Alt+D	打开 Debug 菜单
F2	把当前编辑的文件保存到磁盘上，见 File/Save	Alt+E	进入编辑状态
F3	装入源程序，见 File/Load	Alt+F	打开 File 菜单
F4	使程序从执行条开始执行到光标所在行，见 Run/Go to cursor	Alt+O	打开 Options 菜单
F5	放大或缩小激活的窗口，见 Options/Environment/Zoomed Windows	Alt+P	打开 Project 菜单
F6	交替切换编辑窗口和信息窗口	Alt+R	打开 Run 菜单
F7	单步执行程序，跟踪函数调用，见 Run/Trace into	Alt+X	退出 TC 返回 DOS
F8	单步执行程序，不跟踪函数调用，见 Run/Step over	Ctrl+F1	显示光标所指的关键词或函数的使用信息
F9	编译并连接，见 Compile/Make	Ctrl+F2	终止调试操作
F10	激活主菜单	Ctrl+F3	显示函数的调用序列，见 Debug/Call stack
Shift+F10	显示版本信息	Ctrl+F4	检查和改变表达式的值，见 Debug/Evaluate
Alt+F5	显示用户屏，见 Run/User screen	Ctrl+F7	在观察窗口中输入表达式，见 Break/Watch/Add watch
Alt+F7	光标指向前一个错误处	Ctrl+F8	设置或清除断点，见 Break/Watch/Toggle breakpoint
Alt+F8	光标指向下一个错误处	Ctrl+F9	编译、连接并运行程序，见 Run
Alt+F9	不进行日期和时间检查的编译，生成 .obj 文件	Esc	返回上一级菜单
Alt+C	打开 Compile 菜单		

附录 B　教学实验报告参考格式

教 学 实 验 报 告

实验项目名称：________________________________

实　验　类　型：________________________________

实　验　日　期：________________________________

指　导　老　师：________________________________

同组人姓名：________________________________

班　　　　　级：________________________________

学　　　　　号：________________________________

姓　　　　　名：________________________________

成　　　　　绩：________________________________

<table>
<tr><td rowspan="4">实验概述</td><td>实验目的：</td></tr>
<tr><td>实验要求：</td></tr>
<tr><td>实验基本原理：</td></tr>
<tr><td>实验环境（软、硬件配置）：</td></tr>
<tr><td rowspan="3">实验内容</td><td>实验方案设计（思路、步骤和方法等）：</td></tr>
<tr><td>实验过程（实验中涉及的记录、数据、分析）：</td></tr>
<tr><td>结论（结果）：</td></tr>
<tr><td rowspan="3">实验小结</td><td>实验的心得体会：</td></tr>
<tr><td>实验思考：</td></tr>
<tr><td>实验需改进意见：</td></tr>
<tr><td>指导教师评语与成绩</td><td>指导教师评语：

实验成绩：__________
指导教师：__________
批改时间：20　年　月　日</td></tr>
</table>

实验报告说明

1. 实验项目名称：要用最简练的语言反映实验的内容。要求与实验指导书中相一致。

2. 实验类型：一般需说明是验证型实验还是设计型实验，是创新型实验还是综合型实验。

3. 实验目的与要求：目的要明确，要抓住重点，符合实验指导书中的要求。

4. 实验基本原理：简要说明本实验项目所涉及的理论知识。

5. 实验环境：实验用的软、硬件环境（配置）。

6. 实验方案设计（思路、步骤和方法等）：这是实验报告极其重要的内容，概括整个实验过程。

（1）对于操作型实验，要写明依据何种原理、操作方法进行实验，要写明需要经过哪几个步骤来实现其操作。

（2）对于设计型和综合型实验，在上述内容基础上还应该画出流程图、设计思路和设计方法，再配以相应的文字说明。

（3）对于创新型实验，还应注明其创新点、特色。

7. 实验过程（实验中涉及的记录、数据、分析）：写明上述实验方案的具体实施，包括实验过程中的记录、数据和相应的分析。

8. 结论（结果）：根据实验过程中所见到的现象和测得的数据做出结论。

9. 小结：对本次实验的心得体会、思考和建议。

10. 指导教师评语及成绩：指导教师依据学生的实际报告内容，用简练的语言给出本次实验报告的评价和价值。

附录C　2007年10月《数据结构导论》全国高等教育自学考试

课程代码：02142

一、单项选择题（本大题共15小题，每小题2分，共30分）在每小题列出的四个备选项中只有一个是符合题目要求的，请将其代码填写在题后的括号内。错选、多选或未选均无分。

1. 在数据结构中，从逻辑上可以把数据结构分成__________。

A. 线性结构和非线性结构　　B. 紧凑结构和非紧凑结构

C. 动态结构和静态结构　　D. 内部结构和外部结构

2.
```
for(i = 0;i < m;i++)
  for(j = 0;j < n;j++)
    A[i][j] = i * j;
```

上面算法的时间复杂度为__________。

A. $O(m^2)$　　B. $O(n^2)$

C. $O(m\times n)$　　D. $O(m+n)$

3. 设顺序表有9个元素，则在第3个元素前插入一个元素所需移动元素的个数为____。

A. 5　　B. 6

C. 7　　D. 9

4. 设p为指向双向循环链表中某个结点的指针，p所指向的结点的两个链域分别用p→llink和p→rlink表示，则同样表示p指针所指向结点的表达式是__________。

A. p→llink　　B. p→rlink

C. p→llink→llink　　D. p→llink→rlink

5. 一个向量第一个元素的存储地址是100，每个元素的长度为2，则第5个元素的存储地址是__________。

A. 110　　B. 108

C. 100　　D. 120

6. 设有一个栈，按A、B、C、D的顺序进栈，则可能为出栈序列的是__________。

A. DCBA　　B. CDAB

C. DBAC　　D. DCAB

7. 在一个具有 n 个单元的顺序栈中，假定以地址低端（即 0 单元）作为栈底，以 top 为栈顶指针，则当做出栈处理时，top 变化为__________。

A. top++　　B. top--

C. top 不变　　D. top=0

8. 除根结点外，树上每个结点__________。

A. 可有任意多个孩子、一个双亲　　B. 可有任意多个孩子、任意多个双亲

C. 可有一个孩子、任意多个双亲　　D. 只有一个孩子、一个双亲

9. 图 C—1 中树的度为__________。

A. 2

B. 3

C. 5

D. 8

图 C—1

10. 有 4 个顶点的无向完全图的边数为__________。

A. 6　　B. 12

C. 16　　D. 20

11. 设图的邻接矩阵为 $\begin{pmatrix} 0 & 1 & 1 \\ 0 & 0 & 1 \\ 0 & 1 & 0 \end{pmatrix}$，则该图为__________。

A. 有向图　　B. 无向图

C. 强连通图　　D. 完全图

12. 在对查找表的查找过程中，若被查找的数据元素不存在，则把该数据元素插入到集合中。这种方式主要适合于__________。

A. 静态查找表　　B. 动态查找表

C. 静态查找表与动态查找表　　D. 静态查找表或动态查找表

13. 用散列函数求元素在散列表中的存储位置时，可能会出现不同的关键字得到相同散列函数值的冲突现象。可用于解决上述问题的是__________。

A. 线性探测法　　B. 除留余数法

C. 平方取中法　　D. 折叠法

14. 排序算法中，第一趟排序后，任一元素都不能确定其最终位置的算法是__________。

A. 选择排序　　B. 插入排序

C. 冒泡排序　　D. 快速排序

15. 在排序方法中，从未排序序列中挑选元素，并将其依次放入已排序序列（初始时为空）的一端的方法，称为__________。

A. 希尔排序　　B. 归并排序

C. 插入排序　　D. 选择排序

二、填空题（本大题共 13 小题，每小题 2 分，共 26 分）请在每小题的空格中填上正确答案。错填、不填均无分。

1. 如果操作不改变原逻辑结构的“值”，而只是从中提取某些信息作为运算结果，则称

该类运算为__________型运算。

2. 设有指针head指向不带表头结点的单链表，用next表示结点的一个链域，指针p指向与链表中结点同类型的一个新结点。现要将指针p指向的结点插入表中，使之成为第一个结点，则所需的操作为“p→next＝head;”和“__________”。

3. 单链表中逻辑上相邻的两个元素在物理位置上__________相邻。

4. 在一个长度为n的数组中删除第i个元素（1≤i≤n）时，需要向前移动的元素的个数是__________。

5. 设F、C是二叉树中的两个结点，若F是C的祖先结点，则在采用后根遍历方法遍历该二叉树时，F和C的位置关系为：F必定在C的__________。

6. 若用后根遍历法遍历图C—2所示的二叉树，其输出序列为__________。

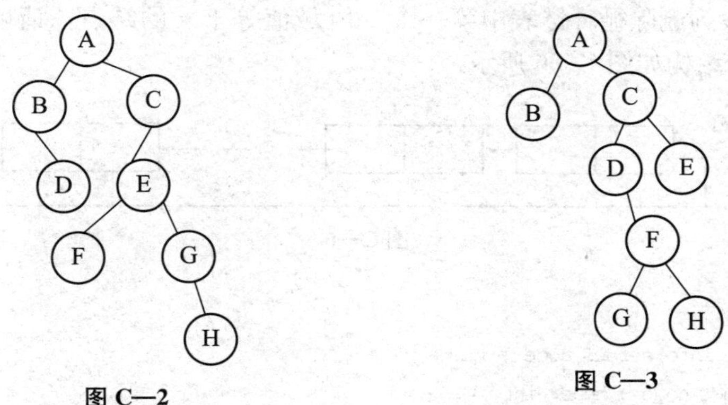

图C—2　　图C—3

7. 具有n个顶点的连通图至少需有__________条边。

8. 在无向图G的邻接矩阵A中，若A[i][j]等于1，则A[j][i]等于__________。

9. 设顺序表的表长为n，且查找每个元素的概率相等，则采用顺序查找法查找表中任一元素，在查找成功时的平均查找长度为__________。

10. 在索引顺序表上的查找分两个阶段：一是查找__________，二是查找块。

11. 文件的基本运算有检索和修改两类。而检索又有三种方式，它们是__________存取、直接存取和按关键字存取。

12. 在对一组关键字为（54，38，96，23，15，72，60，45，83）的记录采用直接选择排序法进行排序时，整个排序过程需进行__________趟才能够完成。

13. 冒泡排序是一种稳定排序方法。该排序方法的时间复杂度为__________。

三、应用题（本大题共5小题，每小题6分，共30分）

1. 分别写出图C—3中二叉树的先根、中根、后根遍历序列。

2. 设要将序列（Q，H，C，Y，P，A，M，S，R）按字母升序排序，请分别画出采用堆排序方法时建立的初始堆，以及第一次输出堆顶元素后经过筛选调整的堆的完全二叉树形态。

3. 如图C—4所示，输入元素为A，B，C，在栈的输出端得到一个输出序列ABC，试写出在栈的输入端三个可能的输入序列。

4. 已知无向图G的邻接矩阵如图C—5所示。请画出该无向图，并写出按深度优先搜索时的访问序列。

5. 对长度为 20 的有序表进行二分查找，试画出它的一棵判定树。

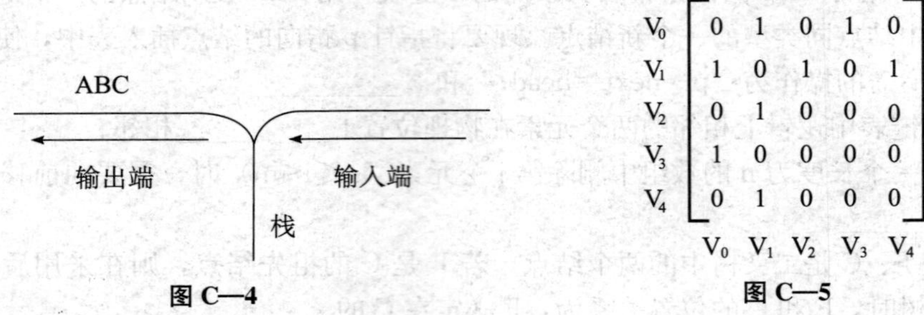

图 C—4　　　　图 C—5

四、算法设计题（本大题共 2 小题，每小题 7 分，共 14 分）

1. 下面程序段为删除循环链表中第一个 info 域值等于 x 的结点，请填上程序中缺少的部分。循环链表的结构如图 C—6 所示：

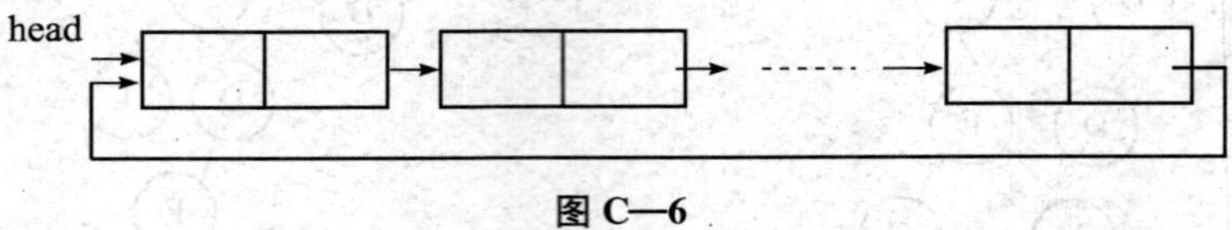

图 C—6

```
struct node{ int info;struct node * link; }
int Delete (struct node * head, int x)
{
    struct node * p, * q; /* p:当前处理的结点;q:p 的前趋结点 */
    if (! head ) return (0);
    if (head→link = = head)
    {
        if (head→info = = x)
        { free (head);
          head = NULL;
          return (x)
        }
    return (0);
  }
  p = head; q = head;
  while (q→link! = head) q = (1) ;
  while (p→link! = head)
  { if (p→info = = x)
    { (2) ;
      if (p = = head) head = (3) ;
      free (p);
      return (x);
    }
```

```
    else { q=p ; (4) ; }
    }
  return (0);
}
```

2. 设以二叉链表为二叉树的存储结构，结点的结构如下：

lchild

data

rchild

其中data域为整数，试设计一个算法void change (bitreptr r)：若结点左孩子的data域的值大于右孩子的data域的值，则交换其左、右子树。

参 考 答 案

一、单项选择题（本大题共15小题，每小题2分，共30分）在每小题列出的四个备选项中只有一个是符合题目要求的，请将其代码填写在题后的括号内。错选、多选或未选均无分。

1—5　A CCDB　　　　6—10　ABA BA　　　　11—15　A BABD

二、填空题（本大题共13小题，每小题2分，共26分）请在每小题的空格中填上正确答案。错填、不填均无分。

16. 引用　　　　17. head＝p　　　　18. 不一定

19. n－i

20. 后面　　　　21. DBFHGECA　　　　22. n－1

23. 1

24. (n＋1)/2　　　　25. 索引表　　　　26. 顺序

27. 8

28. O（n2）

三、应用题（本大题共5小题，每小题6分，共30分）

29. 先根遍历序列：ABCDFGHE

中根遍历序列：BADGFHCE

后根遍历序列：BGHFDECA

30.

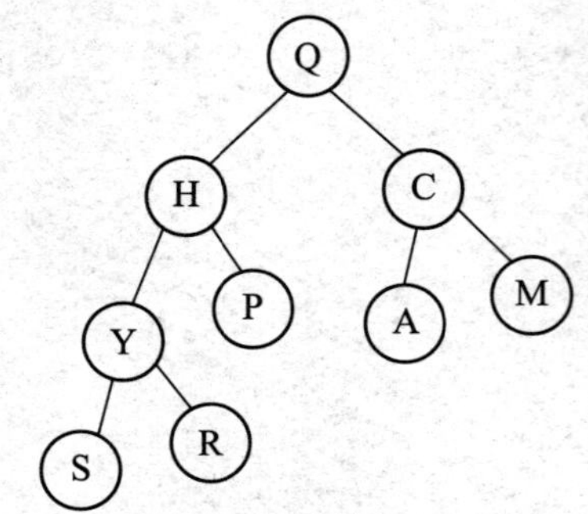

(1)　待排序键值构成完全二叉树

(2) 调整为初始堆

31. ABC

ACB

BAC

另：CBA、CAB 也可。

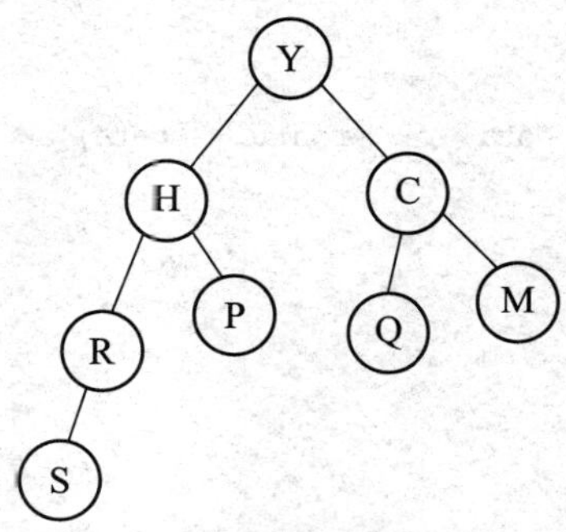

(3) 输出堆顶元素 A 后

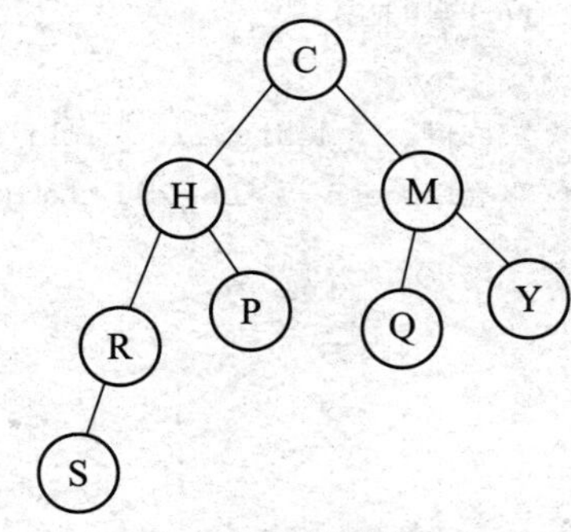

(4) 调整为堆

32.

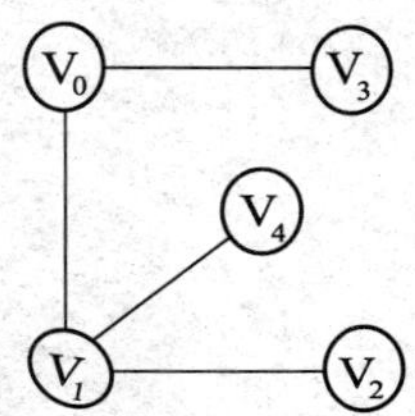

或其等价表示.

深度优先遍历序列：$V_0V_1V_2V_4V_3$ 或 $V_0V_1V_4V_2V_3$ 或 $V_0V_3V_1V_2V_4$ 或 $V_0V_3V_1V_4V_2$

33. 如下图

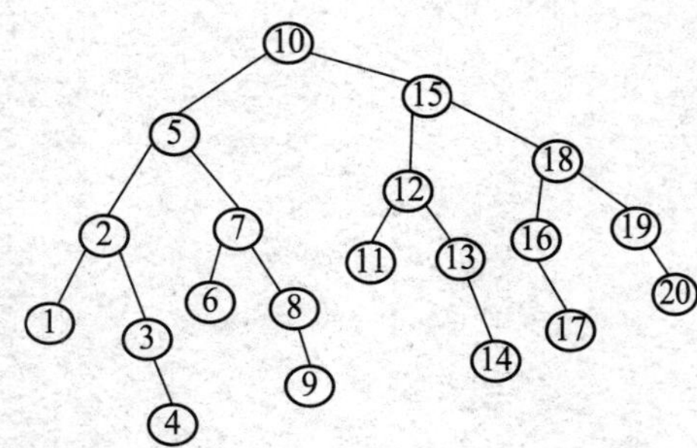

四、算法设计题（本大题共 2 小题，每小题 7 分，共 14 分）

34.

(1)q－＞link

(2)q－＞link＝p－＞link

(3)p－＞link

(4)p＝p－＞next

35. 算法描述如下：

```
Void change(bitreptr r)
```

```
{
    bitreptr x:
    if(r! = NULL)
    {
        if(r -> lchild&&r -> rchile&&(r -> lchild -> data > r -> rchild -> data))
        change(r -> lchild); change(r -> rchild);
    }
}
```